UNIVERSIDAD AUTONOMA METROPOLITANA
UNIDAD IZTAPALAPA

Casa abierta al tiempo

LISTA Y BIBLIOGRAFIA RECIENTE DE LOS MAMIFEROS DE MEXICO

José Ramírez — Pulido
Ricardo López — Wilchis
Carolina Müdespacher Ziehl
Irma E. Lira

Departamento de Biología
Apartado Postal 55-535
México 09340, D. F.

Diseño de Marta Elena León

Taxonomía de mamíferos
ISBN 968-597-177-3

Universidad Autónoma Metropolitana
Unidad Iztapalapa
Departamento de Biología (A.P. 55-535)
Avenida Michoacán y La Purísima, Iztapalapa,
09340, México, D. F.

Hecho en México. Printed in Mexico.

To Ira a great guy.
Pepe
Sept. 19, 1983.

INTRODUCCION

El estudio de los mamíferos en México, ha presentado fuertes limitaciones para los que se inician en este campo, por no disponer de fuentes de información que les permitan obtener con rapidez y amplitud, la bibliografía reciente del grupo taxonómico de su interés. Este problema también lo comparten las personas cuyo contacto profesional con los mamíferos del país es secundario.

Esta dificultad fué superada en el pasado reciente, con la publicación de la obra de Hall y Kelson (1959) "The mammals of North America", a partir de la cual, con el transcurso del tiempo, la lista de publicaciones fue en incremento constante, tanto en el número, como en la diversidad de los temas de estudio.

Para dar una idea al respecto, baste señalar que se han propuesto numerosos cambios taxonómicos, se han revisado los componentes de dos familias y se ha discutido la situación de una subfamilia (Machado-Allison, 1967; Forman, *et al.*, 1968); individualmente se han estudiado los componentes de 20 géneros, varios subgéneros han adquirido rango genérico. Se han descrito nuevas categorías específicas y subespecíficas, en tanto que otras han quedado en sinonimia. Especies reconocidas como monotípicas se han convertido en politípicas y categorías con jerarquía subespecífica han sido elevadas al rango de especies monotípicas.

En varias publicaciones se han presentado modificaciones a la distribución conocida de especies y subespecies. Otras se han ocupado específicamente de la taxonomía y distribución de los mamíferos de Baja California, Chihuahua, Durango, Oaxaca, Sinaloa, Tamaulipas, Veracruz y Península de Yucatán. Otras más, versan sobre faunas locales o regionales.

Se han publicado trabajos de inmunología, citogenética, ecología, reproducción, parasitología y arqueología en los que se hace mención a mamíferos de nuestro país; así como otras más, que enlistan especies del complejo mastozoológico mexicano (Hall, 1965; Jones, *et al.*, 1973a, 1975, 1979; Corbet y Hill, 1980).

La carencia de catálogos que reuna esa información, se traduce en una búsqueda frecuentemente costosa y prolongada. Localizar los trabajos no es siempre una tarea fácil, dado que las publicaciones se encuentran dispersas en nuestras bibliotecas centrales y, en muchas partes de nuestro país se carece de bibliotecas especializadas. Aun cuando existe un reducido número de adecuadas fuentes de información, que se fueron integrando como resultado de esfuerzos individuales, no son ampliamente conocidas y por tanto, el acceso a las mismas es limitado.

Por lo antes expuesto y viendo la necesidad de contar con una obra de fácil acceso que proporcionara las referencias recientes de los mamíferos del país, en 1977 se decidió elaborar un trabajo que además de lo anterior, contuviese la lista de los mamíferos terrestres nativos de México, informase de los cambios taxonómicos propuestos y diese una idea de la distribución, al menos en su aspecto más general.

Nuestro trabajo se encontraba muy avanzado cuando se publicó la segunda edición de la obra de Hall (1981), que actualiza y resume los cambios taxonómicos y distribucionales de los mamíferos de América del Norte, obra que por su magnitud viene a llenar el vacío expresado en párrafos anteriores. No obstante, nuestro trabajo se justifica por cuatro razones fundamentales; va dirigido a los que se inician en el campo de la mastozoología, se restringe exclusivamente a los mamíferos de México, incluye todas las referencias publicadas entre 1959 y el 30 de junio de 1982 para cada categoría específica y subespecífica y presenta una opinión diferente en la posición taxonómica de diversos *taxa*, al no coincidir plenamente con la propuesta por Hall (1981).

Coincidió la etapa final de nuestro trabajo con la publicación de la obra de Honacki, et al., (1982) que fue una valiosa guía para cotejar y verificar la posición taxonómica de las especies con distribución geográfica en México.

Es oportuno señalar que en la etapa inicial de la presente comunicación, se consideró conveniente trabajar en otras dos, una ya publicada (Ramírez-P. y Britton, 1981), en donde se resume el desarrollo histórico de la mastozoología mexicana y la otra (Ramírez-P., et al., en prensa), en donde se presentan los cambios taxonómicos recientes, obras que en su conjunto proporcionan una perspectiva actualizada de la mastozoología en México.

PRESENTACION DE LA INFORMACION

CONTENIDO.- Las categorías taxonómicas que se consignan en este trabajo son: 10 órdenes, 34 familias, 148 géneros y 428 especies, de las cuales, 161 son monotípicas y 267 son politípicas con 1006 subespecies.
Sólo se incluyen los mamíferos terrestres nativos de México, con todo, se hace mención a dos géneros acuáticos *Enhydra y Lutra* y se excluyen los órdenes Cetacea, Pinnipedia y Sirenia.
La presencia de *Enhydra lutris y Bison bison* es dudosa en México y por la acción del hombre, especies pertenecientes a *Canis*, *Ursus*, *Antilocapra*, *Ovis* y otras más, han reducido su área de distribución original, pero en ninguno de los casos se comentan situaciones particulares y las referencias se consignan independientemente del estado actual que guardan.

ORDENAMIENTO.- La secuencia en que se proporciona la información es la siguiente:
Las órdenes, familias y subfamilias se citan filogenéticamente y los géneros, especies y subespecies alfabéticamente.

En virtud de la gran diversidad de nombres vulgares que se utilizan en nuestro país para designar al mismo animal, se ha optado por el nombre de uso más general.
De cada subespecie y especie monotípica se señala:
El nombre científico en uso corriente y el autor original.
El nombre científico originalmente propuesto, el autor del mismo, la referencia completa y la localidad del tipo (=LT), información que básicamente se obtuvo de la obra Hall y Kelson (1959).
La combinación binominal o trinominal en uso corriente, la autoridad que por primera vez la ha citado, el año y página, ya que la referencia completa se da en la literatura citada.

DISTRIBUCION.- Con el objeto de proporcionar un panorama general de la distribución geográfica de cada taxón, se mencionan sólo las entidades federativas, habiéndose considerado todos los registros de ejemplares examinados, incluyendo los publicados con anterioridad a 1959.

REFERENCIAS.- Las referencias bibliográficas que se mencionan, corresponden a las de ejemplares examinados de nuestro país. La excepción, la constituyen las de la serie Mammalian Species que aluden a mamíferos de México, aun cuando en sus mapas de distribución no siempre se señalan con precisión las localidades de procedencia del material considerado.

En el caso de especies politípicas, existen referencias que señalan solamente el nombre de la especie y para incorporarlas en la subespecie correspondiente se tomó en consideración la distribución geográfica de la categoría en cuestión, de la siguiente manera: primero, si sólo una subespecie se distribuye en México; segundo, si se distribuyen dos o más perc en regiones bien delimitadas y tercero, cuando la distribución de dos o más subespecies confluye en un mismo estado, en este caso, la referencia se incluyó en cada una de esas subespecies.

No se incluyen las referencias que aluden sólo al nombre del género, excepto en el caso de los monotípicos, ni las que se refieren a la especie sin mencionar la captura o el examen de ejemplares, ni tampoco aquellos trabajos presentados en congresos, como memorias de *simposia*, o como tesis profesionales.

Con la intención de identificar cambios taxonómicos en una categoría específica o subespecífica, se ha empleado una coma entre el nombre científico y la autoridad que la propone, cuando esa autoridad no fue la que hizo la descripción original. Esta coma se usa en tres casos: primero, para señalar que la especie fue colocada en un género diferente al de la descripción original; segundo, cuando originalmente se describió una subespecie y posteriormente se le elevó a nivel específico y tercero, cuando la descripción original correspondió a una especie monotípica y después se trató a nivel subespecífico.

SINONIMIA.- Con el objeto de facilitar al lector la localización de aquellas categorías taxonómicas que han quedado en sinonimia se proporcionan dos apéndices; en el primero se presenta el nombre científico en uso corriente y subordinados aparecen los sinónimos recientes; en el segundo, en la columna izquierda y en orden alfabético se mencionan los sinónimos recientes, en tanto que la columna derecha corresponde a los nombres actualmente utilizados.

OBSERVACION FINAL.- En un trabajo de esta naturaleza es posible que se cometan omisiones involuntarias y aunque varios colegas y amigos nos honraron con la lectura de diversas partes del manuscrito, queremos dejar constancia que los errores que el lector llegara a encontrar son de nuestra absoluta responsabilidad, con la atenta solicitud de hacerlos de nuestro conocimiento con el propósito de incorporarlos en una futura edición.

A G R A D E C I M I E N T O S

Los autores desean expresar su profundo reconocimiento a las siguientes personas: Al Doctor Hugh H. Genoways del Carnegie Museum, Pittsburgh, fraternal amigo y valioso consejero, quien brindó a uno de nosotros (J.R.P.) su tiempo y hospitalidad en repetidas ocasiones, leyó y criticó la relación de especies y la literatura citada, hizo valiosas sugerencias y, además llamó nuestra atención para aclarar o corregir algunos aspectos. A los Doctores E. Raymond Hall de The University of Kansas, Lawrence; a Sydney Anderson del American Museum of Natural History, New York; a Don Wilson, del Mammal Laboratory, U.S. Fish and Wildlife Service, Washington, D.C. y al Biol. Ticul Alvarez de la Escuela Nacional de Ciencias Biológicas, México, quienes pusieron a nuestra disposición sus bibliotecas, tanto las personales, como las institucionales bajo su custodia. A los Doctores Guy G. Musser del American Museum of Natural History, New York y Michael A. Bogan entonces en el Mammal Laboratory, U.S. Fish and Wildlife Service, Washington, D.C. quienes gentilmente atendieron nuestra solicitud en la búsqueda de referencias, cuantas veces fueron requeridos.

Al Dr. Adolfo Rosado G. y al Mtro. Javier Hernández G. Rector y Secretario de la Unidad Iztapalapa por su apoyo y estímulo constante, sin los cuáles no hubiese sido posible la publicación de este trabajo.

A los Doctores Sergio Estrada Orihuela y Fernando Antón Tay, anterior y actual Director de la División de Ciencias Biológicas y de la Salud, quienes entusiastamente apoyaron el proyecto y nos brindaron las facilidades necesarias para la terminación del mismo.

A la Biol. Alondra Castro C. por la dedicación con la que cotejó la versión final del manuscrito. A la Doctora María Christen de la Universidad Autónoma Metropolitana, de esta Unidad quien gentilmente leyó una parte del mismo.

A Beatriz Arce, Teresita Camargo, Leticia Murillo y Josefina Quiroga, pacientes y valiosas colaboradoras, que se encargaron de la ardua tarea de mecanografiar las versiones iniciales de este trabajo.

No podríamos pasar desapercibido el esfuerzo y profesionalismo con que María Barbara Hinojosa, Laura Solis y Verónica Vera, quienes después de cumplir con sus obligaciones laborales, dedicaron su tiempo en forma por demás eficiente para mecanografiar la versión final del manuscrito.

Finalmente, a todas aquellas personas que de una u otra manera contribuyeron para la realización de este trabajo.

CONTENIDO

PAG.

RELACION DE TAXA

ORDEN MARSUPIALIA
FAMILIA DIDELPHIDAE
"Tlacuaches"

Caluromys derbianus aztecus (Thomas)
Philander laniger aztecus Thomas, Ann. Mag. Nat. Hist., ser. 8, 12:359, octubre 1913.
L. T. San Juan de la Punta, Veracruz.
Caluromys derbianus aztecus, Kuns y Tashian, 1954:100
Distribución: Chiapas, Oaxaca, Tabasco, Veracruz.
Referencias: Bucher y Hoffmann, 1980:2; Goodwin, 1969:33; Hall, 1981:11; Hall y Dalquest, 1963:201; Hall y Kelson, 1959:17; Ingles, 1959:381; Schaldach, 1964:131.

Caluromys derbianus fervidus (Thomas)
Philander laniger fervidus Thomas, Ann. Mag. Nat. Hist., ser. 8, 12:359, octubre 1913.
L. T. No precisa. Probablemente de "Guatemala" tierras bajas de la región este-central de Guatemala o norte de Honduras, de acuerdo con Goodwin (Bull. Amer. Mus. Nat. Hist., 79:114, mayo 29, 1942)
Caluromys derbianus fervidus, Goodwin, 1942:114.
Distribución: Campeche.
Referencias : Bucher y Hoffmann, 1980:2; Hall, 1981:12; Jones et al., 1974 a:5.

Chironectes minimus argyrodytes Dickey
Chironectes argyrodytes Dickey, Proc. Biol. Soc. Washington, 41:15, 14 de febrero 1928.
L. T. Hacienda Zapotitán, Río Sucio, 1500 pies, La Libertad, El Salvador.
Chironectes minimus argyrodytes, Hall y Kelson, 1959:1079.
Distribución: Oaxaca, Tabasco.
Referencias : Goodwin, 1969:30; Lay, 1962:374; Marshall, 1978:3; Schaldach, 1964:130.

Didelphis marsupialis caucae J. A. Allen
Didelphis karkinophaga caucae J. A. Allen, Bull. Amer. Mus. Nat. Hist., 13:192, 1900.
L. T. Parte superior de Cauca Valley, Cali, Colombia.
Didelphis marsupialis caucae, Gardner, 1973:26.
Distribución: Campeche, Chiapas, Hidalgo, Oaxaca, Puebla, San Luis Potosí, Tabasco, Tamaulipas, Veracruz, Yucatán.
Referencias : Gardner, 1973:26; Jones, et al., 1974a:3; Reig, et al., 1977:211.

Didelphis virginiana californica Bennett
Didelphis Californica Bennett, Proc. Zool. Soc. London, pag. 40, mayo 17 1833.
L.T. No precisa. "That part of california which adjoins to Mexico" (probablemente en el sur de la Meseta Central de México, Gardner, 1973:30)
Didelphis virginiana californica, Gardner, 1973:70.
Distribución: Aguascalientes, Campeche, Coahuila, Colima, Chiapas, Chihuahua, Distrito Federal, Durango, Guanajuato, Guerrero, Hidalgo, Jalisco, México, Michoacán, Morelos, Nayarit, Nuevo León, Oaxaca, Puebla, Querétaro, San Luis Potosí, Sinaloa, Sonora, Tabasco, Tamaulipas, Veracruz, Zacatecas.
Referencias : Alvarez, 1963a:394; Anderson, 1972:222; Armstrong y Jones, 1971:748; Baker, R. H., 1968:318; Baker, R. H. y Greer, 1962:62; Burt, 1961:19; Dalquest, 1961:408; Dalquest y Roth, 1970:221; Gardner, 1973:71-74; Gaviño de la Torre, et al., 1981:716; Genoways y Jones, 1973: 11; Goodwin, 1968:27-30; Hall y Dalquest, 1963:195; Hall y Kelson, 1959:5,8; Helm III, et al., 1974:142; Huey, 1964:91; Ingles, 1959:380; Jones, et al., 1974a: 4; Koopman y Martin, 1959:4; Lamothe-A, 1978:29; López-F. C. y Urbano-V., 1977:235; López-F., et al., 1971a:101; Mac Manus, 1974:1; Ramírez-P., 1969b:265; Ramírez-P., et al., 1977:245; Reig, et al., 1977:210.

Didelphis virginiana yucatanensis J. A. Allen
Didelphis yucatanensis J. A. Allen, Bull. Amer. Mus. Nat. Hist., 14:178,15 junio 1901.
L.T. Chichén Itzá, Yucatán.
Didelphis virginiana yucatanensis, Gardner, 1973:34.
Distribución: Campeche, Quintana Roo, Yucatán.
Referencias : Birney, et al., 1974:4; Jones y Lawlor, 1965:411; Jones et al., 1974a:4; Kingston y Tay, 1968:167; Mac Manus, 1974:1; Reig, et al., 1977:210; Villa-R., 1959:127.

Marmosa canescens canescens (J. A. Allen)
Didelphis [Micoureus] canescens J. A. Allen, Bull. Amer. Mus. Nat. Hist., 5:235, 22 septiembre 1893.
L.T. Santo Domingo de Guzman, Istmo de Tehuantepec, Oaxaca.
Marmosa canescens canescens, Tate, 1933:140.
Distribución: Colima, Guerrero, Jalisco, México, Michoacán, Nayarit. Oaxaca, Puebla, Yucatán.
Referencias : Goodwin, 1969:32; Helm III, et al., 1974:142; Ingles, 1959:380; Jones, et al., 1974a:4; Loomis, 1969:9; López-F. C. y Urbano-V., 1977:234-236; López-F., et al. 1971a:101; Mones, 1968:169; Pine, 1972a:280; Ramírez-P. y Sánchez-H., 1972:107.

Marmosa canescens insularis Merriam
Marmosa insularis Merriam, Proc. Biol. Soc. Washington, 12:14, 27 enero, 1898
L.T. Isla María Madre, Nayarit.
Marmosa canescens insularis, Tate, 1933:144
Distribución: Conocida sólo de la localidad típica.

Marmosa canescens oaxacae Merriam
Marmosa oaxacae Merriam, Proc. Biol. Soc. Washington, 11:43, 16 marzo 1897.
L.T. Oaxaca, 4600 pies, Oaxaca.
Marmosa canescens oaxacae, Tate, 1933:143.
Distribución: Conocida sólo de la localidad típica.
Referencias : Goodwin, 1969:32.

Marmosa canescens sinaloae J. A. Allen
Marmosa sinaloae J. A. Allen, Bull. Amer. Mus. Nat. Hist., 10:143, 12 abril 1898.
L.T. Tatamales, Sinaloa.
Marmosa canescens sinaloae, Tate, 1933:142.
Distribución: Durango, Jalisco, Nayarit, Sinaloa, Sonora, Zacatecas.
Referencias: Armstrong y Jones, 1971:748; Baker y Greer, 1962:63; Genoways y Jones, 1973:1-2; Helm III, et al., 1974:142; Ingles, 1959:380; Loomis y Stephens, 1962a:11; Matson, 1977:110.

Marmosa mexicana mayensis Osgood
Marmosa mayensis Osgood, Proc. Biol. Soc. Washington, 26:176, 8 agosto 1913.
L.T. Izamal, Yucatán.
Marmosa mexicana mayensis, Goldman, 1917:109.
Distribución: Yucatán.
Referencias : Jones, et al., 1974a:5

Marmosa mexicana mexicana Merriam
Marmosa murina mexicana Merriam, Proc. Biol. Soc. Washington, 11:44, 16 marzo 1897.
L.T. Juquila, 1500 m., Oaxaca.
Marmosa mexicana mexicana, Bangs, 1902:19.
Distribución: Chiapas, Oaxaca, San Luis Potosí, Tamaulipas, Veracruz.
Referencias : Alvarez, 1963a:395; Baker R. H. y Womochel, 1966:306; Dalquest y Roth, 1970:221; Goodwin, 1969:31; Hall, 1981:15; Hall y Dalquest, 1963:199; Hall y Kelson, 1959:14; Koopman y Martin, 1959:4; Jones y Alvarez, 1964:302.

Philander opossum pallidus (J. A. Allen)
Metachirus fuscogriceus pallidus J. A. Allen, Bull. Amer. Mus. Nat. Hist., 14:215, 3 julio 1901.

L. T. Orizaba, Veracruz.

Philander opossum pallidus, Dalquest, 1950:2.

Distribución: Campeche, Chiapas, Oaxaca, Puebla, San Luis Potosí, Tabasco, Tamaulipas, Veracruz, Yucatán.

Referencias : Alvarez, 1963a:395; Goodwin, 1969:31; Hall y Dalquest, 1963:195-196; Hall, 1981:9; Ingles, 1959:381; Jones, et al., 1974a:4; Reig, et al., 1977:212.

ORDEN INSECTIVORA
FAMILIA SORICIDAE

"Musarañas"

Cryptotis goldmani alticola (Merriam)
Blarina alticola Merriam, N. Amer. Fauna, 10:27, 31 diciembre 1895.
L.T. Volcán Popocatépetl, 11,500 pies, México.
Cryptotis goldmani alticola, Choate, 1970:245.
Distribución: Distrito Federal, Jalisco, México, Michoacán.
Referencias : Choate, 1970:246-247; Genoways y Choate, 1967:203.

Cryptotis goldmani goldmani (Merriam)
Blarina mexicana goldmani Merriam, N. Amer. Fauna, 10:25, 31 diciembre 1895.
L.T. Montañas cerca de Chilpancingo, 10,000 pies, Guerrero.
Cryptotis goldmani goldmani, Choate, 1970:247.
Distribución: Chiapas, Guerrero, Oaxaca.
Referencias : Choate, 1970:249; Jones y Genoways, 1967b:321.

Cryptotis goodwini Jackson
Cryptotis goodwini Jackson, Proc. Biol. Soc. Washington 46:81, 27 abril 1933.
L. T. Calel, 10,200 pies, Guatemala
Distribución: Chiapas
Referencias : Hutterer, 1980:413.

Cryptotis magna (Merriam)
Blarina magna Merriam, N. Amer. Fauna, 10:28, 31 diciembre 1895.
L.T. Totontepec, 6,800 pies, Oaxaca.
Cryptotis magna, Miller, 1912:28.
Distribución: Oaxaca.
Referencias : Choate, 1970:289; Goodwin, 1969:41; Jones y Genoways, 1967b:321; Musser, 1964:6; Rickart, 1977:3; Robertson y Rickart, 1975:1.

Cryptotis mexicana mexicana (Coues)
Blarina [Soriciscus] mexicana Coues, Bull. U. S. Geol. and Geog. Surv. Territories 3:652, 15 mayo 1877.
L.T. Jalapa, Veracruz.
Cryptotis mexicana mexicana, Miller, 1912:26.
Distribución: Chiapas, Hidalgo, Oaxaca, Puebla, Veracruz.
Referencias : Choate, 1970:234; Goodwin, 1969:39; Hall, 1981:58; Hall y Dalquest, 1963:205; Hall y Kelson, 1959:60; Heaney y Birney, 1977:543; Jones y Genoways, 1967b:321

Cryptotis mexicana nelsoni (Merriam)
Blarina nelsoni Merriam, N. Amer. Fauna, 10:26, 31 diciembre 1895.
L.T. Volcán Tuxtla, 4,800 pies, Veracruz.
Cryptotis mexicana nelsoni, Choate, 1970:234.
Distribución: Veracruz
Referencias : Choate, 1970:235; 1973:2; Hall y Dalquest, 1963:206.

Cryptotis mexicana obscura (Merriam)
Blarina obscura Merriam, N. Amer. Fauna, 10:23, 31 diciembre 1895.
L.T. Tulancingo, 8,500 pies, Hidalgo
Cryptotis mexicana obscura, Choate, 1970:235.
Distribución: Hidalgo, Nuevo León, Puebla, Querétaro, Tamaulipas, Veracruz.
Referencias : Alvarez, 1963a:396; Choate, 1970:237; 1973:2; Hall y Dalquest, 1963:206; Heaney y Birney, 1977:543; Koopman y Martin, 1959:4.

Cryptotis mexicana peregrina (Merriam)
Blarina mexicana peregrina Merriam, N. Amer. Fauna, 10:24, 31 diciembre 1895.
L.T. Montañas a 15 mi W Oaxaca, 9,500 pies, Oaxaca.
Cryptotis mexicana peregrina, Miller, 1912:26.
Distribución: Oaxaca.
Referencias : Choate, 1969:475; 1970:239; 1973:2; Goodwin, 1969:40; Musser, 1964:6; Schaldach, 1966:289.

Cryptotis nigrescens mayensis (Merriam)
Blarina mayensis Merriam, Proc. Washington Acad. Sci., 3:559, 29 noviembre 1901.
L.T. Chichén Itzá, Yucatán.
Cryptotis nigrescens mayensis, Choate, 1970:275.
Distribución: Campeche, Guerrero, Quintana Roo, Yucatán.
Referencias : Alvarez y Martínez, 1967:205; Choate, 1970:277; Jones, et al., 1974a:5; Ramírez-P y Sánchez-H., 1972:108.

Cryptotis nigrescens merriami Choate
Cryptotis nigrescens merriami Choate, Univ. Kansas Publ., Mus. Nat. Hist., 19:277, 30 diciembre 1970.
L.T. Jacaltenango, 5,400 pies, Huehuetenango, Guatemala.
Distribución: Chiapas
Referencias : Choate, 1970:279.

Cryptotis parva berlandieri (Baird)
Blarina berlandieri Baird, Mammals, in Reports of Explorations and Surveys. ... from the Mississippi River to the Pacific Ocean,...., 8 (1):53, 14 julio 1858.

L.T. Matamoros, Tamaulipas.

Cryptotis parva berlandieri, Davis, 1941:413.

Distribución: Coahuila, Guanajuato, Jalisco, Michoacán, Nayarit, Nuevo León, San Luis Potosí, Tamaulipas, Veracruz.

Referencias : Alvarez, 1963a:396; Choate, 1970:262; Dalquest y Roth, 1970:221; Hall y Kelson, 1959:56,57; Hoffmeister, 1977: 150; Hooper, 1961:121; Koopman y Martin, 1959:4; Raun, 1965a:214; Whitaker, 1974:1.

Cryptotis parva pueblensis Jackson

Cryptotis pergracilis pueblensis Jackson, Proc. Biol. Soc. Washington, 46:79, 27 abril 1933.

L.T. Huauchinango, 5,000 pies, Puebla.

Cryptotis parva pueblensis, Choate, 1970:264.

Distribución: Chiapas, Oaxaca, Puebla, San Luis Potosí, Veracruz.

Referencias : Choate, 1970:266; Goodwin, 1969:41; Hall y Dalquest, 1963:207; Hall y Kelson, 1959:63; Whitaker, 1974:1.

Cryptotis parva soricina (Merriam)

Blarina soricina Merriam, N. Amer. Fauna, 10:22, 31 diciembre 1895.

L.T. Tlalpan, 10 mi S Ciudad de México, Distrito Federal.

Cryptotis parva soricina, Choate, 1970:267.

Distribución: Distrito Federal, México.

Referencias : Choate, 1970:268; Whitaker, 1974:1.

Cryptotis parva tropicalis (Merriam)

Blarina tropicalis Merriam, N. Amer. Fauna, 10:21, 31 diciembre 1895.

L.T. Cobán cerca de los 4,400 pies, Alta Verapaz, Guatemala.

Cryptotis parva tropicalis, Choate, 1970:268.

Distribución: Chiapas.

Referencias : Choate, 1970:269; Handley y Choate, 1970:200; Whitaker, 1974:1.

Megasorex gigas (Merriam)

Notiosorex gigas Merriam, Proc. Biol. Soc. Washington, 11:227, 15 julio 1897.

L.T. Montañas de Milpillas, cerca de San Sebastián, Jalisco.

Megasorex gigas, Hibbard, 1950:128.

Distribución: Colima, Guerrero, Jalisco, México, Michoacán, Nayarit, Oaxaca.

Referencias : Armstrong y Jones, 1972a:1; Fisher y Bogan, 1977:827; Goodwin, 1969:143; Hall, 1981:65; Hall y Kelson, 1959: 65; Jones, 1966:249; López-F C. y Urbano-V., 1977:235; Orr, 1963:424; Ramírez-P. y Sánchez-H., 1972:108; Repenning, 1967:56; Webb, et al., 1981:700; Winkelmann, 1962b:109.

Notiosorex crawfordi crawfordi (Coues)
Sorex [Notiosorex] crawfordi Coues, Bull. U. S. Geol. and Geog. Surv. Territories, 3:651, 15 mayo 1877.
L.T. Cerca de Old Fort Bliss, 2 mi arriba, El Paso, El Paso County. Texas.
Notiosorex crawfordi crawfordi, Miller, 1912:28.
Distribución: Baja California Norte, Chihuahua, Coahuila, Durango, Hidalgo, Jalisco, Michoacán, Nuevo León, Sinaloa, Sonora, Tamaulipas.
Referencias : Alvarez, 1963a:397; Anderson, 1972:233; Anderson y Long, 1961:3; Armstrong y Jones, 1972b:2; Baker, 1962:283; 1966:345; Bradshaw y Hayward, 1960:282; Cockrum y Bradshaw, 1963:3; Dalby y Baker, 1967:195; Dalquest y Roth, 1970:221; Hall y Kelson, 1959:64; Hooper, 1961:120 Huey, 1964:92; Jones, et al., 1962:147; Kaspar y Jones, 1977:155; Petersen, 1976:139; 1979:2; Petersen y Petersen, 1979:6; Schulz, et al., 1970:148; Woloszyn y Woloszyn, 1982:46.

Notiosorex crawfordi evotis (Coues)
Sorex [Notiosorex] evotis Coues, Bull. U. S. Geol. and Geog. Surv. Territories, 3:652, 15 mayo 1877.
L.T. Mazatlán, Sinaloa.
Notiosorex crawfordi evotis, Merriam, 1895:34
Distribución: Jalisco, Michoacán, Nayarit, Sinaloa, Zacatecas.
Referencias : Armstrong y Jones, 1971:750; 1972b:2; Baker R. H., 1962:283; Fisher y Bogan, 1977:826-827; Jones, et al., 1962:148; Schlitter, 1973:423.

Sorex arizonae Diersing y Hoffmeister
Sorex arizonae Diersing y Hoffmeister, J. Mamm., 58 (3):329, 20 agosto 1977.
L.T. Extremo superior de Miller Canyon, 15 mi S (=10 mi S, 4$\frac{3}{4}$ mi E) Fort Huachuca, Cochise County, Arizona.
Distribución: Chihuahua.
Referencias : Caire, et al., 1978:532

Sorex emarginatus Jackson
Sorex emarginatus Jackson, Proc. Biol. Soc. Washington, 38:129, 13 noviembre 1925.
L.T. Sierra Madre cerca de Bolaños, 7,600 pies, Jalisco.
Distribución: Durango, Jalisco, Zacatecas.
Referencias : Baker R. H. y Greer, 1962:63; Webb y R. H. Baker, 1962: 330.

Sorex juncensis Nelson y Goldman
Sorex californicus juncensis Nelson y Goldman, Proc. Biol. Soc. Washington, 22:27, 10 marzo 1909.
L.T. Socorro, 15 mi S San Quintín, Baja California Norte.
Sorex juncensis, Jackson, 1928:172.
Distribución: Conocida sólo de la localidad típica.
Referencias : Huey, 1964:91.

Sorex macrodon Merriam
Sorex macrodon Merriam, N. Amer. Fauna, 10:82, 31 diciembre 1895.
L.T. Orizaba, 4,200 pies, Veracruz.
Distribución: Puebla, Veracruz.
Referencias : Hall y Dalquest, 1963:204; Heaney y Birney, 1977:543.

Sorex milleri Jackson
Sorex milleri Jackson, Proc. Biol. Soc. Washington, 60:131, 9 octubre 1947.
L.T. Campo Madera, 8,000 pies, Sierra del Carmen Coahuila.
Distribución: Coahuila, Nuevo León.
Referencia: Tipton y Méndez, 1968:189.

Sorex monticolus monticolus Merriam
Sorex monticolus Merriam, N. Amer. Fauna, 3:43, 11 septiembre 1890.
L.T. San Francisco Mountains, 11,500 pies, Coconino County, Arizona.
Sorex monticolus monticolus, Hennings y Hoffmann, 1977:12.
Distribución: Chihuahua, Durango.
Referencias : Anderson, 1972:233; Baker R. H. y Greer, 1962:65; Diersing y Hoffmeister, 1977:332; Gardner, 1965:101; Hennings y Hoffmann, 1977:26.

Sorex oreopolus Merriam
Sorex oreopolus Merriam, Proc. Biol. Soc. Washington, 7:173, 29 septiembre 1892.
L.T. Falda norte de la Sierra Nevada de Colima, 10,000 pies aprox. Jalisco.
Distribución: Jalisco, México, Michoacán, Morelos.
Referencias : Mass, et al., 1981:56; Ramírez-P., 1969b:266.

Sorex ornatus lagunae Nelson y Goldman
Sorex lagunae Nelson y Goldman, Proc. Biol. Soc. Washington, 22:27, 10 marzo 1909.
L.T. La Laguna, 5,500 pies, Sierra Laguna, Baja California Sur.
Sorex ornatus lagunae, Jackson, 1928:169.
Distribución: Conocida sólo de la localidad típica.
Referencias : Huey, 1964:91; Woloszyn y Woloszyn, 1982:44.

Sorex ornatus ornatus Merriam
Sorex ornatus Merriam, N. Amer. Fauna, 10:79, 31 diciembre 1895.
L.T. Head San Emigdio Canyon, Mt. Piños, Kern County, California.
Sorex ornatus ornatus, Jackson, 1928:166.
Distribución: Baja California Norte.
Referencias : Banks, 1967a:224; Huey, 1964:91.

Sorex saussurei cristobalensis Jackson
Sorex saussurei cristobalensis Jackson, Proc. Biol. Soc. Washington, 38: 129, 13 noviembre 1925.
L.T. San Cristóbal, 8,400 pies, Chiapas.
Distribución: Conocida sólo de la localidad típica.

Sorex saussurei oaxacae Jackson
Sorex saussurei oaxacae Jackson, Proc. Biol. Soc. Washington, 38:128, 13 noviembre 1925.
L.T. Montañas cerca de Ozoltepec, 10,000 pies, Oaxaca.
Distribución: Oaxaca.
Referencias : Goodwin, 1969:39; Musser, 1964:6; Rickart, 1977:3; Schaldach, 1966:288.

Sorex saussurei saussurei Merriam
Sorex saussurei Merriam, Proc. Biol. Washington, 7:173, 29 septiembre 1892.
L.T. Falda Norte Sierra Nevada de Colima, 8,000 pies aprox., Jalisco.
Sorex saussurei saussurei, Miller, 1912:19.
Distribución: Coahuila, Distrito Federal, Durango, Guanajuato, Guerrero, Hidalgo, Jalisco, México, Michoacán, Morelos, Nuevo León, Oaxaca, Puebla, Querétaro, Tamaulipas.
Referencias: Alvarez, 1963a:396; Baker, R. H. y Greer, 1962:64; Bassols, 1981:18; Diersing y Hoffmeister, 1977:332; Goodwin, 1969:38; Mass, et al., 1981:55; Ramírez-P., 1969b:265; Webb y R. H. Baker, 1969:143.

Sorex saussurei veraecrucis Jackson
Sorex saussurei veraecrucis Jackson, Proc. Biol. Soc. Washington, 38:128, 13 noviembre 1925.
L.T. Xico, 6,000 pies, Veracruz.
Distribución: Oaxaca, Puebla, Veracruz.
Referencias : Goodwin, 1969:38; Hall, 1981:49; Hall y Dalquest, 1963: 205; Hall y Kelson, 1959:48,49.

Sorex sclateri Merriam
Sorex sclateri Merriam, Proc. Biol. Soc. Washington, 11:228, 15 julio 1897.

L.T. Tumbalá, 5,000 pies, Chiapas.
Distribución: Conocida sólo de la localidad típica.

Sorex stizodon Merriam
Sorex stizodon Merriam, N. Amer. Fauna, 10:98, 31 diciembre 1895.
L.T. San Cristóbal, 9,000 pies, Chiapas.
Distribución: Conocida sólo de la localidad típica.

Sorex vagrans orizabae Merriam
Sorex orizabae Merriam, N. Amer. Fauna, 10:75, 31 diciembre 1895.
L.T. Falda oeste del Pico de Orizaba, 9,500 pies, Puebla.
Sorex vagrans orizabae, Jackson, 1928:113.
Distribución: México, Michoacán, Morelos, Puebla, Tlaxcala, Veracruz.
Referencias : Hall y Dalquest, 1963:204; Hennings y Hoffmann, 1977: 32.

Sorex ventralis Merriam
Sorex obscurus ventralis Merriam, N. Amer. Fauna, 10:75, 31 diciembre 1895.
L.T. Cerro San Felipe, 10,000 pies, Oaxaca.
Sorex ventralis, Elliot, 1903a:148.
Distribución: Oaxaca, Puebla.
Referencias: Diersing y Hoffmeister, 1977:332; Goodwin, 1969:39; Hooper, 1961:120.

Sorex veraepacis chiapensis Jackson
Sorex veraepacis chiapensis Jackson, Proc. Biol. Soc. Washington, 38:129, 13 noviembre 1925.
L.T. San Cristóbal, 9,500 pies, Chiapas.
Distribución: Chiapas.

Sorex veraepacis mutabilis Merriam
Sorex saussurei caudatus Merriam, N. Amer. Fauna, 10:84, 31 diciembre 1895.
L.T. Los Reyes (Cerca de Cuicatlán) 10,200 pies, Oaxaca.
Sorex veraepacis mutabilis Jackson, 1925:130.
Distribución: Guerrero, Oaxaca.
Referencias : Goodwin, 1969:34; Jones y Genoways, 1967b:321; Musser, 1964:5; Rickart, 1977:3; Schaldach, 1966:288.

FAMILIA TALPIDAE

"Topos"

Scalopus aquaticus inflatus Jackson
Scalopus inflatus Jackson, Proc. Biol. Soc. Washington, 27:21, 2 febrero 1914.
L.T. 45 mi S Brownsville, Texas [*sic*] Tamaulipas.
Scalopus aquaticus inflatus, Yates y Schmidly, 1977:28.
Distribución: Tamaulipas.
Referencias : Yates y Schmidly, 1977:29; 1978:1.

Scalopus aquaticus montanus R. H. Baker
Scalopus montanus R.H. Baker, Univ. Kansas Publ., Mus. Nat. Hist., 5:19, 28 febrero 1951.
L.T. Sierra del Carmen, 2 mi N, 6 mi W Piedra Blanca, Coahuila.
Scalopus aquaticus montanus, Yates y Schmidly, 1977:29.
Distribución: Conocida sólo de la localidad típica.
Referencias : Jones y Genoways, 1969:130; Yates y Schmidly, 1977:30; 1978:1.

Scapanus latimanus anthonyi J. A. Allen
Scapanus anthonyi J. A. Allen, Bull. Amer. Mus. Nat. Hist., 5:200, 18 agosto 1893.
L.T. Sierra de San Pedro Martir, 7,000 pies, Baja California Norte.
Scapanus latimanus anthonyi, Palmer, 1937:312.
Distribución: Baja California Norte.
Referencias : Huey, 1964:92.

Scapanus latimanus occultus Grinnell y Swarth
Scapanus latimanus occultus Grinnell y Swarth, Univ. California Publ., Zool., 10:131, 13 abril 1912.
L.T. Santa Ana Canyon, 400 pies, 12 mi NE Santa Ana, Orange County, California.
Distribución: Baja California Norte.
Referencias : Huey, 1964:92.

ORDEN CHIROPTERA
FAMILIA EMBALLONURIDAE
SUBFAMILIA EMBALLONURINAE

"Murciélagos"

Balantiopteryx io Thomas
Balantiopteryx io Thomas, Ann. Mag. Nat. Hist., ser. 7, 13:252, abril 1904.
L.T. Cerca de Cobán, Alta Verapaz, Guatemala.
Distribución: Oaxaca, Tabasco, Tamaulipas, Veracruz.
Referencias : Baker, R. H. y Greer, 1960:414; Brown, et al., 1971:460; Dalquest y Roth, 1970:221; Goodwin, 1969:48; Hall, 1981:84; Hall y Dalquest, 1963:215; Hall y Kelson, 1959:85; Jones, et al., 1977:4; Schaldach, 1964:131; Villa-R., 1967:157.

Balantiopteryx plicata pallida Burt
Balantiopteryx plicata pallida Burt, Occas. Papers Mus. Zool., Univ. Michigan, 515:1, 30 octubre 1948.
L.T. San Bernardino, Río Mayo, Sonora.
Distribución: Baja California Sur, Chihuahua, Sinaloa, Sonora.
Referencias : Anderson, 1972:235; Brown, et al., 1971:460; Cain y Studier, 1974:114; Huey, 1964:92; Jones, 1964a:753; Jones, et al., 1962:151; Jones et al., 1972:5; Jones et al., 1977:4; Koopman, 1961:536; Villa-R., 1967:157; Winkelmann, 1962b:108.

Balantiopteryx plicata plicata Peters
Balantiopteryx plicata Peters, Monatsb. preuss. Akad. Wiss., Berlin, p. 476, después de 29 de julio, 1867.
L.T. Puntarenas, Puntarenas, Costa Rica.
Balantiopteryx plicata plicata, Davis y Russell, 1952:234.
Distribución: Colima, Chiapas, Guerrero, Jalisco, Michoacán, Morelos, Nayarit, Oaxaca, Puebla, San Luis Potosí, Sinaloa, Tabasco, Veracruz.
Referencias : Alvarez, 1966:193; 1968:23; Caballero y C., 1960:233; Gaviño de la Torre, et al., 1981:715; Hall, 1981:83; Hall y Dalquest, 1963:214; Hall y Kelson, 1959:85; Ingles, 1959:381; Jones, et al., 1962:151-152; Jones, et al., 1972:3; Jones, et al., 1977:4; Kennedy, et al., 1977:402; López-F., 1981:677; López-F.C. y Urbano-V., 1977:235; Mollhagen, 1971:20; Mones, 1968:169; Novick, 1962:450; Ramírez-P., 1969a:123; Ramírez-P. y Sánchez-H., 1972:108; Ramírez-P.,et al., 1977:246; Uribe, et al., 1981:640; Villa-R., 1967:153; Villa-R. y Jiménez, 1961:392; Watkins, et al., 1972:7-8; Webb y R. H. Baker, 1969:123; Winkelmann, 1962b:108.

Centronycteris maximiliani centralis Thomas
Centronycteris centralis Thomas, Ann. Mag. Nat. Hist., ser. 8, 10:638, diciembre 1912.
L.T. Bogava, Chiriqui, Panamá.
Centronycteris maximiliani centralis, Sanborn, 1936:94.
Distribución: Oaxaca, Veracruz.
Referencias : Goodwin, 1969:48; Hall, 1981:82; Hall y Dalquest, 1963: 214; Hall y Kelson, 1959:84; Jones, et al., 1977:4; Villa-R., 1967:150.

Peropteryx kappleri kappleri Peters
Peropteryx kappleri Peters, Monatsb, preuss. Akad. Wiss., Berlin, p. 473, después de 29 julio, 1867.
L.T. No precisa. Surinam.
Peropteryx kappleri kappleri, Hall y Kelson, 1959:84.
Distribución: Chiapas, Oaxaca, Tabasco, Veracruz.
Referencias : Brown, et al., 1971:460; Goodwin, 1969:48; Hall, 1981:82 Hall y Dalquest, 1963:213; Jones, et al., 1977:3; Villa-R., 1967:149.

Peropteryx macrotis macrotis (Wagner)
Emballonura macrotis Wagner, Arch. Naturgesch., Jahrg 9, 1:367, 1843.
L.T. No precisa, Mato Grosso, Brasil.
Peropteryx macrotis macrotis, G. M. Allen, 1935:227.
Distribución: Campeche, Chiapas, Guerrero, Oaxaca, Quintana Roo, Tabasco, Veracruz, Yucatán.
Referencias : Brown, et al., 1971:459; Davis, et al., 1964:376; Goodwin, 1969:45; Hall, 1981:81; Hall y Dalquest, 1963: 212; Hall y Kelson, 1959:83; Ingles, 1959:381; Jones y Dunnigan, 1965:461; Jones, et al., 1973b:7; Jones, et al., 1977:3; Loomis, 1969:6; López-F., 1981:680; Ramírez-P., et al., 1977:245; Villa-R., 1967:146.

Rhynchonycteris naso (Wied-Neuwied)
Vespertilio naso Wied-Neuwied, Reise nach Brasilien..., 1:251, 1820.
L.T. Borde del Río Mucuri cerca de Morro d' Arara, Minas Gerais, Brasil.
Rhynchonycteris naso, Peters, 1867:478.
Distribución: Chiapas, Oaxaca, Quintana Roo, Tabasco, Veracruz.
Referencias : Carter, et al., 1966:488; Goodwin, 1969:43; Hall, 1981:79; Hall y Dalquest, 1963:208; Hall y Kelson, 1959: 82; Jones, et al., 1973b:6; Jones, et al., 1977:3; Schaldach 1964:131; Villa-R., 1967:140.

Saccopteryx bilineata (Temminck)
Urocryptus bilineata Temminck, Tijdschr. Nat. Gesh. Physiol., 5:33, 1838.

L.T. Surinam
Saccopteryx bilineata, Peters, 1867:471.
Distribución: Campeche, Colima, Chiapas, Guerrero, Jalisco, Oaxaca, Tabasco, Veracruz, Yucatán.
Referencias : Alvarez, 1968:22; Bowles, 1972:271; Goodwin, 1969:44; Hall, 1981:79; Hall y Dalquest, 1963:211; Hall y Kelson, 1959:82; Hoffmann, 1965:12,15; Jones, et al., 1977:3; Lackey, 1970:384; Loomis, 1969:15; Sánchez-H., 1978:250; Villa-R., 1967:142-144; Watkins, et al., 1972:7.

Saccopteryx leptura (Schreber)
Vespertilio lepturus Schreber, Die Saugthiere...., Theil 1, Heft 8, pl. 57, 1774.
L.T. No precisa, Guayana Holandesa.
Saccopteryx leptura, Peters, 1867:471.
Distribución: Chiapas.
Referencias : Carter, et al., 1966:489; Jones, et al., 1977:3.

SUBFAMILIA DICLIDURINAE

"Murciélago blanco"

Diclidurus albus True
Diclidurus albus True, Proc. U. S. Nat. Mus., 7:603, 29 noviembre 1884.
L.T. Escazú, San José, Costa Rica.
Distribución: Jalisco, Nayarit, Oaxaca, Quintana Roo, Veracruz
Referencias : Goodwin, 1969:49; Jones, et al., 1977:4; Sánchez-H., 1978:251; Villa-R., 1967:159; Villa-R. y Ramírez-P., 1968:156.

FAMILA NOCTILIONIDAE

"Murciélago pescador"

Noctilio leporinus mastivus (Dahl)
Vespertilio mastivus Dahl, Skriter af Naturh. Selsk.|Kjobenhavn, 4:132, 1797.
L.T. Saint Croix, U. S. Islas Vírgenes, Indias Occidentales.
Noctilio leporinus mastivus, True, 1885:603.
Distribución: Campeche, Chiapas, Guerrero, Jalisco, Nayarit, Oaxaca, Sinaloa, Tabasco, Veracruz, Yucatán.
Referencias : Alvarez, et al., 1966:338; Birney, et al., 1974:5; Carter, et al., 1966:489; Davis, 1973:870-871; Davis, et al., 1964:376; Goodwin, 1969:50; Hall, 1981:86;

Hall y Kelson, 1959:87; Jones, et al., 1972:5; Jones, et al., 1973b:7; Jones, et al., 1977:5; Koopman, 1961: 536; López-F., et al., 1971a:101; Villa-R., 1967:163-164; Watkins, et al., 1972:8.

FAMILIA MORMOOPIDAE

"Murciélagos"

Mormoops megalophylla megalophylla Peters

Mormoops megalophylla Peters, Monatsb. Preuss. Akad. Wiss., Berlín, p. 381, 1864.

L.T. Parras, Coahuila (ver Smith, 1972:116)

Mormoops megalophylla megalophylla, Miller, 1912:34.

Distribución: Baja California Sur, Campeche, Coahuila, Colima, Chiapas, Chihuahua, Distrito Federal, Durango, Guanajuato, Guerrero, Hidalgo, Jalisco, México, Morelos, Nayarit, Nuevo León, Oaxaca, Puebla, Querétaro, San Luis Potosí, Sinaloa, Sonora, Tabasco, Tamaulipas, Veracruz, Yucatán, Zacatecas.

Referencias : Alvarez, 1963a:400; 1969:96; Alvarez y Ramírez-P., 1972:168; Anderson, 1972:236; Arnold et al., 1982:4; Baker, R. H. y Greer, 1962:66; Bassols, 1981:38; Bateman y Vaughan, 1974:75; Birney, et al., 1974:5-6; Baumgardner, et al., 1977:237; Carter y Jones, 1978:4; Cockrum y Bradshaw, 1963:4; Davis y Carter, 1962a:67; Easterla y Baccus, 1973:426; Goodwin, 1969:56; Griffiths, 1978:725; Hall, 1981:97; Hall y Dalquest, 1963:219; Hall y Kelson, 1959:96; Ingles, 1959:381; Jiménez-G., 1968a:140; Jones, 1964b:510; Jones, et al., 1965:53; Jones, et al., 1972:6; Jones, et al., 1973b:9; Jones, et al., 1977:6; Lackey, 1970:384; Loomis, 1969:5, 11; Kennedy et al., 1977:402; Kingston, et al., 1971: 928; Matson y Patten, 1975:2; Mollhagen, 1971:20; Ramírez-P., et al., 1977:247; Schaldach, 1966:290; Schmidly, et al., 1974:87; Schmidt, et al., 1971:364; Smith, 1972:117-118; Villa-R., 1967:186; Villa-R. y Jiménez G. 1960:504; Watkins, et al., 1972:10; Webb y R. H. Baker, 1962:330; Webb, et al., 1981:700; Woloszyn y Woloszyn, 1982:53.

Pteronotus davyi fulvus (Thomas)

Ch [ilonycteris]. Davyi fulvus Thomas, Ann. Mag. Nat. Hist., ser. 6, 10:410, noviembre 1892.

L.T. Las Peñas, Jalisco.

Pteronotus davyi fulvus, Miller y Rehn, 1901:276.

Distribución: Campeche, Colima, Chiapas, Guerrero, Jalisco, Michoacán, Morelos, Nayarit, Nuevo León, Oaxaca, Puebla, San Luis Potosí, Sinaloa, Sonora, Tamaulipas, Veracruz, Yucatán, Zacatecas.
Referencias : Alvarez, 1963a:398; 1968:24; Baker, R. J. 1967:426; Baker, R. J. y López, 1968:361; Bassols, 1981:38; Bateman y Vaughan, 1974:45; Birney, et al., 1974:5; Cain y Studier, 1974:114; Cockrum y Bradshaw, 1963:3; Constantine, 1959:442; Goodwin, 1969:55; Griffiths, 1978:725; Hall, 1981:94; Hall y Dalquest, 1963:218; Hall y Kelson, 1959:94; Hsu, et al., 1968:31; Jiménez G., 1968a:135; Jones, 1964b:509; Jones, et al., 1972:6; Jones, et al., 1973b:8; Jones, et al., 1977:5; Kennedy, et al., 1972:10; Kingston, et al., 1971:928; Lackey, 1970:384; La Val, 1972:449; Loomis, 1969:5; López-F., et al., 1971a:101; Matson y Patten, 1975:2; Mollhagen, 1971:20; Novick, 1963:48; Ramírez-P., 1969a:123; Ramírez-P. y Sánchez-H., 1972:107; Smith, 1972:102; Villa-R., 1967:181; Villa-R., et al., 1967:10; Watkins, et al., 1972:10; Woloszyn y Woloszyn, 1982:50.

Pteronotus gymnonotus (Wagner)
Dermonotus gymnonotus Wagner, Arch. Naturgesch., 9:367, 1843.
L.T. Cuyaba = Cuiabá, Mato Grosso, Brasil.
Pteronotus gymnonotus, Smith, 1977:246.
Distribución: Oaxaca, Veracruz.
Referencias : Davis, et al., 1964:377; Jones, et al., 1977:5; Smith, Reddell, 1981:253; Smith, 1972:106; Villa-R., 1967:184.

Pteronotus parnellii mesoamericanus Smith
Pteronotus parnellii mesoamericanus Smith, Univ. Kansas Mus. Nat. Hist. Miscl. Publ., 56:71, 10 marzo 1972.
L.T. 1 mi S y 0.75 mi E Yepocapa, 4280 pies, Chimaltenango, Guatemala.
Distribución: Campeche, Chiapas, Quintana Roo, Tabasco, Veracruz, Yucatán.
Referencias : Arnold, et al., 1982:3; Bassols, 1981:42; Birney, et al., 1974:5; Hall, 1981:90; Hoffmann y Bassols, 1970:149; Jones, et al., 1973b:8; Jones, et al., 1977:5; Smith, 1972:74.

Pteronotus parnellii mexicanus (Miller)
Chilonycteris mexicana Miller, Proc. Acad. Sci. Philadelphia, 54:401, 12 septiembre 1902.
L.T. San Blas, Nayarit.
Pteronotus parnellii mexicanus, Jones, 1964a:750.
Distribución: Campeche, Colima, Chiapas, Chihuahua, Distrito Federal, Durango, Guerrero, Hidalgo, Jalisco, México, Michoacán,

Morelos, Nayarit, Oaxaca, Puebla, Querétaro, San Luis Potosí, Sinaloa, Sonora, Tabasco, Tamaulipas, Veracruz, Yucatán, Zacatecas.

Referencias : Alvarez, 1963a:398; 1963c:57; 1968:24; Alvarez y Polaco, 1980:136; Anderson, 1960a:7; Anderson, 1972:236; Arnold, et al., 1982:3; Baker, R. H. y Greer, 1962:65; Baker, R.J. 1967:426; Baker, R. J. y Christianson, 1966:311; Bassols, 1981:38,42; Bateman y Vaughan, 1974:45; Baumgardner, et al., 1977:237; Caballero y C., 1960:261; Cain y Studier, 1974:114; Cockrum y Bradshaw, 1963:3; Choate y Clifton, 1970:358; Constantine, 1959:442; Goodwin, 1969:51; Hall y Dalquest, 1963:217; Hall y Kelson, 1959:93; Hoffmann y B.Barrera, 1970:149; Hsu,et al., 1968:31; Jones, 1964a:751; Jones, 1964b:509; Jones y Dunnigan, 1965:462; Jones, et al., 1972:5; Jones, et al., 1977:5; Kennedy, et al., 1977:402; Kingston, et al., 1971:928; Koopman y Martin, 1959:4; La Val, 1972: 449; Loomis y Davis, 1965:497; López-F., et al., 1971a: 101; Matson y Patten, 1975:2; Mollhagen, 1971:20; Novick, 1963:45; 1965:297; Novick y Vaisnys, 1964:478; Nuñez, et al., 1981:650; Ortega y Massieu, 1963:28; Ramírez-P. y López-F., 1979:5; Ramírez-P., et al., 1977:246; Schaldach, 1966:290; Schmidt, et al., 1971:364; Smith, 1972:71; Villa-C., 1981: 565; Villa-R., 1967:176-178; Villa-R., et al., 1967:110; Watkins, et al., 1972:9; Webb y R.H. Baker, 1969:143; Webb, et al., 1981:700.

Pteronotus personatus psilotis (Dobson)

Chilonycteris psilotis Dobson, Catalogue of the Chiroptera in the ... British Museum, p. 451, 1878.

L.T. Desconocida, Tehuantepec, Oaxaca, fijada por de la Torre (Fieldina Zool., 37:696, 1955).

Pteronotus personatus psilotis, Smith, 1972:92.

Distribución: Campeche, Colima, Chiapas, Guerrero, Hidalgo, Jalisco, Morelos, Nayarit, Oaxaca, Querétaro, San Luis Potosí, Sinaloa, Sonora, Tabasco, Tamaulipas, Veracruz.

Referencias : Alvarez, 1968:24; Arnold et al., 1982:4; Baker, R. J., 1967:426; Baker, R. J. y Christianson, 1966:310; Bassols, 1981:38; Bateman y Vaughan, 1974:45; Cain y Studier, 1974:114; Carter y Jones, 1978:4; Cifuentes, 1966:125; Choate y Clifton, 1970:358; Goodwin, 1969: 51; Hall, 1981:93; Hall y Dalquest, 1963:216; Hall y Kelson, 1959:91; Hsu, et al., 1968:31; Jones, 1964a: 753; Jones y Alvarez, 1964:302; Jones, et al., 1962: 152; Jones, et al., 1972:6; Jones, et al., 1973b:8; Jones, et al., 1977:6; Kennedy, et al., 1977:402; Kingston, et al., 1971:928; López-F., et al., 1971a: 101; Mollhagen, 1971:20; Novick, 1963:47; 1965:297;

Sites, et al., 1981:466; Smith, 1972:93; Spenrath y LaVal, 1970:396; Villa-R., 1967:172; Watkins, et al., 1972:9.

FAMILIA PHYLLOSTOMATIDAE
SUBFAMILIA PHYLLOSTOMATINAE

"Murciélagos"

Chrotopterus auritus auritus (Peters)
Vampyrus auritus Peters, Monatsb. Preuss. Akad. Wiss., Berlín, p. 415, 1856.
L.T. No precisa, México.
Chrotopterus auritus auritus, Miller y Kellogg, 1955:68.
Distribución: Chiapas, Oaxaca, Quintana Roo, Tabasco, Veracruz, Yucatán.
Referencias : Constantine, 1966:125; Davis et al., 1964:379; Goodwin, 1969:64; Hall y Dalquest, 1963:225; Hall y Kelson, 1959: 111; Jones y Carter, 1976:13; Jones, et al., 1973b :12; Jones, et al., 1977:9; Swanepoel y Genoways, 1979:86; Villa-R., 1967:224.

Lonchorhina aurita aurita Tomes
Lonchorhina aurita Tomes, Proc. Zool. Soc. London, p. 83, mayo 1863.
L.T. No precisa. Indias Occidentales (de acuerdo con Hershkovitz, 1958; Hall y Kelson, 1959:104).
Lonchorhina aurita aurita, Hall y Kelson, 1959:104.
Distribución: Chiapas, Oaxaca, Quintana Roo, Tabasco.
Referencias : Carter, et al., 1966:490; Constantine, 1966:126; Goodwin, 1969:62, Hall, 1981:117; Jones y Carter, 1976: 10; Jones, et al., 1973b:10; Jones, et al., 1977:8; Schaldach, 1964:131; Villa-R., 1967:209.

Macrophyllum macrophyllum (Schinz)
Phyllost [oma]. macrophyllum Schinz, Das Thierreich..., 1:163; 1821.
L.T. Río Mucurí, Minas Gerais, Brasil.
Macrophyllum macrophyllum, Nelson, 1912:93.
Distribución: Tabasco.
Referencias : Harrison, 1975:2; Jones y Carter, 1976:11; Jones, et al., 1977:8; Lay, 1962:374.

Macrotus californicus Baird
Macrotus californicus Baird, Proc. Acad. Nat. Sci., Philadelphia, 10:116, 1858.
L.T. Old Fort Yuma, Imperial County, California.

Distribución: Baja California Norte, Baja California Sur, Chihuahua, San Luis Potosí, Sinaloa, Sonora, Tamaulipas.
Referencias : Alvarez y Ramírez-P., 1972:168; Anderson:1969a:1; 1972: 237; Anderson y Nelson, 1965:33-34; Baker, R.J., 1967: 426; Bassols, 1981:41; Bleier, 1975:235; Bradshaw y Hayward, 1960:282; Cockrum y Bradshaw, 1963:5; Choate y Clifton, 1970:359; Davis y R.J. Baker, 1974:37-38; Findley y Jones, 1965:331; Greenbaum y R.J. Baker, 1976:17; Huey, 1964:93; Ingles, 1959:382; Jones y Carter, 1976: 10; Jones, et al., 1965:53; Jones, et al., 1972:7; Jones, et al., 1977:7; Loomis y Davis, 1965:497; Nelson-Rees, et al., 1968:710; Swanepoel y Genoways, 1979:86-87; Villa-R., 1967:200; Woloszyn y Woloszyn, 1982:54.

Macrotus waterhousii bulleri H. Allen
Macrotus bulleri H. Allen, Proc. Amer. Philos. Soc., 28:73, 10 mayo 1890.
L.T. Bolaños, Jalisco.
Macrotus waterhousii bulleri, Anderson y Nelson, 1965:28.
Distribución: Durango, Hidalgo, Jalisco, Nayarit, Sinaloa, Sonora.
Referencias : Anderson, 1969a:1; Anderson y Nelson, 1965:31; Baker, R.H. y Greer, 1962:66; Bogan, 1978:529; Carter y Jones, 1978:4; Davis y R.J. Baker, 1974:38; Jones, 1964a:751; Jones y Carter, 1976:10; Jones, et al., 1972:7; Jones, et al., 1977:7; Matson, et al., 1978:155; Nelson-Rees, et al., 1968:709; Swanepoel y Genoways, 1979:87; Villa-R., 1967:208; Watkins, et al., 1972:11-12; Webb, et al., 1981:700.

Macrotus waterhousii mexicanus Saussure
Macrotus mexicanus Saussure, Revue et Mag. Zool. Paris, ser. 2, 12:486, noviembre 1860.
L.T. Yautepec, Morelos.
Macrotus waterhousii mexicanus, Anderson y Nelson 1965:25.
Distribución: Colima, Chiapas, Guerrero, Hidalgo, Jalisco, México, Michoacán, Morelos, Oaxaca, Puebla.

Referencias : Alvarez, 1968:25; Anderson 1969a:1; Anderson y Nelson, 1965:28; Baker, R. J., 1967:426; Bassols, 1981:38,41; Davis y Baker, 1974:38; Goodwin, 1969:62; Greenbaum y R. J. Baker, 1976:17; Hsu, et al., 1968:31; Jones y Carter, 1976:10; Jones y Dunnigan, 1965:462; Jones, et al., 1973b:10; Jones, et al., 1977:7; Kingston, et al., 1971:928; López-F y Urbano-V., 1977:235; Nelson-Rees, et al., 1968:710; Novick, 1963:51; Ortega y Massieu, 1963:28; Ramírez-P., et al., 1977:247; Uribe, et al., 1981:641; Villa-R., 1967:202-203; Villa-R., et al., 1967:10; Winkelmann, 1962b:108.

Micronycteris brachyotis (Dobson)
Schizostoma brachyotis Dobson, Proc. Zool. Soc. London, 1878 (1879):880
L.T. Cayena, Guayana Francesa.
Micronycteris brachyotis, Sanborn, 1949:233.
Distribución: Chiapas, Oaxaca.
Referencias : Davis, et al., 1964:337; Goodwin, 1969:61; Hall, 1981: 102; Jones y Carter, 1976:9; Jones, et al., 1977:6; Schaldach, 1964:131; Villa-R., 1967:198.

Micronycteris megalotis mexicana Miller
Micronycteris megalotis mexicanus Miller, Proc. Acad. Nat. Sci., Philadelphia, 50:329, 2 agosto 1898.
L.T. Platanar, Jalisco.
Micronycteris megalotis mexicana Miller, 1924:44.
Distribución: Chiapas, Guerrero, Jalisco, Michoacán, Morelos, Oaxaca, Puebla, Quintana Roo, San Luis Potosí, Tabasco, Tamaulipas, Veracruz, Yucatán.
Referencias : Alvarez, 1963a:400; Arnold y Schonewald, 1972:171; Baker, R.J. 1967:426; Birney, et al., 1974:6; Caballero y C., 1960:263; Goodwin, 1969:57; Hall, 1981: 99; Hall y Dalquest, 1963:221; Hall y Kelson, 1959:98; Hsu, et al., 1968:31; Jones y Carter, 1976:8; Jones y Lawlor, 1965:412; Jones, et al., 1973b:9; Jones, et al., 1977:6; Lackey, 1970:384; López-F., et al., 1971a:101; Matson, et al., 1978:155; Mollhagen, 1971:20; Núñez, et al., 1981:652; Ramírez-P., et al., 1977:247; Schmidt, et al., 1971:364; Uribe, et al., 1981:640; Villa-R., 1967: 191; Watkins, et al., 1972:11.

Micronycteris schmidtorum Sanborn
Micronycteris schmidtorum Sanborn, Field Mus. Nat. Hist. Publ., 340, Zool. ser., 20:81, 15 mayo 1935.
L.T. Babos, Izabal, Guatemala.
Distribución: Quintana Roo, Yucatán.
Referencias : Jones y Carter, 1976:8; Jones, et al., 1973b:9; Jones, et al., 1977:7; Villa-R., 1967:195.

Micronycteris sylvestris (Thomas)
Glyphonycteris sylvestris Thomas, Ann. Mag. Nat. Hist., ser. 6, 18:303, octubre 1896.
L.T. Cerca de la Hacienda Miravalles, Guanacaste, Costa Rica.
Micronycteris sylvestris, Miller, 1924:45.
Distribución: Colima, Jalisco, Nayarit, Veracruz.
Referencias : Goodwin, 1969:61; Hall, 1981:103; Hall y Dalquest, 1963: 222; Hall y Kelson, 1959:100; Jones, 1964b:509; Jones y Carter, 1976:9; Jones, et al., 1977:7; Swanepoel y Genoways, 1979:88; Villa-R., 1967:197; Watkins, et al., 1972:11.

Mimon cozumelae Goldman
Mimon cozumelae Goldman, Proc. Biol. Soc. Washington, 27:75, 11 mayo, 1914.
L.T. Isla Cozumel, Quintana Roo.
Distribución: Campeche, Chiapas, Oaxaca, Quintana Roo, Tabasco, Veracruz, Yucatán.
Referencias : Birney, et al., 1974:6; Carter, et al., 1966:491; Constantine, 1966:125; Goodwin, 1969:62; Hall, 1981: 111; Hall y Dalquest, 1963:223; Hall y Kelson, 1959:107; Handley, 1960:462; Jones y Carter, 1976:13; Jones, et al., 1973b:11; Jones, et al., 1977:8; Loomis, 1969:6; Schaldach, 1964:132; Swanepoel y Genoways, 1979:88; Villa-R., 1967:216; Winkelmann, 1962a:112.

Mimon crenulatum keenani Handley
Mimon crenulatum keenani Handley, Proc. U. S. Nat. Mus., 112:460, 6 octubre 1960.
L.T. Fort Gulick, Zona del Canal, Panamá.
Distribución: Campeche.
Referencias : Hall, 1981:112; Jones, 1964b:510; Jones y Carter, 1976: 12; Jones, et al., 1973b:12; Jones, et al., 1977:8.

Phylloderma stenops septentrionalis Goodwin
Phylloderma septentrionalis Goodwin, Amer. Mus. Novitates, 1075:1, 27 junio 1940.
L.T. Las Pilas, cerca de 4,000 pies, 6 mi N Marcala, La Paz, Honduras.
Phylloderma stenops septentrionalis, Handley, 1966a:762.
Distribución: Chiapas.
Referencias : Carter, et al., 1966:491; Jones y Carter, 1976:13; Jones, et al., 1977:9.

Phyllostomus discolor verrucosus Elliot
Phyllostomus verrucosum [*sic*] Elliot, Proc. Biol. Soc. Washington, 18:236, 9 diciembre 1905.
L.T. Niltepec, Oaxaca.
Phyllostomus discolor verrucosus, Sanborn, 1936:97.
Distribución: Chiapas, Oaxaca, Veracruz.
Referencias : Alvarez, et al., 1964:388; Baker, R. J., 1967:427; Goodwin, 1969:63; Hall y Dalquest, 1963:224; Hall y Kelson, 1959:108; Hsu, et al., 1968:31; Jones y Carter, 1976:12; Jones, et al., 1977:9; Power y Tamsitt, 1973: 462; Villa-R., 1967:219.

Tonatia brasiliense (Peters)
Lophostoma brasiliense Peters, Monatsb. Preuss. Akad. Wiss., Berlín, pág., 1866.
L.T. Bahía, Brasil.

Tonatia brasiliense, Jones y Carter, 1976:11.
Distribución: Veracruz.
Referencias : Jones y Carter, 1976:11; Jones, et al., 1977:8; Lackey, 1970:384.

Tonatia evotis Davis y Carter
Tonatia evotis Davis y Carter, Occas. Papers Mus. Tech Univ., 53:8, 29 septiembre 1978.
L.T. 25 km SSW Puerto Barrios 75 m., Departamento Izabal, Guatemala.
Distribución: Campeche, Chiapas, Tabasco, Veracruz.
Referencias : Carter, et al., 1966:490; Davis y Carter, 1978:8; Hall, 1981:110; Jones, 1964b:509; Jones y Carter, 1976:11; Jones et al., 1973b:11; Jones, et al., 1977:8; Lackey, 1970:384; Lay, 1962:375; Villa-R., 1967:214.

Trachops cirrhosus coffini Goldman
Trachops coffini Goldman, Proc. Biol. Soc. Washington, 38:23, 12 marzo, 1925.
L.T. El Gallo, 8 mi W Yaxha, en el camino Remate-El Cayo, Petén, Guatemala (De la Torre, Proc. Biol. Soc. Washington, 69:189, 1956)
Trachops cirrhosus coffini, Felten, 1956:189.
Distribución: Campeche, Chiapas, Oaxaca, Veracruz.
Referencias : Baker, R.J. 1967:427; Carter, et al., 1966:491; Constantine, 1966:126; Goodwin, 1969:63; Hall, 1981:116; Hall y Dalquest, 1963:224; Hsu, et al., 1968:31; Jones y Carter, 1976:13; Jones, et al., 1973b:12; Jones, et al., 1977:9; Schaldach, 1964:132; Swanepoel y Genoways, 1979:90; Villa-R., 1967:222.

Vampyrum spectrum (Linnaeus)
Vespertilio spectrum Linnaeus, Syst. Nat., 10 th ed., 1:31, 1° enero 1758.
L.T. Surinam
Vampyrum spectrum, Husson, 1962:122.
Distribución: Veracruz.
Referencias : Goodwin, 1969:65; Hall y Dalquest, 1963:223; Jones y Carter, 1976:14; Jones et al., 1977:9; Navarro, 1979:435.

SUBFAMILIA GLOSSOPHAGINAE

"Murciélagos"

Anoura geoffroyi lasiopyga (Peters)
Glossonycteris lasiopyga Peters, Monatsb. Preuss. Akad. Wiss., Berlín. p. 365, 1868.
L.T. No precisa. Sur de México.
Anoura geoffroyi lasiopyga, Sanborn, 1933:27.
Distribución: Colima, Chiapas, Durango, Guerrero, Hidalgo, Jalisco, México, Michoacán, Morelos, Nayarit, Oaxaca, Puebla, Querétaro, San Luis Potosí, Sinaloa, Tamaulipas, Veracruz, Zacatecas.
Referencias : Alvarez y González Q., 1970:142; Alvarez y Ramírez-P., 1972:169; Baker, R. H. y Greer, 1962:67; Baker, R. H. y Womochel, 1966:306; Baker, R. H., 1960a:511; Baker, R. J., 1967:427; Baker, R. J. y López, 1968:361; Bassols, 1981:34-41; Carter y Jones, 1978:5; Forman y Genoways, 1979:185; Goodwin, 1969:70; Hall, 1981:127; Hall y Dalquest, 1963:229; Hall y Kelson, 1959:119; Hsu, et al., 1968:31; Jones, 1964b:510; Jones y Carter, 1976:16; Jones y Dunnigan, 1965:462; Jones, et al., 1972:9; Jones, et al., 1977:11; La Val, 1972:450; Matson y Patten, 1975:3; Mollhagen, 1971:20; Nuñez, et al., 1981:653; Radovsky, et al., 1971: 742-743; Ramírez-P., et al., 1977:253; Schaldach, 1966:290; Schmidly y Martin, 1973:91; Spenrath y La Val, 1970:396; Villa-R., 1967:240-242; Watkins, et al., 1972:13; Webb y R.H. Baker, 1969:143; Webb, et al., 1981:700.

Choeroniscus godmani (Thomas)
Choeronycteris godmani Thomas, Ann. Mag. Nat. Hist., ser. 7, 11:288. marzo 1903.
L.T. No precisa. Guatemala.
Choeroniscus godmani, Sanborn, 1943:274.
Distribución: Chiapas, Guerrero, Jalisco, Nayarit, Oaxaca, Sinaloa, Veracruz.
Referencias : Baker, R. J. 1967:427; Carter, et al., 1966:492; Gardner, 1962a:102-103; Genoways, et al., 1973:106; Goodwin, 1969:71; Handley, 1966b:86; Hsu, et al., 1968: 31; Jones, 1964b:510; Jones y Carter, 1976:18; Jones, et al., 1972:10; Jones, et al., 1977:12; Schaldach, 1964:133; 1966:291; Swanepoel y Genoways, 1979:91; Villa-R., 1967:264; Watkins, et al., 1972:14.

Choeronycteris mexicana Tschudi

Choeronycteris mexicana Tschudi, Untersuchungen über die fauna Peruana., p. 72, 1844.

L.T. No precisa. México.

Distribución: Baja California Norte, Coahuila, Colima, Chihuahua, Distrito Federal, Durango, Guerrero, Hidalgo, Jalisco, México, Michoacán, Morelos, Nayarit, Oaxaca, Puebla, Querétaro, San Luis Potosí, Sinaloa, Sonora, Tamaulipas, Tlaxcala, Veracruz, Zacatecas.

Referencias : Alvarez, 1963a:399; Alvarez y González Q., 1970:142; Alvarez y Polaco, 1980:136; Anderson, 1972:238; Axtell, 1962:76; Baker, R.H., 1960b:308; Baker, R.H. y Greer, 1962:68; Baker, R.H. y Womochel, 1966:306; Baker, R. J., 1967:427; Baker, R.J., 1979:143; Banks y Parrish, 1965: 164; Carter y Jones, 1978:5-6; Findley y Jones, 1965:331; Forman y Genoways, 1979:185; Goodwin, 1969:70; Hall, 1981: 129; Hall y Kelson, 1959:120; Hsu, et al., 1968:31; Huey, 1964:93; Ingles, 1959:382; Jones y Carter, 1976:18; Jones y Webster, 1976:76; Jones, et al., 1972:9; Jones, et al., 1977:12; Matson y Patten, 1975:3; Matson, et al., 1978: 155; Mollhagen, 1971:20; Mones, 1968:169; Nuñez, et al., 1981:653; Packard y Judd, 1967:330; Schaldach y Mc. Laughlin, 1960:8; Schmidly y Martin, 1973:91; Swanepoel y Genoways, 1979:92; Villa-R., 1967:261; Watkins, et al., 1972:14; Woloszyn y Woloszyn, 1982:56.

Glossophaga commissarisi commissarisi Gardner

Glossophaga commissarisi Gardner, Los Angeles County Mus. Contrib. Sci., 54:1, 11 mayo 1962.

L.T. Tonalá, Chiapas.

Glossophaga commissarisi commissarisi, Webster y Jones, 1982:2.

Distribución: Chiapas, Oaxaca.

Referencias : Baker, R.H., et al., 1971:85; Baker, R.J., 1967:427; Gardner, 1962:7; Goodwin, 1969:69; Hall, 1981:121-122; Hsu, et al., 1968:31; Webb y R.H. Baker, 1969:143; Webster y Jones, 1982:5.

Glossophaga commissarisi hespera Webster y Jones

Glossophaga commissarisi hespera Webster y Jones, Occas. Papers Mus., Texas Tech Univ., 76:2, 29 enero 1982.

L.T. Mina Tepehuajes, cerca de 20 Km N Soyatlán del Oro, Jalisco.

Distribución: Colima, Durango, Jalisco, Nayarit, Sinaloa.

Referencias : R. H. Baker y Greer, 1962:67; Gardner, 1962:7; Hall, 1981:121-122; Jones, et al., 1972:7; Núñez, et al., 1981:653; Sánchez-H., 1978:253; Watkins, et al., 1972: 13; Webb y R. H. Baker, 1962:331; Webster y Jones, 1982:3,5.

Glossophaga leachii (Gray)

Monophyllus leachii Gray, in The zoology of the voyage of H.M.S. Sulphur ..., 1 (1, Mamm.):18, abril 1844.
L.T. Realejo, Chinandega, Nicaragua.
Glossophaga leachii, Webster y Jones, 1980:4.
Distribución: Guerrero, Morelos, Oaxaca, Tlaxcala.
Referencias : Baker, R. J., 1967:427; Goodwin, 1969:70; Hall y Kelson, 1959:114-115,120; Jones y Carter, 1976:14; Jones, et al., 1977:10; Ramírez-P., et al., 1977:249.

Glossophaga mexicana Webster y Jones
Glossophaga mexicana Webster y Jones, Occas. Papers Mus. Texas Tech Univ., 72:5, 7 noviembre 1980.
L.T. Río Guamol, 34 mi. S (por la carretera 190) unión a La Ventosa, Juchitán, Oaxaca.
Distribución: Chiapas, Oaxaca.
Referencias : Webster y Jones, 1980:11.

Glossophaga soricina handleyi Webster y Jones
Glossophaga soricina handleyi Webster y Jones, Occas. Papers Mus. Texas Tech Univ., 72:5,7 noviembre 1980.
L.T. Colegio Peninsular de Mérida, Yucatán.
Distribución: Campeche, Colima, Chiapas, Chihuahua, Distrito Federal, Durango, Guanajuato, Guerrero, Hidalgo, Jalisco, Michoacán, Morelos, Nayarit, Oaxaca, Puebla, Querétaro, Quintana Roo, San Luis Potosí, Sinaloa, Sonora, Tabasco, Tamaulipas, Tlaxcala, Veracruz, Yucatán, Zacatecas.
Referencias : Alvarez, 1963a:400; 1966:193; 1968:25; Alvarez y González Q., 1970:140; Alvarez, et al., 1964:388; Alvarez y Polaco, 1980:136; Anderson, 1960a:7; 1972:13; Baker, R. H., 1967:427; Baker, R. H. y Greer, 1962:67; Baker, R. H., et al., 1971:85; Bathnagar, 1978:865; Birney, et al., 1974:6; Bogan, 1978:529; Cain y Studier, 1974:114; Carter y Jones, 1978:4; Cockrum y Bradshaw, 1963:5; Dalquest y Roth, 1970:220; Findley y Jones, 1965:330; Forman, 1968:907; Forman y Genoways, 1979:183; Gaviño de la Torre, et al., 1981:715; Genoways y Jones, 1968a:743; Goodwin, 1969:65; Griffiths, 1978:725; Hall y Dalquest, 1963:226; Hall y Kelson, 1959:120; Hooper, 1961:121; Hsu, et al., 1968:31; Ingles, 1959:382; Jones, 1964a:751; Jones y Carter, 1976:14; Jones, et al., 1972:8; Jones, et al., 1973b:13; Jones, et al., 1977:10; Lackey, 1970:384; LaVal, 1972:450; Loomis, 1969:6,11; Loomis y Davis, 1965:497; López-F., 1981:680; López-F., et al., 1971a:101; Matson y Patten, 1975:3; Matson, et al., 1978:155; Mollhagen, 1971:20; Novick, 1963:49; Nuñez, et al., 1981:652; Ramírez-P., y López-F., 1979:541; Ramírez-P., et al., 1977:248; Sánchez-H., 1978:254; Sánchez, et al.,

1981:787; Schaldach, 1964:133; Schmidly y Martin, 1973:91; Schmidt, et al., 1971:364; Spenrath y La Val, 1970:396; Uribe, et al., 1981:641; Villa-C., 1981:565; Villa-R., 1963a: 388, 390; 1967:231, 238; Webb y R.H. Baker, 1962:331; Webb y Loomis, 1969:59; Webb, et al., 1981:700; Winkelmann, 1962b:108.

Glossophaga soricina mutica Merriam
Glossophaga mutica Merriam, Proc. Biol. Soc. Washington, 12:18, 27 enero 1898.
L.T. Isla María Madre, Islas Tres Marías, Jalisco (sic), Nayarit.
Glossophaga soricina mutica, Miller, 1913:420.
Distribución: Nayarit.
Referencias : Webster y Jones, 1980:5.

Hylonycteris underwoodi minor Phillips y Jones
Hylonycteris underwoodi minor Phillips y Jones, J. Mamm., 52:77, 26 febrero 1971.
L.T. 10 mi SE Tuxpan, 4,200 pies, Jalisco.
Distribución: Jalisco, Nayarit, Oaxaca.
Referencias : Jones y Carter, 1976:17; Jones y Homan, 1974:1; Jones, et al., 1977:12; Phillips y Jones, 1971:79; Ramírez-P. y López-F., 1979:541; Swanepoel y Genoways, 1979:92; Watkins, et al., 1972:14.

Hylonycteris underwoodi underwoodi Thomas
Hylonycteris underwoodi Thomas, Ann. Mag. Nat. Hist., ser. 7, 11:286, marzo 1903.
L.T. Rancho Redondo, San José, Costa Rica.
Hylonycteris underwoodi underwoodi, Phillips y Jones, 1971:79.
Descripción: Chiapas, Oaxaca, Tabasco, Veracruz.
Referencias : Alvarez y González Q., 1970:142; Baker, R. H. y Womochel, 1966:306; Baker R. J., et al., 1981:668; Davis y Carter, 1962a:69; Goodwin, 1969:72; Hall, 1981:131; Hall y Dalquest, 1963:229; Hall y Kelson, 1959:121; Jones, 1964b:511; Jones y Carter, 1976:17; Jones y Homan, 1974: 1; Jones, et al., 1971:12; Phillips y Jones, 1971:79; Villa-R., 1967:265.

Leptonycteris nivalis (Saussure)
M [=*Ischnoglossa*]. *nivalis* Saussure, Revue et Mag. Zool., Paris, ser. 2, 12:492, noviembre 1860.
L.T. Cerca de la línea de nieve del Pico de Orizaba, Veracruz.
Leptonycteris nivalis, Miller, 1900:126.
Distribución: Coahuila, Distrito Federal, Guerrero, Hidalgo, Jalisco, México, Michoacán, Morelos, Nuevo León, Oaxaca, Sinaloa, Tamaulipas, Veracruz, Zacatecas.

Referencias : Alvarez, 1963a:140; Alvarez, et al., 1964:388; Alvarez y Ramírez-P., 1972:174; Baker, R. H. y Cockrum, 1966:331; Bassols, 1981:34,41; Carter y Jones, 1978:5; Choate y Clifton, 1970:359; Dalquest y Roth, 1970:221; Davis y Carter, 1962b:197; Easterla, 1972:289; Goodwin, 1969:72; Greenbaum y Phillips, 1974:490; Hall, 1981: 132; Hall y Dalquest, 1963:229; Hall y Kelson, 1959: 122; Ingles, 1959:383; Jiménez-G., 1968a:135; Jones y Carter, 1976:15; Jones y Genoways, 1969:130; Jones, et al., 1972:10; Jones, et al., 1977:10; Kingston, et al., 1971:928; Matson y Patten, 1975:3; Mones, 1968:169; Mollhagen, 1972:20; Novick, 1963:50; Ortega y Massieu, 1963:28; Phillips, et al., 1969:1369; Radovsky, et al., 1971:738; Ramírez-P. y Alvarez, 1972:258; Swanepoel y Genoways, 1979:93; Villa-R., 1967:245, 252,254; Villa-R. y Jiménez-G., 1961:392; Watkins, et al., 1972:15; Webb y R.H. Baker, 1969:143; Webb, et al., 1981:700; Whitaker y Easterla, 1975:247.

Leptonycteris yerbabuenae Martínez y Villa,

Leptonycteris nivalis yerbabuenae Martínez y Villa, An. Inst. Biol. Univ. Nal. Autón. México, 11:313, agosto 1940.

L. T. Yerbabuena, Guerrero.

Leptonycteris yerbabuenae, Ramírez-P. y Alvarez, 1972:252.

Distribución: Baja California Norte, Baja California Sur, Colima, Chiapas, Chihuahua, Distrito Federal, Durango, Guerrero, Hidalgo, Jalisco, México, Michoacán, Morelos, Nayarit, Nuevo León, Oaxaca, Puebla, Querétaro, Sinaloa, Sonora, Veracruz, Zacatecas.

Referencias : Alvarez y González Q., 1970:142; Anderson, 1972:239; Baker, R. H. y Cockrum, 1966:331; Baker, R. H. y Womochel, 1966:306; Baker, R. J. 1967:427; Baker, R. J., et al., 1981:668; Bassols, 1981:39, 41; Cain y Studier, 1974:114; Carter y Jones, 1978:5; Cockrum y Bradshaw, 1963:5; Crossin, et al., 1973:196; Davis y Carter, 1962b: 197; Davis, et al., 1964:380; Genoways y Jones, 1968a: 743; Greenbaum y Phillips, 1974:490, Hsu, et al., 1968: 31; Jones, 1964a:751; Jones y Carter, 1976:15; Jones, et al., 1972:10; Jones, et al., 1977:10; Loomis y Davis, 1965:497; Matson y Patten, 1975:4; Matson, et al., 1978:155; Nuñez, et al., 1981:653; Ramírez-P. y Alvarez, 1972:258; Ramírez-P., et al., 1977:255; Schmidly y Martin, 1973:91; Schmidt, et al., 1971:364; Swanepoel y Genoways, 1979:93; Uribe, et al., 1981:641; Watkins, et al., 1972:15; Webb y R. H. Baker, 1969:143: Webb y Loomis, 1969:59; Woloszyn y Woloszyn, 1982:58.

Musonycteris harrisoni Schaldach y McLaughlin

Musonycteris harrisoni Schaldach y McLaughlin, Los Angeles Co. Mus. Contr. Sci., 37:3, 19 mayo 1960.
L.T. 2 Km. SE Pueblo Juárez, Colima
Distribución: Colima, Guerrero, Jalisco, Michoacán.
Referencias : Goodwin, 1969:70; Hall, 1981:129; Jones y Carter, 1976: 19; Jones, et al., 1977:12; Ramírez-P., et al., 1977: 253; Sánchez-H., 1978:252; Schaldach y McLaughlin, 1960: 8; Swanepoel y Genoways, 1979:94; Uribe, et al., 1981: 641; Villa-R., 1967:257-258; Webster, et al., 1982:2; Winkelmann, 1962b:108.

SUBFAMILIA CAROLLINAE

"Murciélagos"

Carollia brevicauda (Schinz)
Phyllost [oma]. *bernicaudum* Schinz, Saugethiere und Vogel J. G. Cottaschen Buchhandlung, Stuttgart and Tubingen, 1:164, 1821.
L.T. Facenda von Coroaba in den grossen Waldern an den veern des Kleinen flusses Jucú unweit des Rio do Espiritu Santo, Brasil (*fide*) Pine, 1973:28.
Carollia brevicauda, H. Allen, 1890:291
Distribución: Campeche, Hidalgo, Oaxaca, Puebla, Quintana Roo, San Luis Potosí, Tabasco, Veracruz.
Referencias : Carter y Jones, 1978:6; Forman y Genoways, 1979:186; Heaney y Birney, 1977:543; Hoffmann y B.Barrera, 1970: 149; Jones y Carter, 1976:19; Jones, et al., 1973b: 14; Jones, et al., 1977:12; Pine, 1972b:41-42.

Carollia perspicillata azteca Saussure
Carollia azteca Saussure, Revue et Mag. Zool., Paris, ser. 2, 12:480, noviembre 1860.
L. T. No precisa. Sur de México (Restringida a Pérez, Veracruz por Dalquest, Occas. Papers Mus. Zool. Louisiana State Univ., 23:2, 1950).
Carollia perspicillata azteca, Miller, 1924:54.
Distribución: Campeche, Chiapas, Oaxaca, Puebla, Quintana Roo, San Luis Potosí, Tabasco, Tamaulipas, Veracruz, Yucatán.
Referencias : Alvarez, et al., 1964:388; Baker, R. H. y Greer, 1960: 414; Baker, R. H. et al., 1971:85; Baker, R. J. 1967: 427; Bassols, 1981:42; Bhatnagar, 1978:865; Birney, et al., 1974:6; Dalquest y Roth, 1970:220; Forman y Genoways, 1979:186; Goodwin, 1969:75; Hall, 1981:137; Hall y Dalquest, 1963:230; Hall y Kelson, 1959:123; Hoffmann y B.Barrera, 1970:149; Hsu, et al., 1968:31; Jones y Carter, 1976:19; Jones, et al., 1973b:15;

Jones, et al., 1977:12; Lackey, 1970:384; Loomis, 1969: 6; LaVal, 1972:450; Mollhagen, 1971:20; Pine, 1972b:70; Schaldach, 1964:134; Schmidt, et al., 1971:364; Villa-R., 1967:267.

Carollia subrufa (Hahn)
Hemiderma subrufum Hahn, Proc. Biol. Soc. Washington, 18:247; 9 diciembre 1905.
L.T. Santa Efigenia, 8 mi NW Tepanatepec, Oaxaca.
Carollia subrufa, Miller, 1924:54.
Distribución: Colima, Chiapas, Guerrero, Jalisco, Michoacán, Oaxaca.
Referencias : Alvarez, 1968:25; Baker, R. H. et al., 1971:85; Baker, R. J., 1967:427; Bassols, 1981:16, 42; Goodwin, 1969: 75-77; Hsu, et al., 1968:31; Ingles, 1959:383; Jones y Carter, 1976:19; Jones, et al., 1977:13; La Val, 1972:450; Pine, 1972b: Ramírez-P. y López-F., 1979: 542; Ramírez-P., et al., 1977:256; Schaldach, 1964: 134; Villa-R., 1967:270; Watkins, et al., 1972:16; Webb y R. H. Baker, 1969:143.

SUBFAMILIA STURNIRINAE

"Murciélagos"

Sturnira lilium parvidens Goldman
Sturnira lilium parvidens Goldman, Proc. Biol. Soc. Washington, 30:116, 23 mayo 1917.
L.T. Papayo, 25 mi NW Acapulco, Guerrero.
Distribución: Campeche, Colima, Chiapas, Chihuahua, Durango, Guerrero, Hidalgo, Jalisco, Michoacán, Morelos, Nayarit, Oaxaca, Puebla, Querétaro, Quintana Roo, San Luis Potosí, Sinaloa, Sonora, Tabasco, Tamaulipas, Veracruz, Yucatán, Zacatecas.
Referencias : Alvarez, 1963a:401; Alvarez y Polaco, 1980:136; Anderson, 1960a:7; 1972:239; Baker, R. H. y Greer, 1962:69; Baker, R. H. y Womochel, 1966:306; Baker, R. H., et al., 1967: 225; 1971:85; Baker, R. J., 1967:427; Baker, R. J. y Christianson, 1966:311; Baker, R. J. y López, 1968:361; Bassols, 1981:40,41; Birney, et al., 1974:6; Carter y Jones, 1978:6; Cockrum y Bradshaw, 1963:5-6; Choate y Clifton, 1970:359; Findley y Jones, 1965:330; Forman, 1968:909; Genoways y Jones, 1968a:744; Goodwin, 1969:79; Hall, 1981:139; Hall y Dalquest, 1963:234; Hall y Kelson, 1959:126; Hsu, et al., 1968:31;
Jones, 1964a:751; 1964b:515; Jones y Carter, 1976:20; Jones y Dunnigan, 1965:462; Jones, et al., 1962:153; Jones, et al., 1972:10; Jones, et al., 1973b:16; Jones, et al., 1977:13; Kingston, et al., 1971:928; Lackey,

1970:384; La Val, 1972:450; López-F., et al., 1971a:102; Loomis y Davis, 1965:497; Matson y Patten, 1975:4; Matson, et al., 1978:155; Núñez, et al., 1981:654; Peterson, 1963:93; Ramírez-P., 1969a:123; Ramírez-P. y López-F., 1979:541; Ramírez-P., et al., 1977:256-257; Sánchez-H., 1978:254; Schaldach, 1964:13; 1966:291; Schmidly y Martin, 1973:91; Schmidt, et al., 1971:364; Spenrath y La Val, 1970:396; Villa-R., 1967:272-273; Watkins, et al., 1972:16-17; Webb y R. H. Baker, 1962: 330; 1969:143; Webb, et al., 1981:700.

Sturnira ludovici ludovici Anthony

Sturnira ludovici Anthony, Amer. Mus. Novitates, 139:8; 20 octubre 1924.

L.T. Guaba, cerca de 4,000 pies NW Ecuador.

Sturnira ludovici ludovici, Jones y Phillips, 1964:477.

Distribución: Colima, Chiapas, Guerrero, Hidalgo, Michoacán, Oaxaca, Puebla, Querétaro, San Luis Potosí, Tamaulipas, Veracruz.

Referencias : Alvarez y Polaco, 1980:136; Baker, R. H. y Greer, 1962: 69; Baker, R. H. y Phillips, 1965a:691; Baker, R. H. y Womochel, 1966:306; Baker, R. H., et al., 1971:85; Baker, R. J., 1967:427; Carter y Jones, 1978:6; Choate y Clifton, 1970:359; Goodwin, 1969:79; Hall, 1981:139, 140; Hall y Dalquest, 1963:234; Hsu, et al., 1968:31; Jones, 1964b:511; Jones y Carter, 1976:21; Jones y Dunnigan, 1965:461; Jones, et al., 1977:13; La Val, 1972: 450; Musser, 1964:7; Ramírez-P., et al., 1977:258; Schmidly y Matson, 1973:91; Schmidt, et al., 1971:364; Swanepoel y Genoways, 1979:101; Villa-R., 1967:275; Webb y R.H. Baker, 1962:331; 1969:143.

Sturnira ludovici occidentalis Jones y Phillips

Sturnira ludovici occidentalis Jones y Phillips, Univ. Kansas Publ., Mus. Nat. Hist., 14:477, 2 marzo 1964.

L.T. Plumosas, 2,500 pies, Sinaloa.

Distribución: Durango, Jalisco, Sinaloa.

Referencias : Baker, R. H. y Phillips, 1965a:691; Hall y Kelson, 1959: 126; Jones, 1964b:515; Jones y Carter, 1976:21; Jones y Genoways, 1969:130; Jones y Phillips, 1964:481; Jones, et al., 1972:11; Jones, et al., 1977:13; Nuñez, et al., 1981:654; Schaldach, 1966:291; Swanepoel y Genoways, 1979:101; Watkins, et al., 1972:17; Webb, et al., 1981:700.

SUBFAMILIA STENODERMINAE
"Murciélagos"

Artibeus aztecus aztecus Andersen

Artibeus aztecus Andersen, Ann. Mag. Nat. Hist., ser. 7, 18:442, diciembre 1906.
L.T. Tetela del Volcán, Morelos.
Artibeus aztecus aztecus, Davis, 1969:21.
Distribución: Chiapas, Durango, Guerrero, Hidalgo, Jalisco, México, Michoacán, Morelos, Nayarit, Nuevo León, Oaxaca, Querétaro, San Luis Potosí, Sinaloa, Tamaulipas.
Referencias : Alvarez, 1963a:404; Alvarez y Polaco, 1980:136; Alvarez y Ramírez-P.. 1972:170; Baker, R. H. Y Greer, 1962:70; Baker, R. J. y López, 1968:361; Bassols, 1981:40; Carter y Jones, 1978:7; Choate y Clifton, 1970:359; Davis, 1969:21-22; Davis, et al., 1964:385; Goodwin, 1969:90; Hall, 1981:159; Jiménez-G., 1968a:135; Jones, 1964b:512; Jones y Carter, 1976:27; Jones, et al., 1972: 11; Jones et al., 1977:15; Koopman, 1961:536; Machado-Allison, 1964:194; 1965:266; Mollhagen, 1971:20; Shaldach, 1966:291; Schmidly y Martin, 1973:91; Villa-R., 1967:308; Watkins, et al., 1972:20; Webb y R. H. Baker, 1962:330; Webster y Jones, 1982a:1.

Artibeus aztecus minor Davis
Artibeus aztecus minor Davis, Southwestern Nat., 14:22, 16 mayo 1969.
L.T. San Cristóbal, Verapaz, 4,485 pies, Alta Verapaz, Guatemala.
Distribución: Chiapas.
Referencias : Davis, 1969:22; Jones y Carter, 1976:27; Jones, et al., 1977:15; Webster y Jones, 1982a:1.

Artibeus cinereus watsoni Thomas
Artibeus watsoni Thomas, Ann. Mag. Nat. Hist., ser. 7, 18:423, diciembre 1901.
L.T. Bogava (=Bogavo = Bugava), Chiriquí, Panamá.
Artibeus cinereus watsoni, Hershkovitz, 1949:449.
Distribución: Oaxaca, Veracruz.
Referencias : Davis, 1970b:393; Jones y Carter, 1976:26; Jones, et al., 1977:17.

Artibeus hartii Thomas
Artibeus hartii Thomas, Ann. Mag. Nat. Hist., ser. 6, 10:409, noviembre 1892.
L.T. Trinidad, Antillas Menores.
Distribución: Chiapas, Guerrero, Jalisco, Oaxaca, Tamaulipas.
Referencias : Alvarez, 1963a:404; Baker, R. J., 1967:428; Baker, R.J. y López, 1968:361; Baker, R. J., et al., 1971:85; Goodwin, 1969:90; Hsu, et al., 1968:31; Jones, 1964b: 512; Jones y Carter, 1976:28; Jones, et al., 1977:17; Koopman y Martin, 1959:4; Mollhagen, 1971:20; Ramírez-P.

y López-F., 1979:541; Villa-R., 1967:318; Watkins, et al., 1972:21.

Artibeus hirsutus Andersen
Artibeus hirsutus Andersen, Ann. Mag. Nat. Hist., ser. 7, 18:420, diciembre 1906.
L.T. La Salada, Michoacán.
Distribución: Chihuahua, Guerrero, Jalisco, Michoacán, Morelos, Nayarit, Sinaloa, Sonora, Zacatecas.
Referencias : Anderson, 1960a:5-6; 1972:240; Baker, R. J. y Christianson, 1966:310; Carpenter y Graham, 1967:711; Cockrum y Bradshaw, 1963:6; Findley y Jones, 1965:311; Genoways y Jones, 1968a:744; Goodwin, 1969:85; Hall, 1981:158; Hall y Kelson, 1959:136; Jones, 1964b:512; Jones y Carter, 1976:27; Jones, et al., 1972:13; Jones, et al., 1977:16; Loomis y Davis, 1965:497; Matson y Patten, 1975:5; Packard y Judd, 1967:330; Ramírez-P., 1969a:123; Ramírez-P. y López-F., 1979:542; Ramírez-P. y Sánchez-H., 1972:107; Ramírez-P., et al., 1977:259; Swanepoel y Geno /s, 1979:99; Villa-R., 1967:305: Watkins, et al., 1972:18.

Artibeus jamaicensis paulus Davis
Artibeus jamaicensis paulus Davis, J. Mamm., 51:119, 20 febrero 1970a.
L.T. 7.5 Km WNW La Libertad, cerca de 500 pies, Departamento de la Libertad, El Salvador.
Distribución: Chiapas, Oaxaca.
Referencias : Davis, 1970a:120-121; Jones y Carter, 1976:27; Jones, et al., 1977:16.

Artibeus jamaicensis richardsoni J. A. Allen
Artibeus jamaicensis richardsoni J. A. Allen, Bull. Amer. Mus. Nat. Hist., 24:669, 13 octubre 1908.
L.T. Matagalpa, Nicaragua.
Distribución: Chiapas, Tabasco.
Referencias : Davis, 1970a:115; Jones y Carter, 1976:28; Jones, et al., 1977:16.

Artibeus jamaicensis triomylus Handley
Artibeus jamaicensis triomylus Handley, An. Inst. Biol., Univ. Nal. Autón. México, 36:209, 20 junio 1966c.
L.T. Papayo, Guerrero.
Distribución: Colima, Chiapas, Durango, Guerrero, Jalisco, Michoacán, Morelos, Nayarit, Oaxaca, Sinaloa, Zacatecas.
Referencias : Alvarez, 1968:25; Anderson, 1960a:4; Baker, R. H. y Greer, 1962:71; Baker, R. H. y Womochel, 1966:306;

Baker, R. J., 1967:427; Bassols, 1981:40; Davis, 1970a: 119; Forman, 1968:910; Gaviño de la Torre, et al., 1981: 715; Genoways y Jones, 1968a:744; Goodwin, 1969:87; Handley, 1966c:300; Hsu, et al., 1968:31; Jones, 1964b: 512; Jones y Carter, 1976:28; Jones, et al., 1972:13; Jones, et al., 1977:16; Kingston, et al., 1971:928; López-F., 1981:680; López-F.C. y Urbano, 1977:235; López-F., et al., 1971a:102; Matson y Patten, 1975:5; Matson, et al., 1978:155; Morrison, 1978:622; 1979:11; Novick, 1960:508; Núñez, et al., 1981:655; Ortega y Massieu, 1963:28; Ramírez-P., 1969a:124; Ramírez-P. y López-F., 1979:541; Ramírez-P., et al., 1977:259-260; Sánchez-H., 1978:254; Tuttle, 1968:787; Uribe, et al., 1981:642; Villa-R., 1967:296; Villa-R., y López-F., 1967:189; Villa-R., et al., 1967:10; Watkins, et al., 1972:18-19; Webb y R. H. Baker, 1962:331; 1969:144.

Artibeus jamaicensis yucatanicus J. A. Allen

Artibeus yucatanicus J. A. Allen, Bull. Amer. Mus. Nat. Hist., 20:232, 29 junio 1904.

L.T. Chichen-Itza, Yucatán.

Artibeus jamaicensis yucatanicus, Andersen, 1908:263.

Distribución: Campeche, Chiapas, Hidalgo, Oaxaca, Puebla, Querétaro, Quintana Roo, San Luis Potosí, Tabasco, Tamaulipas, Veracruz, Yucatán.

Referencias : Alvarez, 1963a:402; Alvarez y Ramírez-P., 1972:171; Baker, R. H., et al., 1971:85; Baker, R. J., 1967:427; Baker, R. J., et al., 1979b:222; Bassols, 1981:39,40; Bhatnagar, 1978:865; Birney, et al., 1974:7; Bowles, 1972:271; Carter y Jones, 1978:7; Choate y Clifton, 1970: 358; Dalquest y Roth, 1970:220; Davis, 1970a:118; Goodwin, 1969:86; Hall, 1981:155; Hall y Dalquest, 1963: 234; Hall y Kelson, 1959:137; Handley, 1966c:300; Hoffmann, 1962:242; Hoffmann y B.Barrera, 1970:149; Hsu, et al., 1968:31; Ingles, 1959:383; Jones y Carter, 1976: 28; Jones y Lawlor, 1965:412; Jones, et al., 1973b:17; Jones, et al., 1977:16; LaVal, 1972:450; Loomis, 1969: 6; Machado-Allison, 1964:194; 1965:266; Mollhagen, 1971:20; Mones, 1968:169; Novick, 1960:508; Schmidly y Martin, 1973:91; Schmidt, et al., 1971:364; Vázquez Yañez, et al., 1975:73; Villa-R., 1967:299-300; Webb, et al., 1967:6.

Artibeus lituratus intermedius J. A. Allen

Artibeus intermedius J. A. Allen, Bull. Amer. Mus. Nat. Hist., 9:33, 11 marzo 1897.

L.T. San José, Costa Rica.

Artibeus lituratus intermedius, Goodwin, 1969:88.

Distribución: Campeche, Colima, Chiapas, Durango, Guerrero, Hidalgo, Jalisco, Morelos, Nayarit, Oaxaca, Puebla, Querétaro, Quintana Roo, San Luis Potosí, Sinaloa, Tabasco, Tamaulipas, Veracruz, Yucatán, Zacatecas.

Referencias : Alvarez, 1963a:402; 1968:27; Alvarez y Polaco, 1980:136; Alvarez, et al., 1964:388; Anderson, 1960a:3; Baker, R. J., 1967:427; Bassols, 1981:42; Bogan, 1978:529; Caballero-D., 1971:35; Carter y Jones, 1978:7; Crossin, et al., 1973:196; Forman, 1968:911; 1972:649; Gaviño de la Torre, et al., 1981:715; Genoways y Jones, 1968a: 744; Goodwin, 1969:88; Hall, 1981:158; Hall y Dalquest, 1963:237; Hall y Kelson, 1959:138; Hsu, et al., 1968: 31; Jones, 1964a:751; 1964b:512; Jones y Carter, 1976: 28; Jones y Lawlor, 1965:412; Jones, et al., 1962:153; Jones, et al., 1972:14; Jones, et al., 1973b:18; Jones, et al., 1977:16; La Val, 1972:450; López-F. et al., 1971a:102; Matson y Paten, 1975:5; Mollhagen, 1971: 20; Novick, 1963:53; Núñez, et al., 1981:656; Ramírez-P. , 1969a:124; Ramírez-P. y López-F., 1979: 541; Ramírez-P. et al., 1977:265; Sánchez-H., 1978: 252,254; Schmidly y Martin, 1973:91; Schmidt, et al., 1971:364; Spenrath y LaVal, 1970:396; Uribe, et al., 1981:642; Villa-R., 1967:303; Villa-R. y Jiménez-G., 1961:394; Watkins, et al., 1972:19; Webb y R. H. Baker, 1969:144; Webb, et al., 1981:700.

Artibeus phaeotis nanus Andersen

Artibeus nanus Andersen, Ann. Mag. Nat. Hist., ser. 7, 18:423, diciembre 1906.

L.T. Tierra Colorada, Sierra Madre del Sur, Guerrero.

Artibeus phaeotis nanus, Jones y Lawlor, 1965:412.

Distribución: Colima, Guerrero, Jalisco, Michoacán, Nayarit, Oaxaca, Sinaloa.

Referencias : Alvarez, 1968:26; Baker, R. H. y Greer, 1962:70; Baker R. J., 1967:428; Davis, 1970b:400; Gaviño de la Torre, et al., 1981:715; Jones, 1964:753; Jones y Carter, 1976: 26; Jones, et al., 1972:14; Jones, et al., 1977:16; Koopman, 1961:536; López-F., et al., 1971a:102; Núñez, et al., 1981:656; Ramírez-P. y López-F., 1979:542; Ramírez-P., et al., 1977:266; Sánchez-H., 1978:252; Villa-R., 1967:314-315; Watkins, et al., 1972:21; Webb y R. H. Baker, 1969:144.

Artibeus phaeotis palatinus Davis

Artibeus phaeotis palatinus Davis, Southwestern Nat., 14:400, 16 febrero 1970b.

L.T. 15 Km SW Rutalhuleu, 240 pies, Rutalhuleu, Guatemala.

Distribución: Chiapas, Oaxaca.

Referencias : Davis, 1970b:401; Jones y Carter, 1976:26; Jones, et al., 1977:16.

Artibeus phaeotis phaeotis (Miller)
Dermanura phaeotis Miller, Proc. Acad. Nat. Sci. Philadelphia, 54:405, 12 septiembre 1902.
L.T. Chichén-Itzá, Yucatán.
Artibeus phaeotis phaeotis, Jones y Lawlor, 1965:412.
Distribución: Campeche, Chiapas, Oaxaca, Quintana Roo, Tabasco, Veracruz, Yucatán.
Referencias : Baker, R. H., et al., 1971:85; Baker, R. J., 1967:428; Birney, et al., 1974:7; Davis, 1970b:398; Goodwin, 1969:89; Hall y Dalquest, 1963:238; Hsu, et al., 1968:31; Jones y Carter, 1976:26; Jones y Lawlor, 1965:412; Jones, et al., 1973b:19; Jones, et al., 1977:16; Lackey, 1970:384; Schaldach, 1964:135; Villa-R., 1967:312.

Artibeus toltecus hesperus Davis
Artibeus toltecus hesperus Davis, Southwestern, Nat., 14:25, 16 mayo 1969.
L.T. Agua del Obispo, 3,300 pies, Guerrero.
Distribución: Colima, Chiapas, Durango, Guerrero, Jalisco, Morelos, Nayarit, Oaxaca, Sinaloa, Zacatecas.
Referencias : Alvarez y Ramírez-P., 1972:170; Baker, R. H., et al., 1971:85; Crossin, et al., 1973:199; Davis, 1969:26; Genoways y Jones, 1968a:744; Hall, 1981:160; Hsu, et al., 1968:31; Jones y Carter, 1976:27; Jones, et al., 1972:15; Jones, et al., 1977:17; Matson y Patten, 1975:5; Núñez, et al., 1981:656; Ramírez-P., 1969a:124; Ramírez-P., 1969a:124; Ramírez-P. y López-F., 1979:542; Ramírez-P., et al., 1977:267; Watkins, et al., 1972:20; Webb, et al., 1981:700; Webster y Jones, 1982b:1.

Artibeus toltecus toltecus (Saussure)
Stenoderma tolteca Saussure, Revue et Mag. Zool., Paris, ser. 2, 12:427, octubre 1860.
L.T. No precisa. México (Restringida a Mirador, Veracruz por Hershkovitz, Proc. U. S. Nat. Mus. 99:449, 10 mayo 1949)
Artibeus toltecus toltecus, Davis, 1944:378.
Distribución: Chiapas, Hidalgo, Oaxaca, Puebla, Querétaro, San Luis Potosí, Tamaulipas, Veracruz.
Referencias : Alvarez, 1963a:403; Baker, R. H. y Greer, 1962:71; Baker, R. J. y López, 1968:361; Baker, R. H., et al., 1971:85; Baker, R. J., 1967:427; Baumgardner, et al., 1977:238; Carter y Jones, 1978:8; Davis, 1969:27-28; Davis, et al., 1964:385; Forman y Genoways, 1979:193; Genoways y Jones, 1968a:744; Goodwin, 1969:89; Hall y

Dalquest, 1963:238; Hsu, et al., 1968:31; Jiménez-G., 1968a:136; Jones, 1964b:515; Jones y Alvarez, 1964: 302; Jones y Carter, 1976:27; Jones y Dunnigan, 1965: 462; Jones, et al., 1962:153; Jones, et al., 1977:17; Koopman y Martin, 1959:4; La Val, 1972:450; Schaldach, 1964:134; 1966:291; Schmidt, et al., 1971:364; Swanepoel y Genoways, 1979:99; Villa-R., 1967:310-311; Webster y Jones, 1982b:1.

Centurio senex senex Gray

Centurio senex Gray, Ann. Mag. Nat. Hist., ser. 10, 10:259, diciembre 1842.
L.T. Realejo, Chinandega, Nicaragua.

Centurio senex senex, Paradiso, 1967:599.

Distribución: Campeche, Colima, Chiapas, Durango, Guerrero, Hidalgo, Jalisco, Oaxaca, Quintana Roo, Sinaloa, Tamaulipas, Veracruz.

Referencias : Alvarez, 1963a:405; Baker, R. J., 1967:428; Carter y Jones, 1978:8; Crossin, et al., 1973:199; Davis, et al., 1964:386; Goodwin, 1969:90; Hall, 1981:168; Hall y Dalquest, 1963:239; Hall y Kelson, 1959:146; Hsu, et al., 1968:31; Jones, 1964b:512; Jones y Carter, 1976: 30; Jones y Dunnigan, 1965:462; Jones, et al., 1972:16; Jones, et al., 1973b:19; Jones, et al., 1977:17; Koopman y Martin, 1959:4; Mollhagen, 1971:20; Nuñes, et al., 1981:657; Paradiso, 1967:600; Ramírez-P. y López-F., 1979:542; Sánchez-H., 1978:252; Schaldach, 1964:135; Snow, et al., 1980:2; Swanepoel y Genoways, 1979:98; Villa-R., 1967: 320; Watkins, et al., 1972: 22.

Chiroderma salvini salvini Dobson

Chiroderma salvini Dobson, Catalogue of the Chiroptera in the British Museum, p. 532, 1878.
L.T. No precisa. Costa Rica.

Chiroderma salvini salvini, Handley, 1966c:298.

Distribución: Hidalgo, Puebla, Veracruz.

Referencias : Alvarez y Polaco, 1980:136; Alvarez y Ramírez-P., 1972: 169; Carter, et al., 1966:495; Handley, 1966c:298; Jones y Carter, 1976:25; Jones, et al., 1977:15; Schmidt, et al., 1971:364.

Chiroderma salvini scopaeum Handley

Chiroderma salvini scopaeum Handley, Ann. Inst. Biol. Univ. Nal. Autón. México, 36:298, 20 junio 1966c.
L.T. Pueblo Juárez, Colima.

Distribución: Colima, Chihuahua, Durango, Guerrero, Jalisco, Nayarit, Oaxaca, Sinaloa, Zacatecas.

Referencias : Anderson, 1960a:7; 1972:240; Arnold y Schonewald, 1972: 172; Crossin, et al., 1973:199; Genoways y Jones, 1968a: 744; Hall, 1981:149; Handley, 1966c:298; Jones, 1964b: 515; Jones y Carter, 1976:25; Jones, et al., 1972:15; Jones, et al., 1977:15; Matson y Patten, 1975:4; Matson, et al., 1978:155; Ramírez-P. y López-F., 1979: 542; Swanepoel y Genoways, 1979:98; Villa-R., 1967: 293; Watkins, et al., 1972:18.

Chiroderma villosum jesupi J. A. Allen
Chiroderma jesupi J. A. Allen, Bull. Amer. Mus. Nat. Hist., 13:88, mayo 12 1900.
L.T. Cacagualito, Santa Marta, Colombia.
Chiroderma villosum jesupi, Handley, 1960:466.
Distribución: Campeche, Chiapas, Hidalgo, Oaxaca, Puebla, Quintana Roo, Veracruz.
Referencias : Arnold y Schonewald, 1972:172; Baker, R. J., 1967:427; Birney, et al., 1974:6; Carter y Jones, 1978:7; Davis, et al., 1964:385; Goodwin, 1969:85; Hall, 1981:151; Hall y Dalquest, 1963:234; Handley, 1960:466; 1966c: 298; Hsu, et al., 1968:31; Jones y Carter, 1976:25; Jones, et al., 1973b:17; Jones, et al., 1977:15; Schaldach, 1964:134; Villa-R., 1962:382; 1967:288.

Uroderma bilobatum convexum Lyon
Uroderma convexum Lyon, Proc. Biol. Soc. Washington, 15:83; 25 abril 1902.
L.T. Colón, Panamá.
Uroderma bilobatum convexum, Davis, 1968:693.
Distribución: Chiapas, Oaxaca.
Referencias : Baker, R. J., 1981:297; Baker, R. J. y López, 1970:788; Davis, 1968:695; Jones, y Carter, 1976:22; Jones, et al., 1977:13; Villa-R., 1967:278.

Uroderma bilobatum davisi Baker, R. J. y McDaniel
Uroderma bilobatum davisi Baker, R. J. y McDaniel, Occas. Papers Mus. Texas. Tech. Univ., 7:1, 3 noviembre 1972.
L.T. 3 mi NW La Herradura, La Paz, 20 m, El Salvador.
Distribución: Chiapas, Oaxaca.
Referencias : Baker, R. J., et al., 1973:428; Baker, R. J. y McDaniel, 1972:3-4; Jones, 1964b:511; Jones y Carter, 1976:22; Jones, et al., 1977:13.

Uroderma bilobatum molaris Davis
Uroderma bilobatum molaris Davis, J. Mamm., 49:698, 26 noviembre 1968.
L.T. 16 mi NW Palenque, 100 pies, Chiapas.
Distribución: Chiapas, Oaxaca, Tabasco, Veracruz.

Referencias : Arnold y Schonewald, 1972:171; Baker, R. J., 1967:427; Baker, R. J. y McDaniel, 1972:4; Baker, R. J., et al., 1973:428; Davis, 1968:697; Davis, et al., 1964:382; Jones, 1964b:511; Jones, y Carter, 1976:22; Jones, et al., 1977:13; Lackey, 1970:384.

Uroderma magnirostrum Davis
Uroderma magnirostrum Davis, J. Mamm., 49:479, 26 noviembre 1968.
L.T. 10 Km E San Lorenzo, 25 pies, Departamento de Valle, Honduras.
Distribución: Chiapas, Guerrero, Oaxaca.
Referencias : Davis, 1968:680; Jones y Carter, 1976:22; Jones, et al., 1977:14; Ramírez-P. y López-F., 1979:542.

Vampyressa pusilla thyone Thomas
Vampyressa thyone Thomas, Ann. Mag. Nat. Hist., ser. 8, 4:231, 1909.
L.T. Chimbo, 1,000 pies, cerca de Guayaquil, Provincia de Bolivar, Ecuador.
Vampyressa pusilla thyone, Goodwin, 1963a:12.
Distribución: Campeche, Chiapas, Oaxaca, Veracruz.
Referencias : Arnold y Schonewald, 1972:171; Davis, et al., 1964:384; Jones y Carter, 1976:24; Jones, et al., 1973b:16; Jones, et al., 1977:14; Schaldach, 1964:136.

Vampyrodes caraccioli major G. M. Allen
Vampyrodes major G. M. Allen, Bull. Mus. Comp. Zool., 52:38, julio 1908.
L.T. San Pablo, Panamá.
Vampyrodes caraccioli major, Carter, Pine y Davis, 1966:494.
Distribución: Chiapas, Oaxaca, Veracruz.
Referencias : Carter, et al., 1966:494; Davis, et al., 1964:384; Goodwin, 1969:85; Jones, 1964b:511; Jones y Carter, 1976:24; Jones, et al., 1977:14; Lay, 1962:375; Schaldach, 1964:135; Villa-R., 1967:285.

Vampyrops helleri Peters
Vampyrops helleri Peters, Montasb. preuss. Akad. Wiss., Berlin, p. 392, 1866.
L.T. No precisa. México
Distribución: Chiapas, Oaxaca, Tabasco, Veracruz.
Referencias: Baker, R.J., 1967:427; Bassols, 1981:40; Carter, et al., 1966:494; Davis, et al., 1964:383; Gardner y Carter, 1972:79; Goodwin, 1969:80; Hsu, et al., 1968:31; Jones y Carter, 1976:24; Jones, et al., 1977:14; Lackey, 1970:384; Schaldach, 1964:134; Swanepoel y Genoways, 1979:103; Villa-R., 1967:282.

SUBFAMILIA DESMODONTINAE

"Murciélagos vampiros"

Desmodus rotundus murinus Wagner

D[*esmodus*]. *murinus* Wagner, *in* Schreber, Die Saügthiere..., suppl., 1:377, 1840.

L.T. No precisa. México.

Desmodus rotundus murinus, Osgood, 1912:63.

Distribución: Campeche, Colima, Chiapas, Chihuahua, Durango, Guerrero Hidalgo, Jalisco, Michoacán, Morelos, Nayarit, Nuevo León, Oaxaca, Puebla, Querétaro, Quintana Roo, San Luis Potosí, Sonora, Tabasco, Tamaulipas, Veracruz, Yucatán, Zacatecas.

Referencias: Alvarez,1963a:406; 1968:28; Alvarez y Polaco, 1980:136; Alvarez, et al., 1964:388; Anderson, 1960a:7; 1972:241; Baker, R.H. y Greer, 1960:414; 1962:72; Baker, R.H. y Webb, 1966:185; Baker, R.H. y Womochel, 1966:306; Baker R.H., et al., 1971:85; Baker, R.J. 1979:155; Baker, R. J. y López, 1968:361; Bassols, 1981:39,40; Bhatnagar, 1978:685; Bieber y Schmidt, 1971:280; Birney, et al., 1974:7; Burns, 1970:391; Burns y Flores-C., 1975:446; Cadena y R.J. Baker, 1976:160; Carter y Jones, 1978:8; Choate y Cliffton, 1970:358; Dalquest y Roth, 1970:220; Flores-C., et al., 1970:627; Flores-C., et al., 1972a: 139; Flores-C., et al., 1972b:367; Forman, et al.,1968: 421; Genoways y Jones, 1968a:744; Goodwin, 1969:93; Greenhall, et al., 1969:246; Greenhall, et al., 1971: 136; Hall, 1981:168; Hall y Dalquest, 1963:239; Hall y Kelson, 1959:151; Hoffmann,1960:103; 1962:226; Honeycutt, et al.,1981:805; Horst y Langworthy, 1972: 903; Ingles, 1959:383; Jones, 1964a:751; Jones y Carter, 1976:31; Jones, et al., 1972:16; Jones, et al., 1973b: 19; Jones, et al.,1977:17; Kingston, et al., 1971:928; Lackey, 1970:384; LaVal, 1972:450; Linhart, 1973:494; Loomis, 1969:6; Loomis y Davis, 1965:497; López-F. C y Urbano, 1977:235;López-F., et al., 1971a:102; López-F., et al., 1971b:227; Matson y Patten, 1975:5; Matson, et al., 1978:155; McNab, 1973:140; Mollhagen, 1971:20; Mones, 1968:169; Novick, 1963:54; Núñez, et al., 1981: 657; Ortega y Masieu, 1963:28, Phillips y Steinberg, 1976:1; Ramírez-P. y López-F., 1979:541; Ramírez-P. y Sánchez-H., 1972:107; Ramírez-P., et al., 1977:268; Sánchez-H., 1978:252; Schmidly y Martin, 1973:91; Schmidt, et al., 1971:360;Swanepoel y Genoways, 1979: 105; Uribe, et al., 1981:642; Villa-R.,1967:327; Villa-R. y López-F., 1967:192; Villa-R., et al.,1967:10; Vomero, 1972:157; Watkins, et al., 1972:23; Webb y R. H. Baker, 1962:331; 1969:144; Webb y Loomis, 1969:59; Webb, et al., 1981:700; Wimsatt, 1969:235; Winkelman, 1962b:108.

Desmodus youngi Jentink
Desmodus youngi Jentink, Nat. Leyden Mus., 15:282, 1893.
L.T. Berbice, Guayana Inglesa.
Distribución: Tabasco, Tamaulipas.
Referencias: Jones y Carter, 1976:31; Jones, et al., 1977:17; Lay, 1962:375; Villa-R., 1964:127; 1967:339.

Diphylla ecaudata Spix
Diphylla ecaudata Spix, Simiarum et vespertilionum Brasiliensium..., p.68, pl. 36, 1823.
L.T. Brasil (restringida a Río San Francisco, Bahía por Cabrera, 1958:94).
Distribución: Campeche, Hidalgo, Oaxaca, Puebla, Querétaro, Quintana Roo, San Luis Potosí, Tamaulipas, Veracruz, Yucatán.
Referencias: Alvarez, 1963a:406; Baker, R.J., 1979:155; Baumgardner, et al., 1977:238; Bhatnagar, 1978:865; Birney, et el., 1974:7; Cadena y R.J. Baker, 1976: 161; Carter y Jones, 1978:8; Forman y Genoways, 1979:200; Forman, et al., 1968:422; Goodwin, 1969:93; Hall, 1981:175-176; Hall y Dalquest,1963:241; Hall y Kelson, 1959:152; Honeycutt, et al.,1981:805; Jones y Carter, 1976:31; Jones, et el., 1973b:20; Jones, et al., 1977:18; Mollhagen, 1971:20; Schmidt, et al.,1971:364; Swanepoel y Genoways, 1979: 106; Villa-R., 1967:342; Villa-R. y López-F., 1967:192.

FAMILIA NATALIDAE
"Murciélagos"

Natalus stramineus mexicanus Miller
Natalus mexicanus Miller, Proc. Acad. Nat. Sci. Philadelphia, 54:399, 12 septiembre 1902.
L.T. de *stramineus* desconocida, de *mexicanus* Santa Anita, Baja California Sur.
Natalus stramineus mexicanus, Goodwin, 1959:6.
Distribución: Baja California Sur, Chihuahua, Durango, Sinaloa, Sonora, Zacatecas.
Referencias : Anderson, 1972:241; Baker, R. H. y Greer, 1962:72; Bassols, 1981:35, 41; Broadbooks, 1961:403; Brown, et al., 1971:460; Caballero y C., 1960:242; Cain y Studier, 1974:114; Cockrum y Bradshaw, 1963:6; Hall, 1981:178; Huey, 1964:93; Jones, et al., 1965:53; Jones, et al., 1972:16-17; Jones, et al., 1977:18; Koopman, 1961:536; Loomis y Davis, 1965:497; Matson y Patten, 1975:6; Mitchell, 1967:172; Villa-C., 1981:565; Villa-R., 1967:346; Webb, et al., 1981:700; Woloszyn y Woloszyn, 1982:60.

Natalus stramineus saturatus Dalquest y Hall
Natalus mexicanus saturatus Dalquest y Hall, Proc. Biol. Soc. Washington, 62:153, 23 agosto 1949.
L.T. 3 Km E San Andrés Tuxtla, 1,000 pies, Veracruz.
Natalus stramineus saturatus, Goodwin, 1959:7.
Distribución: Campeche, Colima, Chiapas, Distrito Federal, Guerrero, Hidalgo, Jalisco, México, Morelos, Nayarit, Nuevo León, Oaxaca, Puebla, Quintana Roo, San Luis Potosí, Tamaulipas, Veracruz, Yucatán.
Referencias : Alvarez, 1963a:407; 1968:28; Birney, et al., 1974:21; Davis y Carter, 1962a:71; Goodwin, 1969:95; Hall, 1981: 177,178; Hall y Dalquest, 1963:242; Hall y Kelson, 1959: 153; Hoffmann, 1972:191; Jones y Genoways, 1969:130 ; Jones y Lawlor, 1965:413; Jones, et al., 1973b:21; Jones, et al., 1977:18; LaVal, 1972:450; Loomis, 1969: 13; Mollhagen, 1971:21; Novick, 1962:450; Sánchez-H., et al., 1981a:787; Villa-R., 1967:348; Watkins, et al., 1972:23-24; Webb y R. H. Baker, 1969:149.

FAMILIA THYROPTERIDAE
"Murciélagos"

Thyroptera tricolor albiventer (Tomes)
Hyonycteris albiventer Tomes, Proc. Zool. Soc. London, pág. 179, 1856.
L.T. Río Napo, cerca de Quito, Ecuador.
Thyroptera tricolor albiventer, Dunn, 1931:430.
Distribución: Chiapas, Veracruz.
Referencias : Alvarez y Ramírez-P., 1972:171; Gardner, 1963:4; Jones, et al., 1977:18; Villa-R., 1963b:45; 1967:353; Wilson y Findley, 1977:1.

FAMILIA VESPERTILIONIDAE
SUBFAMILIA VESPERTILIONINAE
"Murciélagos"

Eptesicus brasiliensis andinus J. A. Allen
Eptesicus andinus J. A. Allen, Bull. Amer. Mus. Nat. Hist., 33:382, 9 julio, 1914.
L.T. Valle de las Papas, Huila, 10,000 pies, Colombia.
Eptesicus brasiliensis andinus, Hershkovitz, 1949:451.
Distribución: Chiapas, Veracruz.
Referencias : Baker, R. J. y Patton, 1967:285; Davis, 1965:238; 1966: 252; Hall, 1981:218; Jones, et al., 1977:23.

Eptesicus furinalis gaumeri (J. A. Allen)
Adelonycteris gaumeri J. A. Allen, Bull. Amer. Mus. Nat. Hist., 9:231, 28 septiembre 1897.

L.T. Izamal, Yucatán.
Eptesicus furinalis gaumeri, Davis, 1966:268.
Distribución: Campeche, Chiapas, Guerrero, Jalisco, México, Morelos, Oaxaca, Puebla, Quintana Roo, San Luis Potosí, Tabasco, Veracruz, Yucatán.
Referencias : Arnold y Schonewald, 1972:172; Baker, R. H. y Greer, 1960:415; Baker, R. J. y Patton, 1967:285; Birney, et al., 1974:8; Caballero, 1960:269; Davis, 1965:234-235; 1966:268; Goodwin, 1969:103; Hall y Dalquest, 1963:250; Jones, 1964b:513; Jones y Dunnigan, 1965:462; Jones, et al., 1973b:22; Jones, et al., 1977:23; Lackey, 1970:384; LaVal, 1972:450; Villa-R., 1967:405; Watkins, et al., 1972:27.

Eptesicus fuscus fuscus (Palisot de Beauvois)
Vespertilio fuscus Palisot de Beauvois, Catalogue raisonné du muséum de Mr. C. W. Peale, Philadelphia, pag. 18 (pag. 14 de la edición inglesa por Peale y Beauvois), 1796.
L.T. Philadelphia, Pennsylvania.
Eptesicus fuscus fuscus, Miller, 1912:62
Distribución: Nuevo León, Tamaulipas.
Referencias : Jones, et al., 1977:24., Mollhagen, 1971:21

Eptesicus fuscus miradorensis (H. Allen)
S[cotophilus]. miradorensis H. Allen, Proc. Acad. Nat. Sci. Philadelphia, 18:287, 1866.
L.T. Mirador, Veracruz.
Eptesicus fuscus miradorensis, Miller, y Rehn, 1901:260.
Distribución: Chiapas, Distrito Federal, Durango, Guerrero, Hidalgo, Jalisco, México, Michoacán, Morelos, Nuevo León, Oaxaca, Puebla, San Luis Potosí, Sinaloa, Tamaulipas, Tlaxcala, Veracruz, Zacatecas.
Referencias: Alvarez, 1963a:411; 1968:30; Alvarez y Polaco, 1980:136; Alvarez y Ramírez-P., 1972:174; Baker, R.H. y Greer, 1962:74; Baker, R. J. y Patton, 1967:285; Bickham, 1979a:351; Burt, 1961:19; Carter y Jones, 1978:10; Choate y Clifton, 1970:358; Davis, 1966:249; Findley y Jones, 1965:331; Genoways y Jones, 1968a:745; Goodwin, 1969:103; Hall y Dalquest, 1963:850; Hall y Kelson, 1959:186; Hooper, 1961:121; Irwin y Baker, 1967:195; Jiménez-G., 1968a:140; Jones, 1964b:515; Jones y Webster, 1976:76; Jones, et al., 1972:19; Jones, et al., 1977:24; Koopman y Martin, 1959:4; López-F. C. y Urbano-V., 1977:235; Mass, et al., 1981:56; Matson y Patten, 1975:8; Mollhagen, 1971:21; Ramírez-P., 1969b:268; Villa-R., 1967:402; Watkins, et al., 1972:27; Webb y R. H. Baker, 1962:331.

Eptesicus fuscus pallidus Young
Eptesicus pallidus Young, Proc. Acad. Nat. Sci. Philadelphia, 60:408, 14 octubre 1908.
L.T. Boulder, Colorado.
Eptesicus fuscus pallidus, Miller, 1912:62.
Distribución: Baja California Norte, Coahuila, Chihuahua, Durango, Sonora, Zacatecas.
Referencias : Anderson, 1972:252; Baker, R. H. y Greer, 1962:74; Bogan y Williams, 1970:133; Easterla y Baccus, 1973: 426; Gardner, 1965:101; Hall y Kelson, 1959:186; Huey, 1964:96; Jones, et al., 1977:24; Villa-R., 1967: 401; Whitaker y Easterla, 1975:250.

Eptesicus fuscus peninsulae (Thomas)
Vespertilio fuscus peninsulae Thomas, Ann. Mag. Nat. Hist., ser. 7, 1:43, enero 1898.
L.T. Sierra Laguna, Baja California Sur.
Eptesicus fuscus peninsulae, Miller y Rehn, 1901:261.
Distribución: Baja California Sur.
Referencias : Banks, 1964a:489; 1964c:399; 1967a:224; Huey, 1964:97; Jones, et al., 1965:55; Jones, et al., 1977:24; Orr y Banks, 1964:209; Villa-R., 1967:402; Woloszyn y Woloszyn, 1982:78.

Euderma maculatum (J. A. Allen)
Histiotus maculatus J. A. Allen, Bull. Amer. Mus. Nat. Hist., 3:195; 20 febrero 1891.
L.T. Cerca de Piru, Ventura County, California.
Euderma maculatum, Miller, y Rehn, 1901:265.
Distribución: Chihuahua, Durango, Querétaro, Sonora.
Referencias : Gardner, 1965:101; Jones, et al., 1977:26; Martin, 1973: 113; Schmidly y Martin, 1973:92; Villa-R., 1962:379; 1967:424; Watkins, 1977:2.

Idionycteris phyllotis (G. M. Allen)
Corynorhinus phyllotis G. M. Allen, Bull. Mus. Comp. Zool., 60:352, abril 1916.
L.T. No precisa. San Luis Potosí (cerca de la Cd. de San Luis Potosí, Hall y Kelson, 1959:201)
Idionycteris phyllotis, Handley, 1956:53.
Distribución: Chihuahua, Distrito Federal, Durango, Jalisco, Nuevo León, San Luis Potosí, Tamaulipas.
Referencias : Alvarez, 1963a:415; Anderson, 1972:255; Bogan y Williams, 1970:134; Carter, et al., 1966:497; Gardner, 1965:10; Genoways y Jones, 1967:480; Handley, 1959:131; Jiménez-G., 1968a:140; Jones, et al., 1977:27; Villa-R., 1967:427; Watkins, et al., 1972:31; Williams, et al., 1970:605.

Lasionycteris noctivagans (Le Conte)
V [espertilio]. noctivagans Le Conte, in McMutrie, The animal Kingdom... by the Baron Cuvier......, 1: (app.) 431, 1831.
L.T. No precisa. E de los Estados Unidos de América.
Lasionycteris noctivagans, Peters, 1865 :648.
Distribución: Tamaulipas.
Referencias : Jones, et al., 1977:23; Kuns, 1982:1; Yates, et al., 1976:205.

Lasiurus borealis borealis (Müller)
Vespertilio borealis Müller, Des Ritters Carl Von Linné... vollständiges Natursystem..., suppl., pag. 20, 1776.
L.T. No precisa. New York.
Lasiurus borealis borealis, Barkalow, 1948:416.
Distribución: Coahuila, Chihuahua, Nuevo León, Sonora, Tamaulipas.
Referencias : Alvarez, 1963a:411; Anderson, 1972:253; Baker, R. J. y Christianson, 1966:311; Baker, R. J. y López, 1968: 361; Baker, R. J. y Patton, 1967:285; Bogan y Williams, 1970:133; Caballero y C., 1960:261; Findley y Jones, 1965:331; Hall y Kelson, 1959:190; Jones, et al., 1977: 24; Schmidly, et al., 1974:87; Shump y Shump, 1982:1; Villa-R., 1967:406.

Lasiurus borealis frantzii (Peters)
Atalapha frantzii, Peters, Monatsb. preuss Akad. Wiss., Berlín, p. 908. 1871.
L.T. No precisa. Costa Rica.
Lasiurus borealis frantzii, Goldman, 1932a:148.
Distribución: Chiapas.
Referencias : Carter, et al., 1966:496; Jones, et al., 1977:24; Shump y Shump, 1982:1.

Lasiurus borealis teliotis (H. Allen)
Atalapha teliotis H. Allen, Proc. Amer. Philos. Soc., 29:5, 10 abril 1891.
L.T. Desconocida. Alguna parte de California.
Lasiurus borealis teliotis, Miller, 1897:110.
Distribución: Baja California Norte, Baja California Sur, Chihuahua, Guerrero, Hidalgo, Jalisco, México, Michoacán, Nayarit, Nuevo León, Oaxaca, Quintana Roo, San Luis Potosí, Sinaloa, Sonora, Tamaulipas, Veracruz, Zacatecas.
Referencias : Alvarez, 1963a:412; Alvarez y Ramírez-P., 1972:174; Arnold y Schonewald, 1972:173; Best, et al., 1972:20; Bogan, 1978:529; Bradley y Mauer, 1965:75; Burt, 1961: 19; Carter y Jones, 1978:10; Findley y Jones, 1965:331; Goodwin, 1969:104; Hall y Dalquest, 1963:251; Handley, 1960:472; Huey, 1964:97; Irwin y R. J. Baker, 1967:195; Jiménez-G., 1968a:141; Jones, 1964b:515; 1970:361; Jones y Webster, 1976:76; Jones, et al., 1962:155;

Jones, et al., 1972:20; Jones, et al., 1973:23; Jones, et al., 1977:24; Núñez, et al., 1981:657; Shump y Shump, 1982:1; Watkins, et al., 1972:28; Yates, et al., 1976:205; Woloszyn y Woloszyn, 1982:80.

Lasiurus cinereus cinereus (Palisot de Beauvois)

Vespertilio cinereus Palisot de Beauvois, Catalogue raisonné du muséum de Mr. C. W. Peale, Philadelphia, p. 18, 1796.

L.T. Philadelphia, Pennsylvania.

Lasiurus cinereus cinereus, Hall y Villa R, 1949:445.

Distribución: Baja California Norte, Coahuila, Chihuahua, Distrito Federal, Durango, Guanajuato, Jalisco, Michoacán, Morelos, Nayarit, Nuevo León, Oaxaca, Querétaro, San Luis Potosí, Sinaloa, Sonora, Tamaulipas, Veracruz.

Referencias : Alvarez, 1963a:412; Anderson, 1972:254; Arnold y Schonewald, 1972:173; Baccus, 1978:706; Baker, R. J. y Christianson, 1966:311; Baker, R. J. y Patton, 1967:285; Banks, 1964a:489; 1967a:225; Baumgardner, et al., 1977:238; Bogan y Williams, 1970:133; Bradley y Mauer, 1965:75; Burt, 1961:19; Caballero y C., 1960:244; Davis y Carter, 1962a:73; Easterla y Baccus, 1973:427; Findley y Jones, 1965:331; Gardner, 1965:101; Goodwin, 1969:105; Hall y Dalquest, 1963:251; Huey, 1964:97; Irwin y R. J. Baker, 1967:195; Jones, et al., 1972:20; 1977:24; Koopman y Martin, 1959:4; Mass, et al., 1981:57; Mollhagen, 1971:21; Ramírez-P., 1969a:125; Sánchez-H., et al., 1981:787; Schmidly, et al., 1974:88; Villa-R., 1967:409; Watkins, et al., 1972:28; Woloszyn y Woloszyn, 1982:82.

Lasiurus ega xanthinus (Thomas)

Dasypterus ega xanthinus Thomas Ann. Mag. Nat. Hist., ser, 6, 20:544, diciembre 1897.

L.T. Sierra Laguna, Baja California Sur.

Lasiurus ega xanthinus, Dalquest, 1953:61.

Distribución: Baja California Norte, Baja California Sur, Campeche, Coahuila, Chiapas, Durango, Guerrero, Hidalgo, Jalisco, Morelos, Nayarit, Nuevo León, Oaxaca, Puebla, Quintana Roo, San Luis Potosí, Sinaloa, Sonora, Tamaulipas, Veracruz, Yucatán, Zacatecas.

Referencias : Alvarez, 1963a:413; Alvarez y Ramírez-P., 1972:174; Baker, R. H. y Greer, 1962:75; Baker, R. J., et al., 1971:851-852; Baker, R. J. y Patton, 1967:285; Banks, 1967a:225; Birney, et al., 1974:9; Brown, et al., 1971:462; Carter y Jones, 1978:10; Cockrum y Bradshaw, 1963:6; Constantine, 1966:126; Findley y Jones, 1965:331; Genoways y Jones, 1968a:745; Goodwin, 1969:105; Greer, 1960:511; Hall, 1981:221; Hall y Dalquest, 1963:252; Hall y Jones, 1961:91; Hall y Kelson, 1959:194;

Handley, 1960:474-475; Huey, 1964:97; Ingles, 1959:384; Jiménez-G., 1968a:141-142; Jones, et al., 1965:55; Jones, et al., 1972:20; Jones, et al., 1973b:23; Jones, et al., 1977:25; LaVal, 1972:450; Ramírez-P., et al., 1977: 269; Schmidly, et al., 1974:88; Villa-R., 1967:413; Watkins, et al., 1972:29; Webster, et al., 1980:1; Woloszyn y Woloszyn, 1980:84.

Lasiurus intermedius intermedius H. Allen
Lasiurus intermedius H. Allen, Proc. Acad. Nat. Sci. Philadelphia, 14:246, 1862.
L.T. Matamoros, Tamaulipas
Lasiurus intermedius intermedius, Hall y Jones, 1961:84.
Distribución: Colima, Chiapas, Guerrero, Hidalgo, Jalisco, Michoacán, Nayarit, Nuevo León, Oaxaca, Quintana Roo, Sinaloa, Tamaulipas, Veracruz, Yucatán.
Referencias : Alvarez, 1963a:412; Baker, R. J. y Patton, 1967:285; Birney, et al., 1974:9; Brown, et al., 1971:462; Carter y Jones, 1978:10; Gardner, 1962a:103; Goodwin, 1969:105; Hall y Dalquest, 1963:251; Hall y Jones, 1961: 84; Handley, 1960:478; Jiménez-G., 1968a:141; Jones, 1964b:514; Jones, et al., 1972:20; Jones, et al., 1973b: 23; Jones, et al., 1977:25; Loomis y Jones, 1964:32; Ramírez-P., et al., 1977:269; Schmidly, et al., 1974:88; Villa-R., 1967:411; Watkins, et al., 1972:29; Winkelmann, 1962b:108.

Lasiurus seminolus (Rhoads)
Atalapha borealis seminola Rhoads, Proc. Acad. Nat. Sci. Philadelphia, 47:32, 19 marzo 1895.
L.T. Tarpon Springs, Pinellas County, Florida.
Lasiurus seminolus, Poole, 1932:162.
Distribución: Nuevo León, Veracruz.
Referencias : Hall y Dalquest, 1963:25; Jones, et al., 1977:25; Villa-R., 1967:408.

Myotis albescens (É. Geoffroy-Saint-Hilaire).
Vespertilio albescens É. Geoffroy-Saint-Hilaire, Ann. Mus. d'Hist. Nat. Paris, 8:204, 1806.
L.T. No precisa, Paraguay.
Myotis albescens, Thomas, 1900:1.
Distribución: Chiapas, Tabasco, Veracruz.
Referencias : Goodwin, 1969:101; Hall y Dalquest, 1963:249; Hall y Kelson, 1959:178; LaVal, 1973a:29; Jones y Genoways, 1969:131; Jones, et al., 1977:19.

Muotis auriculus apache Hoffmeister y Krutzch

Myotis evotis apache Hoffmeister y Krutzch, Nat. Hist. Miscl., Chicago Acad. Sci., 151:1, 28 diciembre 1955.
L.T. Snow Flat, 8, 750 pies, Graham Mts., Graham County, Arizona.
Myotis auriculus apache, Genoways y Jones, 1969a:11.
Distribución: Coahuila, Chihuahua, Durango, Jalisco, Sonora, Zacatecas.
Referencias : Anderson, 1972:243; Easterla y Baccus, 1973:426; Findley, 1960:20; Gardner, 1965:101; Genoways y Jones, 1969a:12; Huey, 1964:93; Jones, et al., 1970:410; Jones, et al., 1977:19; Matson y Patten, 1975:6; Villa-R., 1967:374; Watkins, et al., 1972:25.

Myotis auriculus auriculus Baker, R. H. y Stains
Myotis evotis auriculus, Baker, R. H. y Stains, Univ. Kansas Publ., Mus. Nat. Hist., 9:83, 10 diciembre 1955.
L.T. 10 mi W, 2 mi S Piedra, 1, 200 pies, Sierra de Tamaulipas, Tamaulipas.
Myotis auriculus auriculus, Genoways y Jones, 1969a:10.
Distribución: Nuevo León, Tamaulipas, Veracruz.
Referencias: Alvarez, 1963a:408; Baker, R.J. y Jordan, 1970:598; Bickham, 1979b:795; Findley, 1960:20; Genoways y Jones, 1969a:10; Hall, 1981:206; Hall y Dalquest, 1963:247; Jones y Genoways, 1969:131; Jones, et al., 1977:19; Musser, 1964:7; Villa-R., 1967:373-374.

Myotis californicus californicus (Audubon y Bachman)
Vespertilio californicus Audubon y Bachman, J. Acad. Nat. Sci. Philadelphia, ser. 1, pt. 2,8:285, 1842.
L.T. No precisa. California, después fué restringida a Monterrey, Monterrey County, California (Miller y G. M. Allen, Bull. U. S. Nat. Mus. 144:153, 1928)
Myotis californicus californicus, Miller, 1897:71.
Distribución: Baja California Norte, Baja California Sur, Coahuila, Chihuahua, Durango, Sinaloa, Sonora, Tamaulipas, Zacatecas.
Referencias : Anderson, 1972:244; Baccus, 1978:706; Baker, R. J. y Patton, 1967:285; Banks, 1967a:224; Bassols, 1981:36; Bogan, 1975a:4; 1978:530; Bradley y Mauer, 1965:74; Cockrum y Bradshaw, 1963:6; Easterla y Baccus, 1973:426; Gardner, 1965:101; Genoways y Jones, 1968a:744; Huey, 1964:95; Ingles, 1959:384; Jones y Webster, 1976:76; Jones, et al., 1965:54; Jones, et al., 1977:19; Matson y Patten, 1975:7; Radovsky, 1966:98; 1967:175; Villa-R., 1967:379; Woloszyn y Woloszyn, 1982:74.

Myotis californicus mexicanus (Saussure)
V [espertilio]. mexicanus Saussure, Revue et Mag. Zool., Paris, ser. 2, 12: 282, julio 1860.

L.T. Desconocida (Dalquest, Louisiana State Univ. Studies Biol. Ser., 1:49, 1953, la menciona como "El Desierto" (parte cálida) en el Estado de México).

Myotis californicus mexicanus, Miller, 1897:73.

Distribución: Aguascalientes, Colima, Chiapas, Distrito Federal, Durango, Guanajuato, Guerrero, Hidalgo, Jalisco, México, Michoacán, Morelos, Nayarit, Nuevo León, Oaxaca, Puebla, Querétaro, San Luis Potosí, Sinaloa, Tamaulipas, Tlaxcala, Veracruz, Zacatecas.

Referencias : Alvarez, 1963a:409; Alvarez y Ramírez-P., 1972:172; Arnold y Schonewald, 1972:172; Baumgardner, et al., 1977: 238; Bogan, 1975a:4; 1978:530; Carter y Jones, 1978:9; Carter, et al., 1966:496; Goodwin, 1969:96; Hall y Dalquest, 1963:247; Jiménez-G., 1968a:139; Jones y Webster, 1976:76; Jones et al., 1970:410; Jones, et al., 1972:17; Jones, et al., 1977:19; Matson y Patten, 1975: 7; Matson, et al., 1978:155; Ramírez-P., 1969b:267; Villa-R., 1967:381; Watkins, et al., 1972:26; Yates, et al., 1976:205.

Myotis californicus stephensi Dalquest

Myotis californicus pallidus Stephens, Proc. Biol. Soc. Washington, 13:153 13 junio 1900.

L.T. Vallecito, San Diego County, California.

Myotis californicus stephensi, Dalquest, 1946:67.

Distribución: Baja California Norte, Sonora.

Referencias : Bogan, 1975a:4; Huey, 1964:95; Ingles, 1959:384; Jones, et al., 1977:19; Radovsky, 1967:175; Villa-R., 1967:381.

Myotis carteri LaVal

Myotis nigricans carteri LaVal, Nat. Hist. Mus., Los Angeles County Sci. Bull., 15:13, 14 febrero 1973.

L.T. 16 mi NE Tamazula, 1,500 m, Jalisco.

Myotis carteri, Bogan, 1978:524.

Distribución: Colima, Jalisco, Nayarit.

Referencias: Bickham, 1979b:795; Bogan, 1978:530; Davis y Carter, 1962a: 72; Gardner, 1962a:103; Jones, 1964b:513; Jones, et al., 1970:413; Jones, et al., 1977:21; LaVal, 1973a:14; Núnez, et al., 1981:657; Villa-R., 1967:386; Watkins, et al., 1972: 26; Wilson y Findley, 1971:420; Wilson y LaVal, 1974:1.

Myotis elegans Hall

Myotis elegans Hall, Univ. Kansas Publ., Mus. Nat. Hist., 14:163, 21 mayo 1962.

L.T. 12.5 mi N Tihuatlán, 300 pies, Veracruz.

Distribución: Campeche, Chiapas, San Luis Potosí, Veracruz.

Referencias : Baker, R. J. y Patton, 1967:285; Bogan, 1978:530; Hall,

1981:200; Hall y Dalquest, 1963:248; Jones y Genoways, 1969:131; Jones, et al., 1973b:21; Jones, et al., 1977: 20; Lackey, 1970:384; LaVal, 1973a:15; Schaldach, 1964: 136; Villa-R., 1967:383.

Myotis evotis evotis (H. Allen)
Vespertilio evotis H. Allen, Smiths. Miscl. Coll., 7 (Publ.165):48, junio 1864
L.T. Monterey, Monterey County, California.
Myotis evotis evotis, Dalquest, 1943:2.
Distribución: Baja California Sur.
Referencias : Huey, 1964:93; Jones, et al., 1977:20.

Myotis findleyi Bogan
Myotis findleyi Bogan, J. Mamm., 59:524, 21 agosto 1978.
L.T. Isla María Magdalena, Islas Tres Marías, Nayarit.
Distribución: Nayarit.
Referencias : Bogan, 1978:530.

Myotis fortidens fortidens Miller y G. M. Allen
Myotis lucifugus fortidens Miller y G. M. Allen, Bull. U. S. Nat. Mus., 144:54, 25 mayo 1928.
L.T. Teapa, Tabasco.
Myotis fortidens fortidens, Findley y Jones, 1967:442.
Distribución: Colima, Chiapas, Guerrero, Jalisco, Nayarit, Oaxaca, Sinaloa, Tabasco, Veracruz.
Referencias : Davis y Carter, 1962a:71; Findley y Jones, 1967:442; Goodwin, 1969:96; Hall, 1981:193; Hall y Dalquest, 1963: 246; Hall y Kelson, 1959:166; Jones, 1964b:513; Jones, et al., 1970:411; Jones, et al., 1972:18; Jones, et al., 1977:20; Peterson, 1963:93; Ramírez-P. y López-F., 1979:543; Ramírez-P., et al., 1977:268; Villa-R., 1967: 371; Watkins, et al., 1972:25.

Myotis fortidens sonoriensis Findley y Jones
Myotis fortidens sonoriensis Findley y Jones, J. Mamm., 48:441, 21 agosto 1967.
L.T. Río Yaqui, 1 mi S Novillo, Sonora.
Distribución: Sinaloa, Sonora.
Referencias : Findley, 1972:33; Findley y Jones, 1967:442; Jones, et al., 1970:413; Jones, et al., 1972:18; Jones, et al., 1977:20.

Myotis keaysi pilosatibialis LaVal
Myotis keaysi pilosatibialis LaVal, Nat. Hist. Mus., Los Angeles Co. Sci. Bull., 15:24, 14 febrero 1973.

L.T. 1 Km W Talanga, Francisco Morazán, 750 m, Honduras.
Distribución: Campeche, Chiapas, Oaxaca, Quintana Roo, San Luis Potosí, Tabasco, Tamaulipas, Veracruz, Yucatán.
Referencias: Bickham, 1979b:795; Birney, et al., 1974:8; Jones, et al., 1973b:22; Jones, et al., 1977:20; LaVal, 1973a:25.

Myotis leibii melanorhinus (Merriam)
Vespertilio melanorhinus Merriam, N. Amer. Fauna, 3:46, 11 septiembre 1890.
L.T. Little Spring, 8, 250 pies, base N de San Francisco Mtn, Coconino County, Arizona.
Myotis leibii melanorhinus, Glass y R. J. Baker, 1968:259.
Distribución: Baja California Norte, Coahuila, Colima, Chihuahua, Durango, Jalisco, Michoacán, Nayarit, Nuevo León, Sonora, Zacatecas.
Referencias : Anderson, 1972:245-246; Anderson y Nelson, 1960:100; Baker, R. H. 1960b:309; Baker, R. H. y Greer, 1962:72; Best, et al., 1972:97; Bogan, 1978:530; Burt, 1961:19; Easterla y Baccus, 1973:426; Gardner, 1965:101; Huey, 1964:95; Ingles, 1959:384; Jones, et al., 1977:20; Lidicker, 1961:281; Matson y Patten, 1975:7; Villa-R., 1967:382.

Myotis lucifugus occultus Hollister
Myotis occultus Hollister, Proc. Biol. Soc. Washington, 22:43, 10 marzo 1909.
L.T. Lado Oeste del Río Colorado, 10 mi arriba de Needles, San Bernardino County, California.
Myotis lucifugus occultus, Findley y Jones, 1967:443.
Distribución: Chihuahua, Distrito Federal, México, Sinaloa, Sonora.
Referencias : Alvarez y Ramírez-P., 1972:172; Anderson, 1972:246; Bogan y Williams, 1970:132; Fenton y Barclay, 1980: 2; Findley y Jones, 1965:331; 1967:443; Hall y Kelson, 1959:167; Harris, 1974:606; Jones, et al., 1962:154; Jones, et al., 1977:21; Villa-R., 1967:362.

Myotis milleri Elliot
Myotis milleri Elliot, Field Columb., Mus. Publ. 74, Zool., ser., 3:172, 7 mayo 1903.
L.T. La Grulla, Sierra de San Pedro Martir, Baja California Norte.
Distribución: Baja California Norte.
Referencias : Huey, 1964:94; Jones, et al., 1977:21; Villa-R., 1967: 375.

Myotis nigricans extremus Miller y G. M. Allen
Myotis nigricans extremus Miller y G. M. Allen, Bull. U. S. Nat. Mus., 144:

181, 25 mayo 1928.
L.T. Huehuetán, 300 pies, Chiapas.
Distribución: Colima, Chiapas, Jalisco, Nayarit, Oaxaca.
Referencias : Bogan, 1978:530; Davis y Carter, 1962a:72; Gardner, 1962a:103; Hall y Kelson, 1959:177; Jones, 1964b:513; Jones, et al., 1970:413; Villa-R., 1967:386; Watkins, et al., 1972:26; Wilson y Findley, 1971:420.

Myotis nigricans nigricans (Schinz)
Vesp[ertilio]. nigricans Schinz, Das Thierreich..., 1:179, 1821.
L.T. Fazenda de Aga, cerca del Río Iritiba, Espíritu Santo, Brasil.
Myotis nigricans nigricans, Miller, 1924:72.
Distribución: Campeche, Chiapas, Guanajuato, Hidalgo, Oaxaca, Puebla, Querétaro, San Luis Potosí, Tabasco, Tamaulipas, Veracruz, Yucatán.
Referencias : Alvarez, 1963a:409; Baker, R. J. y López, 1968:361; Baker, R. J. y Patton, 1967:285; Carter y Jones, 1978: 9; Goodwin, 1969:101; Hall, 1981:199; Hall y Alvarez, 1961a:72; 1963:248; Hall y Kelson, 1959:177; Lackey, 1970:384; LaVal, 1972:450; 1973a:10; Jones y Alvarez, 1964:302; Jones y Dunnigan, 1965:462; Jones, et al., 1977:21; Mollhagen, 1971:21; Schaldach, 1964:136; 1966: 183; Villa-R., 1967:386; Wilson y Findley, 1971:420; Wilson y LaVal, 1974:1.

Myotis peninsularis Miller
Myotis peninsularis Miller, Ann. Mag. Nat. Hist., ser. 7, 2:124, agosto 1898.
L.T. San José del Cabo, Baja California Sur.
Distribución: Baja California Sur.
Referencias : Forman, 1968:917; Hayward, 1970:3; Huey, 1964:94; Jones, et al., 1965:54; Jones, et al., 1977:21; Villa-R., 1967: 371; Woloszyn y Woloszyn, 1982:62.

Myotis planiceps R. H. Baker
Myotis planiceps R. H. Baker, Proc. Biol. Soc. Washington, 68:165, 31 diciembre 1955.
L.T. 7 mi S y 4 mi E Bella Unión, 700 pies, Coahuila.
Distribución: Coahuila, Nuevo León, Zacatecas.
Referencias : Hall, 1981:208; Hall y Kelson, 1959:174; Jiménez-G., 1968a:137; Jones y Genoways, 1969:131; Jones, et al., 1977:21; Matson, 1975:1; Matson y Patten, 1975:6; Villa-R., 1967:165.

Myotis thysanodes aztecus Miller y G. M. Allen
Myotis thysanodes aztecus Miller y G. M. Allen, Bull. U. S. Nat. Mus. 144: 128; 25 mayo 1928.

L.T. San Antonio, Oaxaca.
Distribución: Chiapas, México, Oaxaca, Puebla, Veracruz.
Referencias : Alvarez y Ramírez-P., 1972:173; Carter, et al., 1966: 495; Davis y Carter, 1962a:72; Goodwin, 1969:96; Hall y Dalquest, 1963:247; Jones, et al., 1977:22; O'Farrell y Studier, 1980:2; Schaldach, 1966:291; Villa-R., 1967: 375.

Myotis thysanodes thysanodes Miller
Myotis thysanodes Miller, N. Amer. Fauna, 13:80, 16 octubre 1897.
L.T. Old Fort Tejon Tehachapi, Mountains, Kern County, California.
Myotis thysanodes thysanodes, Miller y G. M. Allen, 1928:126.
Distribución: Baja California Norte, Coahuila, Chihuahua, Durango, Hidalgo, Jalisco, Michoacán, Nuevo León, Querétaro, San Luis Potosí, Sonora, Zacatecas.
Referencias : Anderson, 1972:247; Baker, R. H. 1960b:309; Baker, R. H. y Greer, 1962:72; Baumgardner, et al., 1977:238; Carter y Jones, 1978:9; Easterla y Baccus, 1973:426; Gardner, 1965:101; Huey, 1964:94; Jiménez-G., 1968a:140; Jones, et al., 1970:414; Jones, et al., 1977:22; O'Farrell y Studier, 1980:2; Villa-R., 1967:376; Watkins, et al., 1972:25; Whitaker y Easterla, 1975:249.

Myotis velifer incautus (J. A. Allen)
Vespertilio incautus J. A. Allen, Bull. Amer. Mus. Nat. Hist., 8:239, 21 noviembre 1896.
L.T. San Antonio, Beyar County, Texas.
Myotis velifer incautus, Miller y G. M. Allen, 1928:92.
Distribución: Coahuila, Chihuahua, Durango, Nuevo León, Tamaulipas.
Referencias : Alvarez, 1963a:408; Anderson, 1972:247-248; Baker, R. H. y Webb, 1966:186; Fitch, et al., 1981:1; Hall y Kelson, 1959:166; Hayward, 1970:3; Ingles, 1959:384; Jones, et al., 1977:22; Villa-R., 1967:370.

Myotis velifer velifer (J. A. Allen)
Vespertilio velifer J. A. Allen, Bull. Amer. Mus. Nat. Hist., 3:177, 10 diciembre 1890.
L.T. Santa Cruz del Valle, Guadalajara, Jalisco.
Myotis velifer velifer, Miller y G. M. Allen, 1928:89.
Distribución: Coahuila, Colima, Chihuahua, Distrito Federal, Durango, Guanajuato, Hidalgo, Jalisco, México, Michoacán, Morelos, Oaxaca, Puebla, Querétaro, San Luis Potosí, Sinaloa, Sonora, Tabasco, Tamaulipas, Tlaxcala, Veracruz, Zacatecas.
Referencias: Alvarez y Ramírez-P., 1972:173; Anderson, 1972:248; Baker, R.H. 1960b:309; Baker, R.H. y Greer, 1962:73; Baker, R.H. y Webb, 1966:186; Baker, R.H. y Womochel, 1966:306,

Baker, R.J. y Patton, 1967:284; Bassols, 1981:11,36,41; Bickham, 1979b:795; Bogan y Williams, 1970:133; Bradley y Mauer, 1965:74; Burt, 1961:19; Carter y Jones, 1978:9; Constantine, 1959:442; Findley, 1972:34; Findley y Jones, 1965:331: Fitch, et al., 1981:1; Genoways y Jones, 1968a: 745; Goodwin, 1969:96; Hall y Dalquest, 1963:244; Hayward, 1970:3; Hooper, 1961:121; Ingles, 1959:384; Jones, 1964a:751; Jones y Genoways, 1969:131; Jones y Webster, 1976:76; Jones, et al., 1962:154; Jones, et al., 1970:414; Jones, et al., 1972:18; Jones, et al., 1977: 22; Mass, et al., 1981:60; Ortega y Masieu, 1963:28; Radovsky, 1967:175; Ramírez-P., 1969b:267; Villa-R., 1967:367; Watkins, et al., 1972:24; Webb y R. H. Baker, 1969:144; Whitaker y Easterla, 1975:249.

Myotis vivesi Menegaux

Myotis vivesi Menegaux, Bull. Mus. Hist. Nat. Paris, 7:323, 1901.

L.T. Isleta o Isla del Cardenal, Archipiélago de Salsipuedes, Bahía de San Rafael, Baja California Norte.

Myotis (Pizonyx) vivesi Patten y Findley, 1970:1.

Distribución: Baja California Norte, Baja California Sur, Sonora.

Referencias : Baker, R. J. y Patton, 1967:285; Banks, 1964a:489; Bassols, 1981:42; Cockrum y Bradshaw, 1963:6; Findley, 1972:34; Forman, 1972:676; Hall, 1981:208; Hall y Kelson, 1959:179; Huey, 1964:95; Ingles, 1959:385; Jones, et al., 1977:22; Lindsay, 1962:6, Loomis y Webb, 1969:36; Orr, 1965:497; Orr y Bangs, 1964:208; Patten y Findley, 1970:2; Radovsky, 1967:204; Shuthers, 1967;79; Villa-C. y Urbano V., 1981:574; Villa-R., 1967:388; 1981:730; Webb y Loomis, 1970:135.

Myotis volans amotus Miller

Myotis longicrus amotus Miller, Proc. Biol. Soc. Washington, 27:212, 31 octubre 1914.

L.T. Cofre de Perote, 12,500 pies, Veracruz.

Myotis volans amotus, Miller y G. M. Allen, 1928:145.

Distribución: Jalisco, México, Veracruz.

Referencias : Baker, R. H. y Phillips, 1965a:691; Jones, et al., 1970: 415; Jones, et al., 1977:22; Mass, et al., 1981:59; Ramírez-P., et al., 1980:124; Villa-R., 1967:379; Watkins, et al., 1972:26.

Myotis volans interior Miller

Myotis longicrus interior Miller, Proc. Biol. Soc. Washington, 27:211, 31 octubre 1914.

L.T. 5 mi Twining, 11,300 pies, Taos County, New Mexico.

Myotis volans interior, Miller y G. M. Allen, 1928:142.

Distribución: Coahuila, Chihuahua, Durango.

Referencias : Anderson, 1972:249; Easterla y Baccus, 1973:426; Gardner, 1965:101; Hall y Kelson, 1959:172; Huey, 1964:95; Jones, et al., 1965:54; Jones, et al., 1977:22; Villa-R, 1967: 378; Whitaker y Easterla, 1975:249.

Myotis volans volans (H. Allen)
V [espertilio]. volans H. Allen, Proc. Acad. Nat. Sci. Philadelphia, 18:282, 1866.
L.T. Cabo San Lucas, Baja California Sur.
Myotis volans volans, Miller y G. M. Allen, 1928:139.
Distribución: Baja California Sur.
Referencias : Huey, 1964:94; Jones, et al., 1965:54; Jones, et al., 1977:22; Villa-R., 1967:378; Woloszyn y Woloszyn, 1982:64.

Myotis yumanensis lambi Benson
Myotis yumanensis lambi Benson, Proc. Biol. Soc. Washington, 60:45, 19 mayo 1947.
L.T. San Ignacio, 27° 17' N, Baja California Sur.
Distribución: Conocida sólo de la localidad típica.
Referencias : Csuti, 1980:8; Huey, 1964:93; Jones, et al., 1977:22; Villa-R., 1967:364.

Myotis yumanensis lutosus Miller y G. M. Allen
Myotis yumanensis lutosus Miller y G. M. Allen, Bull. U. S. Nat. Mus. 144: 72, 25 mayo 1928.
L.T. Pátzcuaro, Michoacán.
Distribución: Durango, Hidalgo, Jalisco, México, Michoacán, Morelos, Querétaro, San Luis Potosí, Sinaloa, Zacatecas.
Referencias: Alvarez y Ramírez-P., 1972:173; Baker, R.J. y Patton, 1967:284; Bickham, 1979b:795; Carter y Jones, 1978:10; Gardner, 1965:101; Genoways y Jones, 1968a:745; Jones, et al., 1970:416; Jones et al., 1972:18; Jones, et al., 1977:22; Matson y Patten, 1975:8; Ramírez-P., 1969a: 124; Schmidly y Martin, 1973:92, Villa-R., 1967:365; Watkins, et al., 1972:24.

Myotis yumanensis sociabilis Grinnell
Myotis yumanensis sociabilis Grinnell, Univ. California Publ. Zool., 12: 318, 4 diciembre 1914.
L.T. Old Fort Tejon, Tehachapi Mountains, Kern County, California.
Distribución: Baja California Norte, Chihuahua, Sonora.
Referencias : Anderson, 1972:249; Bogan y Williams, 1970:133; Findley y Jones, 1965:331; Huey, 1964:93; Jones, et al., 1977: 22; Villa-R., 1967:365.

Myotis yumanensis yumanensis (H. Allen)

Vespertilio yumanensis H. Allen, Smiths. Miscl. Coll., 7 (Publ. 165):58, junio 1864.
L.T. Old Fort Yuma, Imperial County, California.
Myotis yumanensis yumanensis, Miller, 1912:56.
Distribución: Baja California Norte, Baja California Sur, Coahuila, Chihuahua, Durango, Sonora.
Referencias : Anderson, 1972:250; Baker, R. H. y Greer, 1962:73; Baker, R. J. y Christianson, 1966:311; Baker, R. J. y Patton, 1967:284; Findley y Jones, 1965:331; Gardner, 1965:101; Harris, 1974:606; Huey, 1964:93; Jones, et al., 1977:23; Villa-R., 1967:363.

Nycticeius humeralis humeralis (Rafinesque)
Vespertilio humeralis Rafinesque, Amer. Monthly Mag., 3(6):445, octubre 1818.
L.T. No precisa. Kentucky.
Nycticeius humeralis humeralis, Miller y Kellogg, 1955:107.
Distribución: San Luis Potosí, Tamaulipas.
Referencias : Alvarez, 1963a:413; Villa-R., 1967:415; Watkins, 1972:1; Yates, et al., 1976:205.

Nycticeius humeralis mexicanus Davis
Nycticeius humeralis mexicanus Davis, J. Mamm., 25:380, 12 diciembre 1944.
L.T. Río Ramos, 20 Km NW Montemorelos, Nuevo León.
Distribución: Coahuila, Nuevo León, San Luis Potosí, Tamaulipas.
Referencias : Alvarez, 1963a:414; Baker, R. H. y Webb, 1966:186; Hall y Dalquest, 1963:252; Hall y Kelson, 1959:195; Jiménez-G., 1968a:140; Jones, et al., 1977:25; Schmidly, et al., 1974:88; Villa-R., 1967:416; Watkins, 1972:1.

Pipistrellus hesperus hesperus (H. Allen)
Scotophilus hesperus H. Allen, Smiths. Miscl. Coll., 7 (Publ. 165):43, junio 1864.
L.T. Old Fort Yuma, Imperial County, California.
Pipistrellus hesperus hesperus, Hatfield, 1936:257.
Distribución: Baja California Norte, Baja California Sur, Coahuila, Chihuahua, Durango, Guerrero, Jalisco, Michoacán, Morelos, Nuevo León, Sinaloa, Sonora, Zacatecas.
Referencias : Anderson, 1972:251; Baker, R. H. y Greer, 1962:73; Baker, R. H., et al., 1967:225; Baker, R. J. y Christianson, 1966:311; Baker, R. J. y Patton, 1967:205; Banks, 1964a:489; 1964b:183; 1964c:399; 1967a:224; Davis y Carter, 1962a:73; Findley y Jones, 1965:331; Findley y Traut, 1970:758, 760-761; Gardner, 1965:101; Hall y Kelson, 1959:181; Hayward y Cross, 1979:3; Huey, 1964:96; Jiménez-G., 1968b:165; Jones, et al., 1965:55; Jones, et al., 1972:19; Jones, et al., 1977:23; Jones

y Webster, 1976:76; Lindsay, 1962:37; Matson y Patten, 1975:8; Matson, et al., 1978:155; Orr y Banks, 1964:208; Ramírez-P., 1969a:125; Villa-R., 1967:394; Watkins, et al., 1972:27; Woloszyn y Woloszyn, 1982:76.

Pipistrellus hesperus maximus Hatfield
Pipistrellus hesperus maximus Hatfield, J. Mamm., 17:261, 17 agosto 1936.
L.T. Dog Spring, Hidalgo County, New Mexico.
Distribución: Coahuila, Chihuahua, Durango, Hidalgo, Nuevo León, Querétaro, San Luis Potosí, Tamaulipas.
Referencias : Alvarez, 1963a:410; Anderson, 1972:251-252; Carter y Jones, 1978:10; Crossin, et al., 1973:196; Findley y Traut, 1970:761-763; Hall, 1981:211; Hall y Kelson, 1959:182; Hayward y Cross, 1979:3; Jones, et al., 1977:23; Schmidly y Martin, 1973:92; Villa-R., 1967:395.

Pipistrellus subflavus clarus R.H. Baker
Pipistrellus subflavus clarus R. H. Baker, Univ. Kansas Publ., Mus. Nat. Hist. 7:585, 15 noviembre 1954.
L.T. 2 mi W Jiménez, 850 pies, Coahuila.
Distribución: Coahuila.
Referencias : Jones y Genoways, 1969:131; Jones, et al., 1977:23; Villa-R., 1967:397.

Pipistrellus subflavus subflavus (F. Cuvier)
V [*espertilio*]. *subflavus* F. Cuvier, Nouv. Ann. Mus. Hist. Nat. Paris, 1:17, 1832.
L.T. No precisa. Este de los E.E.U.U. probablemente Georgia.
Pipistrellus subflavus, Miller, 1912:61.
Distribución: Tamaulipas.
Referencias : Alvarez, 1963a:410; Jones, et al., 1977:23; Villa-R., 1967:398.

Pipistrellus subflavus veraecrucis (Ward)
Vesperugo veraecrucis Ward, Amer. Nat., 25:745, agosto 1891.
L.T. Las Vigas, Veracruz.
Pipistrellus subflavus veracrucis [sic], Hall y Dalquest, 1950:601.
Distribución: Chiapas, Veracruz.
Referencias : Alvarez, 1966:192; Carter, et al., 1966:496; Goodwin, 1969:102; Hall y Dalquest, 1963:249; Jones, et al., 1977:23; Reddell, 1981:255; Villa-R.,1967:398.

Plecotus mexicanus (G. M. Allen)
Corynorhinus megalotis mexicanus G. M. Allen, Bull. Mus. Comp. Zool., 60: 347, abril 1916.

L.T. Cerca de Pacheco, Chihuahua.
Plecotus mexicanus, Handley, 1959:141.
Distribución: Chihuahua, Distrito Federal, Guanajuato, Hidalgo, Jalisco México, Michoacán, Morelos, Nuevo León, Oaxaca, Querétaro, Quintana Roo, San Luis Potosí, Sonora, Tamaulipas, Veracruz, Yucatán, Zacatecas.
Referencias : Anderson, 1972:255; Baumgardner, et al., 1977:238; Hall, 1981:234; Hall y Dalquest, 1963:252; Handley, 1959:151; Jones, et al., 1977:27; Koopman, 1974:873; Matson y Patten, 1975:9; Mollhagen, 1971:21; Villa-R., 1967:428-429; Watkins, et al., 1972:30.

Plecotus townsendii australis (Handley)
Corynorhinus townsendii australis Handley, J. Washington Acad. Sci., 45:147, 23 mayo 1955.
L.T. 2 mi W Jacala, Hidalgo.
Plecotus townsendii australis, Handley, 1959:185.
Distribución: Coahuila, Chihuahua, Distrito Federal, Durango, Guanajuato, Guerrero, Hidalgo, Jalisco, México, Michoacán, Morelos, Oaxaca, Querétaro, San Luis Potosí, Tamaulipas, Veracruz, Zacatecas.
Referencias : Alvarez y Ramírez-P., 1972:174; Anderson, 1972:256; Baker, R. H. y Greer, 1962:75; Baumgardner, et al., 1977:238; Carter y Jones, 1978:11; Davis y Carter, 1962a: 73; Easterla y Baccus, 1973:427; Gardner, 1965:101; Goodwin, 1969:107; Handley, 1959:187; Jones y Webster, 1976:76; Jones, et al., 1977:27; Kuns y Martin, 1982:1; Matson y Patten, 1975:9; Villa-R., 1967:430; Watkins, et al., 1972:30; Whitaker y Easterla, 1975:251.

Plecotus townsendii pallescens (Miller)
Corynorhinus macrotis pallescens Miller, N. Amer. Fauna, 13:52, 16 octubre 1897.
L.T. Keam Canyon, Navajo County, Arizona.
Plecotus townsendii pallescens, Handley, 1959:190.
Distribución: Baja California Norte, Baja California Sur, Chihuahua, Sonora.
Referencias : Anderson, 1972:256; Dingman, 1964:192; Handley, 1959: 194; Huey, 1964:97; Jones, et al., 1977:27; Kuns y Martin, 1982:1; Orr y Banks, 1964:209; Villa-R., 1967: 434; Woloszyn y Woloszyn, 1982:87.

Rhogeessa alleni Thomas
Rhogeessa alleni Thomas, Ann. Mag. Nat. Hist., ser. 6, 10:477, diciembre 1892.
L.T. Santa Rosalía, cerca de Autlán, Jalisco.

Distribución: Jalisco, Michoacán, Oaxaca, Puebla, Querétaro, Tamaulipas, Zacatecas.
Referencias : Alvarez y Aviña, 1965:75; Baumgardner, 1977:238; Brown, et al., 1971:463; Davis, et al., 1964:386; Goodwin, 1969:107; Hall, 1981:230; Jones, et al., 1977:26; LaVal, 1973b:42; Matson y Patten, 1975:8; Pine, 1966:310; Villa-R., 1967:422; Watkins, et al., 1972:30.

Rhogeessa gracilis Miller
Rhogeessa gracilis Miller, N. Amer. Fauna, 13:126, 16 octubre 1897.
L.T. Piaxtla, Puebla.
Distribución: Guerrero, Jalisco, Oaxaca, Puebla, Zacatecas.
Referencias : Baker, R. J. y Patton, 1967:285; Brown, et al., 1971:463; Goodwin, 1969:106-107; Jones, 1964b:514; 1977:1; Hall, 1981:230; Jones, et al., 1977:26; LaVal, 1973b:42; Villa-R., 1967:421; Watkins, et al., 1972:29.

Rhogeessa mira LaVal
Rhogeessa mira LaVal, Occas. Papers Mus. Nat. Hist. Univ. Kansas, 19:26, 9 noviembre 1973.
L.T. 20 Km N El infiernillo, Michoacán.
Distribución: Michoacán.
Referencias : Jones, et al., 1977:26; LaVal, 1973b:43.

Rhogeessa parvula H. Allen
Rhogeessa parvula H. Allen, Proc. Acad. Nat. Sci. Philadelphia, 18:285, 1866.
L.T. Islas Tres Marías, Nayarit.
Distribución: Colima, Durango, Guerrero, Jalisco, Michoacán, Morelos, Nayarit, Oaxaca, Sinaloa, Sonora, Zacatecas.
Referencias : Alvarez y Aviña, 1965:75; Baker, R. J. y Patton, 1967:285; Bickman y R. J. Baker, 1977:450; Bogan, 1978:529; Brown, et al., 1971:462; Davis, et al., 1964:386; Findley y Jones, 1965:331; Goodwin, 1969:106; Hall, 1981:229; Hall y Kelson, 1959:196; Jones, 1964a:752; Jones, et al., 1972:20; Jones, et al., 1973b:24; Jones, et al., 1977:26; Koopman, 1961:537; LaVal, 1973b:42-43; Matson y Patten, 1975:8; Ramírez-P., 1969a:125; Villa-R., 1967:418, 421; Watkins, et al., 1972:29.

Rhogeessa tumida H. Allen
Rhogeessa tumida H. Allen, Proc. Acad. Nat. Sci. Philadelphia, 18:286, 1866.
L.T. Mirador, Veracruz.
Distribución: Campeche, Chiapas, Hidalgo, Morelos, Oaxaca, Quintana

Roo, San Luis Potosí, Tabasco, Tamaulipas, Veracruz, Yucatán.
Referencias : Alvarez, 1963a:414; Baker, R. H. y Webb, 1966:186; Baker, R. J. y Patton, 1967:285; Bickman y R. H. Baker, 1977:453; Birney, et al., 1974:9; Brown, et al., 1971: 463; Carter y Jones, 1978:11; Cifuentes, 1966:125; Hall, 1981:228; Hall y Dalquest, 1963:225; Jones, et al., 1973b: 24; Jones, et al., 1977:26; Lackey, 1970:384; LaVal, 1973b: 43-44; Ramírez-P. 1969a:125; Villa-R., 1967:419; Webb y R. H. Baker, 1969:144; Webb, et al., 1967:6.

SUBFAMILIA NYCTOPHILINAE
"Murciélagos"

Antrozous pallidus minor Miller
Antrozous minor Miller, Proc. Acad. Nat. Sci. Philadelphia, 54:389, 3 septiembre 1902.
L. T. Comondú, Baja California Sur.
Antrozous pallidus minor, Townsend, 1912:127
Distribución: Baja California Sur.
Referencias : Bassols, 1981:42; Huey, 1964:98; Jones, et al., 1965:56; Jones, et al., 1977:27; López-F. C. y Urbano-V., 1977: 238; Mollhagen, 1971:21; Van Gelder, 1959a:10; Villa-R., 1967:436; Woloszyn y Woloszyn, 1982:88.

Antrozous pallidus obscurus R.H. Baker
Antrozous pallidus obscurus R.H. Baker, Southwestern Nat., 12:329, 31 octubre 1967.
L.T. Acuña, 800 m, Tamaulipas.
Distribución: Hidalgo, Nuevo León, Querétaro, San Luis Potosí, Tamaulipas.
Referencias : Alvarez y Polaco, 1980:136; Baker, R. H., 1967:330; Jones y Alvarez, 1964:303; Jones, et al., 1977:27; Koopman y Martin, 1959:5; Schmidly y Martin, 1973:90; Schmidly, et al., 1974:88; Villa-R., 1967:435; Yates, et al., 1976:205.

Antrozous pallidus pacificus Merriam
Antrozous pallidus pacificus Merriam, Proc. Biol. Soc. Washington, 11:180. 1° julio 1897.
L.T. Old Fort Tejon 3,200 pies, Tehachapi Mountains, Kern County, California.
Distribución: Baja California Norte.
Referencias : Huey, 1964:98; Jones, et al., 1977:27.

Antrozous pallidus pallidus (Le Conte)
V [espertilio]. pallidus Le Conte, Proc. Acad. Nat. Sci. Philadelphia, 7: 437, 1856.
L.T. El Paso, El Paso County, Texas.
Antrozous pallidus pallidus, Miller, 1912:68.
Distribución: Coahuila, Chihuahua, Durango, Jalisco, Sonora, Zacatecas.
Referencias : Alvarez 1963a:415; Anderson, 1972:257; Baker, R. H., 1960b:309; Baker, R. H. y Greer, 1962:75; Baker, R. J. y Patton, 1967:285; Bogan y Williams, 1970:134; Bradley y Mauer, 1965:75; Dalquest y Roth, 1971:395; Findley y Jones, 1965:331; Gardner, 1965:101; Hall y Kelson, 1959: 202; Huey, 1964:98; Jones y Alvarez, 1964:303; Jones, et al., 1977:27; Matson, et al., 1978:155; Pizzimenti, 1971:68; Van Gelder, 1959:10; Villa-R., 1967:435; Watkins, et al., 1972:30.

Bauerus dubiaquercus (Van Gelder)
Antrozous dubiaquercus Van Gelder, Amer. Mus. Novitates, 1973:2, 19 noviembre 1959a.
L.T. Isla María Magdalena, Islas Tres Marías, Nayarit.
Bauerus dubiaquercus, Engstrom y Wilson, 1981:382.
Distribución: Jalisco, Nayarit, Veracruz.
Referencias : Bogan, 1978:529; Engstrom y Wilson, 1981:372; Hall, 1981:238; Jones, et al., 1977:27; Pine, 1966: 308; 1967:485; Pine, et al., 1971:665; Van Gelder, 1959a:10.

FAMILIA MOLOSSIDAE
"Murciélagos"

Eumops auripendulus auripendulus (Shaw)
Vespertilio auripendulus Shaw, in General Zoology, or systematic natural history. 1. Mammalia. London, pág. 248, 1800.
L.T. No precisa. Restringida a Guayana Francesa (Husson, 1962:240).
Eumops auripendulus auripendulus, Husson, 1962:240.
Distribución: Oaxaca, Quintana Roo, Tabasco.
Referencias : Eger, 1974:6-7; 1977:28; Goodwin, 1960:5; 1969:112; Ingles, 1959:385; Jones, et al., 1973b:26; Jones, 1977: 29; Villa-R., 1967:451.

Eumops bonariensis nanus (Miller)
Promops nanus Miller, Ann. Mag. Nat. Hist., ser. 7, 6:470, noviembre 1900.
L.T. Boguva (=Bugaba), 800 pies, Chiriquí, Panamá.
Eumops bonariensis nanus, Sanborn, 1932:356.
Distribución: Tabasco, Veracruz, Yucatán.
Referencias : Alvarez y Aviña, 1964:248; Birney, et al., 1974:11;

Eger, 1977:36; Jones, et al., 1977:29; Lay, 1962:376; Villa-R., 1967:452.

Eumops glaucinus glaucinus (Wagner)
Dysopes glaucinus Wagner, Arch. Naturgesch., Jahrg. 9, 1:368, 1843.
L.T. Cuyaba, Mato Grosso, Brasil.
Eumops glaucinus glaucinus, Koopman, 1971:4.
Distribución: Colima, Chiapas, Jalisco, Morelos, Veracruz, Yucatán.
Referencias : Birney, et al., 1974:12; Carter, et al., 1966:499; Eger, 1977:42; Gardner, 1962a:103; Hall, 1981:250; Hall y Dalquest, 1963:255; Hall y Kelson, 1959:213; Jones, et al., 1973b:26; Jones, et al., 1977:29; Núñez, et al., 1981:658; Sánchez-H., 1978:254; Villa-R., 1967:451; Warner, et al., 1974:75.

Eumops perotis californicus (Merriam)
Molossus californicus Merriam, N. Amer. Fauna. 4:31, 8 octubre 1890.
L.T. Alhambra, Los Angeles County, California.
Eumops perotis californicus, Sanborn, 1932:351.
Distribución: Coahuila, Hidalgo, Sinaloa, Sonora, Tamaulipas, Zacatecas.
Referencias : Alvarez y Polaco, 1980:136; Cockrum, 1960:80; Dalquest y Roth, 1970:223; Eger, 1977:52; Jones, et al., 1972: 24; Jones, et al., 1977:30; Matson y Patten, 1975:10; Villa-R., 1967:499; Warner, et al., 1974:175; Whitaker y Easterla, 1975:251.

Eumops underwoodi sonoriensis Benson
Eumops sonoriensis Benson, Proc. Biol. Soc. Washington, 60:133, 31 diciembre 1947.
L.T. Rancho Costa Rica, 270 pies, Río Sonora, Sonora.
Eumops underwoodi sonoriensis, Hall y Villa, 1949:446.
Distribución: Sonora.
Referencias : Csuti, 1980:9; Eger, 1977:57; Jones, et al., 1977:30.

Eumops underwoodi underwoodi Goodwin
Eumops underwoodi Goodwin, Amer. Mus. Novitates, 1075:2, 27 junio 1940.
L.T. El Pedrero, 6 Km N Chinaela (-Chinolea), La Paz, Honduras.
Eumops underwoodi underwoodi, Hall y Villa-R., 1949:445.
Distribución: Colima, Chiapas, Chihuahua, Jalisco, Michoacán, Morelos, Oaxaca, Tabasco.
Referencias : Alvarez y Aviña, 1964:247-248; Anderson, 1972:258; Arnold y Schonewald, 1972:173; Brown, 1967:654; Burt, 1961:19; Carter, et al., 1966:498; Eger, 1977:55; Goodwin, 1969:13; Hall, 1981:250; Hall y Kelson, 1959: 212; Jones, et al., 1977:30; Mitchell, 1965:100;

Núñez, et al., 1981:659; Villa-R., 1967:451; Watkins, et al., 1972:33.

Molossops greenhalli mexicanus Jones y Genoways
Molossops greenhalli mexicanus Jones y Genoways, Proc. Biol. Soc. Washington, 80:207, 1° diciembre 1967.
L.T. 7.5 mi SE Tecomate, 1,500 pies, Jalisco.
Distribución: Colima, Guerrero, Jalisco, Nayarit, Oaxaca.
Referencias : Gardner, 1977:546; Goodwin, 1969:108; Hall, 1981:240; Jones y Dunnigan, 1965:462; Jones y Genoways, 1967a: 209; Jones, et al., 1977:28; Villa-R., 1967:458; Watkins, et al., 1972:32.

Molossus ater nigricans Miller
Molossus nigricans Miller, Proc. Acad. Nat. Sci. Philadelphia, 54:395, 12 septiembre 1902.
L.T. Acaponeta, Nayarit.
Molossus ater nigricans, Jones, Alvarez y Lee, 1962:155.
Distribución: Coahuila, Colima, Chiapas, Distrito Federal, Durango, Guerrero, Hidalgo, Jalisco, Michoacán, Morelos, Nayarit, Oaxaca, Puebla, Querétaro, Quintana Roo, San Luis Potosí, Sinaloa, Tabasco, Tamaulipas, Veracruz, Yucatán.
Referencias : Alvarez, 1963a:417; Alvarez, et al., 1964:388; Bassols, 1981:34,40,41; Birney, et al., 1974:11; Bowles, 1972:271; Brown, 1967:655; Caballero, 1960:269; Cain y Studier, 1974:114; Carter y Jones, 1978:11; Choate y Clifton, 1970:358; Goodwin, 1960:6; 1969:114; Hall, 1981:253; Hall y Dalquest, 1963:255; Hall y Kelson, 1959:215; Hoffmann, 1972:193; Jones, 1964a:752;1965:93; Jones, et al., 1962:155; Jones, et al., 1972:24; Jones, et al.,1973b:25; Jones, et al., 1977:30; Kingston, et al., 1971:928; LaVal, 1972:450; López-F. C. y Urbano-V. 1977:234; Nuñez, et al.,1981:659;Ramírez-P. y López-F., 1979:543; Ramírez-P., et al., 1977:269; Sánchez-H., 1978:254; Schmidly y Martin, 1973:92; Spenrath y LaVal, 1970:396; Villa-R., 1967:454; Warner, et al., 1974:175; Watkins, et al., 1972:34; Webb, et al., 1967:6; Werner y Lay, 1963:552.

Molossus bondae J. A. Allen
Molossus bondae J. A. Allen, Bull. Amer. Mus. Nat. Hist., 20:228, 29 junio 1904.
L.T. Bonda, Santa Marta, Colombia.
Distribución: Quintana Roo.
Referencias : Alvarez y Ramírez-P., 1972:175; Jones, et al., 1971:30; Jones, et al., 1973b:26.

Molossus macdougalli Goodwin
Molossus pretiosus macdougalli Goodwin, Amer. Mus. Novitates, 1757:3, 8 marzo 1956.
L.T. San Blas, 3 Km SE Tehuantepec, aprox. 100 pies, Oaxaca.
Molossus macdougalli Goodwin, 1969:114.
Distribución: Guerrero, Oaxaca.
Referencias : Freeman, 1981:157; Goodwin, 1969:114, Hall, 1981:254; Jones, et al., 1977:31; Villa-R., 1967:456.

Molossus molossus aztecus Saussure
M [*olossus*]. *aztecus* Saussure, Revue et Mag. Zool. Paris, ser. 2, 12:285, julio 1860.
L.T. Amecameca, México.
Molossus molossus aztecus, Jones, Smith y Turner, 1971:23.
Distribución: Coahuila, Colima, Chiapas, Jalisco, México, Oaxaca, Sinaloa, Tamaulipas.
Referencias : Alvarez y Aviña, 1964:250; Brown, 1967:657; Gardner, 1966:4-5; Goodwin, 1969:115; Jones y Dunnigan, 1965: 462; Jones, et al., 1972:24; Jones, et al., 1977:31; Ramírez-P. y López-R., 1979:543; Villa-R., 1967:457; Warner, et al., 1974:175; Watkins, et al., 1972:34.

Molossus molossus lambi Gardner
Molossus aztecus lambi Gardner, Los Angeles Co. Mus., Contrib. Sci., 111:1, 9 noviembre 1966.
L. T. 11 Km NW Escuintla, Chiapas.
Molossus molossus lambi, Hall, 1981:256.
Distribución: Chiapas.
Referencias : Gardner, 1966:3; Warner, et al., 1974:175.

Molossus sinaloae sinaloae J. A. Allen.
Molossus sinaloae J. A. Allen, Bull. Amer. Mus. Nat. Hist., 22:236, 25 julio 1906.
L.T. Escuinapa, Sinaloa.
Molossus sinaloae sinaloae, Jones, Smith y Turner, 1971:27.
Distribución: Colima, Guerrero, Jalisco, Michoacán, Morelos, Puebla, Sinaloa, Yucatán.
Referencias : Alvarez, 1968:30; Alvarez y Aviña, 1964:250; Birney, et al., 1974:11; Bowles, 1972:271; Brown, 1967:656; Freeman, 1981:10; Goodwin, 1969:115; Ingles, 1959:385; Jones, et al., 1972:24; Jones, et al., 1973b:26; Jones, et al., 1977:31; Ramírez-P., 1969a:124; Villa-R., 1967:457; Warner, et al., 1974:175; Watkins, et al., 1972:34.

Nyctinomops aurispinosus (Peale)

Dysopes aurispinosus Peale, U. S. Explor. Exped., 8:21, 1848.
L.T. Desconocida. Costa del Estado Río Grande del Norte del Brasil. Fijada por Cabrera 1957:120.
Nyctinomops aurispinosus, Honacki, Kinman y Koeppl, 1982:213.
Distribución: Colima, Jalisco, Michoacán, Morelos, Nayarit, Oaxaca, San Luis Potosí, Sonora, Tamaulipas, Zacatecas.
Referencias : Alvarez, 1963a:416; Alvarez y Aviña, 1964:246; Baker, R. H., et al., 1967:225; Baker, R. J. y Jones, 1972: 308; Brown, 1967:648; Carter y Davis, 1961:162; Dalquest y Roth, 1970:220; Freeman, 1981:5; Gardner, 1962a:103; 1962c:537; 1963:42; Jones y Alvarez, 1964: 303; Jones, et al., 1977:28; Mollhagen,1971:21; Núñez, et al., 1981:658; Reddell, 1981:253; Sánchez-H., 1978: 253; Villa-R., 1967:447;Warner, et al., 1974:175.

Nyctinomops femorosaccus (Merriam)
Nyctinomus femorosaccus Merriam, N. Amer. Fauna, 2:23, 30 octubre 1889.
L.T. Agua Caliente (=Palm Spring), Riverside County, California.
Nyctinomops femorosaccus, Honacki, Kinman y Koeppl, 1982:213.
Distribución: Baja California Norte, Baja California Sur, Coahuila, Durango, Jalisco, Michoacán, Morelos, Nuevo León, Oaxaca, Sinaloa, Sonora, Tamaulipas.
Referencias : Alvarez y Aviña, 1964:246; Baker, R. J. y Christianson, 1966:311; Banks, 1967a:226; Brown, 1967:650; Carter y Davis, 1961:162; Davis y Loomis, 1971:453; Easterla, 1970:92; Findley y Jones, 1965:331; Freeman, 1981:6; Gardner, 1963:43; Goodwin, 1969:112; Hall y Kelson, 1959:207; Huey, 1964:98; Jiménez-G., 1968a:142; Jones, 1964a:752; Jones, et al., 1972:22; Jones, et al., 1977: 28; Loomis y Tanigoshi, 1968:155; Loomis y Webb, 1969: 41; Matson, et al., 1978:155; Núñez, et al., 1981:657; Ramírez-P., 1969a:126; Villa-R., 1967:445; Warner, et al., 1974:174; Watkins, et al., 1972:33; Woloszyn y Woloszyn, 1982:100.

Nyctinomops laticaudatus ferrugineus (Goodwin)
Tadarida laticaudata ferruginea Goodwin, Amer. Mus. Novitates, 1670:2, 28 junio 1954.
L.T. 8 Km N. Antiguo Morelos, Tamaulipas.
Nyctionomops laticaudatus ferrugineus, Nueva combinación (Consultar Honacki, Kinman y Koeppl, 1982:213)
Distribución: Guerrero, Jalisco, Oaxaca, San Luis Potosí, Tamaulipas, Veracruz.
Referencias : Alvarez, 1963a:416; Alvarez y Aviña, 1964:244; Alvarez y Ramírez-P., 1972:175; Carter y Davis, 1961:161; Dalquest y Roth, 1970:220; Hall, 1981:244; Jones y Alvarez, 1962:132; Jones, et al., 1977:29; Mollhagen,

1971:21; Núñez, et al.,1981:658; Sánchez-H., 1978:252; Villa-R., 1967:446; Villa-R. y López-F., 1967:191; Warner, et al., 1974:174.

Nyctinomops laticaudatus yucatanicus Miller

Nyctinomops yucatanicus Miller, Proc. Acad. Nat. Sci. Philadelphia, 54:393, 12 septiembre 1902.

L.T. Chichén-Itzá, Yucatán.

Nyctinomops laticaudatus yucatanicus, Nueva combinación (Consultar, Honacki, Kinman y Koeppl, 1982:213).

Distribución: Campeche, Chiapas, Quintana roo, Yucatán.

Referencias : Alvarez y Aviña, 1964:245; Bowles, 1972:271; Brown, 1967:650; Jones y Alvarez, 1962:132; Jones, et al., 1973b:24; Jones, et al., 1977:29; Loomis, 1969:15; Villa-R., 1960a:314-315; 1967:447.

Nyctinomops macrotis (Gray)

Nyctinomus macrotis Gray, Ann. Nat. Hist., 4:5, septiembre 1839.

L.T. No precisa. Cuba.

Nyctinomops macrotis, Freeman, 1981:163.

Distribución: Baja California Sur, Colima, Chihuahua, Distrito Federal, Durango, Guerrero, Jalisco, Michoacán, Nuevo León, Puebla, Querétaro, Sinaloa, Sonora, Tamaulipas, Veracruz.

Referencias : Alvarez, 1966:192; Alvarez y Ramírez-P., 1972:175; Anderson, 1972:258; Baker, R. J. y Christianson, 1966: 311; Baumgardner, 1977:238; Bradley y Mauer, 1965:75; Brown, 1967:651; Cockrum y Bradshaw, 1963:7; Easterla, 1972:468; Gardner, 1965:101; Goodwin, 1969:112; Huey, 1964:99; Jiménez-G., 1968a:143; Jones, et al., 1972: 23; Jones, et al., 1977:29; Núñez, et al., 1981:658; Sánchez-H.,1978:254; Villa-R., 1967:448; Warner, et al., 1974:175; Woloszyn y Woloszyn, 1982:102.

Promops centralis centralis Thomas

Promops centralis Thomas, Ann. Mag. Nat. Hist., ser. 8, 16:62, julio 1915.

L.T. No precisa. Norte de Yucatán.

Promops centralis centralis, Ojasti y Linares, 1971:433.

Distribución: Colima, Jalisco, Oaxaca, Yucatán.

Referencias : Alvarez y Aviña, 1964:249; Birney, et al., 1974:12; Goodwin, 1969:114; Jones, et al., 1973b:27; Jones, et al., 1977:30; Villa-R., 1967:453; Watkins, et al., 1972:33.

Tadarida brasiliensis intermedia Shamel

Tadarida intermedia Shamel, Proc. U. S. Nat. Mus., 78:7, 6 mayo 1931.
L.T. Valle de Comitán, Chiapas.
Tadarida brasiliensis intermedia, Schwartz, 1955:108.
Distribución: Chiapas
Referencias : Jones, et al., 1977:28; Reddell, 1981:253; Villa-R., 1967:441.

Tadarida brasiliensis mexicana (Saussure)
Molossus mexicanus Saussure, Revue et Mag. Zool. Paris, ser. 2, 12:283, julio 1860.
L.T. Cofre de Perote, 13,000 pies, México (sic) Veracruz.
Tadarida brasiliensis mexicana, Schwartz, 1955:108.
Distribución: Baja California Norte, Coahuila, Colima, Chiapas, Chihuahua, Distrito Federal, Durango, Guanajuato, Guerrero, Hidalgo, Jalisco, México, Michoacán, Morelos, Nuevo León, Oaxaca, Puebla, Querétaro, San Luis Potosí, Sinaloa, Sonora, Tamaulipas, Tlaxcala, Veracruz, Zacatecas.
Referencias : Alvarez, 1963a:415; Alvarez y Ramírez-P., 1972:173; Anderson, 1972:257-258; Baker, R. J. y Christianson, 1966:311; Baker, R. H. y Greer, 1962:76; Baker, R. H. y Webb, 1966:186; Banks, 1967a:226; Bassols, 1981:35; Bogan y Williams, 1970:134; Bradley y Mauer, 1965:75; Brown, 1967:649; Burt, 1961:19; Caballero y C., 1960: 246; Caballero y Caballero, 1969:267,270; Carter y Jones, 1978:11; Cockrum, 1969:331, 336; Cockrum y Bradshaw, 1963:7; Constantine, 1959:442; 1967:17-19; Dalquest y Roth, 1970:222; Davis y Loomis, 1971:449, 453; Easterla, 1970:92; Easterla y Baccus, 1973:427; Findley y Jones, 1965:331; Gardner, 1965:101; Genoways y Jones, 1968a:745; Goodwin, 1969:112; Hall y Dalquest, 1963:254; Huey, 1964:98; Irwin y R. J. Baker, 1967:195; Jiménez-G., 1968a:140; Jones, et al., 1965:56; Jones, et al., 1972:21; Jones, et al., 1977: 28; Matson y Patten, 1975:10; Mitchell, 1964:568; Mitchell y Smith, 1966:149; Mollhagen, 1971:21; Ramírez-P., 1969a:124; 1969b:268; Schmidly y Martin, 1973:92; Schmidly, et al., 1974:88; Villa-R., 1960b:214; 1967:442-444; Villa-R-. y Cockrum, 1962:42; Watkins, et al., 1972:32; Webb y Loomis, 1969:62; Woloszyn y Woloszyn, 1982:98.

ORDEN PRIMATES

FAMILIA CEBIDAE

SUBFAMILIA ALOUATTINAE

"Mono Aullador" ó "Mono Saraguato"

Alouatta palliata mexicana Merriam

Alouatta palliata mexicana Merriam, Proc. Biol. Soc. Washington, 15:67,22 marzo 1902.

L. T. Minatitlán, Veracruz.

Distribución: Campeche, Chiapas, Oaxaca, Tabasco, Veracruz.

Referencias : Goodwin, 1969:117; Hall, 1981:262; Hall y Dalquest, 1963: 258; Hall y Kelson, 1959:223; Ingles, 1959:385; Smith, 1970:362; Villa-R., 1959:128.

Alouatta pigra Lawrence

Alouatta palliata pigra Lawrence, Bull. Mus, Comp. Zool., 75:333. noviembre 1933.

L. T. Uaxactún, Petén, Guatemala.

Alouatta pigra, Smith, 1970:358

Distribución: Campeche, Chiapas, Tabasco, Yucatán.

Referencias : Ingles, 1959:385; Jones, et al., 1974 a:6; Smith, 1970: 362; Villa-R., 1959:128.

SUBFAMILIA ATELINAE

"Mono Araña"

Ateles geoffroyi vellerosus Gray

Ateles vellerosus Gray, Proc. Zool. Soc. London, p. 773, 1866.

L. T. Fijada a Mirador, 2,000 pies cerca de 15 mi al noroeste Huatusco, Veracruz (Kellogg y Goldman, Proc. U. S. Nat. Mus., 96: 33, 1944).

Ateles geoffroyi vellerosus, Kellogg y Goldman, 1944:32

Distribución: Campeche, Chiapas, Jalisco, Oaxaca, Quintana Roo, San Luis Potosí, Tabasco, Tamaulipas, Veracruz, Yucatán.

Referencias : Alvarez, 1963 a:417; Baker, R.H. y Greer, 1960:414; Goodwin, 1969:117; Hall, 1981:267,269; Hall y Dalquest, 1963: 260; Hall y Kelson, 1959:229,230; Hoffmann, 1962:279; Ingles, 1959:385; Jones, et al., 1974a:7; Leopold, 1959:385; Villa-R., 1959: 130.

ORDEN EDENTATA

FAMILIA MYRMECOPHAGIDAE

"Oso Hormiguero"

Cyclopes didactylus mexicanus Hollister
Cyclopes mexicanus Hollister, Proc. Biol. Soc. Washington, 27:210, 31 octubre 1914.
L. T. Tehuantepec, Oaxaca.
Cyclopes didactylus mexicanus, Hall y Kelson, 1952 a:316.
Distribución: Oaxaca, Tabasco, Veracruz.
Referencias : Goodwin, 1969:119; Hall y Dalquest, 1963:264.

"Tamandua" , "Oso Hormiguero" ó "Chupa Miel"

Tamandua mexicana hesperia Davis
Tamandua tetradactyla hesperia Davis, J. Mamm., 36:588, 14 diciembre 1955.
L. T. Cerca de Acahuizotla, 2,800 pies, Guerrero.
Tamandua mexicana hesperia, Hall, 1981:277.
Distribución: Guerrero.
Referencias : Hall, 1981:277; Wetzel, 1975:104

Tamandua mexicana mexicana (Saussure)
"*Myrmecophaga tamandua* (?), Desm. (Var. *Mexicana* Sauss.)" Saussure, Revue et Mag. Zool., Paris, ser. 2, 12:9, 1860.
L. T. Tabasco.
Tamandua mexicana mexicana, Hall, 1981:277.
Distribución: Campeche, Chiapas, Oaxaca, Quintana Roo, San Luis Potosí, Tabasco, Veracruz, Yucatán.
Referencias : Birney, et al., 1974:12; Goodwin, 1969:117; Hall, 1981: 277-278; Hall y Dalquest, 1963:262; Hall y Kelson, 1959: 239; Ingles, 1959:386; Jones, et al.,1974a:9; Leopold, 1959:337; Wetzel, 1975:104.

FAMILIA DASYPODIDAE

"Armadillo" , "Mulita" ó "Ayotochtli"

Dasypus novemcinctus davisi Russell
Dasypus novemcinctus davisi Russell, Proc. Biol. Soc. Washington, 66:21,30 marzo 1953.
L. T. Huitzilac, 8,500 pies, Morelos.
Distribución: Guerrero, Morelos.
Referencias : Gaviño de la Torre, et al., 1981:716; Mc Bee y R.J. Baker, 1982:1.

Dasypus novemcinctus mexicanus Peters

Dasypus novemcinctus var. mexicanus Peters, Monatsb. preuss. Akad. Wiss. Berlin, p. 180, 1864.

L. T. Matamoros, Tamaulipas (Hollister, J. Mamm., 6:60. 1925).

Dasypus novemcinctus mexicanus, Goldman, 1920:66.

Distribución: Campeche, Coahuila, Colima, Chiapas, Distrito Federal, Durango, Guanajuato, Guerrero, Hidalgo, Jalisco, México, Michoacán, Nayarit, Oaxaca, Quintana Roo, San Luis Potosí, Sinaloa, Sonora, Tabasco, Tamaulipas, Veracruz, Yucatán.

Referencias : Alvarez, 1963 a:418; Armstrong y Jones, 1971:752; Baker, R.H. y Greer, 1960:415; 1962:77; Baker. R.H. y Webb, 1966: 186; Gaviño de la Torre, et al.,1981:716;Goodwin, 1969:121; Hall, 1981:283-284; Hall y Dalquest, 1963:264; Hall y Kelson, 1959:244; Helm III, et al., 1976:142; Hoffmann, 1962:241; Hoffmann y Bassols, 1970:155; Hoffmann, et al., 1972:155; Ingles, 1959:386; Jones, et al., 1962:155; Jones, et al.,1974a:9; Loomis, 1966:52: López-F., et al., 1971:102; Mass, et al.,1981:60; McBee y R. J. Baker, 1982: 1; Ramírez-P., 1969b:268; Ramírez-P., et al.,1977:270; Selander, et al.,1962:334; Villa-R., 1959:130; Webb y R. H. Baker, 1962:331; Webb, et al., 1981:700.

ORDEN LAGOMORPHA
FAMILIA LEPORIDAE
SUBFAMILIA PALAEOLAGINAE

"Conejo de los Volcanes", "Zacatuche" ó "Teporingo"

Romerolagus diazi (Díaz)
Lepus diazi Díaz, Catálogo Comisión Geográfica Exploradora de la República Mexicana, Exposición Internacional, Colombina de Chicago..., pl. 42, marzo 1893.
L. T. Falda Este del Volcán Iztaccihuatl, Puebla.
Romerolagus diazi, Miller, 1911:228.
Distribución: Distrito Federal, México, Morelos, Puebla.
Referencias : Barrera, 1966:74; Cervantes-R. 1981:850; Cervantes-R. y López-F., 1981:634; Hall, 1981:293; Hall y Kelson, 1959:253; Ingles, 1959:368; Mass, et al., 1981:61; Ramírez-P., 1969b:268; Uchinawa y Suzuki, 1979:25; Uribe, et al., 1975:116; Vander, et al., 1979:215.

SUBFAMILIA LEPORINAE

"Liebres"

Lepus alleni alleni Mearns
Lepus alleni Mearns, Bull. Amer. Mus. Nat. Hist., 2:294:21 febrero 1890.
L. T. "Rillito", en el Southern Pacific Railroad, Pima County, Arizona.
Lepus alleni alleni, Miller, 1912:351.
Distribución: Sonora.
Referencias : Ingles, 1959:386.

Lepus alleni palitans Bangs
Lepus (*Macrotolagus*) *alleni palitans* Bangs, Proc. New England Zool., Club, 1: 85, 23 febrero 1900.
L. T. Aguacaliente (sic) cerca de 40 mi SE Mazatlán, Sinaloa.
Lepus alleni palitans Miller, 1912:351.
Distribución: Chihuahua, Nayarit, Sinaloa, Sonora.
Referencias : Anderson, 1972:265; Armstrong y Jones, 1971:756; Ingles, 1959:386.

Lepus alleni tiburonensis Townsend
Lepus alleni tiburonensis Townsend, Bull. Amer. Mus. Nat. Hist., 31:120, 14 junio 1912.
L. T. Isla Tiburón, Golfo de California, Sonora.
Distribución: Conocida sólo de la localidad típica.
Referencias : Lindsay, 1962:11.

Lepus californicus altamirae Nelson
Lepus merriami altamirae Nelson, Proc. Biol. Soc. Washington, 17:109, 18 mayo 1904.
L. T. Altamira, Tamaulipas
Lepus californicus altamirae, Hall, 1951:46.
Distribución: Tamaulipas.
Referencias : Alvarez, 1963 a:420; Baker R.H. y Webb, 1966:187.

Lepus californicus asellus Miller
Lepus asellus Miller, Proc. Acad. Nat. Sci. Philadelphia, 51:380, 29 septiembre 1899.
L. T. San Luis Potosí, San Luis Potosí.
Lepus californicus asellus, Nelson, 1909:150.
Distribución: Aguascalientes, Coahuila, Chihuahua, Jalisco, Nuevo León, San Luis Potosí, Zacatecas.
Referencias : Ingles, 1959:387; Jones y Webster, 1976:77.

Lepus californicus bennettii Gray
Lepus bennettii Gray, Zoology of the voyage of H.M.S. Sulphur..., p. 35, pl. 14, abril 1843.
L. T. San Diego, San Diego County, California.
Lepus californicus bennettii, Nelson, 1909:136.
Distribución: Baja California Norte.
Referencias : Huey, 1964:100; Lawlor, 1982a:58.

Lepus californicus curti Hall
Lepus californicus curti Hall, Univ. Kansas Publ., Mus. Nat. Hist., 5:42, 1º octubre 1951.
L. T. 88 mi S y 10 mi W Matamoros, Tamaulipas.
Distribución: Tamaulipas.
Referencias : Alvarez, 1963 a:420; Jones y Genoways, 1969:133.

Lepus californicus deserticola Mearns
Lepus texianus deserticola Mearns, Proc. U. S. Nat. Mus., 18:564, 24 junio 1896.
L. T. Borde W del Desierto de Colorado, base costera de las montañas, Imperial County, California.
Lepus californicus deserticola, Nelson, 1909:137.
Distribución: Baja California Norte, Sonora.
Referencias : Huey, 1964:101, Lawlor; 1982a:58.

Lepus californicus eremicus J. A. Allen

Lepus texianus eremicus J. A. Allen, Bull. Amer. Mus. Nat. Hist., 6:347, 7 diciembre 1894.
L. T. Fairbank, Cochise County, Arizona.
Lepus californicus eremicus, Nelson, 1909:140
Distribución: Chihuahua, Sonora
Referencias : Anderson, 1972:265; Ingles, 1959:387.

Lepus californicus festinus Nelson
Lepus festinus Nelson, Proc. Biol. Soc. Washington, 17:108, 18 mayo 1904.
L. T. Irolo, Hidalgo.
Lepus californicus festinus Nelson, 1909:151
Distribución: Hidalgo, Querétaro.

Lepus californicus magdalenae Nelson
Lepus californicus magdalenae Nelson, Proc. Biol. Soc. Washington, 20:81, 22 julio 1907.
L. T. Isla Magdalena, Baja California Sur.
Distribución: Baja California Sur
Referencias : Huey, 1964:101; Lawlor, 1982a:58.

Lepus californicus martirensis Stowell
Lepus martirensis Stowell, Proc. Calif. Acad. Sci., ser. 2, 5:51, 28 mayo 1895.
L. T. Montañas de San Pedro Martir, Baja California Norte.
Lepus californicus martirensis, Nelson, 1909:152.
Distribución: Baja California Norte.
Referencias : Huey, 1964:101.

Lepus californicus merriami Mearns
Lepus merriami Mearns, Proc. U. S. Nat. Mus., 18:444, 23 mayo 1896.
L. T. Fort Clark, Kinney County, Texas.
Lepus californicus merriami, Nelson, 1909:148.
Distribución: Coahuila, Nuevo León, Tamaulipas.
Referencias : Alvarez, 1963 a:421; Ingles, 1959:387; Selander, et al., 1962:335.

Lepus californicus sheldoni Burt
Lepus californicus sheldoni Burt, Proc. Biol. Soc. Washington, 46:37, 20 febrero 1933.
L. T. Isla del Carmen (26°N y 111°12'W, Golfo de California), Baja California Sur.
Distribución: Conocida sólo de la localidad típica.
Referencias : Huey, 1964:101; Lawlor, 1982a:58.

Lepus californicus texianus Waterhouse

Lepus texianus Waterhouse, A natural history of the Mammalia, 2:136, 1848.
L. T. Desconocida, Probablemente en la parte occidental de Texas (Hall y Kelson, 1959:284).
Lepus californicus texianus, Nelson, 1909:142.
Distribución: Coahuila, Chihuahua, Durango.
Referencias : Anderson, 1972:266; Baker, R.H. 1960 b:310; Baker, R.H. y Greer, 1962:77; Crossin, et al., 1973:196; Ingles, 1959:387; Petersen y Petersen, 1979:6.

Lepus californicus xanti Thomas
Lepus californicus xanti Thomas, Ann. Mag. Nat. Hist., ser. 7, 1:45, enero 1898.
L. T. Santa Anita, Baja California Sur.
Distribución: Baja California Sur.
Referencias : Huey, 1964:101; Lawlor, 1982a:58; Woloszyn y Woloszyn, 1982:110.

Lepus callotis callotis Wagler
Lepus callotis Wagler, Natürliches system der anphibien, mit vorangehender classification der Säugethiere und vögel, Munich, Stuttgart and Tübingen, pág. 23, 1830.
L. T. No precisa, "México".
Lepus callotis callotis, True, 1884:17.
Distribución: Distrito Federal, Durango, Guanajuato, Guerrero, Hidalgo, Jalisco, México, Michoacán, Morelos, Oaxaca, Puebla, Querétaro, San Luis Potosí, Zacatecas.
Referencias : Anderson y Gaunt, 1962:10-13; Baker, R.H. 1960 b:310; Baker, R.H. y Greer, 1962:78; Burt, 1961:21; Genoways y Jones, 1973:11; Goodwin, 1969:126; Hall, 1981:329; Hall y Kelson, 1959:286, Hoffmann, 1962:272.

Lepus callotis gaillardi Mearns
Lepus gaillardi Mearns, Proc. U. S. Nat. Mus., 18:560, 24 junio 1896.
L. T. No precisa. "West fork of the Playas Valley near Monument No. 63, Mexican boundary line, in Chihuahua or in Hidalgo County, New México".
Lepus callotis gaillardi, Anderson y Gaunt, 1962:5.
Distribución: Chihuahua, Durango.
Referencias : Anderson, 1972:267; Anderson y Gaunt, 1962:8-9; Baker, R.H. y Greer, 1962:78; Bogan y Jones, 1975:45.

Lepus flavigularis Wagner
Lepus callotis var. flavigularis Wagner, in Schereber, Die Saügthiere.., Suppl., 4: 106, 1844.
L. T. No precisa. México (probablemente cerca de la Ciudad de Tehuante

pec, Oaxaca; Hall y Kelson, 1959:285).

Lepus flavigularis, Nelson, 1909:125.
Distribución: Oaxaca.
Referencias : Anderson y Gaunt, 1962:14; Goodwin, 1969:127.

Lepus insularis Bryant

Lepus insularis Bryant, Proc. California Acad, Sci., ser. 2, 3:92, 23 abril 1891.
L. T. Isla del Espíritu Santo, Golfo de California, Baja California Sur.
Distribución: Conocida sólo de la localidad típica.
Referencias : Huey, 1964:101; Lindsay, 1962:37.

"Conejos"

Sylvilagus audubonii arizonae (J.A. Allen)

[*Lepus sylvaticus*] *var. arizonae* J.A. Allen, in Coues y Allen, Monogr. N. Amer. Rodentia, p. 332, agosto 1877.
L. T. Beals Spring, Yuvapai County (=Babs Spring, Mohone County), Arizona.

Sylvilagus audubonii arizonae, Nelson, 1909:222.
Distribución: Baja California Norte, Sonora.
Referencias : Chapman y Willner, 1978:1; Hoffmeister y Lee, 1963 b: 514; Huey, 1964:100.

Sylvilagus audubonii confinis (J. A. Allen)

Lepus arizonae confinis J. A. Allen, Bull. Amer. Mus. Nat. Hist., 10:146, 12 abril 1898.
L. T. Plaza María, Baja California Norte.

Sylvilagus audubonii confinis, Nelson, 1909:220.
Distribución: Baja California Norte, Baja California Sur.
Referencias : Chapman y Willner, 1978:1; Huey, 1964:100; Woloszyn y Woloszyn, 1982:108.

Sylvilagus audubonii goldmani (Nelson)

Lepus arizonae goldmani Nelson, Proc. Biol. Soc. Washington, 17:107, 18 mayo 1904.
L. T. Culiacán, Sinaloa.

Sylvilagus audubonii goldmani Nelson, 1909:225.
Distribución: Sinaloa, Sonora.
Referencias : Armstrong y Jones, 1971:754; Chapman y Willner, 1978:1; Diersing y Wilson, 1980:17; Hoffmeister y Lee, 1963 b: 518; Jones, et al., 1962:156; Loomis y Lucas, 1969:228.

Sylvilagus audubonii minor (Mearns)

Lepus arizonae minor Mearns, Proc. U. S. Nat. Mus., 18:557, 24 junio 1896.

L. T. El Paso, El Paso County, Texas.

S[ylvilagus].a [udubonii].minor, Nelson, 1907:87.

Distribución: Coahuila, Chihuahua, Durango.

Referencias : Anderson, 1972:262,263; Anderson y Long, 1961:2; Baker, R. H. y Greer, 1962:79; Chapman y Willner, 1978:1; Hoffmeister y Lee, 1963 b:511; Petersen y Petersen, 1979:6.

Sylvilagus audubonii parvulus (J. A. Allen)

Lepus (Sylvilagus) parvulus J. A. Allen, Bull. Amer. Mus. Nat. Hist., 20:34, 29 febrero 1904.

L. T. Apam, Hidalgo.

Sylvilagus audubonii parvulus, Nelson, 1909:236.

Distribución: Aguascalientes, Coahuila, Durango, Guanajuato, Hidalgo, Jalisco, Nuevo León, Puebla, Querétaro, San Luis Potosí, Tamaulipas, Tlaxcala, Veracruz, Zacatecas.

Referencias : Alvarez, 1963 a:419; Baker, R.H. 1960b:309; Baker, R.H. y Greer, 1962:79; Chapman y Willner, 1978:1; Diersing y Wilson, 1980:17; Genoways y Jones, 1973:2; Jones y Webster, 1976:77; Petersen y Petersen, 1979:6.

Sylvilagus audubonii sanctidiegi (Miller)

Lepus floridanus sanctidiegi Miller, Proc. Acad. Nat. Sci. Philadelphia, 51: 389, 5 octubre 1899.

L. T. Frontera entre México y E. E. U. U. Mon. No. 258 Costa del Océano Pacífico, California.

Sylvilagus audubonii sanctidiegi, Nelson, 1909:218.

Distribución: Baja California Norte.

Referencias : Chapman y Willner, 1978:1; Huey, 1964:100.

Sylvilagus bachmani cerrosensis (J. A. Allen)

Lepus cerrosensis J. A. Allen, Bull. Amer. Mus. Nat. Hist., 10:145, 12 abril 1898.

L. T. Isla Cerros (=Cedros), Baja California Norte.

Sylvilagus bachmani cerrosensis, Nelson, 1909:256.

Distribución: Conocida sólo de la localidad típica.

Referencias : Banks, 1964 b:183; Chapman, 1974:1; Huey, 1964:99; Lawlor, 1982a:58.

Sylvilagus bachmani cinerascens (J. A. Allen)

Lepus cinerascens J. A. Allen, Bull. Amer. Mus. Nat. Hist.,3:159,8 octubre 1890.

L. T. San Fernando, Los Angeles County, California.

Sylvilagus bachmani cinerascens, Nelson, 1907 a:84

Distribución: Baja California Norte.

Referencias : Chapman, 1974:1; Huey, 1964:99; Lawlor, 1982a:58.

Sylvilagus bachmani exiguus Nelson

Sylvilagus bachmani exiguus Nelson, Proc. Biol. Soc. Washington, 20:84, 22 ju lio 1907.
L. T. Yubay, Centro de Baja California Norte
Distribución: Baja California Norte, Baja California Sur.
Referencias : Chapman, 1974:1; Huey, 1964:99; Lawlor, 1982a:58.

Sylvilagus bachmani howellii Huey
Sylvilagus bachmani howellii Huey, Trans. San Diego Soc. Nat. Hist., 5:67, 6 julio 1927.
L. T. 10 mi SE Alamo (31°35' N y 116°03' W) Baja California Norte.
Distribución: Baja California Norte
Referencias : Bond, 1969:252; Chapman, 1974:1; Huey, 1964:99; Lawlor, 1982a:58.

Sylvilagus bachmani peninsularis (J. A. Allen)
Lepus peninsularis J. A. Allen, Bull. Amer. Mus. Nat. Hist., 10:144, 12 abrîl 1898.
L. T. Santa Anita, Baja California Sur.
Sylvilagus bachmani peninsularis, Nelson, 1909:255.
Distribución: Baja California Sur
Refernecias : Chapman, 1974:1; Huey, 1964:100; Lawlor, 1982a:58; Woloszyn y Woloszyn, 1982:106.

Sylvilagus bachmani rosaphagus Huey
Sylvilagus bachmani rosaphagus Huey, Trans. San Diego Soc. Nat. Hist., 9:221, 31 julio 1940.
L. T. 2 mi W Misión de Santo Domingo (30°45' N y 115°58' W), Baja California Norte.
Distribución: Baja California Norte.
Referencias : Bond, 1969:252; Chapman, 1974:1; Huey, 1964:99; Lawlor , 1982a:58.

Sylvilagus brasiliensis truei (J. A. Allen)
Lepus truei J. A. Allen, Bull. Amer. Mus. Nat. Hist., 3:192, 10 diciembre 1890.
L. T. Mirador, Veracruz.
Sylvilagus brasiliensis truei, Hershkovitz, 1950:351.
Distribución: Chiapas, Oaxaca, Puebla, Quintana Roo, San Luis Potosî, Tabasco, Tamaulipas, Veracruz, Yucatán.
Referencias : Alvarez, 1963 a:418; Diersing, 1981:551; Goodwin, 1969: 121; Hall, 1981:295; Hall y Dalquest, 1963:266; Hall y Kelson, 1959:255; Villa-R., 1959:131.

Sylvilagus cunicularius cunicularius (Waterhouse)
Lepus cunicularius Waterhouse, A natural history of the Mammalia, 2:132, 1848.
L. T. Zaculpan. Probablemente en el Estado de México (Hall y Kelson, 1959:27).

Sylvilagus cunicularius cunicularius, Miller, 1912:369.
Distribución: Distrito Federal, Guerrero, Hidalgo, Jalisco, México, Michoacán, Morelos, Oaxaca, Puebla, Tlaxcala, Veracruz.
Referencias : Alvarez, 1969:96; Dalquest, 1961:408; Diersing y Wilson, 1980:8; Goodwin, 1969:125; Hall, 1981:313; Hall y Dalquest, 1963:268; Hall y Kelson, 1959:269; Mass, et al., 1981:62; Ramírez-P., 1969 b:269.

Sylvilagus cunicularius insolitus (J. A. Allen)
Lepus insolitus J. A. Allen, Bull. Amer. Mus. Nat. Hist., 3:189, 10 diciembre 1890.
L. T. Planicies de Colima, Jalisco (sic).
Sylvilagus cunicularius insolitus, Nelson, 1909:243.
Distribución: Colima, Jalisco, Nayarit, Sinaloa.
Referencias : Armstrong y Jones, 1971:754; Diersing y Wilson, 1980:8; Genoways y Jones, 1973:4; Ingles, 1959:387; Nuñez, et al., 1981:659.

Sylvilagus cunicularius pacificus (Nelson)
Lepus veraecrucis pacificus Nelson, Proc. Biol. Soc. Washington, 17:104, 18 mayo 1904.
L. T. Acapulco, Guerrero.
Sylvilagus cunicularius pacificus, Lyon y Osgood, 1909:35
Distribución: Guerrero, Michoacán, Oaxaca.
Referencias : Alvarez, 1968:30; Goodwin, 1969:126; Ramírez-P., et al., 1977:271.

Sylvilagus floridanus aztecus (J. A. Allen)
Lepus sylvaticus aztecus J. A. Allen, Bull. Amer. Mus. Nat. Hist. 3:188, 10 diciembre 1890.
L. T. Tehuantepec, Oaxaca.
Sylvilagus floridanus aztecus, Lyon, 1904:336.
Distribución: Chiapas, Oaxaca.
Referencias : Chapman, et al., 1980:1; Goodwin, 1969:121.

Sylvilagus floridanus chapmani (J. A. Allen)
Lepus floridanus chapmani J. A. Allen, Bull. Amer. Mus. Nat. Hist., 12:12, 4 marzo 1899.
L. T. Corpus Christi, Nueces County, Texas.
Sylvilagus floridanus chapmani, Lyon, 1904:336.
Distribución: Coahuila, Nuevo León, Puebla, Tamaulipas.
Referencias : Alvarez, 1963 a:419; Baker R.H. y Webb, 1966:187; Chapman, et al., 1980:1; Dalquest y Roth, 1970:223; Koopman y Martin, 1959:5, Tipton y Méndez, 1968:178.

Sylvilagus floridanus chiapensis (Nelson)

Lepus floridanus chiapensis Nelson, Proc. Biol. Soc. Washington, 17:106, 18 mayo 1904.
L. T. San Cristóbal, Chiapas.
Sylvilagus floridanus chiapensis, Lyon y Osgood, 1909:32.
Distribución: Chiapas.
Referencias : Chapman, et al., 1980:1.

Sylvilagus floridanus connectens (Nelson)
Lepus floridanus connectens Nelson, Proc. Biol. Soc. Washington, 17:105, 18 mayo 1904.
L. T. Chichicaxtle, Veracruz.
Sylvilagus floridanus connectens, Lyon y Osgood, 1909:32.
Distribución: México, Oaxaca, Puebla, Querétaro, San Luis Potosí, Tamaulipas, Veracruz.
Referencias : Alvarez, 1963 a:420; 1969:97; Chapman, et al., 1980:1; Dalquest, 1961:408; Goodwin, 1969:121; Hall y Dalquest, 1963:268; Schaldach, 1966:292.

Sylvilagus floridanus holzneri (Mearns)
Lepus sylvaticus holzneri Mearns, Proc. U. S. Nat. Mus., 18:554, 24 junio 1896
L. T. Zona de abetos rojos Douglas, cerca de la punta de Huachuca Mountains, Cochise, County, Arizona.
Sylvilagus floridanus holzneri, Lyon, 1904:336.
Distribución: Chihuahua, Durango, Jalisco, San Luis Potosí, Sinaloa, Sonora, Zacatecas.
Referencias : Anderson, 1972:264; Anderson y Long, 1961:2; Armstrong, 1971:754; Baker R.H. 1960 b:309; Baker, R.H. y Greer, 1962:80; Chapman, et al., 1980:1; Diersing y Wilson, 1980:13; Hoffmeister y Lee, 1963 a:120; Jones, 1964a:752.

Sylvilagus floridanus macrocorpus Diersing y Wilson
Sylvilagus floridanus macrocorpus Diersing y Wilson, Smiths, Contrib. Zool. 297:8, 1980.
L. T. Estazuela, 137m Nayarit.
Distribución: Jalisco, Michoacán, Nayarit.
Referencias : Diersing y Wilson, 1980:12.

Sylvilagus floridanus orizabae (Merriam)
Lepus orizabae Merriam, Proc. Biol. Soc. Washington, 8:143, 29 diciembre 1893.
L. T. Pico de Orizaba, 9,500 pies Puebla.
Sylvilagus floridanus orizabae, Nelson, 1909:183.
Distribución: Aguascalientes, Distrito Federal, Guanajuato, Hidalgo, Jalisco, México, Michoacán, Morelos, Puebla, San Luis Potosí, Tlaxcala, Veracruz, Zacatecas.
Referencias : Burt, 1961:21; Chapman, et al., 1980:1; Diersing y Wil-

son, 1980:14; Hall y Dalquest, 1963:268; Hooper, 1961:22; Genoways y Jones, 1973:4; Ramírez-P., 1969 b:269.

Sylvilagus floridanus robustus (Bailey)
Lepus pinetis robustus Bailey, N. Amer. Fauna, 25:159, 24 octubre 1905.
L. T. Davis Mts., 6,000 pies, Jeff Davis County Texas.
Sylvilagus floridanus robustus, Hall y Kelson, 1951:56
Distribución: Coahuila.
Referencias : Chapman, et al., 1980:1; Jones y Genoways, 1969:133; Raun, 1965 b:519-520.

Sylvilagus floridanus russatus (J. A. Allen)
Lepus [Sylvilagus] russatus J. A. Allen, Bull. Amer. Mus. Nat. Hist., 20:31, 29 febrero 1904.
L. T. Pasa Nueva, al sur de Veracruz.
Sylvilagus floridanus russatus, Nelson, 1909:186.
Distribución: Veracruz.
Referencias : Chapman, et al., 1980:1; Hall y Dalquest, 1963:268.

Sylvilagus floridanus yucatanicus (Miller)
Lepus floridanus yucatanicus Miller, Proc. Acad. Nat. Sci. Philadelphia, 5: 384, 29 septiembre 1899.
L. T. Mérida Yucatán.
Sylvilagus floridanus yucatanicus, Lyon, 1904:336.
Distribución: Campeche, Yucatán.
Referencias : Chapman, et al., 1980:1; Hall, 1981:305; Jones, et al., 1974 a:10; Villa-R., 1959:131.

Sylvilagus graysoni badistes Diersing y Wilson
Sylvilagus graysoni badistes Diersing y Wilson, Smiths. Contrib. Zool., 297: 15, 1980.
L. T. Isla San Juanito, Islas Tres Marías, Nayarit.
Distribución: Conocida sólo de la localidad típica.
Referencias : Diersing y Wilson, 1980:15.

Sylvilagus graysoni graysoni (J. A. Allen)
Lepus graysoni J. A. Allen, in Coues y Allen, Monogr. N. Amer. Rodentia p. 347, 1877.
L. T. Islas Tres Marías, probablemente Isla María Madre (Nelson, N. Amer, Fauna, 14:16, 29 abril 1899 a), Nayarit.
Sylvilagus graysoni graysoni, Diersing y Wilson, 1980:14.
Distribución: Nayarit.
Referencias : Diersing y Wilson, 1980:15.

Sylvilagus insonus (Nelson)
Lepus insonus Nelson, Proc. Biol. Soc. Washington 17:103, 18 mayo 1904.
L. T. Omilteme, Guerrero.
Sylvilagus insonus Nelson, 1909:264.
Distribución: Conocida sólo de la localidad típica.
Referencias : Diersing, 1981:555.

Sylvilagus mansuetus Nelson
Sylvilagus mansuetus Nelson, Proc. Biol. Soc. Washington, 20:83, 22 julio 1907.
L. T. Isla San José, Golfo de California, Baja California Sur.
Distribución: Conocida sólo de la localidad típica.
Referencias : Huey, 1964:100.

ORDEN RODENTIA
SUBORDEN SCIUROMORPHA
FAMILIA SCIURIDAE
SUBFAMILIA SCIURINAE

"Ardillas Terrestres"

Ammospermophilus harrisii harrisii (Audubon y Bachman)
Spermophilus harrisii Audubon y Bachman, The viviparous quadrupeds of North América, 3:267, 1854.
L. T. Restringida a Santa Cruz Valley, Arizona por Howell (N. Amer. Fauna, 56:117, 1938).
Ammospermophilus harrisii harrisii, Miller, 1912:317.
Distribución: Sonora.
Referencias : Hoffmeister, 1977:150.

Ammospermophilus harrisii saxicola (Mearns)
Spermophilus harrisii saxicolus Mearns, Preliminary diagnoses of new mammals from the mexican border of the United States, p. 2, 25 marzo 1896.
L. T. Tinajas Altas, Yuma County, Arizona.
Ammospermophilus harrisii saxicola Mearns, 1907:306.
Distribución: Sonora
Referencias : Bond, 1969:252.

Ammospermophilus insularis Nelson y Goldman
Ammospermophilus leucurus insularis Nelson y Goldman, Proc. Biol. Soc. Washington 22:24, 10 marzo 1909.
L. T. Isla Espíritu Santo, Baja California Sur.
Ammospermophilus insularis, Hall y Kelson, 1959:334.
Distribución: Conocida sólo de la localidad típica.
Referencias : Huey, 1964:103.

Ammospermophilus interpres (Merriam)
Tamias interpres Merriam, N. Amer. Fauna, 4:21, 8 octubre 1890.
L. T. El Paso, El Paso County, Texas.
Ammospermophilus interpres, Bailey, 1905:81.
Distribución: Coahuila, Chihuahua, Durango, Zacatecas.
Referencias : Anderson, 1972:273-274; Baker, R.H. y Greer, 1962:82
Baker, R.H., et al., 1981:568.

Ammospermophilus leucurus canfieldae Huey

Ammospermophilus leucurus canfieldae Huey, Trans. San Diego Soc. Nat. Hist., 5:243, 27 febrero 1929.

L. T. Punta Prieta, Baja California Norte.
Distribución: Baja California Norte, Baja California Sur.
Referencias : Bond, 1969:252; Huey, 1964:103.

Ammospermophilus leucurus extimus Nelson y Goldman
Ammospermophilus leucurus extimus Nelson y Goldman, J. Washington Acad. Sci. 19:281, 19 julio 1929.
L. T. 15 mi N Cabo San Lucas, Baja California Sur.
Distribución: Baja California Sur.
Referencias : Huey, 1964:103; Woloszyn y Woloszyn, 1982:114.

Ammospermophilus leucurus leucurus (Merriam)
Tamias leucurus Merriam, N. Amer. Fauna, 2:20, 30 octubre 1889.
L. T. San Gregorio Pass, Riverside County, California.
Ammospermophilus leucurus leucurus, Miller, 1924:195.
Distribución: Baja California Norte.
Referencias : Huey, 1964:102.

Ammospermophilus leucurus peninsulae (J. A. Allen)
Tamias leucurus peninsulae J. A. Allen, Bull. Amer. Mus. Nat. Hist., 5:197, 18 agosto 1893.
L. T. San Telmo, Baja California Norte.
Ammospermophilus leucurus peninsulae, Mearns, 1907:299.
Distribución: Baja California Norte.
Referencias : Huey, 1964:102.

Cynomys ludovicianus arizonensis Mearns
Cynomys arizonensis Mearns, Bull. Amer. Mus. Nat. Hist., 2:305, 21 febrero 1890.
L. T. Punta de la Montaña, cerca de Willcox, Cochise County, Arizona.
C[*ynomys*]. *ludovicianus arizonensis*, Merriam, 1892:158.
Distribución: Coahuila, Chihuahua.
Referencias : Anderson, 1972:280; Pizzimenti, 1975:73.

Cynomys mexicanus Merriam
Cynomys mexicanus Merriam, Proc. Biol. Soc. Washington 7:157, 27 julio 1892.
L. T. La Ventura, Coahuila
Distribución: Coahuila, Nuevo León, San Luis Potosí, Zacatecas.
Referencias : Matson, 1982:78; Pizzimenti, 1975:73; Pizzimenti y McLenaghan, 1974:131, Tipton y Méndez, 1968:178.

"Ardillas Arborícolas"

Sciurus aberti barberi J. A. Allen
Sciurus aberti barberi J. A. Allen, Bull. Amer. Mus. Nat. Hist., 20:207, 28 mayo 1904.
L. T. Colonia García, Chihuahua.
Distribución: Chihuahua, Durango, Sonora.

Referencias : Alvarez, 1961 a:139; Anderson, 1972:281-282; Hoffmeister y Diersing, 1978:411; Nash y Seaman, 1977:1.

Sciurus aberti durangi Thomas
Sciurus aberti durangi Thomas, Ann. Mag. Nat. Hist., ser. 6, 11:50, enero 1893.
L. T. Rancho, 100 mi W Durango, Durango.
Distribución: Chihuahua, Durango.
Refernecias : Alvarez, 1961 a:139; Anderson, 1972:283; Baker, R.H., 1966:345; Baker, R.H. y Greer, 1962:74-75, 85; Burt, 1960:35; Gardner, 1965:101; Hoffmeister y Diersing, 1978: 411; Nash y Seaman, 1977:1.

Sciurus alleni Nelson
Sciurus alleni Nelson, Proc. Biol. Soc. Washington, 12:147, 3 junio 1898.
L. T. Monterrey, Nuevo León.
Distribución: Coahuila, Nuevo León, San Luis Potosí, Tamaulipas.
Referencias : Alvarez, 1961 a:142; 1963 a:425; Burt, 1960:34; Hall, 1981:431; Hall y Kelson, 1959:390,392, Tipton y Méndez, 1968:192.

Sciurus arizonensis huachuca J. A. Allen
Sciurus arizonensis huachuca J. A. Allen, Bull. Amer. Mus. Nat. Hist., 6:349, 7 diciembre 1894.
L. T. Huachuca Mts., southern Arizona.
Distribución: Chihuahua, Sonora.
Referencias : Alvarez, 1961 a:140.

Sciurus aureogaster aureogaster Cuvier
Sciurus variegatus Cuvier, in Geoffroy St. Hilaire y F. Cuvier, Hist., Nat. Mamm., 6, livr. 59, pl., septiembre 1829.
L. T. "California", restringida a Altamira, Tamaulipas por Nelson (Proc. Washington Acad. Sci., 1:38, 1899 b).
Sciurus aureogaster aureogaster, Miller, 1912:325.
Distribución: Chiapas, Nuevo León, Oaxaca, Puebla, Querétaro, San Luis Potosí, Tabasco, Tamaulipas, Veracruz.
Referencias : Alvarez, 1961 a:129, 131,132,133,134, 137,138, 141; 1963 a:423-424; Alvarez y Aviña, 1963:35,36, 38; Baker, R.H. y Webb, 1966:187; Burt, 1960:32; 1961:20; Goodwin, 1969:129, 133; Hall, 1981:419; Hall y Dalquest, 1963: 274-275; Hall y Kelson, 1959:372; Ingles, 1959:389; Musser, 1968:101-102.

Sciurus aureogaster nigrescens Bennett
Sciurus nigrescens Bennett, Proc. Zool. Soc. London, pag. 41, 1833.
L. T. Cerca de Tehuantepec, Oaxaca.

Sciurus aureogaster nigrescens, Musser, 1970:16.
Distribución: Colima, Chiapas, Distrito Federal, Guanajuato, Guerrero, Hidalgo, Jalisco, México, Michoacán, Morelos, Oaxaca, Puebla, Veracruz, Zacatecas.
Referencias : Alvarez, 1968:31; Alvarez y Aviña, 1963:35 - 38; Baker, R.H. y Phillips, 1965 a:692; Burt, 1960:31-32; 1961:20; Genoways y Jones, 1973:7; Goodwin, 1969:129, 133; Hall y Kelson, 1959:375; Hooper, 1961:121; Ingles, 1959:389; Mass, et al., 1981:65; Matson, 1982:78; Musser, 1968:102-105; Ramírez, et al., 1980:160; Ramírez-P., 1969b:270; Ramírez-P., y López-F., 1976:67; Ramírez-P. et al., 1977:271; Schaldach, 1966:292; Webb y R. H. Baker, 1969: 144; Webb, et al., 1981:700.

Sciurus colliaei colliaei Richardson
Sciurus colliaei Richardson, in Becchey, The zoology of Capt. Becchey's voyage ..., p, 8., 1839.
L. T. San Blas, Nayarit.
Sciurus colliaei colliaei, Miller, 1912:328.
Distribución: Jalisco, Nayarit.
Referencias : Alvarez, 1961 a:135; Anderson, 1962:9; Burt, 1960:32; Genoways y Jones, 1973:10; Hall y Kelson, 1959:376; Helm III, et al., 1976:142; Ingles, 1959:390; Musser, 1968:107.

Sciurus colliaei nuchalis Nelson
Sciurus colliaei nuchalis Nelson, Proc. Washington Acad. Sci., 1:59, 9 mayo - 1899.
L. T. Manzanillo, Colima.
Distribución: Colima, Jalisco.
Referencias : Alvarez, 1961 a:136; Anderson, 1962:9; Ingles, 1959:390; Musser, 1968:107.

Sciurus colliaei sinaloensis Nelson
Sciurus sinaloensis Nelson, Proc. Washington Acad. Sci., 1:60, 9 mayo 1899.
L. T. Mazatlán, Sinaloa
Sciurus colliaei sinaloensis, Anderson, 1962:9.
Distribución: Durango, Sinaloa.
Referencias : Alvarez, 1961 a:136; Anderson, 1962:12; Jones, 1964:752; Musser, 1968:107.

Sciurus colliaei truei Nelson
Sciurus truei Nelson, Proc. Washington Acad. Sci., 1:61, 9 mayo 1899.
L. T. Comoa, Río Mayo, Sonora.
Sciurus colliaei truei, Anderson, 1962:12.
Distribución: Chihuahua, Durango, Sinaloa, Sonora.
Referencias : Anderson, 1962:13; 1972:283; Baker, R.H. y Greer, 1962: 85; Musser, 1968:107.

Sciurus deppei deppei Peters
Sciurus deppei Peters, Monatsb. Preuss. Akad. Wiss., Berlín, p. 654, 1863.
L. T. Papantla, Veracruz.
Sciurus deppei deppei, Miller, 1912:324.
Distribución: Chiapas, Oaxaca, Puebla, Veracruz.
Referencias : Alvarez, 1961 a:128; Baker, R.H., et al., 1971:85; Goodwin, 1969:133; Hall, 1981:426; Hall y Dalquest, 1963:271; Hall y Kelson, 1959:382.

Sciurus deppei negligens Nelson
Sciurus negligens Nelson, Proc. Biol. Soc. Washington, 12:147, 3 junio 1898.
L. T. Altamira Tamaulipas.
Sciurus deppei negligens, Hooper, 1953:4.
Distribución: San Luis Potosí, Tamaulipas, Veracruz.
Referencias : Alvarez, 1961 a:128; 1963:424; Burt, 1960:33; Hall y Dalquest, 1963:272; Ingles, 1959:389.

Sciurus deppei vivax Nelson
Sciurus deppei vivax Nelson, Proc. Biol. Soc. Washington, 14:131, 9 agosto 1901.
L. T. Apazote, Campeche.
Distribución: Campeche, Quintana Roo.
Referencias : Alvarez, 1961 a:128; Jones, et al., 1974 b:4-5; Loomis, 1969:8-9; Villa-R., 1959:132.

Sciurus griseus anthonyi Mearns
Sciurus fossor anthonyi Mearns, Proc. U. S. Nat. Mus., 20:501, 19 enero 1897.
L. T. Campbell's Ranch, Laguna Mtns. San Diego County, California.
Sciurus griseus anthonyi, Mearns, 1907:264.
Distribución: Baja California Norte.
Referencias : Huey, 1964:104.

Sciurus nayaritensis apache J. A. Allen
Sciurus apache J. A. Allen, Bull. Amer. Mus. Nat. Hist., 5:29, 16 marzo 1893.
L. T. Falta W de la Sierra de Nacori, 6,300 pies en el E de Sonora.
Sciurus nayaritensis apache, Lee y Hoffmeister, 1963:188.
Distribución: Chihuahua, Durango, Sinaloa, Sonora.
Referencias : Alvarez, 1961 a:140; Alvarez y Aviña, 1963:34; Anderson, 1972:284; Baker, R.H. y Greer, 1962:85; Lee y Hoffmeister, 1963:188-189; Webb y R.H. Baker, 1962:331.

Sciurus nayaritensis nayaritensis J. A. Allen
[*Sciurus*] *nayaritensis* J. A. Allen, Bull. Amer. Mus. Nat. Hist., 2:185, 1890.
L. T. Sierra de Valparaiso, Zacatecas.
Sciurus nayaritensis nayaritensis, Lee y Hoffmeister, 1963:188.

Distribución: Aguascalientes, Colima, Durango, Jalisco, Nayarit, Zacatecas.
Referencias : Alvarez, 1961 a:142; Baker, R.H. y Greer, 1962:87; Genoways y Jones, 1973:6; Jones y Webster, 1976:77; Lee y Hoffmeister, 1963:188; Matson, 1982:78.

Sciurus niger limitis Baird
Sciurus limitis Baird, Proc. Acad. Nat. Sci. Philadelphia, 7:331, abril 1855.
L. T. Devils River, Valverde County, Texas.
Sciurus niger limitis, Miller, 1924:227.
Distribución: Coahuila
Referencias : Alvarez, 1961 a:140; Hall y Kelson, 1959:387.

Sciurus oculatus oculatus Peters
Sciurus oculatus Peters, Monatsb. Preuss. Akad. Wiss., Berlín, p. 653, 1863.
L. T. México, probablemente cerca de las Vigas, Veracruz (Hall y Kelson, 1959:390).
Sciurus oculatus oculatus, Nelson, 1898:148.
Distribución: Hidalgo, Puebla, Querétaro, Veracruz.
Referencias : Alvarez, 1961 a:141; Hall, 1981:430; Hall y Kelson, 1959: 390.

Sciurus oculatus shawi Dalquest
Sciurus oculatus shawi Dalquest, Occas. Papers Mus. Zool., Louisiana State Univ., 23:4, 10 julio 1950.
L. T. Rancho San Francisco, 38 Km ESE de la Ciudad de San Luis Potosí, San Luis Potosí.
Distribución: San Luis Potosí.
Referencias : Alvarez, 1961 a:141.

Sciurus oculatus tolucae Nelson
Sciurus oculatus tolucae Nelson, Proc. Biol. Soc. Washington, 12:148, 3 junio 1898.
L. T. Falda del Volcán de Toluca, Estado de México.
Distribución: Distrito Federal, Guanajuato, Hidalgo, México, Querétaro.
Referencias : Alvarez, 1961 a:141.

Sciurus variegatoides goldmani Nelson
Sciurus goldmani Nelson, Proc. Biol. Soc. Washington, 12:149, 3 junio 1898.
L. T. Huehuetán, Chiapas.
Sciurus variegatoides goldmani, Miller, 1924:222.
Distribución: Chiapas.
Referencias : Alvarez, 1961 a:139; Musser, 1968:107.

Sciurus yucatanensis baliolus Nelson

Sciurus yucatanensis baliolus Nelson, Proc. Biol. Soc. Washington, 14:131, 9 agosto 1901.
L. T. Apazote, Campeche.
Distribución: Campeche, Tabasco.
Referencias : Alvarez, 1961 a:135; Birney, et al., 1974:12; Brennam y Goff, 1977:909; Hall, 1981:422; Jones, et al., 1974 b:3; Leopold, 1959:365; Loomis, 1969:8; Musser, 1968:108; Villa-R., 1959:132.

Sciurus yucatanensis phaeopus Goodwin
Sciurus yucatanensis phaeopus Goodwin, Amer. Mus. Novitates, 574:1, 22 octubre 1932.
L. T. Secanquim, 1,600 pies, Alta Verapaz, Guatemala.
Distribución: Chiapas.
Referencias : Hall, 1981:422; Musser, 1968:108.

Sciurus yucatanensis yucatanensis J. A. Allen
[*Sciurus carolinensis*] *var. yucatanensis* J. A. Allen, in Coues y Allen, Monogr. N. Amer. Rodentia, p. 705, agosto 1877.
L. T. Mérida, Yucatán.
Sciurus yucatanensis yucatanensis, Miller, 1912:330.
Distribución: Campeche, Quintana Roo, Yucatán.
Referencias : Alvarez, 1961 a:135; Birney, et al., 1974:12; Burt, 1960: 33; Hall, 1981:422; Hall y Kelson, 1959:378; Ingles, 1959: 390; Jones, et al., 1974 b:3; Leopold, 1959:365; Loomis, 1969:9; Musser, 1968:108; Villa-R., 1959:132.

"Ardillas Terrestres"

Spermophilus adocetus adocetus (Merriam)
Citellus adocetus Merriam, Proc. Biol. Soc. Washington, 16:79, 29 mayo 1903.
L. T. La Salada, 40 mi S. Uruapan, Michoacán.
Spermophilus adocetus adocetus, Hall y Kelson, 1959:357.
Distribución: Guerrero, Jalisco, Michoacán.
Referencias : Alvarez y Ramírez-P., 1968:185; Birney y Genoways, 1973: 228; Genoways y Jones, 1973:7; Hall, 1981:404; Hall y Kelson, 1959:357.

Spermophilus adocetus infernatus Alvarez y Ramírez-P.
Spermophilus adocetus infernatus Alvarez y Ramírez-P., Rev. Soc. Mex. Hist. Nat., 29: 183, diciembre 1968.
L. T. 14 Km N El Infiernillo, Michoacán.
Distribución: Michoacán.
Referencias : Alvarez y Ramírez-P., 1968:183; Uribe, et al., 1981:642.

Spermophilus annulatus annulatus Audubon y Bachman
Spermophilus annulatus Audubon y Bachman, J. Acad. Nat. Sci. Philadelphia, 8: 319, 1842.
L. T. Desconocida. Posteriormente se designó Manzanillo, Colima por Howell (N. Amer. Fauna, 56:163, 1938).
Spermophilus annulatus annulatus, Hall y Kelson, 1959:356.
Distribución: Colima, Guerrero, Jalisco, Nayarit.
Referencias : Burt, 1960:24; Genoways y Jones, 1973:7; Hall, 1981:403; Hall y Kelson, 1959:356.

Spermophilus annulatus goldmani Merriam
Spermophilus annulatus goldmani Merriam, Proc. Biol. Soc. Washington, 15:69, 22 marzo 1902.
L. T. Santiago, Nayarit.
Distribución: Nayarit.

Spermophilus atricapillus Bryant
Spermophilus grammurus atricapillus Bryant, Proc. California Acad., 2 (ser. 2): 26, 20 junio 1889.
L. T. Comondú, Baja California Sur.
Spermophilus atricapillus, Hall y Kelson, 1959:355.
Distribución: Baja California Sur.
Referencias : Huey, 1964:103.

Spermophilus beecheyi nudipes (Huey)
Citellus beecheyi nudipes Huey, Trans. San Diego Soc. Nat. Hist., 7:18, 6 octubre 1931.
L. T. Laguna Hanson, Sierra Juárez, 5,200 pies, Baja California Norte.
Spermophilus beecheyi nudipes, Hall y Kelson, 1959:355.
Distribución: Baja California Norte.
Referencias : Bond, 1969:253; Huey, 1964:103.

Spermophilus beecheyi rupinarum (Huey)
Citellus beecheyi rupinarum Huey, Trans. San Diego Soc. Nat. Hist., 7:17, 6 octubre 1931.
L. T. Cataviña, Baja California Norte.
Spermophilus beecheyi rupinarum, Hall y Kelson, 1959:355.
Distribución: Baja California Norte.
Referencias : Bond, 1969:253; Huey, 1964:103.

Spermophilus madrensis (Merriam)
Callospermophilus madrensis Merriam, Proc. Washington Acad. Sci., 3:563, 29 noviembre 1901.
L. T. Sierra Madre, 7,000 pies, cerca de Guadalupe y Calvo, Chihuahua.
Spermophilus madrensis, Hall y Kelson, 1959:363.

Distribución: Conocida sólo de la localidad típica.
Referencias : Anderson, 1972:274-275; Baker, R.H. y Greer, 1962:80.

Spermophilus mexicanus mexicanus (Erxleben)
[*Sciurus*] *mexicanus* Erxleben, Systema regni animalis..., 1:428, 1777.
L. T. Toluca, México, por restricción (Mearns, Preliminary diagnoses of new mammals from Mexican border of the United States, pág. 137, 1896).
Spermophilus mexicanus mexicanus, Hall y Kelson, 1959:348.
Distribución: Aguascalientes, Distrito Federal, Guanajuato, Hidalgo, Jalisco, México, Puebla, Querétaro, Tlaxcala, Zacatecas.
Referencias : Genoways y Jones, 1973:10; Hall y Kelson, 1959:348; Ingles, 1959:388; Mass, et al., 1981:64; Matson, 1982:78; Young y Jones, 1982:1.

Spermophilus mexicanus parvidens Mearns
Spermophilus mexicanus parvidens Mearns, Proc. U. S. Nat. Mus., 18:443, 23 mayo 1896.
L. T. Fort Clark, Kinney County, Texas.
Distribución: Coahuila, Nuevo León, Tamaulipas, Zacatecas.
Referencias : Alvarez, 1963 a:422; Baccus, 1978:706; R.H. Baker, et al., 1981:568; Burt, 1960:23; Hall y Kelson, 1959:348; Ingles, 1959:388; Matson, 1982:78; Young y Jones, 1982:1.

Spermophilus perotensis Merriam
Spermophilus perotensis Merriam, Proc. Biol. Soc. Washington, 8:131, 28 diciembre 1893.
L. T. Perote, Veracruz.
Distribución: Puebla, Veracruz.
Referencias : Hall y Dalquest, 1963:269; Hall y Kelson, 1959:350; Uribe-Alcocer, et al., 1979:139.

Spermophilus spilosoma altiplanensis Anderson
Spermophilus spilosoma altiplanensis Anderson, Bull. Amer. Mus. Nat. Hist., 148:275, 8 septiembre 1972.
L. T. 3 mi ESE de La Junta, 6,900 pies, Chihuahua.
Distribución: Chihuahua.
Referencias : Anderson, 1972:276; Cothram, et al., 1977:611; Streubel y Fitsgerald, 1978:1.

Spermophilus spilosoma ammophilus (Hoffmeister)
Citellus spilosoma ammophilus Hoffmeister, Proc. Biol. Soc. Washington, 72:37, 1° mayo 1959.
L. T. 5.5 mi N Samalayuca, Chihuahua.
Spermophilus spilosoma ammophilus, Anderson, 1972:276.
Distribución: Chihuahua.

Referencias : Anderson, 1972:276; Cothram, et al., 1977:611; Streubel y Fitzgerald, 1978:1.

Spermophilus spilosoma annectens Merriam
Spermophilus spilosoma annectens Merriam, Proc. Biol. Soc. Washington, 8:132, 28 diciembre 1893.
L. T. "The Tanks", 12 mi de Point Isabel, Padre Island, Texas.
Distribución: Tamaulipas.
Referencias : Selander, et al., 1962:335; Streubel y Fitzgerald, 1978: 1.

Spermophilus spilosoma bavicorensis Anderson
Spermophilus spilosoma bavicorensis Anderson, Bull. Amer. Mus. Nat. Hist., 148: 276, 8 septiembre 1972.
L. T. 2 mi SW, S.J. Babicora, 7,450 pies, Chihuahua.
Distribución: Chihuahua.
Referencias : Anderson, 1972:276; Streubel y Fitzgerald, 1978:1.

Spermophilus spilosoma cabrerai (Dalquest)
Citellus spilosoma cabrerai Dalquest, Proc. Biol. Soc. Washington, 64:106, 24 agosto 1951.
L. T. 10 mi NNW Nuñez, San Luis Potosí.
Spermophilus spilosoma cabrerai, Hall y Kelson, 1959:349.
Distribución: San Luis Potosí.
Referencias : Hall y Kelson, 1959:349; Streubel y Fitzgerald, 1978:1; Uribe-Alcocer, et al., 1978:81.

Spermophilus spilosoma canescens Merriam
Spermophilus canescens Merriam, N. Amer. Fauna, 4:38, 8 octubre 1890.
L. T. Wilcox, Cochise County, Arizona.
Spermophilus spilosoma canescens, Hall y Kelson, 1959:349.
Distribución: Chihuahua, Sonora.
Referencias : Anderson, 1972:277; Streubel y Fitzgerald, 1978:1.

Spermophilus spilosoma marginatus Bailey
Spermophilus spilosoma marginatus Bailey, Proc. Biol. Soc. Washington 15:118, 2 junio 1902.
L. T. Alpine, Brewster County, Texas.
Distribución: Chihuahua.
Referencias : Anderson, 1972:278; Streubel y Fitzgerald, 1978:1.

Spermophilus spilosoma oricolus Alvarez
Spermophilus spilosoma oricolus Alvarez, Univ. Kansas Publ., Mus. Nat. Hist., 14: 123, 7 marzo 1962a.
L. T. 1 mi E La Pasca, Tamaulipas.

Distribución: Tamaulipas.
Referencias : Alvarez, 1962 a:124; 1963:422; Jones y Genoways, 1969: 134.

Spermophilus spilosoma pallescens (Howell)
Citellus spilosoma pallescens Howell, Proc. Biol. Soc. Washington, 41:212, 18 diciembre 1928.
L. T. La Ventura, Coahuila.
Spermophilus spilosoma pallescens, R.H. Baker, 1956:205.
Distribución: Coahuila, Chihuahua, Durango, Nuevo León, San Luis Potosí, Zacatecas.
Referencias : Anderson, 1972:278; Baccus, 1978:707; Baker, R. H. y Greer, 1962:81; Hall y Kelson, 1959:350; Jones y Webster, 1976:77; Petersen, 1975:704; Streubel y Fitzgerald, 1978: 1.

Spermophilus spilosoma spilosoma Bennett
Spermophilus spilosoma Bennett, Proc. Zool. Soc. London, p. 40, 17 mayo 1833.
L. T. No precisa. Durango (Howell, N. Amer. Fauna, 56:122, 1938).
Spermophilus spilosoma spilosoma, Hall y Kelson, 1959:350.
Distribución: Aguascalientes, Chihuahua, Durango, Jalisco, San Luis Potosí, Zacatecas.
Referencias : Baker, 1960 b:310; Baker, R.H. y Greer, 1962:81; Genoways y Jones, 1973:11; Hall y Kelson, 1959:350; Ingles, 1959:388; Jones y Webster, 1976:77; Matson, 1982:78; Petersen, 1975:704; Streubel y Fitzgerald, 1978:1.

Spermophilus tereticaudus apricus (Huey)
Citellus tereticaudus apricus Huey, Trans. San Diego Soc. Nat. Hist., 5:85, 10 octubre 1927.
L. T. Valle La Trinidad (31°21'N y 115°40' W) Baja California Norte.
Spermophilus tereticaudus apricus, Hall y Kelson, 1959:358.
Distribución: Conocida sólo de la localidad típica.
Referencias : Bond, 1969:253; Huey, 1964:104.

Spermophilus tereticaudus neglectus Merriam
Spermophilus neglectus Merriam, N. Amer. Fauna, 2:17, 30 octubre 1889.
L. T. Dollans Spring, 12 mi NW Chloride, Mohave County, Arizona
Spermophilus tereticaudus neglectus, Hall y Kelson, 1959:359.
Distribución: Sonora.
Referencias : Ingles, 1959:389.

Spermophilus tereticaudus tereticaudus Baird
Spermophilus tereticaudus Baird, Mammals, in Repts. Expl. Surv..., 8:315, 14 julio 1858.
L. T. Old Fort Yuma, Imperial County, California.

Spermophilus tereticaudus tereticaudus, Hall y Kelson, 1959:359.
Distribución: Baja California Norte, Sonora.
Referencias : Bond, 1969:253; Huey, 1964:104; Ingles, 1959:389; Wrenn y Loomis, 1967:168.

Spermophilus variegatus couchii Baird
Spermophilus couchii Baird, Proc. Acad. Nat. Sci. Philadelphia, 7:332, abril 1855.
L. T. Santa Catarina, a pocas mi W Monterrey, Nuevo León.
Spermophilus variegatus couchii, R.H. Baker, 1956:207.
Distribución: Coahuila, Chihuahua, Nuevo León, Tamaulipas, Zacatecas.
Referencias : Alvarez, 1963 a:422; Anderson, 1972:279; Baker, et al., 1981:568, Tipton y Méndez, 1968:191.

Spermophilus variegatus grammurus (Say)
S[ciurus]. grammurus Say, in Long, Account of an exped... to the Rocky Mts..., 2: 72, 1823.
L. T. Purgatory River, cerca de la boca del Chawaco Creek, Las Animas County, Colorado.
Spermophilus variegatus grammurus, Hall y Kelson, 1952 c:346.
Distribución: Coahuila, Chihuahua, Sonora.
Referencias : Anderson, 1972:279.

Spermophilus variegatus rupestris (J. A. Allen)
Citellus (Otospermophilus) grammurus rupestris J. A. Allen, Bull. Amer. Mus. Nat. Hist., 19:595, 12 noviembre 1903.
L. T. Río Sestín NW Durango.
Spermophilus variegatus rupestris, Hall y Kelson, 1959:353.
Distribución: Chihuahua, Durango, Sinaloa, Sonora.
Referencias : Anderson, 1972:279-280; Baker, 1960 b:311; Baker R.H. y Greer, 1962:82; Gardner, 1965:101; Ingles, 1959:389; Webb y Baker, 1962:331.

Spermophilus variegatus variegatus (Erxleben)
[Sciurus] variegatus Erxleben, Systema regni animalis..., 1:421, 1777.
L. T. Valle de México, cerca de la Ciudad de México (Nelson, Science, 8:897, 1898).
Spermophilus variegatus variegatus, Hall y Kelson, 1959:353.
Distribución: Aguascalientes, Colima, Distrito Federal, Guanajuato, Hidalgo, Jalisco, México, Michoacán, Morelos, Nayarit, Puebla, Querétaro, San Luis Potosí, Zacatecas.
Referencias : Burt, 1961:20; Genoways y Jones, 1973:3; Hall y Dalquest, 1963:269; Ingles, 1959:389; Jones y Webster, 1976:77; Matson, 1982:78; Ramírez-P., 1969 b:270.

Tamias bulleri J. A. Allen

Tamias asiaticus bulleri J. A. Allen, Bull. Amer. Mus. Nat. Hist., 2:173, 21 octubre 1889.
L. T. Sierra de Valparaiso, Zacatecas.
Tamias bulleri, Honacki, Kinman y Koeppl, 1982:373.
Distribución: Durango, Jalisco, Zacatecas.
Referencias : Baker, R.H. y Greer, 1962:83; Burt, 1960:28; Callahan, 1977:200; 1980:7; Genoways y Jones, 1973:6; Jones y Webster, 1976:77; Loomis y Somerby, 1966:223; Matson, 1982:78.

Tamias dorsalis carminis (Goldman)
Eutamias dorsalis carminis Goldman, Proc. Biol. Soc. Washington, 51:56, 18 marzo 1938.
L.T. Sierra del Carmen, 7,400 pies, Coahuila.
Tamias dorsalis carminis, nueva combinación (Consultar Honacki, Kinman y Koeppl, 1982:374).
Distribución: Coahuila, Chihuahua.
Referencias : Lidicker, 1960a:272-273.

Tamias dorsalis dorsalis Baird
Tamias dorsalis Baird, Proc. Acad. Nat. Sci. Philadelphia, 7:332, 1855.
L.T. Fort Webster, minas de cobre de los Mimbres, cerca de Santa Rita, Grant County, New Mexico.
Tamias dorsalis dorsalis, nueva combinación (Consultar Honacki, Kinman y Koeppl, 1982:374).
Distribución: Chihuahua, Durango, Sonora.
Referencias : Anderson, 1972:272-273; Baker, R. H., 1966:345; Baker, R. H. y Greer, 1962:84; Callahan y Davis, 1976:128; 1977:67; Lidicker, 1960a:272; Loomis y Stephens, 1965:501.

Tamias dorsalis nidoensis (Lidicker)
Eutamias dorsalis nidoensis Lidicker, Proc. Biol. Soc. Washington, 73:267, 30 diciembre 1960a.
L.T. 5 mi N Cerro de la Campana, 5,000 pies, Chihuahua.
Tamias dorsalis nidoensis, nueva combinación (Consultar Honacki, Kinman y Koeppl, 1982:374).
Distribución: Chihuahua.
Referencias : Anderson, 1972:273; Anderson y Nelson, 1960:100; Csuti, 1980:17; Lidicker, 1960a:272.

Tamias dorsalis sonoriensis (Callahan y Davis)
Eutamias dorsalis sonoriensis Callahan y Davis, Southwestern Nat., 22:71, 1° marzo 1977.
L.T. 24 Km NE Guaymas, 100 m, Sonora.
Tamias dorsalis sonoriensis, nueva combinación (Consultar Honacki, Kinman y Koeppl, 1982:374).
Distribución: Sonora.

Referencias : Callahan y Davis, 1976:128; 1977:72; Dunford y Davis, 1975:209.

Tamias durangae (J. A. Allen)
Eutamias durangae J. A. Allen, Bull, Amer. Mus. Nat. Hist., 19:594, 12 noviembre 1903.
L. T. Arroyo de Buey, aproximadamente 7,000 pies, Sierra de Candela , Durango.
Tamias durangae, Honacki, Kinman y Koeppl, 1982:374
Distribución: Coahuila, Chihuahua, Durango.
Referencias : Anderson, 1972:272; Baker, R.H. 1966:345; Baker, R. H. y Greer, 1962:83; Burt, 1966:28; Callahan, 1977:200; 1980:7;Fleharty, 1960:242; Gardner, 1965:101 Hall, 1981: 367; Hall y Kelson, 1959:320; Loomis y Somerby, 1966:223; Paterson, 1980:463.

Tamias merriami merriami J. A. Allen
Tamias asiaticus merriami J. A. Allen, Bull. Amer. Mus. Nat. Hist., 2:176, 21 octubre 1889.
L. T. San Bernardino Mts., 4,500 pies al N de San Bernardino, California.
Tamias merriami merriami, Nueva combinación (Consultar Honacki, Kinman y Koeppl, 1982:374).
Distribución: Baja California Norte
Referencias : Callahan, 1977:199; Huey, 1964:102.

Tamias obscurus meridionalis (Nelson y Goldman)
Eutamias merriami meridionalis Nelson y Goldman, Proc. Biol. Soc. Washington, 22: 23, 10 marzo 1909.
L. T. Aguaje de San Esteban aproximadamente 1,200 pies, cerca de 25 mi NW San Ignacio, Baja California Sur.
Tamias obscurus meridionalis, nueva combinación (Consultar Honacki, Kinman y Koeppl, 1982:374).
Distribución: Baja California Sur.
Referencias : Callahan, 1977:200; Callahan y Davis, 1976:127; Huey, 1964:102; Larson, 1964:634.

Tamias obscurus obscurus J.A. Allen
Tamias obscurus J.A. Allen, Bull. Amer. Mus. Nat. Hist., 3:70, junio 1890.
L. T. Sierra de San Pedro Martir, cerca de Vallecitos, Baja California Norte.
Tamias obscurus obscurus, nueva combinación (Consultar Honacki, Kinman y Koeppl, 1982:374).
Distribución: Baja California Norte.
Referencias : Callahan, 1977:200; Huey, 1964:102.

Tamiasciurus mearnsi (Townsend)

Sciurus hudsonicus mearnsi Townsend, Proc. Biol. Soc. Washington, 11:146, 9 junio 1897.
L. T. Sierra San Pedro Martir, cerca 7,000 pies, Baja California Norte.
Tamiasciurus mearnsi, Lindsay, 1981:680.
Distribución: Baja California Norte.
Referencias : Hall, 1981:447; Huey, 1964:105; Leopold, 1959:377; Lindsay, 1981:680.

SUBFAMILIA PETAURISTINAE

"Ardillas Voladoras"

Glaucomys volans goldmani (Nelson)
Sciuropterus volans goldmani Nelson, Proc. Biol. Soc. Washington, 17:148, 6 octubre 1904.
L. T. 20 mi SE Teopisca, Chiapas.
Glaucomys volans goldmani, Howell, 1918:28.
Distribución: Chiapas, Michoacán, Oaxaca, Querétaro, San Luis Potosí, Tamaulipas, Veracruz.
Referencias : Diersing, 1980:168; Dolan y Carter, 1977:1; Goodwin, 1961:7, 9; 1969:135; Koopman y Martin, 1959:5.

Glaucomys volans guerreroensis Diersing
Glaucomys volans guerreroensis Diersing, Southwestern Nat., 25:162, 15 mayo 1980.
L. T. 1 mi SW Omilteme, Guerrero.
Distribución: Guerrero.
Referencias : Diersing, 1980:164.

Glaucomys volans madrensis Goldman
Glaucomys volans madrensis Goldman, J. Washington Acad. Sci., 26:463, 15 noviembre 1936.
L. T. Sierra Madre, Chihuahua.
Distribución: Conocida sólo de la localidad típica.
Referencias : Anderson, 1972:284; Diersing, 1980:170; Dolan y Carter, 1977:1; Goodwin, 1961:11.

Glaucomys volans oaxacensis Goodwin
Glaucomys volans oaxacensis Goodwin, Amer. Mus. Novitates, 2059:11, 29 noviembre 1961.
L. T. San Pedro Jilotepec, Oaxaca.
Distribución: Oaxaca.

Referencias : Diersing, 1980:169-170; Dolan y Carter, 1977:1; Goodwin, 1961:12; 1969:134.

FAMILIA GEOMYIDAE

"Tuzas"

Geomys arenarius arenarius Merriam
Geomys arenarius Merriam, N. Amer. Fauna, 8:139, 31 enero 1895.
L. T. El Paso, El Paso County, Texas.
Geomys arenarius arenarius, Miller y Kellogg, 1955:338.
Distribución: Chihuahua.
Referencias : Anderson, 1972:293; Russell, 1968 a:528; Williams y Baker, 1974:1; Williams y Genoways, 1978:566.

Geomys personatus megapotamus Davis
Geomys personatus megapotamus Davis, Texas Agric. Exp. Station Bull, 590:27, 23 octubre 1940.
L. T. 4 mi SE Oilton, Webb County, Texas.
Distribución: Tamaulipas.
Referencias : Alvarez, 1963 a:425; Hall, 1981:503; Russell, 1968 a:528; Selander, et al., 1962:335; Williams, 1982:1; Williams y Genoways, 1978:566; 1981:468.

Geomys tropicalis Goldman
Geomys personatus tropicalis Goldman, Proc. Biol. Soc. Washington, 28:134, 29 junio 1915.
L. T. Altamira, Tamaulipas.
Geomys tropicalis, Alvarez, 1963 a:426.
Distribución: Tamaulipas.
Referencias : Alvarez, 1963 a:427; Baker, R.J. y Williams, 1974:2; Selander, et al., 1974:558; Williams y Genoways, 1977:263.

Orthogoemys cuniculus Elliot
Orthogeomys cuniculus Elliot, Proc. Biol. Soc. Washington, 18:234, 9 diciembre 1905.
L. T. Zanatepec, Oaxaca (Elliot, Field Columb. Mus. Publ. 115, Zool. Ser, 8:312, 1907. Corrige la localidad típica a Yautepec, Oaxaca).
Distribución: Conocida sólo de la localidad típica.
Referencias : Goodwin, 1969:140; Russell, 1968 a:530.

Orthogeomys grandis alleni Nelson y Goldman
Orthogeomys grandis alleni Nelson y Goldman, J. Mamm., 11:156, 9 mayo 1930.
L. T. Cerca de Acapulco, 2,000 pies, Guerrero.
Distribución: Guerrero, Jalisco, Oaxaca.

Referencias : R.H. Baker, et al., 1981:568; Genoways y Jones, 1969 b: 755; 1973:7; Goodwin, 1969:139; Hall, 1981:508; Ramírez-P., et al., 1977:272; Russell, 1968 a:530.

Orthogeomys grandis alvarezi Schaldach
Orthogeomys grandis alvarezi Schaldach, Säugetierk, Mitteilungen, 14:292, octubre 1966.
L. T. 40 Km N San Gabriel Mixtepec, Mpio. de Juquila, 170 m, Oaxaca.
Distribución: Conocida sólo de la localidad típica.
Referencias : Goodwin, 1969:139; Schaldach, 1966:292.

Orthogeomys grandis annexus Nelson y Goldman
Orthogeomys grandis annexus Nelson y Goldman, Proc. Biol. Soc. Washington, 46: 195, 26 octubre 1933.
L. T. Tuxtla Gutiérrez, 2,600 pies, Chiapas.
Distribución: Conocida sólo de la localidad típica.
Referencias : Russell, 1968 a:530.

Orthogeomys grandis carbo Goodwin
Orthogeomys grandis carbo Goodwin, Amer. Mus. Novitates, 1757:5, 8 marzo 1956.
L. T. Escurano, 2,500 pies, Cerro San Pedro 20 Km W Mixtequilla, Oaxaca.
Distribución: Oaxaca.
Referencias : Goodwin, 1969:139; Russell, 1968 a:530.

Orthogeomys grandis felipensis Nelson y Goldman
Orthogeomys grandis felipensis Nelson y Goldman, J. Mamm., 11:157, 9 mayo 1930.
L. T. Cerro San Felipe, 10 mi N Oaxaca, Oaxaca.
Distribución: Oaxaca, Puebla.
Referencias : Genoways y Jones, 1969:755; Goodwin, 1969:139; Russell, 1968 a:530.

Orthogeomys grandis guerrerensis Nelson y Goldman
Orthogeomys grandis guerrerensis Nelson y Goldman, J. Mamm., 11:158, 9 mayo 1930.
L. T. El Limón, aproximadamente, 20 mi NW La Unión, Guerrero.
Distribución: Guerrero, Michoacán.
Referencias : Hall y Kelson, 1959:457,458; Russell, 1968 a:530.

Orthogeomys grandis huixtlae Villa
Orthogeomys grandis huixtlae Villa, An. Inst. Biol., Univ. Nal. Autón. México, 15:319, 1944.
L. T. Finca Lubeca, 12 Km NE Huixtla, 850 m, Chiapas.
Distribución: Conocida sólo de la localidad típica.
Referencias : Russell, 1968 a:530.

Orthogeomys grandis nelsoni Merriam
Orthogeomys nelsoni Merriam, N. Amer. Fauna, 8:176; 31 enero 1895.
L. T. Cerro Zempoaltepec, 8,000 pies Oaxaca.
Orthogeomys grandis nelsoni, Nelson y Goldman, 1930:156.
Distribución: Oaxaca.
Referencias : Goodwin, 1969:140; Russell, 1968 a:530.

Orthogeomys grandis scalops (Thomas)
Geomys scalops Thomas, Ann. Mag. Nat. Hist., ser. 6, 13:437, mayo 1894.
L. T. Tehuantepec, Oaxaca.
Orthogeomys grandis scalops, Nelson y Goldman, 1930:156.
Distribución: Oaxaca.
Referencias : Goodwin, 1969:139; Russell, 1968 a:530.

Orthogeomys grandis soconuscensis Villa
Orthogeomys grandis soconuscensis Villa, An. Inst. Biol., Univ. Nal. Autón. México, 19:267, 8 abril 1949.
L. T. Finca Esperanza, 710 m, 45 Km (por carretera) NW Huixtla, Chiapas.
Distribución: Chiapas.
Referencias : Russell, 1968 a:530.

Orthogeomys hispidus chiapensis (Nelson y Goldman)
Heterogeomys hispidus chiapensis Nelson y Goldman, Proc. Biol. Soc. Washington, 42:151, 30 marzo 1929.
L. T. Tenejapa, 16 mi NE San Cristobal, Chiapas.
Orthogeomys hispidus chiapensis, Russell, 1968 a:531.
Distribución: Chiapas, Tabasco.

Orthogeomys hispidus concavus (Nelson y Goldman)
Heterogeomys hispidus concavus Nelson y Goldman, Proc. Biol. Soc. Washington, 42:148, 30 marzo 1929.
L. T. Pinal de Amoles, Querétaro.
Orthogeomys hispidus concavus, Russell, 1968 a:531.
Distribución: Querétaro, San Luis Potosí, Tamaulipas.
Referencias : Hall y Alvarez, 1961 b:122.

Orthogeomys hispidus hispidus (Le Conté)
G[eomys]. hispidus Le Conte, Proc. Acad. Nat. Sci. Philadelphia, 6:158, 1852.
L. T. Cerca de Jalapa, Veracruz.
Orthogeomys hispidus hispidus, Russell, 1968 a:531.
Distribución: Oaxaca, Puebla, Tabasco, Veracruz.
Referencias : Goodwin, 1969:141; Hall 1981:510; Hall y Dalquest, 1963: 277; Hall y Kelson, 1959:459,460; Honeycutt y Williams, 1982:209.

Orthogeomys hispidus isthmicus (Nelson y Goldman)
Heterogeomys hispidus isthmicus Nelson y Goldman, Proc. Biol. Soc. Washington, 42:149, 30 marzo 1929.
L. T. Jaltipan, Veracruz.
Orthogeomys hispidus isthmicus, nueva combinación (Revisar Russell, 1968 a:531).
Distribución: Veracruz.
Referencias : Goodwin, 1969:142; Hall y Dalquest, 1963:278; Hall y Kelson, 1959:460.

Orthogeomys hispidus latirostris (Hall y Alvarez)
Heterogeomys hispidus latirostris Hall y Alvarez, An. Esc. Nac. Cien. Biol., 10:121, 20 diciembre 1961b.
L. T. Hacienda Tamaiahua, Cabo Rojo, Veracruz.
Orthogeomys hispidus latirostris, Russell, 1968 a:531.
Distribución: Conocida sólo de la localidad típica.
Referencias : Hall y Alvarez, 1961 b:122; Hall y Dalquest, 1963:278; Jones y Genoways, 1969:135.

Orthogeomys hispidus negatus (Goodwin)
Heterogeomys hispidus negatus Goodwin, Amer. Mus. Novitates, 1620:1, 4 mayo 1953.
L. T. Gómez Farías (=Farias) 1,300 pies, cerca de 45 mi S Cd. Victoria, 10 mi W Carretera Panamericana, Tamaulipas.
Orthogeomys hispidus negatus, Russell, 1968 a:531.
Distribución: Tamaulipas.
Referencias : Alvarez, 1963 a:428; Hall y Alvarez, 1961 b:122; Honeycutt y Williams, 1982:210.

Orthogeomys hispidus teapensis (Goldman)
Heterogeomys hispidus teapensis Goldman, J. Washington Acad. Sci., 29:176, 15 abril 1939.
L. T. Teapa. Tabasco.
Orthogeomys hispidus teapensis, nueva combinación (Revisar, Russell, 1968 a: 531).
Distribución: Conocido sólo de la localidad típica.

Orthogeomys hispidus tehuantepecus (Goldman)
Heterogeomys hispidus tehuantepecus Goldman, J. Washington Acad. Sci., 29: 175, 15 abril 1939.
L. T. Montañas 12 mi NW Santo Domingo, cerca de 60 mi N Tehuantepec, 1,600 pies, Oaxaca.
Orthogeomys hispidus tehuantepecus, Russell, 1968 a:531.
Distribución: Oaxaca.
Referencias : Goodwin, 1969:142.

Orthogeomys hispidus torridus (Merriam)
Heterogeomys torridus Merriam, N. Amer. Fauna, 8:183, 31 enero 1895.
L. T. Chichicaxtle, Veracruz.
Orthogeomys hispidus torridus, Russell, 1968 a:531.
Distribución: Veracruz.
Referencias : Goodwin, 1969:141; Hall y Alvarez, 1961 b:122; Hall y Dalquest, 1963:278; Hall y Kelson, 1959:460.

Orthogeomys hispidus yucatanensis (Nelson y Goldman)
Heterogeomys hispidus yucatanensis Nelson y Goldman, Proc. Biol. Soc. Washington, 42:150, 30 marzo 1929.
L. T. Campeche, Campeche.
Orthogeomys hispidus yucatanensis, Russell, 1968 a:531.
Distribución: Campeche, Quintana Roo, Yucatán.
Referencias : Birney, et al., 1974:12-13; Ingles, 1959:392; Jones, et al., 1974 b:5; Loomis, 1969:9.

Orthogeomys lanius (Elliot)
Heterogeomys lanius Elliot, Proc. Biol. Soc. Washington, 18:235, 9 diciembre 1905.
L. T. Xuchil, Veracruz.
Orthogeomys lanius, Russell, 1968 a:531.
Distribución: Conocida sólo de la localidad típica.
Referencias : Hall y Dalquest, 1963:278; Russell, 1968 a:531.

Pappogeomys alcorni Russell
Pappogeomys alcorni Russell, Univ. Kansas Publ., Mus. Nat. Hist., 9:359, 21 enero 1957.
L. T. 4 mi W Mazamitla, 6,600 pies, Jalisco.
Distribución: Jalisco.
Referencias : Genoways y Jones, 1969 b:750; Jones y Genoways, 1969: 135; Russell, 1968 b:617.

Pappogeomys bulleri albinasus Merriam
Pappogeomys albinasus Merriam, N. Amer. Fauna, 8:149, 31 enero 1895.
L. T. Atemajac, Guadalajara, Jalisco.
Pappogeomys bulleri albinasus, Goldman, 1939:94.
Distribución: Jalisco.
Referencias : Genoways y Jones, 1969 b:750; 1973:10; Hall, 1981:515; Hall y Kelson, 1959:463,464; Honeycutt y Williams, 1982: 210; Ingles, 1959:391; Russell, 1968 b:602.

Pappogeomys bulleri amecensis Goldman
Pappogeomys bulleri amecensis Goldman, J. Mamm., 20:97, 15 febrero 1939.
L. T. Montañas cerca de Ameca, 6,500 pies, Jalisco.

Distribución: Jalisco.
Referencias : Genoways y Jones, 1969 b:750; Hall y Kelson, 1959:463; Honeycutt y Williams, 1982:210; Ingles, 1959:391; Russell, 1968 b:604.

Pappogeomys bulleri bulleri (Thomas)
Geomys bulleri Thomas, Ann. Mag. Nat. Hist., ser. 6, 10:196, 1892.
L. T. Falda N de la Sierra de Mascota, 8,500 pies, Jalisco.
Pappogeomys bulleri bulleri, Goldman, 1939:94.
Distribución: Jalisco.
Referencias : Genoways y Jones, 1969 b:749-750; 1973:10; Hall y Kelson, 1959:463; Honeycutt y Williams, 1982:210; Ingles, 1959:-391; Russell, 1968 b:608.

Pappogeomys bulleri burti Goldman
Pappogeomys bulleri burti Goldman, J. Mamm, 20:97, 15 febrero 1939.
L. T. Bahía de Tenacatita, costa SW de Jalisco.
Distribución: Colima, Jalisco.
Referencias : Genoways y Jones, 1969 b:751; Hall y Kelson, 1959:464; Honeycutt y Williams, 1982:210; Ingles, 1959:391; Russell, 1968 b:610

Pappogeomys bulleri infuscus Russell
Pappogeomys bulleri infuscus Russell, Univ. Kansas Publ., Mus. Nat. Hist., 16: 610, 5 agosto 1968.
L. T. Cerro Tequila 10,000 pies, 7 mi S y 2 mi W Tequila, Jalisco.
Distribución: Jalisco.
Referencias : Genoways y Jones, 1969 b:750; Honeycutt y Williams, 1982: 210; Ingles, 1959:391; Jones y Genoways, 1969:135; Russell, 1968 b:611.

Pappogeomys bulleri lutulentus Russell
Pappogeomys bulleri lutulentus Russell, Univ. Kansas Publ., Mus. Nat. Hist., 16:612, 5 agosto 1968.
L. T. Sierra de Cuale, 7,300 pies, 9 Km N El Teosinte (=Desmoronado). Jalisco.
Distribución: Conocida sólo de la localidad típica.
Referencias : Genoways y Jones, 1969 b:750; Honeycutt y Williams, 1982: 210; Jones y Genoways, 1969:135; Russell, 1968 b:613.

Pappogeomys bulleri melanurus Genoways y Jones
Pappogeomys bulleri melanurus Genoways y Jones, J. Mamm., 50:748, 28 noviembre 1969b.
L. T. 7.5 mi SE Tecomate, 1,500 pies, Jalisco.
Distribución: Jalisco.

Referencias : Genoways y Jones, 1969 b:749; 1973:10; Honeycutt y Williams, 1982:210; Ingles, 1959:391.

Pappogeomys bulleri nayaritensis Goldman
Pappogeomys bulleri nayaritensis Goldman, J. Mamm., 20:94, 15 febrero 1939.
L. T. Aproximadamente 10 mi S de Tepic, 5,000 pies, Nayarit.
Distribución: Jalisco, Nayarit.
Referencias : Genoways y Jones, 1969 b:750; Hall y Kelson, 1959:464; Honeycutt y Williams, 1982:210; Ingles, 1959:391, Russell, 1968 b:615.

Pappogeomys castanops angusticeps (Nelson y Goldman)
Cratogeomys castanops angusticeps Nelson y Goldman, Proc. Biol. Soc. Washington, 47:139, 13 junio 1934.
L. T. Eagle Pass, Maverick County, Texas.
Pappogeomys castanops angusticeps, Russell, 1968 b:630.
Distribución: Coahuila, Chihuahua.
Referencias : Berry y R.J. Baker, 1972:308.

Pappogeomys castanops bullatus (Russell y R.H. Baker)
Cratogeomys castanops bullatus Russell y R.H. Baker, Univ. Kansas Pub., Mus. Nat. Hist., 7:579, 15 marzo 1955.
L. T. 2 mi S y 6.5 mi E Nava, 810 pies, Coahuila.
Pappogeomys castanops bullatus, Russell, 1968 b:632.
Distribución: Coahuila, Nuevo León.
Referencias : Berry y R. J. Baker, 1972:309; Hall y Kelson, 1959:456; Russell, 1968 b:635; 1969:338.

Pappogeomys castanops clarkii (Baird)
Geomys clarkii Baird, Proc. Acad. Nat. Sci. Philadelphia, 7:332, abril 1855.
L. T. Presidio del Norte en el Río Grande, cerca de Ojinaga, Chihuahua.
Pappogeomys castanops clarkii, Russell, 1968 b:638.
Distribución: Coahuila, Chihuahua.
Referencias : Hall y Kelson, 1959:465,468; Russell, 1968 b:641; 1969:338.

Pappogeomys castanops consitus (Nelson y Goldman)
Cratogeomys castanops consitus Nelson y Goldman, Proc. Biol. Soc. Washington, 47:140; 13 junio 1934.
L. T. Gallego, 5,500 pies, Chihuahua.
Pappogeomys castanops consitus, Russell, 1968 b:669.
Distribución: Coahuila, Chihuahua, Durango.
Referencias : Anderson, 1972:295; Baker, R.H. y Greer, 1962:96; Berry

y R.J. Baker, 1972:309; Hall y Kelson, 1959:465; Russell, 1968 b:671; 1969:338.

Pappogeomys castanops elibatus Russell
Pappogeomys castanops elibatus Russell, Univ. Kansas Publ., Mus. Nat. Hist., 16:672, 5 agosto 1968b.
L. T. 12 mi W San Antonio de las Alazanas, cerca de 7,500 pies, Coahuila.
Distribución: Coahuila.
Referencias : Berry y R.J. Baker, 1972:309; Jones y Genoways, 1969:135; Russell, 1968 b:673.

Pappogeomys castanops excelsus (Nelson y Goldman)
Cratogeomys castanops excelsus Nelson y Goldman, Proc. Biol. Soc. Washington, 47:143, 13 junio 1934.
L. T. San Pedro, 10 mi W Laguna de Mairán, Coahuila.
Pappogeomys castanops excelsus, Russell, 1968 b:641.
Distribución: Coahuila, Durango.
Referencias : Baker, R.H. y Greer, 1962:96; Berry y R.J. Baker, 1972: 309; Hall y Kelson, 1959:465-466; Russell, 1968 b:643; 1969:338.

Pappogeomys castanops goldmani (Merriam)
Cratogeomys castanops goldmani Merriam, N. Amer. Fauna, 8:160, 31 enero 1895.
L. T. Cañitas, Zacatecas.
Pappogeomys castanops goldmani, Russell, 1968 b:643.
Distribución: Coahuila, Durango, Zacatecas.
Referencias : Baker, R.H. y Greer, 1962:96; Hall y Kelson, 1959:466; Matson, 1982:78; Russell, 1968 b:646: 1969:338.

Pappogeomys castanops jucundus (Russell y R.H. Baker)
Cratogeomys castanops jucundus Russell y R.H. Baker, Univ. Kansas Publ., Mus. Nat. Hist., 7:599, 15 marzo 1955.
L. T. Hermanas, 1,205 pies, Coahuila.
Pappogeomys castanops jucundus, Russell, 1968 b:648.
Distribución: Coahuila.
Referencias : Berry y R.J. Baker, 1972:309; Hall y Kelson, 1959:466; Russell, 1968 b:650; 1969:338.

Pappogeomys castanops perexiguus Russell
Pappogeomys castanops perexiguus Russell, Univ. Kansas Publ., Mus. Nat. Hist., 16: 676, 5 agosto 1968.
L. T. 6 mi E El Jasso, 4,500 pies, Chihuahua, in Coahuila.
Distribución: Coahuila.
Referencias : Jones y Genoways, 1969:136; Russell, 1968 b:679.

Pappogeomys castanops peridoneus (Nelson y Goldman)
Cratogeomys castanops peridoneus Nelson y Goldman, Proc. Biol. Soc. Washington, 47:148, 13 junio 1934.
L. T. Río Verde, 3,000 pies, San Luis Potosí.
Pappogeomys castanops peridoneus, Russell, 1968 b:679.
Distribución: San Luis Potosí.
Referencias : Berry y R.J. Baker, 1972:309; Russell, 1968 b:680.

Pappogeomys castanops planifrons (Nelson y Goldman)
Cratogeomys castanops planifrons Nelson y Goldman, Proc. Biol. Soc. Washington, 47: 146, 13 junio 1934.
L. T. Miquihuana, 5,000 pies, Tamaulipas.
Pappogeomys castanops planifrons, Alvarez, 1963 a:428.
Distribución: Nuevo León, Tamaulipas.
Referencias : Alvarez, 1963 a:428; Berry y R.J. Baker, 1972:309; Hall y Kelson, 1959:466; Russell, 1968 b:682; 1969:338.

Pappogeomys castanops rubellus (Nelson y Goldman)
Cratogeomys castanops rubellus Nelson y Goldman, Proc. Biol. Soc. Washington, 47: 147, 13 junio 1934.
L. T. Cerca de San Luis Potosí, San Luis Potosí.
Pappogeomys castanops rubellus, Russell, 1968 b:682.
Distribución: San Luis Potosí, Tamaulipas, Zacatecas.
Referencias : Matson, 1982:78; Russell, 1968 b:685; 1969:338.

Pappogeomys castanops sordidulus (Russell y R.H. Baker)
Cratogeomys castanops sordidulus Russell y R.H. Baker, Univ. Kansas Publ., Mus. Nat. Hist., 7:600, 15 marzo 1955.
L. T. 1.5 mi NW Ocampo, 3.300 pies, Coahuila.
Pappogeomys castanops sordidulus, Russell, 1968 b:658.
Distribución: Coahuila.
Referencias : Jones y Genoways, 1969:137; Hall y Kelson, 1959:468; Russell, 1968 b:660.

Pappogeomys castanops subnubilus (Nelson y Goldman)
Cratogeomys castanops subnubilus Nelson y Goldman, Proc. Biol. Soc. Washington, 47:145, 13 junio 1934.
L. T. Carneros, Coahuila.
Pappogeomys castanops subnubilus, Russell, 1968 b:685.
Distribución: Coahuila, Nuevo León, Zacatecas.
Referencias : Hall y Kelson, 1959:466; Matson, 1982:78; Russell, 1968 b:688.

Pappogeomys castanops subsimus (Nelson y Goldman)
Cratogeomys castanops subsimus Nelson y Goldman, Proc. Biol. Soc. Washington,

47: 144, 13 junio 1934.
L. T. Jaral, Coahuila.
Pappogeomys castanops subsimus, Russell, 1968 b:660.
Distribución: Coahuila
Referencias : Berry y R.J. Baker, 1972:309; Hall y Kelson, 1959:468; Russell, 1968 b:663.

Pappogeomys castanops surculus Russell
Pappogeomys castanops surculus Russell, Univ. Kansas Publ., Mus. Nat. Hist., 16:688, 5 agosto 1968 b.
L. T. La Zarca, Durango.
Distribución: Durango, Zacatecas.
Referencias : Berry y R.J. Baker, 1972:309; R.H. Baker, et al., 1981: 568; Jones y Genoways, 1969:136; Matson, 1982:78; Russell, 1968 b:691; 1969:338.

Pappogeomys castanops tamaulipensis (Nelson y Goldman)
Cratogeomys castanops tamaulipensis Nelson y Goldman, Proc. Biol. Soc. Washington, 47: 141, 13 junio 1934.
L. T. Matamoros, Tamaulipas.
Pappogeomys castanops tamaulipensis, Russell, 1968 b:663.
Distribución: Tamaulipas.
Referencias : Alvarez, 1963 a:429; Hall y Kelson, 1959:468; Russell, 1968 b:665.

Pappogeomys castanops ustulatus (Russell y R.H. Baker)
Cratogeomys castanops ustulatus Russell y R.H. Baker, Univ. Kansas Publ., Mus. Nat. Hist., 7:598, 15 marzo 1955.
L. T. Don Martín, 800 pies, Coahuila.
Pappogeomys castanops ustulatus, Russell, 1968 b:667.
Distribución: Coahuila, Nuevo León.
Referencias : Jones y Genoways, 1969:137; Hall y Kelson, 1959:468; Russell, 1968 b:668.

Pappogeomys fumosus (Merriam)
Geomys fumosus Merriam, Proc. Biol. Soc. Washington, 7:165, 29 septiembre 1892.
L. T. 3 mi W Colima, Colima.
Pappogeomys fumosus, Russell, 1968 b:719.
Distribución: Colima.
Referencias : Berry y R.J. Baker, 1972:309; Honeycutt y Williams, 1982: 210; Russell, 1968 b:721.

Pappogeomys gymnurus gymnurus (Merriam)
Geomys gymnurus Merriam, Proc. Biol. Soc. Washington, 7:166, 29 septiembre 1892.
L. T. Zapotlán, Jalisco.

Pappogeomys gymnurus gymnurus, Russell, 1968 b:751.
Distribución: Jalisco.
Referencias : Berry y R.J. Baker, 1972:309; Genoways y Jones, 1969 b: 754; Hall, 1981:525; Honeycutt y Williams, 1982:210; Ingles, 1959:391; Russell, 1968 b:754.

Pappogeomys gymnurus imparilis (Goldman)
Platygeomys gymnurus imparilis Goldman, J. Mamm., 20:89, 15 febrero 1939.
L. T. Pátzcuaro, 7,000 pies, Michoacán.
Pappogeomys gymnurus imparilis, Russell, 1968 b:754.
Distribución: Michoacán.
Referencias : Bassols, 1981:28; Berry y R.J. Baker, 1972:309; Herrin, 1970:399; Russell, 1968b:756.

Pappogeomys gymnurus russelli Genoways y Jones
Pappogeomys gymnurus russelli Genoways y Jones, J. Mamm., 50:751, 28 noviembre 1969 b.
L. T. 12 mi S Tolimán, 7,700 pies, Jalisco.
Distribución: Conocida sólo de la localidad típica.

Pappogeomys gymnurus tellus (Russell)
Cratogeomys gymnurus tellus Russell, Univ. Kansas Publ., Mus. Nat. Hist. 5:537, 15 octubre 1953.
L. T. 3 mi W Tala, 4,300 pies, Jalisco.
Pappogeomys gymnurus tellus, Russell, 1968 b:756.
Distribución: Jalisco.
Referencias : Hall, 1981:525; Hall y Kelson, 1959:471; Ingles, 1959: 391; Jones y Genoways, 1969:137.

Pappogeomys merriami estor (Merriam)
Cratogeomys estor Merriam, N. Amer. Fauna, 8:155, 31 enero 1895.
L. T. Las Vigas, 8,000 pies, Veracruz.
Pappogeomys merriami estor, Russell, 1968 b:698.
Distribución: Veracruz.
Referencias : Hall y Dalquest, 1963:280; Hall y Kelson, 1959:468; Russell, 1968 b:700.

Pappogeomys merriami fulvescens (Merriam)
Cratogeomys fulvescens Merriam, N. Amer. Fauna, 8:161, 31 enero 1895.
L. T. Chalchicomula, 8,200 pies, Puebla.
Pappogeomys merriami fulvescens, Russell, 1968 b:700.
Distribución: Puebla, Veracruz.
Referencias : Hall, 1981:522; Hall y Dalquest, 1963:280; Hall y Kelson, 1959:468; Russell, 1968 b:703.

Pappogeomys merriami irolonis (Nelson y Goldman)
Cratogeomys merriami irolonis Nelson y Goldman, Proc. Biol. Soc. Washington, 47:150, 13 junio 1934.
L. T. Irolo, 7,600 pies, Hidalgo.
Pappogeomys merriami irolonis, Russell, 1968 b:703.
Distribución: Hidalgo, Puebla.
Referencias : Burt, 1960:35; Musser, 1964:8; Russell, 1968 b:706.

Pappogeomys merriami merriami (Thomas)
Geomys merriami Thomas, Ann. Mag. Nat. Hist., ser. 6, 12:271, octubre 1893.
L. T. Sur de México (probablemente en el Valle de México, Hall y Kelson, 1959:469).
Pappogeomys merriami merriami, Russell, 1968 b:706.
Distribución: Distrito Federal, México, Morelos, Puebla, Tlaxcala.
Referencias : Bassols, 1981:17,19; Honeycutt y Williams, 1982:210; Ingles, 1959:391; Laguarda-F. y Romero-J., 1971:129; Mass, et al., 1981:66; Ramírez, et al., 1980:160; Ramírez-P., 1969b:271; Russell, 1968b:709.

Pappogeomys merriami peraltus (Goldman)
Cratogeomys perotensis peraltus Goldman, J. Washington Acad. Sci., 27:403, 15 septiembre 1937.
L. T. Cerca de la Línea de árboles, aproximadamente 12,500 pies, Pico de Orizaba, Veracruz.
Pappogeomys merriami peraltus, Russell, 1968 b:709.
Distribución: Conocida sólo de la localidad típica.
Referencias : Russell, 1968 b:711.

Pappogeomys merriami perotensis (Merriam)
Cratogeomys perotensis Merriam, N. Amer. Fauna, 8:154, 31 enero 1895.
L. T. Cofre de Perote, 9,500 pies, Veracruz.
Pappogeomys merriami perotensis, Russell, 1968 b:712.
Distribución: Veracruz.
Referencias : Hall y Dalquest, 1963:280; Hall y Kelson, 1959:468; Russell, 1968 b:714.

Pappogeomys merriami saccharalis (Nelson y Goldman)
Cratogeomys merriami saccharalis Nelson y Goldman, Proc. Biol. Soc. Washington, 47: 149, 13 junio 1934.
L. T. Atlixco, 5,400 pies, Puebla.
Pappogeomys merriami saccharalis, Russell, 1968 b:714.
Distribución: Puebla.
Referencias : Russell, 1968 b:716.

Pappogeomys neglectus (Merriam)

Platygeomys neglectus Merriam, Proc. Biol. Soc. Washington, 15:68, 22 marzo 1902.
L. T. Cerro de la Calentura, 9,000 pies, aproximadamente 8 mi NW Pinal de Amoles, Querétaro.
Pappogeomys neglectus, Russell, 1968 b:717.
Distribución: Conocida sólo de la localidad típica.
Referencias : Russell, 1968 b:719.

Pappogeomys tylorhinus angustirostris (Merriam)
Platygeomys tylorhinus angustirostris Merriam, Proc. Biol. Soc. Washington, 16: 81, 29 mayo 1903.
L. T. Patamban, Michoacán.
Pappogeomys tylorhinus angustirostris, Russell, 1968 b:727.
Distribución: Jalisco, Michoacán.
Referencias : Berry y R.J. Baker, 1972:309; Burt, 1960:39; 1961:20; Genoways y Jones, 1969 b:754; 1973:6; Ingles, 1959:392; Russell, 1968 b:731.

Pappogeomys tylorhinus atratus (Russell)
Cratogeomys gymnurus atratus Russell, Univ. Kansas Publ., Mus. Nat. Hist., 5: 539, 15 octubre 1953.
L. T. Punta del Cerro Viejo de Cuyatlán, 9,700 pies, 19 mi S, 9 mi W Guadalajara, Jalisco.
Pappogeomys tylorhinus atratus, Russell, 1968 b:731.
Distribución: Conocida sólo de la localidad típica.
Referencias : Honeycutt y Williams, 1982:210; Jones y Genoways, 1969: 137; Russell, 1968 b:733.

Pappogeomys tylorhinus brevirostris Russell
Pappogeomys tylorhinus brevirostris Russell, Univ. Kansas Publ., Mus. Nat. Hist. 16:733, 5 agosto 1968 b.
L. T. 2 mi E Celaya, 5,800 pies, Guanajuato.
Distribución: Guanajuato.
Referencias : Jones y Genoways, 1969:136; Russell, 1968 b:735.

Pappogeomys tylorhinus planiceps (Merriam)
Platygeomys planiceps Merriam, N. Amer. Fauna, 8:168, 31 enero 1895.
L. T. Falda N del Volcán de Toluca, México.
Pappogeomys tylorhinus planiceps, Russell, 1968 b:735.
Distribución: México.
Referencias : Russell, 1968 b:738.

Pappogeomys tylorhinus tylorhinus (Merriam)
Platygeomys tylorhinus Merriam, N. Amer. Fauna, 8:167, 31 enero 1895.
L. T. Tula, Hidalgo.
Pappogeomys tylorhinus tylorhinus, Russell, 1968 b:739.

Distribución: Distrito Federal, Hidalgo, México.
Referencias : Bassols, 1981:29; Berry y R.J. Baker, 1972:309; Hoffmann y Bassols, 1970:155; Hoffmann, et al., 1972:154; Russell, 1968 b:742.

Pappogeomys tylorhinus zodius (Russell)
Cratogeomys zinseri zodius Russell, Univ. Kansas Publ., Mus. Nat. Hist., 5:540, 15 octubre 1953.
L. T. 13 mi S, 15 mi W cerca de 4,500 pies, Guadalajara, Jalisco.
Pappogeomys tylorhinus zodius, Russell, 1968 b:742.
Distribución: Jalisco.
Referencias : Genoways y Jones, 1969 b:755; Russell, 1968 b:744.

Pappogeomys zinseri (Goldman)
Platygeomys zinseri Goldman, J. Mamm., 20:91, 15 febrero 1939.
L. T. Lagos, 6,150 pies, Jalisco.
Pappogeomys zinseri, Russell, 1968 b:744.
Distribución: Jalisco.
Referencias : Berry y R.J. Baker, 1972:309; Honeycutt y Williams, 1982: 210; Russell, 1968 b:748.

Thomomys bottae abbotti Huey
Thomomys bottae abbotti Huey, Trans. San Diego Soc. Nat. Hist., 5:89, 18 enero 1928.
L. T. 1 mi E El Rosario, 30°03'N y 115°48'W, Baja California Norte.
Distribución: Baja California Norte.
Referencias : Bond, 1969:253; Burt, 1960:37; Huey, 1960 a:408; 1964: 107.

Thomomys bottae alticolus J. A. Allen
Thomomys fulvus alticolus J. A. Allen, Bull. Amer. Mus. Nat. Hist., 12:13, 4 marzo 1899.
L. T. Sierra Laguna, 7,000 pies, Baja California Sur.
Thomomys bottae alticolus, Bailey, 1915:60.
Distribución: Baja California Sur.
Referencias : Banks, 1967 a:226; Burt, 1960:37; Huey, 1964:110.

Thomomys bottae angustidens R.H. Baker
Thomomys bottae angustidens R.H. Baker, Univ. Kansas Publ., Mus. Nat. Hist., 5:508, 1°junio 1953.
L. T. Sierra del Pino, 5,250 pies, 6 mi N, 6 mi W Acebuche, Coahuila.
Distribución: Conocida de los alrededores de la localidad típica.
Referencias : Anderson, 1972:288; Berry y R.J. Baker, 1971:3; Jones y Genoways, 1969:134.

Thomomys bottae basilicae Benson y Tillotson
Thomomys bottae occipitalis Benson y Tillotson, Proc. Biol. Soc. Washington, 52:151, 11 octubre 1939.
L.T. La Misión, 2 mi W Magdalena, Sonora.
Thomomys bottae basilicae, Benson y Tillotson, 1940:93.
Distribución: Conocida sólo de la localidad típica.
Referencias : Csuti, 1980:20.

Thomomys bottae borjasensis Huey
Thomomys bottae borjasensis Huey, Trans. San Diego Soc. Nat. Hist., 10:262, 31 agosto 1945..
L.T. Misión San Borjas, 28°52'N y 113°53'W, Baja California Norte.
Distribución: Baja California Norte.
Referencias : Bond, 1969:254; Burt, 1960:37; Huey, 1964:108.

Thomomys bottae cactophilus Huey
Thomomys bottae cactophilus Huey, Trans. San Diego Soc. Nat. Hist., 5:241, 27 febrero 1929.
L.T. Punta Prieta, 28°56'N y 114°12'W, Baja California Norte.
Distribución: Baja California Norte.
Referencias : Bond, 1969:254; Burt, 1960:37; Huey, 1964:108.

Thomomys bottae camoae Burt
Thomomys bottae camoae Burt, Occas. Papers Mus. Zool., Univ. Michigan, 344: 1, 5 enero 1937.
L.T. Camoa, Rio Mayo, Sonora.
Distribución: Sonora.
Referencias : Ingles, 1959:390; Patton y Dingman, 1970:142; Patton y Smith, 1981:493; Patton y Yang, 1977:699.

Thomomys bottae catavinensis Huey
Thomomys bottae catavinensis Huey, Trans. San Diego Soc. Nat. Hist., 7:45, 19 diciembre 1931.
L. T. Cataviña, 29°54'N y 114°57'W, Baja California Norte.
Distribución: Baja California Norte.
Referencias : Bond, 1969:254; Burt, 1960:37; Huey, 1960 a:408; 1964: 108.

Thomomys bottae convergens Nelson y Goldman
Thomomys bottae convergens Nelson y Goldman, J. Mamm., 15:123, 15 mayo 1934.
L. T. Rancho Costa Rica, delta del Río Sonora, SW Hermosillo, Sonora.
Distribución: Conocida sólo de la localidad típica.
Referencias : Patton y Yang, 1977:699.

Thomomys bottae cunicularius Huey

Thomomys bottae cunicularius Huey, Trans. San Diego Soc. Nat. Hist., 10:252, 31 agosto 1945.
L. T. Los Palmitos (Extremo W de Pettie Basin), en el Valle SE de la Sierra Juárez (falda desértica) 31°44' N y 115°36' W, Baja California Norte.
Distribución: Conocida sólo de la localidad típica.
Referencias : Bond, 1969:255; Burt, 1960:37; Huey, 1964:106.

Thomomys bottae divergens Nelson y Goldman
Thomomys bottae divergens Nelson y Goldman, J. Mamm. 15:122, 15 mayo 1934.
L. T. 1 mi W Huachinera, 4,000 pies, Río Bavispe, Sonora.
Distribución: Chihuahua, Sonora.
Referencias : Anderson, 1972:287; Ingles, 1959:390; Patton, 1973:575; Patton y Dingman, 1970:142; Patton y Yang, 1977:699.

Thomomys bottae estanciae Benson y Tillotson
Thomomys bottae estanciae Benson y Tillotson, Proc. Biol. Soc. Washington, 52: 152, 11 octubre 1939.
L. T. La Estancia, 6 mi N Nacori, Sonora.
Distribución: Conocida sólo de la localidad típica.

Thomomys bottae homorus Huey
Thomomys bottae homorus Huey, Trans. San Diego Soc. Nat. Hist., 11:55, 31 enero 1949.
L. T. 1 mi E Rancho Lagunitas, 28°20'N y 113°15'W, Baja California Norte.
Distribución: Baja California Norte, Baja California Sur.
Referencias : Bond, 1969:255; Burt, 1960:37; Huey, 1964:109.

Thomomys bottae humilis R.H. Baker
Thomomys bottae humilis R.H. Baker, Univ. Kansas Publ., Mus. Nat. Hist., 5:503, 1o. junio 1953.
L. T. 3 mi W San Miguel, 2,200 pies, Coahuila.
Distribución: Coahuila.
Referencias : Jones y Genoways, 1969:134.

Thomomys bottae imitabilis Goldman
Thomomys bottae imitabilis Goldman, Proc. Biol. Soc. Washington, 52:30, 11 marzo 1939.
L. T. La Paz, Baja California Sur.
Distribución: Conocida sólo de la localidad típica.
Referencias : Burt, 1960:37; Huey, 1964:109.

Thomomys bottae incomptus Goldman

Thomomys bottae incomptus Goldman, Proc. Biol. Soc. Washington, 52:29, 11 marzo 1939.

L. T. San Jorge Cerca de la Costa del Pacífico, W de Pozo Grande, cerca de 25 mil SW Comondú, Baja California Sur.

Distribución: Baja California Sur.

Referencias : Burt, 1960:37; Huey, 1964:109.

Thomomys bottae jojobae Huey

Thomomys bottae jojobae Huey, Trans. San Diego Soc. Nat. Hist., 10:256, 31 agosto 1945.

L. T. Sangre de Cristo, 31°52' N y 116°06' W, Baja California Norte.

Distribución: Baja California Norte.

Referencias : Bond, 1969:255; Burt, 1960:37; Huey, 1964:106.

Thomomys bottae juarezensis Huey

Thomomys bottae juarezensis Huey, Trans. San Diego Soc. Nat. Hist., 10:255, 31 agosto 1945.

L. T. Laguna Hanson, Sierra Juárez, Baja California Norte.

Distribución: Baja California Norte.

Referencias : Bond, 1969:255; Burt, 1960:37; Huey, 1964:106.

Thomomys bottae litoris Burt

Thomomys bottae litoris Burt, Occas. Papers Mus. Zool., Univ. Michigan, 424:1, 29 noviembre 1940.

L. T. Stearns Point, Bahía Magdalena, Baja California Sur.

Distribución: Conocida sólo de la localidad típica.

Referencias : Burt, 1960:37; Huey, 1964:106.

Thomomys bottae lucidus Hall

Thomomys bottae lucidus Hall, Proc. Biol. Soc. Washington, 45:67, 2 abril 1932.

L. T. Cañón las Palmas, 200 pies, lado W Laguna Salada (N de 32°Lat. N), Baja California Norte.

Distribución: Conocida sólo de la localidad típica.

Referencias : Burt, 1960:37; Huey, 1964:106.

Thomomys bottae proximarius Huey

Thomomys bottae proximarius Huey, Trans. San Diego Soc. Nat. Hist., 10:261, 31 agosto 1945.

L. T. Boca La Playa, meseta bordeando el mar, 31°32' N y 116°38' W, 16 mi W Santo Tomás, Baja California Norte.

Distribución: Conocida sólo de la localidad típica.

Referencias : Bond, 1969:256; Burt, 1960:37; Huey, 1964:106.

Thomomys bottae retractus R.H. Baker

Thomomys bottae retractus R.H. Baker, Univ. Kansas Publ., Mus. Nat. Hist., 5: 507, 1o. junio 1953.
L. T. Fortín, 3,300 pies, 20 mi N, 2 mi W San Jerónimo, Coahuila (Baker, Univ. Kansas Publ., Mus. Nat. Hist., 9:220, 1956).
Distribución: Conocida de los alrededores de la localidad típica.
Referencias : Jones y Genoways, 1969:134.

Thomomys bottae rhizophagus Huey
Thomomys bottae rhizophagus Huey, Trans. San Diego Soc. Nat. Hist., 11:54, 31 enero 1949.
L. T. Las Flores, 28°50' N y 113°32' W, 7 mi S Bahía de los Angeles, Baja California Norte.
Distribución: Conocida sólo de la localidad típica.
Referencias : Bond, 1969:256; Burt, 1960:37; Huey, 1964:108.

Thomomys bottae ruricola Huey
Thomomys bottae ruricola Huey, Trans. San Diego Soc. Nat. Hist., 11:53, 31 enero 1949.
L. T. 4 mi N Santa Catarina, Landing, 29°35'N y 115°17' W, Baja California Norte.
Distribución: Conocida sólo de la localidad típica.
Referencias : Bond, 1969:256; Burt, 1960:37; Huey, 1960 a:408; 1964:108.

Thomomys bottae russeolus Nelson y Goldman
Thomomys bottae russeolus Nelson y Goldman, Proc. Biol. Soc. Washington, 22:25, 10 marzo 1909.
L. T. San Angel WSW, San Ignacio, Baja California Sur.
Distribución: Baja California Norte, Baja California Sur.
Referencias : Burt, 1960:37; Huey, 1964:109.

Thomomys bottae sanctidiegi Huey
Thomomys bottae sanctidiegi Huey, Trans. San Diego Soc. Nat. Hist., 10:258, 31 agosto 1945.
L.T. Balboa Park, San Diego, California.
Distribución: Baja California Norte.
Referencias : Bond, 1969:256; Burt, 1960:37; Huey, 1964:105.

Thomomys bottae siccovallis Huey
Thomomys bottae siccovallis Huey, Trans. San Diego Soc. Nat. Hist., 10:258, 31 agosto 1945.
L.T. Cañón El Cajón, 3,200 pies, base E Sierra de San Pedro Mártir, 30°54'N y 115°10' W, Baja California Norte.
Distribución: Baja California Norte.
Referencias : Burt, 1960:37; Csuti, 1980:24; Huey, 1964:107; Patton y Yang, 1977:699.

Thomomys bottae simulus Nelson y Goldman
Thomomys simulus simulus Nelson y Goldman, J. Mamm., 15:120, 15 mayo 1934.
L.T. Alamos, 1,200 pies, Sonora.
Thomomys bottae simulus, Dunnigan, 1967:144.
Distribución: Sinaloa, Sonora.
Referencias : Dunnigan, 1967:146; Hall y Kelson, 1959:433; Ingles, 1959:390; Patton y Dingman, 1970:142.

Thomomys bottae sinaloae Merriam
Thomomys sinaloae Merriam, Proc. Biol. Soc. Washington, 14:108, 19 julio 1901.
L.T. Altata, Sinaloa.
Thomomys bottae sinaloae, Nelson y Goldman, 1934:124.
Distribución: Sinaloa.
Referencias : Dunnigan, 1967:152; Hall y Long, 1960:36.

Thomomys bottae toltecus J. A. Allen
Thomomys toltecus J. A. Allen, Bull. Amer. Mus. Nat. Hist., 5:52, 28 abril 1893.
L.T. Colonia Juárez, 4500 pies, Río Casas Grandes, Chihuahua.
Thomomys bottae toltecus, Nelson y Goldman, 1934:121.
Distribución: Coahuila, Chihuahua, Zacatecas.
Referencias : Anderson, 1966:190; 1972:287-288; Berry y R.J. Baker, 1971:3; Matson, 1982:78.

Thomomys bottae vanrossemi Huey
Thomomys bottae vanrossemi Huey, Trans. San Diego Soc. Nat. Hist., 8:1, 10 agosto 1934.
L. T. Punta Peñascosa, Sonora.
Distribución: Conocida sólo de la localidad típica.
Referencias : Bond, 1969:256.

Thomomys bottae villai R.H. Baker
Thomomys bottae villai R.H. Baker, Univ. Kansas Publ., Mus. Nat. Hist., 5:505, 1o. junio 1953.
L. T. 7 mi S, 2 mi E Boquillas, 1,800 pies, Coahuila.
Distribución: Conocida sólo de la localidad típica.
Referencias : Anderson, 1972:288; Berry y R.J. Baker, 1971:3; Jones y Genoways, 1969:134.

Thomomys bottae winthropi Nelson y Goldman
Thomomys bottae winthropi Nelson y Goldman, J. Mamm., 15:122, 15 mayo 1934.
L. T. Hermosillo, Sonora.
Distribución: Sonora.
Referencias : Ingles, 1959:390; Patton y Yang, 1977:699.

Thomomys bottae xerophilus Huey
Thomomys bottae xerophilus Huey, Trans. San Diego Soc. Nat. Hist., 10:257, 31 agosto 1945.
L. T. Cerca de Diablito Spring, pico San Matías Pass, entre Sierra Juárez y Sierra San Pedro Mártir, Baja California Norte.
Distribución: Baja California Norte.
Referencias : Bond, 1969:256; Burt, 1960:37; Huey, 1964:107; Patton y Yang, 1977:699; Smith y Patton, 1980:682.

Thomomys umbrinus albatus Grinnell
Thomomys albatus Grinnell, Univ. California Publ. Zool., 10:172, 7 junio 1912.
L. T. Lado W del Río Colorado, Hanlon Ranch, cerca de Pilot Knob, Imperial County, California.
Thomomys umbrinus albatus, Hall y Kelson, 1959:419.
Distribución: Baja California Norte.
Referencias : Huey, 1964:105.

Thomomys umbrinus albigularis Nelson y Goldman
Thomomys umbrinus albigularis Nelson y Goldman, J. Mamm., 15:106, 15 mayo 1934.
L. T. El Chico, 9,800 pies, Sierra de Pachuca, Hidalgo.
Distribución: Hidalgo, Puebla, Veracruz.
Referencias : Hall y Dalquest, 1963:275; Musser, 1964:7.

Thomomys umbrinus alticolus J. A. Allen
Thomomys fulvus alticolus J. A. Allen, Bull. Amer. Mus. Nat. Hist., 12:13, 4 marzo 1899.
L. T. Sierra Laguna, 7,000 pies, Baja California.
Thomomys umbrinus alticolus, Hall y Kelson, 1959:419.
Distribución: Baja California Sur.
Referencias : Woloszyn y Woloszyn, 1982:117.

Thomomys umbrinus analogus Goldman
Thomomys umbrinus analogus Goldman, Proc. Biol. Soc. Washington, 51:59, 18 marzo 1938.
L. T. Sierra Guadalupe, cerca de 12 mi S General Cepeda, Coahuila.
Distribución: Coahuila, Nuevo León, Zacatecas.
Referencias : Honeycutt y Williams, 1982:210; Jones y Webster, 1976: 76; Matson, 1982:78; Tipton y Méndez, 1968:200.

Thomomys umbrinus anitae J. A. Allen
Thomomys fulvus anitae J. A. Allen, Bull. Amer. Mus. Nat. Hist., 10:146, 12 abril 1898.
L. T. Santa Anita, Baja California Sur.
Thomomys umbrinus anitae, Hall y Kelson, 1959:420.
Distribución: Baja California Sur.
Referencias : Banks, 1967 a:226; Huey, 1964:110; Woloszyn y Woloszyn,

1982:117.

Thomomys umbrinus aphrastus Elliot
Thomomys aphrastus Elliot, Field Columb. Mus., Publ. 79, Zool. ser., 3:219, 15 agosto 1903.
L. T. Santo Tomás, Baja California Norte.
Thomomys umbrinus aphrastus, Hall y Kelson, 1959:420.
Distribución: Baja California Norte.
Referencias : Huey, 1964:106.

Thomomys umbrinus arriagensis Dalquest
Thomomys umbrinus arriagensis Dalquest, J. Washington Acad. Sci., 41:361, 14 noviembre 1951.
L. T. 1 Km S Arriaga, San Luis Potosí.
Distribución: Conocida sólo de la localidad típica.
Referencias : Patton y Feder, 1978:20.

Thomomys umbrinus atrodorsalis Nelson y Goldman
Thomomys umbrinus atrodorsalis Nelson y Goldman, J. Mamm., 15:111, 15 mayo 1934.
L. T. Alvarez, 800 pies, San Luis Potosí.
Distribución: San Luis Potosí.

Thomomys umbrinus atrovarius J. A. Allen
Thomomys atrovarius J. A. Allen, Bull. Amer. Mus. Nat. Hist., 10:148, 12 abril 1898.
L. T. Tatemales (cerca de Rosario), Sinaloa.
Thomomys umbrinus atrovarius, Nelson y Goldman, 1934:19.
Distribución: Nayarit, Sinaloa.
Referencias : Dunnigan, 1967:154; Jones, et al., 1962:156; Patton y Smith, 1981:494.

Thomomys umbrinus brazierhowelli Huey
Thomomys umbrinus brazierhowelli Huey, Trans. San Diego Soc. Nat. Hist., 12: 407, 1o. febrero 1960a.
L. T. Misión San Fernando, Baja California Norte.
Distribución: Conocida sólo de la localidad típica.
Referencias : Bond, 1969:254; Huey, 1964:107.

Thomomys umbrinus camargensis Anderson
Thomomys umbrinus camargensis Anderson, Bull. Amer. Mus. Nat. Hist., 148:288, 8 septiembre 1972.
L. T. 1 mi S Camargo, 3,950 pies, Chihuahua.
Distribución: Chihuahua.
Referencias : Anderson, 1966:190; 1972:290.

Thomomys umbrinus crassidens Nelson y Goldman
Thomomys umbrinus crassidens Nelson y Goldman, J. Mamm., 15:113, 15 mayo 1934.
L. T. Sierra de Valparaiso, 8,700 pies, Zacatecas.
Distribución: Conocida sólo de la localidad típica.
Referencias : Honeycutt y Williams, 1982:210; Jones y Webster, 1976:77; Matson, 1982:78.

Thomomys umbrinus chihuahuae Nelson y Goldman
Thomomys umbrinus chihuahuae Nelson y Goldman, J. Mamm., 15:114, 15 mayo 1934.
L. T. Sierra Madre, 7,000 pies, cerca de 65 mi E Batopilas, Chihuahua.
Distribución: Chihuahua, Durango, Zacatecas.
Referencias : Anderson, 1972:290; Baker, R.H. y Greer, 1962:93-95; Gardner, 1965:101; Honeycutt y Williams, 1982:210; Matson, 1982:78; Patton y Feder, 1978:20; Patton y Smith, 1981:494.

Thomomys umbrinus durangi Nelson y Goldman
Thomomys umbrinus durangi Nelson y Goldman, J. Mamm., 15:114, 15 mayo 1934.
L. T. Durango, Durango.
Distribución: Conocida de los alrededores de la localidad típica.
Referencias : Baker, R.H. 1960 b:312; Baker, R.H. y Greer, 1962:94; Hall y Kelson, 1959:424; Ingles, 1959:390; Patton y Feder, 1978:20.

Thomomys umbrinus enixus Nelson y Goldman
Thomomys umbrinus enixus Nelson y Goldman, J. Mamm., 15:112, 15 mayo 1934.
L. T. Sierra Moroni, 8,500 pies, cerca de Plateado, Zacatecas.
Distribución: Aguascalientes, Jalisco, Zacatecas.
Referencias : Berry y R.J. Baker, 1971:3; Genoways y Jones, 1973:11; Hall, 1981:482; Hall y Kelson, 1959:424; Honeycutt y Williams, 1982:210; Matson, 1982:78.

Thomomys umbrinus eximius Nelson y Goldman
Thomomys umbrinus eximius Nelson y Goldman, J. Mamm., 15:118, 15 mayo 1934.
L. T. Sierra de Choix, cerca de 20 mi NE Choix, Sonora.
Distribución: Sinaloa, Sonora.
Referencias : Dunnigan, 1967:157.

Thomomys umbrinus extimus Nelson y Goldman
Thomomys umbrinus extimus Nelson y Goldman, J. Mamm., 15:119, 15 mayo 1934.
L. T. Calomo, 600 pies, Nayarit.
Distribución: Conocida sólo de la localidad típica.

Thomomys umbrinus goldmani Merriam
Thomomys goldmani Merriam, Proc. Biol. Soc. Washington, 14:108, 19 julio 1901.

L. T. Mapimí, 3,800 pies, Durango.
Thomomys umbrinus goldmani, Nelson y Goldman, 1934:115.
Distribución: Coahuila, Chihuahua, Durango, Zacatecas.
Referencias : Anderson, 1972:290; Baker, R.H. y Greer, 1962:95; Baker, R.H., et al., 1981:568; Matson, 1982:78.

Thomomys umbrinus juntae Anderson
Thomomys umbrinus juntae Anderson, Bull. Amer. Mus. Nat. Hist., 148:291, 8 septiembre 1972.
L. T. Rancho San Ignacio, 4 mi S y 1 mi W Santo Tomás, Chihuahua.
Distribución: Chihuahua.
Referencias : Anderson, 1972:291; Patton y Feder, 1978:20; Patton y Smith, 1981:494.

Thomomys umbrinus madrensis Nelson y Goldman
Thomomys umbrinus madrensis Nelson y Goldman, J. Mamm., 15:115, 15 mayo 1934.
L. T. Cañón Pilares, 6,400 pies, 10 mi NE Colonia García, cerca de 25 mi SW Casas Grandes, Chihuahua.
Distribución: Chihuahua.
Referencias : Anderson, 1966:190; 1972:291-292; Baker, R.H. y Greer, 1962:93; Patton y Feder, 1978:20; Patton y Smith, 1982: 494.

Thomomys umbrinus magdalenae Nelson y Goldman
Thomomys magdalenae Nelson y Goldman, Proc. Biol. Soc. Washington, 22:24, 10 marzo 1909.
L. T. Isla Maria Magdalena, Baja California Sur.
Thomomys umbrinus magdalenae, Hall y Kelson, 1959:427.
Distribución: Conocida sólo de la localidad típica.
Referencias : Huey, 1964:109.

Thomomys umbrinus martinensis Nelson y Goldman
Thomomys umbrinus martinensis Nelson y Goldman, J. Mamm., 15:108, 15 mayo 1934.
L. T. San Martin Texmelucan, 7,400 pies, Puebla.
Distribución: Conocida sólo de la localidad típica.

Thomomys umbrinus martirensis J. A. Allen
Thomomys fulvus martirensis J. A. Allen, Bull. Amer. Mus. Nat. Hist., 10:147, 12 abril 1898.
L. T. La Grulla Meadove, Sierra de San Pedro Martir, 7,400 pies, Baja California Norte (Huey, Trans. San Diego Soc. Nat. Hist., 5:89, 1928).
Thomomys umbrinus martirensis, Hall y Kelson, 1959:427.
Distribución: Baja California Norte.
Referencias : Huey, 1964:107.

Thomomys umbrinus modicus Goldman
Thomomys fulvus modicus Goldman, J. Washington Acad. Sci., 21:418, 19 octubre 1931.
L. T. La Osa (cerca de la frontera con México) extremo S del Valle de Altar, Pima County, Arizona.
Thomomys umbrinus modicus, Hall y Kelson, 1959:428.
Distribución: Sonora.

Thomomys umbrinus musculus Nelson y Goldman
Thomomys umbrinus musculus Nelson y Goldman, J. Mamm., 15:119, 15 mayo 1934.
L. T. Pedro Pablo, 3,500 pies, cerca de 22 mi E Acaponeta, Sierra de Teponahuaxtla, Nayarit.
Distribución: Durango, Nayarit, Sinaloa.
Referencias : Baker, R.H. y Greer, 1962:95; Crossin, et al., 1973:199; Dunnigan, 1967:159-160; Webb y R.H. Baker, 1962:331.

Thomomys umbrinus nelsoni Merriam
Thomomys nelsoni Merriam, Proc. Biol. Soc. Washington, 14:109, 19 julio 1901.
L. T. Parral, Chihuahua.
Thomomys umbrinus nelsoni, Anderson, 1972:292.
Distribución: Chihuahua, Durango.
Referencias : Gardner, 1972:292; Baker, R.H. y Greer, 1962:94-95; Gardner, 1965:101, 103; Hall y Long, 1960:36; Patton y Feder, 1978:20; Patton y Smith, 1981:494.

Thomomys umbrinus newmani Dalquest
Thomomys umbrinus newmani Dalquest, J. Washington Acad. Sci., 41:361, 14 noviembre 1951.
L. T. 7 Km NW Palma (Villa 12 Km NW Salinas) San Luis Potosi.
Distribución: San Luis Potosí.

Thomomys umbrinus nigricans Rhoads
Thomomys fulvus nigricans Rhoads, Proc. Acad. Nat. Sci. Philadelphia, 47:36, 21 febrero 1895.
L. T. Witch Creek, 2,753 pies, 7 mi W Julián, San Diego County, California.
Thomomys umbrinus nigricans, Hall y Kelson, 1959:429.
Distribución: Baja California Norte.
Referencias : Huey, 1964:105.

Thomomys umbrinus orizabae Merriam
Thomomys orizabae Merriam, Proc. Biol. Soc. Washington, 8:145, 29 diciembre 1893.
L. T. Pico de Orizaba, 9,500 pies, Puebla.
Thomomys umbrinus orizabae, Bailey, 1915:90.
Distribución: Puebla.

Thomomys umbrinus parviceps Nelson y Goldman
Thomomys simulus parviceps Nelson y Goldman, J. Mamm, 15:121, 15 mayo 1934.
L. T. Chacala, 3,000 pies, Durango.
Thomomys umbrinus parviceps, Hall y Kelson, 1959:430.
Distribución: Conocida sólo de la localidad típica.
Referencias : Baker, R.H. y Greer, 1962:95.

Thomomys umbrinus perditus Merriam
Thomomys perditus Merriam, Proc. Biol. Soc. Washington, 14:108, 19 julio 1901.
L. T. Lampazos, Nuevo León.
Thomomys umbrinus perditus, Nelson y Goldman, 1934:115.
Distribución: Coahuila, Nuevo León.

Thomomys umbrinus peregrinus Merriam
Thomomys peregrinus Merriam, Proc. Biol. Soc. Washington, 8:146, 29 diciembre 1893.
L.T. Salazar, 10,300 pies, México.
Thomomys umbrinus peregrinus, Bailey, 1915:91.
Distribución: Distrito Federal, Hidalgo, México, Morelos.
Referencias : Hall y Kelson, 1959:430.

Thomomys umbrinus phasma Goldman
Thomomys fulvus phasma Goldman, Proc. Biol. Soc. Washington, 46:72, 27 abril 1933.
L.T. 2 mi S Tule Tank, Tule Desert, cerca de la frontera Mexicana, Yuma County, Arizona.
Thomomys umbrinus phasma, Hall y Kelson, 1959:430.
Distribución: Sonora.

Thomomys umbrinus potosinus Nelson y Goldman
Thomomys umbrinus potosinus Nelson y Goldman, J. Mamm., 15:111, 15 mayo 1934.
L.T. La Tinaja, 6,000 pies (cerca de Ventura), aproximadamente 20 mi NE San Luis Potosí, San Luis Potosí.
Distribución: Conocida sólo de la localidad típica.
Referencias : Patton y Smith, 1981:494.

Thomomys umbrinus pullus Hall y Villa
Thomomys umbrinus pullus Hall y Villa, Univ. Kansas Publ., Mus. Nat. Hist., 1:251, 26 julio 1948.
L.T. 5 mi S Pátzcuaro, 7,800 pies, Michoacán.
Distribución: Conocida sólo de la localidad típica.
Referencias : Csuti, 1980:30; Hall, 1981:479; Hall y Kelson, 1959:431.

Thomomys umbrinus sheldoni Bailey

Thomomys sheldoni Bailey, N. Amer. Fauna, 39:93, 15 noviembre 1915.
L.T. Santa Teresa, 6,800 pies, Sierra de Nayarit, Nayarit.
Thomomys umbrinus sheldoni, Nelson y Goldman, 1934, 15:113.
Distribución: Durango, Nayarit, Zacatecas.
Referencias : Baker, R.H. y Greer, 1962:95; Honeycutt y Williams, 1982: 210; Matson, 1982:78.

Thomomys umbrinus sonoriensis Nelson y Goldman
Thomomys umbrinus sonoriensis Nelson y Goldman, J. Mamm., 15:118, 15 mayo 1934.
L. T. 10 mi E Chinapa, 3,000 pies, Sonora.
Distribución: Sonora.
Referencias : Patton y Feder, 1978:20; Patton y Smith, 1981:494.

Thomomys umbrinus sturgisi Goldman
Thomomys sturgisi Goldman, Proc. Biol. Soc. Washington, 51:56, 18 marzo 1938.
L. T. Sierra del Carmen, 6,000 pies, Coahuila.
Thomomys umbrinus sturgisi, Hall y Kelson, 1959:433.
Distribución: Coahuila.

Thomomys umbrinus supernus Nelson y Goldman
Thomomys umbrinus supernus Nelson y Goldman, J. Mamm., 15:110, 15 mayo 1934.
L. T. Santa Rosa, entre 9,500 y 10,000 pies, cerca de 7 mi NE Guanajuato, Guanajuato.
Distribución: Conocida sólo de la localidad típica.

Thomomys umbrinus tolucae Nelson y Goldman
Thomomys umbrinus tolucae Nelson y Goldman, J. Mamm., 15:109, 15 mayo 1934.
L. T. Falda N del Volcán de Toluca, 9,500 pies, Estado de México.
Distribución: Conocida sólo de la localidad típica.

Thomomys umbrinus umbrinus (Richardson)
Geomys umbrinus Richardson, Fauna Borelai-Americana, 1:202, 1829.
L. T. Desconocida. S de México, probablemente en la vecindad de Boca del Monte Veracruz (Bailey, Proc. Biol. Soc. Washington, 19:3-6, 1906 a).
Thomomys umbrinus umbrinus, Bailey, 1915:106.
Distribución: Veracruz.
Referencias : Hall y Dalquest, 1963:275; Patton y Smith, 1981:494.

Thomomys umbrinus vulcanius Nelson y Goldman
Thomomys umbrinus vulcanius Nelson y Goldman, J. Mamm., 15:109, 15 mayo 1934.
L. T. Volcán Popocatépetl, 12,900 pies, México.

Distribución: México, Morelos, Puebla.
Referencias: Ramírez, et al., 1980:160

Thomomys umbrinus zacatecae Nelson y Goldman
Thomomys umbrinus zacatecae Nelson y Goldman, J. Mamm., 15:112, 15 mayo 1934.
L. T. Berriozábal, 6,600 pies, Zacatecas.
Distribución: Aguascalientes, Zacatecas.
Referencias : Hall y Kelson, 1959:434; Honeycutt y Williams, 1982:210; Matson, 1982:78.

Zygogeomys trichopus taracensis Goldman
Zygogeomys trichopus taracensis Goldman, Proc. Biol. Soc. Washington, 51:211, 23 diciembre 1938 a.
L. T. 6 mi SE Pátzcuaro, 8,000 pies, Michoacán.
Distribución: Conocida sólo de la localidad típica.
Referencias : Rùssell, 1968 a:525.

Zygogeomys trichopus trichopus Merriam
Zygogeomys trichopus Merriam, N. Amer. Fauna, 8:196, 31 enero 1895.
L. T. Nahuatzin, Michoacán.
Zygogeomys trichopus trichopus, Goldman, 1938 a:211.
Distribución: Michoacán.
Referencias : Burt, 1960:35; 1961:20; Hall, 1981:497; Honeycutt y Williams, 1982:210; Russell, 1968 a:525.

FAMILIA HETEROMYIDAE
SUBFAMILIA PEROGNATHINAE

"Ratón Canguro"

Perognathus amplus rotundus Goldman
Perognathus amplus rotundus Goldman, J. Washington Acad. Sci., 22:386, 19 julio 1932.
L. T. Wellton, Yuma County, Arizona.
Distribución: Sonora.
Referencias : Hall y Kelson, 1959:487.

Perognathus anthonyi Osgood
Perognathus anthonyi Osgood, N. Amer. Fauna, 18:56, 20 septiembre 1900.
L. T. Bahía Sur, Isla Cerros (Cedros), Baja California Norte.
Distribución: Conocida sólo de la localidad típica.
Referencias : Huey, 1964:116.

Perognathus arenarius albescens Huey

Perognathus arenarius albescens Huey, Proc. Biol. Soc. Washington, 39:67, 30 julio 1926.
L. T. San Felipe, Baja California Norte.
Distribución: Conocida sólo de la localidad típica.
Referencias : Bassols, 1981:28; Bond, 1969:258; Burt, 1960:42; Huey, 1964:113; Patton, et al., 1981:479.

Perognathus arenarius albulus Nelson y Goldman
Perognathus penicillatus albulus Nelson y Goldman, Proc. Biol. Soc. Washington, 36:159, 1o. mayo 1923.
L. T. Isla Magdalena, Baja California Sur.
Perognathus arenarius albulus, Huey, 1926:68.
Distribución: Conocida sólo de la localidad típica.
Referencias : Bassols, 1981:28; Hoffmann, et al., 1972:154; Huey, 1964:115; Lawlor, 1982a:58; Patton, et al., 1981:479.

Perognathus arenarius ambiguus Nelson y Goldman
Perognathus arenarius ambiguus Nelson y Goldman, Proc. Biol. Soc. Washington, 42:108, 25 marzo 1929.
L. T. Yubay, 30 mi SE Calamahué, Baja California Sur.
Distribución: Baja California Norte, Baja California Sur.
Referencias : Bassols, 1981:28; Huey, 1964:2; Lawlor, 1982a:58; López-F.C. y Urbano-V., 1977:238; Patton, et al., 1981:479; Roth, 1976:565.

Perognathus arenarius ammophilus Osgood
Perognathus penicillatus ammophilus Osgood, Proc. Biol. Soc. Washington, 20:20, 23 febrero 1907.
L. T. Isla Santa Margarita, Baja California Sur.
Perognathus arenarius ammophilus, Huey, 1926:68.
Distribución: Conocida sólo de la localidad típica.
Referencias : Bassols, 1981:28; Huey, 1964:115; Lawlor, 1982a:58; Patton, et al., 1981:479.

Perognathus arenarius arenarius Merriam
Perognathus arenarius Merriam, Proc. California Acad. Sci., ser. 2, 4:461, 25 septiembre 1894.
L. T. San Jorge, cerca de Comondú, Baja California Sur.
Perognathus arenarius arenarius, Huey, 1926:68.
Distribución: Conocida sólo de la localidad típica.
Referencias : Bassols, 1981:28; Hall, 1981:549; Hall y Kelson, 1959:499; Huey, 1964:114; Lawlor, 1982a:58; Patton, et al., 1981:479; Roth, 1976:565.

Perognathus arenarius helleri Elliot
Perognathus helleri Elliot, Field Columb. Mus., Publ. 74, Zool. Ser., 3(10): 166, 7 mayo, 1903.
L. T. San Quintín, Baja California Norte.
Perognathus arenarius helleri, Huey, 1929:68.
Distribución: Conocida sólo de la localidad típica.
Referencias : Bassols, 1981:28; Huey, 1964:113; Patton, et al., 1981: 479.

Perognathus arenarius mexicalis Huey
Perognathus arenarius mexicalis Huey, Trans. San Diego Soc. Nat. Hist., 9:57, 3 agosto 1939.
L. T. Cañón de los Muertos fan 32°27' N y 115°53' W, Gaskill's Tank, cerca de Laguna Salada, Baja California Norte.
Distribución: Baja California Norte.
Referencias : Bassols, 1981:28; Bond, 1969:258; Huey, 1964:113; Patton, et al., 1981:479.

Perognathus arenarius paralios Huey
Perognathus arenarius paralios Huey, Trans. San Diego Soc. Nat. Hist., 13:113, 15 enero 1964.
L. T. Barnil (28°30' N), Golfo de California, Baja California Norte.
Distribución: Baja California Norte.
Referencias : Bassols, 1981:28; Bond, 1969:258; Huey, 1964:113; Patton, et al., 1981:479.

Perognathus arenarius sabulosus Huey
Perognathus arenarius sabulosus Huey, Trans. San Diego Soc. Nat. Hist., 13: 114, 15 enero 1964.
L. T. Lado S de la Laguna Scammon's, Baja California Norte.
Distribución: Baja California Norte.
Referencias : Bassols, 1981:28; Bond, 1969:258; Huey, 1964:114; Patton, et al., 1981:479.

Perognathus arenarius siccus Osgood
Perognathus penicillatus siccus Osgood, Proc. Biol. Soc. Washington, 20:20 23 febrero 1907.
L. T. Cerralbo Island, Baja California Sur.
Perognathus arenarius siccus, Nelson y Goldman, 1929 a:108.
Distribución: Conocida sólo de la localidad típica.
Referencias : Banks, 1964 c:399; Bassols, 1981:28; Huey, 1964:115; Lawlor, 1982a:58; Patton, et al., 1981:479; Roth, 1976:565.

Perognathus arenarius sublucidus Nelson y Goldman

Perognathus arenarius sublucidus Nelson y Goldman, Proc. Biol. Soc. Washington, 41:109, 25 marzo 1929.
L. T. La Paz, Baja California Sur.
Distribución: Conocida sólo de la localidad típica.
Referencias : Banks, 1964 c:401; Bassols, 1981:28; Huey, 1964:115; Lawlor, 1982a:58; Patton, et al., 1981:479, Roth, 1976:565.

Perognathus artus Osgood
Perognathus artus Osgood, N. Amer. Fauna, 18:55, 20 septiembre 1900.
L. T. Batopilas, Chihuahua.
Distribución: Chihuahua, Durango, Sinaloa, Sonora.
Referencias : Anderson, 1964:25-27; 1972:302; Baker, R.H. y Greer, 1962: 97; Hall y Ogilvie, 1960:518; Ingles, 1959:393; Jones, 1964 a:753; Lucas y Loomis, 1968:238; Patton, 1967:36; Patton, et al., 1981:479; Wrenn y Loomis, 1967:157.

Perognathus baileyi baileyi Merriam
Perognathus baileyi Merriam, Proc. Acad. Nat. Sci. Philadelphia, 46:262, 27 septiembre 1894.
L. T. Magdalena, Sonora.
Perognathus baileyi baileyi, Miller, 1912:266.
Distribución: Baja California Norte, Sinaloa, Sonora .
Referencias : Bradshaw y Hayward, 1960:282; Burt, 1960:43; Hall y Kelson, 1959:493; Lawlor, 1982a:58; Lucas y Loomis, 1968:237; Patton, 1967:36; 1972:249; Patton y Jones, 1972:371; Patton, et al., 1981:479; Wrenn y Loomis, 1967:160.

Perognathus baileyi domensis Goldman
Perognathus baileyi domensis Goldman, Proc. Biol. Soc. Washington, 41:204, 18 diciembre 1928.
L. T. Castle Dome, 1,400 pies, base del Castle Dome Peak, Yuma, County, Arizona.
Distribución: Sonora.
Referencias : Cockrum y Bradshaw, 1963:8; Hall y Kelson, 1959:494; Lawlor, 1982a:58; Patton, 1972:241; Patton, et al., 1981:479.

Perognathus baileyi extimus Nelson y Goldman
Perognathus baileyi extimus Nelson y Goldman, J. Washington Acad. Sci., 20: 223, 19 junio 1930.
L. T. Tres Pachitas, 700 pies, 36 mi S, La Paz, Baja California Sur.
Distribución: Baja California Norte, Baja California Sur.
Referencias : Bassols, 1981:11; Burt, 1960:43; Huey, 1964:112; Lawlor, 1982a:58; López-F.C. y Urbano-V., 1977:238; Patton, et al., 1981:479.

Perognathus baileyi fornicatus Burt
Perognathus baileyi fornicatus Burt, Trans. San Diego Soc. Nat. Hist., 7:164, 31 octubre 1932.
L. T. Isla Monserrate (25°38' N y 111°02' W), Golfo de California, Baja California Sur.
Distribución: Conocida sólo de la localidad típica.
Referencias : Banks, 1964 b:183; Bassols, 1981:11; Huey, 1964:112; Lawlor, 1982a:58; Patton, et al., 1981:479.

Perognathus baileyi hueyi Nelson y Goldman
Perognathus baileyi hueyi Nelson y Goldman, Proc. Biol. Soc. Washington, 42: 106, 25 marzo 1929.
L. T. San Felipe en el NE de Baja California Norte.
Distribución: Baja California Norte.
Referencias : Bond, 1969:258; Hall, 1981:544; Hall y Kelson, 1959:494; Huey, 1964:111; Patton, 1972:246-247; Patton, et al., 1981: 479.

Perognathus baileyi insularis Townsend
Perognathus baileyi insularis Townsend, Bull. Amer. Mus. Nat. Hist., 31:122, 14 junio 1912.
L. T. Isla de Tiburón, Golfo de California, Sonora.
Distribución: Conocida sólo de la localidad típica.
Referencias : Lawlor, 1982a:58; Patton, 1972:247; Patton, et al., 1981: 479.

Perognathus baileyi mesidios Huey
Perognathus baileyi mesidios Huey, Trans. San Diego Soc. Nat. Hist., 13:112, 15 enero 1964.
L. T. Misión San Borja, 28°45' N, Baja California Norte.
Distribución: Baja California Norte.
Referencias : Bond, 1969:258; Huey, 1964:112; Lawlor, 1982a:58; Patton, et al., 1981:479.

Perognathus baileyi rudinoris Elliot
Perognathus baileyi rudinoris Elliot, Field Columb. Mus. Publ. 74, Zool. Ser., 3:167, 7 mayo 1903.
L. T. San Quintín, Baja California Norte.
Distribución: Baja California Norte.
Referencias : Huey, 1964:112; Patton, et al., 1981:479.

Perognathus californicus femoralis J. A. Allen
Perognathus (Chaetodipus) femoralis J. A. Allen, Bull. Amer. Mus. Nat. Hist., 3:281, 30 junio 1891.
L. T. Dulzura, San Diego County, California.
Perognathus californicus femoralis, Grinnell, 1913:281.

Distribución: Baja California Norte.
Referencias : Huey, 1964:116; Loomis y Somerby, 1966:218, 222.

Perognathus californicus mesopolius Elliot
Perognathus femoralis mesopolius Elliot, Field Columb. Mus., Publ. 74, Zool. Ser., 3:168, 7 mayo 1903.
L. T. Piñón, 5000 pies, Sierra de San Pedro Mártir, Baja California Norte.
Perognathus californicus mesopolius, Miller y Kellogg, 1955:380.
Distribución: Baja California Norte.
Referencias : Huey, 1964:116; Loomis y Somerby, 1966:218, 222.

Perognathus dalquesti Roth
Perognathus dalquesti Roth, J. Mamm., 57:562, 27 agosto 1976.
L. T. 4 mi SE Migriño (32 Km SSE Todos Santos), Baja California Sur.
Distribución: Baja California Sur.
Referencias : Roth, 1976:565.

Perognathus fallax fallax Merriam
Perognathus fallax Merriam, N. Amer. Fauna, 1:19, 25 octubre 1889.
L. T. 3 mi SE Colton, San Bernardino County, California.
Perognathus fallax fallax, Miller, 1924:284.
Distribución: Baja California Norte.
Referencias : Banks, 1965:506; Huey, 1960 b:417; 1964:115; Loomis y Somerby, 1966:218,222; Patton, et al., 1981:479.

Perognathus fallax inopinus Nelson y Goldman
Perognathus fallax inopinus Nelson y Goldman, Proc. Biol. Soc. Washington, 42: 110, 25 marzo 1929.
L. T. Bahía Tortuga (San Bartolomé), Baja California Sur.
Distribución: Conocida sólo de la localidad típica.
Referencias : Huey, 1960 b:419; 1964:116; Loomis y Somerby, 1966:218, 222; Patton, et al., 1981:479.

Perognathus fallax majusculus Huey
Perognathus fallax majusculus Huey, Trans. San Diego Soc. Nat. Hist., 12:418, 1o. febrero 1960.
L. T. San Quintín, Baja California Norte.
Distribución: Baja California Norte.

Referencias : Bond, 1969:258; Huey, 1960 b:418; 1964:116; Loomis y Somerby, 1966:218,222; Patton, et al., 1981:479.

Perognathus fallax pallidus Mearns
Perognathus fallax pallidus Mearns, Proc. Biol. Soc. Washington, 14:135, 9 agosto 1901.
L. T. Mountain Spring, vertiente E. de Coast Range cerca de la frontera Mexicana en el extremo W de Imperial County, 2,500 pies, California.
Distribución: Baja California Norte.
Referencias : Huey, 1960 b:417; 1964:115; Loomis y Somerby, 1966:218, 222; Patton, et al., 1981:479.

Perognathus fallax xerotrophicus Huey
Perognathus fallax xerotrophicus Huey, Trans. San Diego Soc. Nat. Hist., 12: 419, 1o. febrero 1960.
L. T. 2 mi NW Chapala, Baja California Norte.
Distribución: Baja California Norte.
Referencias : Bond, 1969:258; Huey, 1960 b:419; 1964:116; Loomis y Somerby, 1966:218,222; Patton, et al., 1981:479.

Perognathus flavescens melanotis Osgood
Perognathus apache melanotis Osgood, N Amer. Fauna, 18:27, 20 septiembre 1900.
Perognathus flavescens melanotis, Williams, 1978 b:54.
L. T. Casas Grandes, Chihuahua.
Distribución: Chihuahua.
Referencias : Anderson, 1972:300; Bogan, 1975 b:278; Williams, 1978 a: 600; 1978 b:55.

Perognathus flavus flavus Baird
Perognatus [*sic*] *flavus* Baird, Proc. Acad. Nat. Sci. Philadelphia, 7:332, 1855.
L. T. El Paso, El Paso County, Texas.
Perognathus flavus flavus, Miller, 1912:261.
Distribución: Chihuahua, Durango.
Referencias : Anderson, 1972:303; Baker, R.H. y Greer, 1962:96; Petersen, 1973:327; 1975:704; 1980 a:123; Petersen y Petersen, 1979:5; Wilson, 1973:178.

Perognathus flavus fuscus Anderson
Perognathus flavus fuscus Anderson, Bull. Amer. Mus. Nat. Hist., 148:304, 8 septiembre 1972.
L. T. 2 mi W Miñaca, 6,900 pies, Chihuahua.
Distribución: Chihuahua.
Referencias : Anderson, 1972:304; Anderson y Long, 1961:2; Anderson y Nelson, 1960:100.

Perognathus flavus gilvus Osgood
Perognathus merriami gilvus Osgood, N. Amer. Fauna, 18:22, 20 septiembre 1900.
L. T. Cerca de Carlsbad, Eddy County, New Mexico.
Perognathus flavus gilvus, Wilson, 1973:191.
Distribución: Coahuila, Chihuahua.
Referencias : Anderson, 1972;308; Hall y Kelson, 1959:477; Wilson, 1973:177.

Perognathus flavus medius R.H. Baker
Perognathus flavus medius R.H. Baker, Univ. Kansas Publ. Mus. Nat. Hist., 7: 343, 15 febrero 1954.
L. T. 1 mi S, 6 mi E El Rincón de Ramos, 6,500 pies, Aguascalientes.
Distribución: Aguascalientes, Coahuila, Durango, Guanajuato, Jalisco, San Luis Potosí, Zacatecas.
Referencias : Baker, R.H. y Greer, 1962:96; R.H. Baker, et al., 1981: 568; Genoways y Jones, 1973:4; Jones y Webster, 1976:77; Matson, 1982:78; Petersen, 1973:227; 1975:704; 1980a:123; Petersen y Petersen, 1979:5; Wilson, 1973:179.

Perognathus flavus merriami J. A. Allen
Perognathus merriami J. A. Allen, Bull. Amer. Mus. Nat. Hist., 4:45, 25 marzo 1892.
L. T. Brownsville, Cameron County, Texas.
Perognathus flavus merriami, Wilson, 1973:191.
Distribución: Coahuila, Nuevo León, Tamaulipas.
Referencias : Alvarez, 1963 a:429; Baker, R.H. y Webb, 1966:187; Hall y Kelson, 1959:477; Selander, et al., 1962:337; Wilson, 1973: 177-178.

Perognathus flavus mexicanus Merriam
Perognathus flavus mexicanus Merriam, Proc. Acad. Nat. Sci. Philadelphia, 46: 265, 27 septiembre 1894.
L. T. Tlalpan, Distrito Federal.
Distribución: Distrito Federal, Guanajuato, Hidalgo, Jalisco, México, Morelos, Nuevo León, Puebla, Querétaro, San Luis Potosí, Tlaxcala, Veracruz, Zacatecas.
Referencias : Burt, 1960:41; Genoways y Jones, 1973:4; Hall y Dalquest, 1963:281; Ingles, 1959:393; Matson, 1982:78; Wilson, 1973: 179.

Perognathus flavus pallescens R.H. Baker
Perognathus flavus pallescens R.H. Baker, Univ. Kansas Publ. Mus. Nat. Hist., 7:345, 15 febrero 1954.
L. T. 1 mi SW San Pedro de las Colonias, 3, 700 pies, Coahuila.

Distribución: Coahuila, Chihuahua, Durango.
Referencias : Anderson, 1972:304; Baker, R. H. y Greer, 1962:96; Gardner, 1965:101: Hall y Kelson, 1959: 479: Jones y Genoways, 1969: 138; Petersen, 1973: 323; 1975:704; 1980a: 123; Petersen y Petersen, 1979:5.

Perognathus flavus parviceps R.H. Baker
Perognathus flavus parviceps R.H. Baker, Univ. Kansas Publ., Mus. Nat. Hist., 7:344, 15 febrero 1954.
L. T. 4 mi W, 2 mi S Guadalajara, 5,100 pies, Jalisco.
Distribución: Jalisco.
Referencias : Genoways y Jones, 1973:4; Jones y Genoways, 1969:138.

Perognathus flavus sonoriensis Nelson y Goldman
Perognathus flavus sonoriensis Nelson y Goldman, J. Washington Acad. Sci., 24: 267, 15 junio 1934.
L. T. Rancho Costa Rica, Bajo Río Sonora.
Distribución: Sonora.
Referencias : Bradshaw y Hayward, 1960:282; Cockrum y Bradshaw, 1963:8; Wilson, 1973:179.

Perognathus formosus cinerascens Nelson y Goldman
Perognathus formosus cinerascens Nelson y Goldman, Proc. Biol. Soc. Washington, 42:105, 25 marzo 1929.
L.T. San Felipe en el NE de Baja California Norte.
Distribución: Baja California Norte.
Referencias : Csuti, 1980:32; Gill, 1981:193; Huey, 1964:111, Wrenn y Loomis, 1967:168.

Perognathus formosus infolatus Huey
Perognathus formosus infolatus Huey, Trans. San Diego Soc. Nat. Hist., 12:1 1°marzo 1954.
L.T. 7 mi W Bahía San Francisquito, 28°30'N, Golfo de California, Baja California Norte.
Distribución: Baja California Norte, Baja California Sur.
Referencias : Bond, 1969:257; Gill, 1981:193; Huey, 1964:111; Wrenn y Loomis, 1967:168.

Perognathus formosus mesembrinus Elliot
Perognathus mesembrinus Elliot, Field Columb. Mus., Publ. 87, Zool. Ser., 3:251, 7 enero 1904.
L.T. Palm Springs, Riverside County, California.
Perognathus formosus mesembrinus, Nelson y Goldman, 1929a:106.
Distribución: Baja California Norte
Referencias : Gill, 1981:193; Huey, 1964:111; Wrenn y Loomis, 1967:168.

Perognathus goldmani Osgood
Perognathus goldmani Osgood, N. Amer. Fauna, 18:54, 20 septiembre 1900.
L.T. Sinaloa (sic), Sinaloa.
Distribución: Chihuahua, Sinaloa, Sonora.
Referencias : Anderson, 1964:22-23; 1972:304; Burt, 1960:42; Cockrum y Bradshaw, 1963:8; Findley, 1967:192; Hall y Ogilvie, 1960:517; Ingles, 1959:393; Lucas y Loomis, 1968:238; Patton, 1967:36; 1969a:649; Patton y Jones, 1972:371; Patton, et al., 1981:479; Straney y Patton, 1980:891; Wrenn y Loomis, 1967:160.

Perognathus hispidus hispidus Baird
Perognathus hispidus Baird, Mammals, in Repts. Expl. Surv. 8:421, 14 julio 1858.
L. T. Charco Escondido, Tamaulipas.
Perognathus hispidus hispidus, Miller, 1912:267.
Distribución: Coahuila, Nuevo León, Tamaulipas.
Referencias : Alvarez, 1963 a:430; Baccus, 1978:707; Dalquest y Roth, 1970:223; Hall y Kelson, 1959:495; Ingles, 1959:392; Patton, 1967:36.

Perognathus hispidus paradoxus Merriam
Perognathus paradoxus Merriam, N. Amer. Fauna, 1:24, 25 octubre 1889.
L. T. Banner, Trego County, Kansas.
Perognathus hispidus paradoxus, Osgood, 1900:44.
Distribución: Chihuahua, Durango.
Referencias : Anderson, 1972:305; Baker, R.H. 1966:345; Patton, 1967:36; Petersen, 1973:323; 1975:704; 1976:140; 1980a:123

Perognathus hispidus zacatecae Osgood
Perognathus hispidus zacatecae Osgood, N. Amer. Fauna, 18:45, 20 septiembre 1900.
L. T. Valparaiso, Zacatecas.
Distribución: Aguascalientes, Coahuila, Durango, Guanajuato, Hidalgo, Jalisco, San Luis Potosí, Sonora, Zacatecas.
Referencias : Baker, R. H., 1966:345; Gennaro y Salb, 1969:251; Genoways y Jones, 1973:12; Hall y Kelson, 1959:496; Hoffmeister, 1977:150; Jones y Webster, 1976:77; Matson, 1982:78; Patton, et al., 1981:479; Petersen, 1973:323; 1975:704; 1976:140; 1980a:123.

Perognathus intermedius intermedius Merriam
Perognathus intermedius Merriam, N. Amer. Fauna, 1:18, 25 octubre 1889.
L. T. Mud Spring, Mohave County, Arizona.
Perognathus intermedius intermedius, Miller, 1924:283.

Distribución: Chihuahuahua, Sonora.
Referencias : Anderson, 1972:305-307; Hafner, 1978:365; Hall, 1981:552; Lawlor, 1982a:58; Lidicker, 1961:281; Patton, 1967:36; Patton, et al., 1981:479; Wrenn y Loomis, 1967:160.

Perognathus intermedius lithophilus Huey
Perognathus intermedius lithophilus Huey, Trans. San Diego Soc. Nat. Hist., 8: 355, 15 junio 1937.
L. T. Puerto Libertad (1.5 mi NW del ojo de agua en la playa), Sonora.
Distribución: Sonora.
Referencias : Bond, 1969:258; Hafner, 1978:365; Hall y Kelson, 1959:500; Lawlor, 1982a:58; Patton, et al., 1981:479; Wrenn y Loomis, 1967:160.

Perognathus intermedius minimus Burt
Perognathus penicillatus minimus Burt, Trans. San Diego Soc. Nat. Hist., 7: 164, 31 octubre 1932.
L. T. Isla Turners, 28°43' N y 112°19' W, Golfo de California, Sonora.
Perognathus intermedius minimus, Hoffmeister, 1974:214.
Distribución: Conocida sólo de la localidad típica.
Referencias : Patton, et al., 1981:479.

Perognathus intermedius pinacate Blossom
Perognathus intermedius pinacate Blossom, Occas. Papers Mus. Zool., Univ. Michigan, 273:4, 31 octubre 1933.
L. T. Papago Tanks, Pinacate Mts., Sonora.
Distribución: Chihuahua, Sonora.
Referencias : Hafner, 1978:365; Patton, 1967:36; Patton, et al., 1981: 479; Wrenn y Loomis, 1967:160.

Perognathus lineatus Dalquest
Perognathus lineatus Dalquest, J. Washington Acad. Sci., 41:362, 14 noviembre 1951.
L. T. 1 Km S Arriaga, San Luis Potosí.
Distribución: San Luis Potosí, Zacatecas.
Referencias : Matson, 1982:78.

Perognathus longimembris aestivus Huey
Perognathus longimembris aestivus Huey, Trans. San Diego Soc. Nat. Hist., 5: 87, 18 enero 1928.
L. T. Sangre de Cristo, Valle de San Rafael, Base W de la Sierra Juárez, 31°52' N y 116°06' W, Baja California Norte.
Distribución: Conocida sólo de la localidad típica.
Referencias : Bond, 1969:257; Gill, 1981:193; Huey, 1964:110.

Perognathus longimembris bombycinus Osgood
Perognathus bombycinus Osgood, Proc. Biol. Soc. Washington, 20:19, 23 febrero 1907.
L. T. Yuma, Yuma County, Arizona.
Perognathus longimembris bombycinus, Nelson y Goldman, 1929 a:104.
Distribución: Baja California Norte, Sonora.
Referencias : Gill, 1981:193; Huey, 1964:111.

Perognathus longimembris internationalis Huey
Perognathus longimembris internationalis Huey, Trans. San Diego Soc. Nat. Hist., 9:47, 31 agosto 1939.
L. T. Lado de la línea internacional de Jucumba, San Diego, California.
Distribución: Baja California Norte.
Referencias : Bond, 1969:257; Gill, 1981:193; Huey, 1964:110.

Perognathus longimembris kinoensis Huey
Perognathus longimembris kinoensis Huey, Trans. San Diego Soc. Nat. Hist., 8: 73, 24 agosto 1935.
L. T. Bahía Kino, Sonora.
Distribución: Conocida sólo de la localidad típica.
Referencias : Bond, 1969:257; Gill, 1981:193; Loomis y Somerby, 1966: 221.

Perognathus longimembris venustus Huey
Perognathus longimembris venustus Huey, Trans. San Diego Soc. Nat. Hist., 6: 233, 24 diciembre 1930.
L. T. San Agustín, 30°N y 115°W, Baja California Norte.
Distribución: Conocida sólo de la localidad típica.
Referencias : Bond, 1969:257; Gill, 1981:193; Huey, 1964:110.

Perognathus nelsoni canescens Merriam
Perognathus (Chaetodipus) intermedius canescens Merriam, Proc. Acad. Nat. Sci. Philadelphia, 46:267, 27 septiembre 1894.
L. T. Jaral, Coahuila.
Perognathus nelsoni canescens, Osgood, 1900:54
Distribución: Coahuila, Chihuahua, Durango.
Referencias : Anderson, 1972:309; Baker, R.H. y Greer, 1962:98; Hall y Kelson, 1959:502; Patton, et al., 1981:479; Petersen, - 1980:123; Petersen y Petersen, 1979:6.

Perognathus nelsoni nelsoni Merriam
Perognathus (Chaetodipus) nelsoni Merriam, Proc. Acad. Nat. Sci. Philadelphia, 46:266, 27 septiembre 1894.

L. T. 25 mi NW San Luis Potosí, San Luis Potosí.
Perognathus nelsoni nelsoni, Miller, 1912:270.
Distribución: Aguascalientes, Coahuila, Chihuahua, Durango, Jalisco, - Nuevo León, San Luis Potosí, Tamaulipas, Zacatecas.
Referencias : Alvarez, 1963 a:430; Anderson, 1972:309; Baker, R.H. 1960 b:313; 1966:345; Baker, R.H. y Greer, 1962:98-99; Baker, R. H. et al., 1981:568; Bassols, 1981:11; Burt, 1960:42; Crossin, et al., 1973:196; Dalby y R.H. Baker, 1967:195; Gardner, 1965:101; Genoways y Jones, 1973:12-13; Hall y Kelson, 1959:502; Ingles, 1959:393; Jones y Webster, 1976: 78; Matson, 1982:78; Matson, et al., 1978:155; Patton, et al., 1981:479; Petersen, 1980 a:123; Petersen y Petersen, 1979:6

Perognathus penicillatus angustirostris Osgood
Perognathus penicillatus angustirostris Osgood, N. Amer. Fauna, 18:47, 20 septiembre 1900.
L. T. Carrizo Creek, Colorado Desert, Imperial County, California.
Distribución: Baja California Norte.
Referencias : Hoffmeister y Lee, 1967:374; Huey, 1964:113; Patton, 1969 b:352; Patton, et al., 1981:479; Wrenn y Loomis, 1967; 168.

Perognathus penicillatus atrodorsalis Dalquest
Perognathus penicillatus atrodorsalis Dalquest, J. Washington Acad. Sci., 41: 362, 14 noviembre 1951.
L. T. 7 Km W Presa de Guadalupe, San Luis Potosí.
Distribución: Nuevo León, San Luis Potosí.
Referencias : Bassols, 1981:11; Hall y Kelson, 1959:198; Hoffmeister y Lee, 1967:379; Patton, 1969 b:352.

Perognathus penicillatus eremicus Mearns
Perognathus (Chaetodipus) eremicus Mearns, Bull, Amer. Mus. Nat. Hist., 10: 300, 31 agosto 1898.
L. T. Fort Hanckok, Hudspeth County, Texas.
Perognathus penicillatus eremicus, Osgood, 1900:48.
Distribución: Coahuila, Chihuahua, Durango, San Luis Potosí, Zacatecas.
Referencias : Anderson, 1972:310; Baker, R.H. y Greer, 1962:99; R.H. Baker, et al., 1981:581; Hoffmeister y Lee, 1967:378; Matson, 1982:78; Patton, 1967:36; Patton, et al., 1981:479.

Perognathus penicillatus pricei J. A. Allen
Perognathus pricei J. A. Allen, Bull. Amer. Mus. Nat. Hist., 6:318, 7 noviembre 1894.
L. T. Oposura, Sonora.
Perognathus penicillatus pricei, Osgood, 1900:47.
Distribución: Sonora.

Referencias : Burt, 1960:41; Cockrum y Bradshaw, 1963:8; Hoffmeister y Lee, 1967:377; Ingles, 1959:392; Lawlor, 1982a:58; Lucas y Loomis, 1968:237; Patton, 1967:36; 1969 b:352; Patton, et al., 1981:479; Wrenn y Loomis, 1967:160.

Perognathus penicillatus seri Nelson
Perognathus penicillatus seri Nelson, Proc. Biol. Soc. Washington, 25:116, 29 junio 1912.
L. T. Isla Tiburón, Golfo de California, Sonora.
Distribución: Conocida sólo de la localidad típica.
Referencias : Hoffmeister y Lee, 1967:379; Lawlor, 1982a:58; Patton, 1969 b:352; Patton, et al., 1981:479.

Perognathus pernix pernix J. A. Allen
Perognathus pernix J. A. Allen, Bull. Amer. Mus. Nat. Hist., 10:149, 12 abril 1898.
L. T. Rosario, Sinaloa.
Perognathus pernix pernix J. A. Allen, 1906:211.
Distribución: Nayarit, Sinaloa.
Referencias : Baker, R.H. 1962:283; Burt, 1960:42; Ingles, 1959:393; Patton, 1967:36; Patton, et al., 1981:479; Wrenn y Loomis, 1967:160.

Perognathus pernix rostratus Osgood
Perognathus pernix rostratus Osgood, N. Amer. Fauna, 18:51, 20 septiembre 1900.
L. T. Camoa, Río Mayo, Sonora.
Distribución: Sinaloa, Sonora.
Referencias : Burt, 1960:42; Lucas y Loomis, 1968:237; Patton y Jones, 1972:371; Patton, et al., 1981:479; Wrenn y Loomis, 1967:160.

Perognathus spinatus broccus Huey
Perognathus spinatus broccus Huey, Trans. San Diego Soc. Nat. Hist., 12:410. 1o. febrero 1960 c.
L. T. San Ignacio, 27°17' N, Baja California Sur.
Distribución: Conocida sólo de la localidad típica.
Referencias : Bassols, 1981:29; Bond, 1969:259; Huey, 1960 c:412; 1964:118; Lawlor, 1982a:59.

Perognathus spinatus bryanti Merriam
Perognathus bryanti Merriam, Proc. California Acad. Sci., ser. 2, 4:458, 25 septiembre 1894.
L. T. Isla San José, Golfo de California, Baja California Sur.
Perognathus spinatus bryanti, Townsend, 1912:122.
Distribución: Conocida sólo de la localidad típica.
Referencias : Bassols, 1981:28,29; Huey, 1964:118; Lawlor, 1982a:59.

Perognathus spinatus evermanni Nelson y Goldman
Perognathus evermanni Nelson y Goldman, Proc. Biol. Soc. Washington, 42:111, 25 marzo 1929.
L.T. Isla Mejía, cerca del extremo S de la Isla Angel de la Guarda, Baja California Norte.
Perognathus spinatus evermanni, Burt, 1932:165.
Distribución: Conocida sólo de la localidad típica.
Referencias : Bassols, 1981:28-29; Gill, 1981:193; Huey, 1964:117; Lawlor, 1982a:59.

Perognathus spinatus guardiae Burt
Perognathus spinatus guardiae Burt, Trans. San Diego Soc. Nat. Hist., 7:165; 31 octubre 1932.
L.T. Puerto Refugio, 30 pies, extremo N de la Isla Angel de la Guarda, Golfo de California, Baja California Norte.
Distribución: Conocida sólo de la localidad típica.
Referencias : Bassols, 1981:28, 29; Gill, 1981:193; Huey, 1964:117; Lawlor, 1982a:59.

Perognathus spinatus lambi Benson
Perognathus spinatus lambi Benson, Univ. California Publ. Zool., 32:452, 6 septiembre 1930.
L.T. San Gabriel, Isla Espíritu Santo, Baja California Sur.
Distribución: Conocida sólo de la localidad típica.
Referencias : Bassols, 1981:28-29; Csuti, 1980:34; Huey, 1964:119; Lawlor, 1982a:59.

Perognathus spinatus latijugularis Burt
Perognathus spinatus latijugularis Burt, Trans. San Diego Soc. Nat. Hist., 7:168, 31 octubre 1932.
L.T. Isla San Francisco, 24°50'N y 110°34'W, Golfo de California, Baja California Sur.
Distribución: Conocida sólo de la localidad típica.
Referencias : Bassols, 1981:28,29; Huey, 1964:118; Lawlor, 1982a:59.

Perognathus spinatus lorenzi Banks
Perognathus spinatus lorenzi Banks, Proc. Biol. Soc. Washington, 80:101, 28 julio 1967 b.
L. T. Sur de la Isla San Lorenzo (28°36' N y 112°51' W) Golfo de California, Baja California Norte.
Distribución: Conocida de los alrededores de la localidad típica.
Referencias : Banks, 1967 b:103; Bassols, 1981:28,29; Bond, 1969:259; Gill, 1981:195; Lawlor, 1982a:59.

Perognathus spinatus magdalenae Osgood

Perognathus spinatus magdalenae Osgood, Proc. Biol. Soc. Washington, 20:21, 23 febrero 1907.
L.T. Isla Magdalena, Baja California Sur.
Distribución: Conocida sólo de la localidad típica.
Referencias : Bassols, 1981:28-29; Huey, 1964:119; Lawlor, 1982a:59.

Perognathus spinatus marcosensis Burt
Perognathus spinatus marcosensis Burt, Trans. San Diego Soc. Nat. Hist., 7:166, 31 octubre 1932.
L. T. Isla San Marcos, 27°13' N y 112°05' W, Golfo de California, Baja California Sur.
Distribución: Conocida sólo de la localidad típica.
Referencias : Bassols, 1981:28,29; Huey, 1964:118; Lawlor, 1982a:59.

Perognathus spinatus margaritae Merriam
Perognathus margaritae Merriam, Proc. California Acad. Sci., ser. 2, 4:459, 25 septiembre 1894.
L. T. Isla Margarita, Baja California Sur.
Perognathus spinatus margaritae, Miller y Kellogg, 1955:381.
Distribución: Conocida sólo de la localidad típica.
Referencias : Bassols, 1981:28,29; Huey, 1964:119; Lawlor, 1982a:59.

Perognathus spinatus occultus Nelson
Perognathus spinatus occultus Nelson, Proc. Biol. Soc. Washington, 25:116, 29 junio 1912.
L. T. Isla Carmen, Golfo de California, Baja California Sur.
Distribución: Conocida sólo de la localidad típica.
Referencias : Bassols, 1982:28,29; Huey, 1964:118; Lawlor, 1982a:59.

Perognathus spinatus oribates Huey
Perognathus spinatus oribates Huey, Trans. San Diego Soc. Nat. Hist., 12:409, 1o. febrero 1960.
L. T. Misión San Fernando, 30°N, Baja California Norte.
Distribución: Baja California Norte.
Referencias : Bassols, 1981:28,29; Bond, 1969:259; Huey, 1960 c:412; 1964:117; Lawlor, 1982a:59.

Perognathus spinatus peninsulae Merriam
Perognathus spinatus peninsulae Merriam, Proc. California Acad. Sci., ser. 2, 4:460, 25 septiembre 1894.
L. T. San José del Cabo, Baja California Sur.
Distribución: Baja California Sur.
Referencias : Banks, 1967 a:227; Bassols, 1981:28,29; Hoffmann, et al., 1972:154; Homan y Genoways, 1978:749; Huey, 1960 c:412; 1964:119; Lawlor, 1982a:59; Woloszyn y Woloszyn, 1982:119.

Perognathus spinatus prietae Huey
Perognathus spinatus prietae Huey, Trans. San Diego Soc. Nat. Hist., 6:232, 24 diciembre 1930.
L. T. 25 mi N Punta Prieta, 29°24' N y 114°24' W, Baja California Norte.
Distribución: Baja California Norte.
Referencias : Bassols, 1981:28,29; Bond, 1969:259; Huey, 1960 c:412; 1964:117; Lawlor, 1982a:59.

Perognathus spinatus pullus Burt
Perognathus spinatus pullus Burt, Trans. San Diego Soc. Nat. Hist., 7:166, 31 octubre 1932.
L. T. Isla Coronados, 26°06' N y 111°18' W, Golfo de California, Baja California Norte.
Distribución: Conocida sólo de la localidad típica.
Referencias : Bassols, 1981:28,29; Huey, 1964:118; Lawlor, 1982a:59.

Perognathus spinatus seorsus Burt
Perognathus spinatus seorsus Burt, Trans. San Diego Soc. Nat. Hist., 7:167, 31 octubre 1932.
L. T. Isla Danzante, 25°47' N y 111°11' W, Golfo de California, Baja California Sur.
Distribución: Conocida sólo de la localidad típica.
Referencias : Banks, 1964 b:183; Bassols, 1981:28,29; Huey, 1964:118; Lawlor, 1982a:59.

Perognathus spinatus spinatus Merriam
Perognathus spinatus Merriam, N. Amer. Fauna, 1:21, 25 octubre 1889.
L. T. 25 mi abajo de The Needles, Colorado River, San Bernardino, County, California.
Perognathus spinatus spinatus, Miller, 1924:286.
Distribución: Baja California Norte.
Referencias : Bassols, 1981:28,29; Burt, 1960:43; Huey, 1960 c:412; 1964:117; Lawlor, 1982a:59.

SUBFAMILIA DIPODOMYINAE

"Rata canguro"

Dipodomys agilis australis Huey
Dipodomys peninsularis australis Huey, Trans. San Diego Soc. Nat. Hist., 11:249, 30 abril 1951.
L. T. Santo Domingo, Magdalena Plain 25°30' N, Baja California Sur.
Dipodomys agilis australis, Best, 1978:174.
Distribución: Baja California Sur.

Referencias : Alvarez, 1960:405; Best, 1978:162; 1981 a:530; 1981 b:61; Bond, 1969:260; Huey, 1964:121; Lackey, 1967:330; Loomis y Somerby, 1966:222-223.

Dipodomys agilis cabezonae (Merriam)
Perodipus cabezonae Merriam, Proc. Biol. Soc. Washington, 17:144, 14 julio 1904.
L. T. Cabezón, San Gorgonio Pass, Riverside County, California.
Dipodomys agilis cabezonae, Grinnell, 1921:96.
Distribución: Baja California Norte.
Referencias : Alvarez, 1960:401; Best, 1981 b:61; Huey, 1964:119; Loomis y Somerby, 1966:222-223.

Dipodomys agilis eremoecus Huey
Dipodomys peninsularis eremoecus Huey, Trans. San Diego Soc. Nat. Hist., 11: 248, 30 abril 1951.
L. T. 7 mi W San Francisquito Bay, 28°30' N, Baja California Norte.
Dipodomys agilis eremoecus, Best, 1978:174.
Distribución: Baja California Norte.
Referencias : Alvarez, 1960:405; Best, 1978:162; 1981a:530; 1981b:61; Bond, 1969:260; Huey, 1964:120; Lackey, 1967:330; Loomis y Somerby, 1966:222-223.

Dipodomys agilis martirensis Huey
Dipodomys agilis martirensis Huey, Trans. San Diego Soc. Nat. Hist., 5:7, 20 febrero 1927.
L. T. La Grulla (lado E del Valle) 7,500 pies, Sierra San Pedro Martir, Baja California Norte.
Distribución: Baja California Norte.
Referencias : Alvarez, 1960:403; Best, 1981 a:530; 1981 b:61; Bond, 1969: 259; Huey, 1964:120; Lackey, 1967:330; Loomis y Somerby, 1966:222-223.

Dipodomys agilis pedionomus Huey
Dipodomys peninsularis pedionomus Huey, Trans. San Diego Soc. Nat. Hist., 11: 247, 30 abril 1951.
L. T. 2 mi N Chapala Dry Lake, Llano de Santa Ana, 29°30' N, 114°35' Baja California Norte.
Dipodomys agilis pedionomus, Best, 1978:174.
Distribución: Baja California Norte.
Referencias : Alvarez, 1960:405; Best, 1978:162; 1981 a:530; 1981 b:61; Bond, 1969:260; Huey, 1962:477; 1964:120; Lackey, 1967: 330; Loomis y Somerby, 1966:222-223; Stock, 1974:506.

Dipodomys agilis peninsularis (Merriam)
Perodipus simulans peninsularis Merriam, Proc. Biol. Soc. Washington, 20:79, 22 julio 1907.

L. T. Santo Domingo (Santo Domingo Landing) 28°51' N, 114°W, Baja California Sur.

Dipodomys agilis peninsularis, Best, 1978:174.

Distribución: Baja California Norte, Baja California Sur.

Referencias : Alvarez, 1960:405; Best, 1978:174; 1981 a:530; 1981 b:61; Hall, 1981:577; Huey, 1964:120; Lackey, 1967:330; Loomis y Somerby, 1966:222-223.

Dipodomys agilis plectilis Huey

Dipodomys agilis plectilis Huey, Trans. San Diego Soc. Nat. Hist., 11:240, 30 abril 1951.

L. T. Boca del Cañón de San Juan de Dios, 30°17' N, Baja California Norte.

Distribución: Baja California Norte.

Referencias : Alvarez, 1960:403; Best, 1978:162; 1981 a:530; 1981 b:61; Bond, 1969:260; Huey, 1964:120; Lackey, 1967:330; Loomis y Somerby, 1966:222-223; Stock, 1974:506.

Dipodomys agilis simulans (Merriam)

Perodipus streatori simulans Merriam, Proc. Biol. Soc. Washington, 17:144, 14 julio 1904.

L. T. Dulzura, San Diego County, California.

Dipodomys agilis simulans, Grinnell, 1921:96.

Distribución: Baja California Norte.

Referencias : Alvarez, 1960:403; Best, 1981 a:530; 1981 b:61; Bond, 1969:260; Huey, 1964:119; Lackey, 1967:330; Loomis y Somerby, 1976:222-223; Stock, 1974:506.

Dipodomys compactus compactus True

Dipodomys compactus True, Proc. U.S. Nat. Mus., 11:160, 5 enero 1889.

L. T. Isla Padre, Cameron County, Texas.

Dipodomys compactus compactus, Schmidly y Hendricks, 1976:235.

Distribución: Tamaulipas.

Referencias : Alvarez, 1960:401; 1963 a:431; Baumgardner y Schmidly, 1981:20; Jones y Genoways, 1969:138; Schmidly y Hendricks, 1976:236; Selander, et al., 1962:337.

Dipodomys deserti deserti Stephens

Dipodomys deserti Stephens, Amer. Nat., 21:42, enero 1887.

L. T. Mohave River (3 a 4 mi de, y opuesto a Hesperia), San Bernardino County, California.

Dipodomys deserti deserti, Miller, 1924:297.

Distribución: Baja California Norte, Sonora.

Referencias : Alvarez, 1960:422; Huey, 1964:124; Loomis y Lucas, 1970:56; Nader, 1978:89,91.

Dipodomys deserti sonoriensis Goldman
Dipodomys deserti sonoriensis Goldman, Proc. Biol. Soc. Washington, 36:139, 1o. mayo 1923.
L. T. Rancho La Libertad, 30 mi E Sierra Seri, Sonora.
Distribución: Sonora.
Referencias : Alvarez, 1960:422; Cockrum y Bradshaw, 1963:8; Loomis y Lucas, 1970:56; Nader, 1978:98.

Dipodomys gravipes Huey
Dipodomys gravipes Huey, Proc. Biol. Soc. Washington, 38:83, 26 mayo 1925.
L. T. 2 mi W Misión Santo Domingo, 30°45' N y 115°58' W, Baja California Norte.
Distribución: Baja California Norte.
Referencias : Alvarez, 1960:406; Best, 1981 a:530; Bond, 1969:260; Huey, 1964:121; Lackey, 1967:330; Stock, 1974:506.

Dipodomys insularis Merriam
Dipodomys insularis Merriam, Proc. Biol. Soc. Washington, 20:77, 22 julio 1907.
L. T. Isla San José, Golfo de California, Baja California Sur.
Distribución: Baja California Sur.
Referencias : Alvarez, 1960:419; Huey, 1964:123; Lidicker, 1960 a:206.

Dipodomys margaritae Merriam
Dipodomys margaritae Merriam, Proc. Biol. Soc. Washington, 20:76, 22 julio 1907.
L. T. Isla Santa Margarita, Baja California Sur.
Distribución: Conocida sólo de la localidad típica.
Referencias : Alvarez, 1960:419; Gill, 1981:193; Huey, 1964:123; Lidicker, 1960 b:205.

Dipodomys merriami ambiguus Merriam
Dipodomys ambiguus Merriam, N. Amer. Fauna, 4:24, 8 octubre 1890.
L. T. El Paso, El Paso County, Texas.
Dipodomys merriami ambiguus, Miller y Kellogg, 1955:391
Distribución: Coahuila, Chihuahua, Durango, Nuevo León.
Referencias : Alvarez, 1960:140; Anderson, 1972:312; Baker, R.H. y Greer, 1962:100; Bogan, 1975 b:278; Ingles, 1959:393; Lidicker, 1960 b:181-183; Petersen, 1973:323; 1975:704; Petersen y Petersen, 1979:6.

Dipodomys merriami annulus Huey
Dipodomys merriami annulus Huey, Trans. San Diego Soc. Nat. Hist., 11:224, 30 abril 1951.
L. T. Barril, Golfo de California, 28°20' N y 112°50' W, Baja California Norte.
Distribución: Baja California Norte.
Referencias : Alvarez, 1960:416; Bond, 1969:261; Gill, 1981:193; Huey, 1964:122; Lidicker, 1960 b:201.

Dipodomys merriami arenivagus Elliot

Dipodomys m[erriami]. arenivagus Elliot, Field Columb. Mus., Publ. 87, Zool. ser., 3:249, 7 enero 1904.

L. T. San Felipe, Baja California Norte.

Dipodomys merriami arenivagus, Miller, 1912:277.

Distribución: Baja California Norte.

Referencias : Alvarez, 1960:415; Gill, 1981:193; Huey, 1964:121; Lidicker, 1960 b:194.

Dipodomys merriami atronasus Merriam

Dipodomys merriami atronasus Merriam, Proc. Biol. Soc. Washington 9:113, 21 junio 1894.

L. T. Hacienda La Pradera, cerca de 25 mi NW de San Luis Potosí, San Luis Potosí.

Distribución: Aguascalientes, Coahuila, Durango, Nuevo León, San Luis Potosí, Tamaulipas, Zacatecas.

Referencias : Alvarez, 1960:419; 1963 a:432; Baker, R.H. y Greer, 1962: 100; Baker, R.H., et al., 1981:568; Burt, 1960:47; Hall y Kelson, 1959:530; Ingles, 1959:393; Jones y Webster, 1976: 78; Lidicker, 1960 b:178; Matson, 1982:78; Petersen, 1973: 323; 1975:704; Petersen y Petersen, 1979:6; Stock, 1974: 507.

Dipodomys merriami brunensis Huey

Dipodomys merriami brunensis Huey, Trans. San Diego Soc. Nat. Hist., 11:225, 30 abril 1951.

L. T. Llano de San Bruno, Baja California Sur.

Distribución: Baja California Sur.

Referencias : Alvarez, 1960:416; Bond, 1969:261; Gill, 1981:193; Huey, 1964:123; Lidicker, 1960 b:202.

Dipodomys merriami mayensis Goldman

Dipodomys merriami mayensis Goldman, Proc. Biol. Soc. Washington, 41:141, 15 octubre 1928.

L. T. Alamos, Sonora.

Distribución: Sinaloa, Sonora.

Referencias : Alvarez, 1960:418; Ingles, 1959:393; Lidicker, 1960 b:185-186; Loomis y Somerby, 1966:223; Wrenn y Loomis, 1967:167.

Dipodomys merriami melanurus Merriam

Dipodomys merriami melanurus Merriam, Proc. California Acad. Sci., ser. 2, 3: 345, 5 junio 1893.

L. T. San José del Cabo, Baja California Sur.

Distribución: Baja California Sur.

Referencias : Alvarez, 1960:416; Bond, 1969:261; Gill, 1981:193; Huey, 1964:123; Lidicker, 1960 b:203; López-F.C. y Urbano-V., 1977:238; Woloszyn y Woloszyn, 1982:120.

Dipodomys merriami merriami Mearns
Dipodomys merriami Mearns, Bull. Amer. Mus. Nat. Hist., 2:290, 21 febrero 1890.
L. T. New River entre Phoenix y Prescott, Maricopa County, Arizona
Dipodomys merriami merriami, Grinnell, 1922:73.
Distribución: Baja California Norte, Coahuila, Chihuahua, Durango, Nuevo León, San Luis Potosí, Sonora. Zacatecas.
Referencias : Alvarez, 1960:411, 418; Bogan, 1975 b:278; Bradshaw y Hayward, 1960:282; Cockrum y Bradshaw, 1963:8; Gill, 1981:193; Hall y Kelson, 1959:531; Huey, 1964:121; Ingles, 1959:393; Lidicker, 1960 b:171; 173, 176-177; Loomis y Lucas, 1969: 225; Loomis y Somerby, 1966:223; Matson, 1982:78; Petersen, 1973:323; 1975:704; Petersen y Petersen, 1979:6; Stock, 1974:507; Wrenn y Loomis, 1967:167.

Dipodomys merriami mitchelli Mearns
Dipodomys mitchelli Mearns, Proc. U.S. Nat. Mus., 19:719, 30 julio 1897.
L. T. Isla Tiburón, Sonora.
Dipodomys merriami mitchelli, Burt, 1938:48.
Distribución: Sonora.
Referencias : Alvarez, 1960:418; Ingles, 1959:393; Lidicker, 1960 b:187; Loomis y Somerby, 1966:223; Wrenn y Loomis, 1967:167.

Dipodomys merriami olivaceus Swarth
Dipodomys merriami olivaceus Swarth, Proc. California Acad. Sci., ser. 4, 18: 356, 26 abril 1929.
L. T. Fairbank, Cochise County, Arizona.
Distribución: Chihuahua, Sonora.
Referencias : Anderson, 1972:312-313; Bogan, 1975 b:278; Ingles, 1959: 393; Lidicker, 1960 b:184-185.

Dipodomys merriami platycephalus Merriam
Dipodomys platycephalus Merriam, Proc. Biol. Soc. Washington, 20:76, 22 julio 1907.
L. T. Calmallí, Baja California Sur.
Dipodomys merriami platycephalus, Huey, 1951:223.
Distribución: Baja California Norte, Baja California Sur.
Referencias : Alvarez, 1960:415; Bond, 1969:261; Gill, 1981:193; Huey, 1964:122; Lidicker, 1960 b:199; López-F.C. y Urbano-V., 1977:238; Stock, 1974:507.

Dipodomys merriami quintinensis Huey
Dipodomys merriami quintinensis Huey, Trans. San Diego Soc. Nat. Hist., 11:222, 30 abril 1951.
L. T. 5 mi E San Quintín, Baja California Norte.
Distribución: Baja California Norte.
Referencias : Alvarez, 1960:414; Bond, 1969:261; Gill, 1981:193; Huey, 1964:122; Lidicker, 1960 b:200; Stock, 1974:507.

Dipodomys merriami trinidadensis Huey
Dipodomys merriami trinidadensis Huey, Trans. San Diego Soc. Nat. Hist., 11: 220, 30 abril 1951.
L. T. Aguajito Spring, El Valle de la Trinidad, Baja California Norte.
Distribución: Baja California Norte.
Referencias : Alvarez, 1960:414; Bond, 1969:261; Gill, 1981:193; Huey, 1964:121; Lidicker, 1960 b:198.

Dipodomys nelsoni Merriam
Dipodomys nelsoni Merriam, Proc. Biol. Soc. Washington, 20:75, 22 julio 1907.
L. T. La Ventura, Coahuila.
Distribución: Coahuila, Chihuahua, Durango, Nuevo León, San Luis Potosí, Zacatecas.
Referencias : Alvarez, 1960:409; Anderson, 1972:313; Baker, R.H. y Greer, 1962:102; R.H. Baker, et. al., 1981:568; Hall, 1981: 581; Hall y Kelson, 1959:529; Matson, 1980:563-566; 1982: 78; Nader, 1978:64; Petersen, 1975:704; 1976:140; Petersen y Petersen, 1979:6; Stock, 1974:506.

Dipodomys ordii durranti Setzer
Dipodomys ordii fuscus Setzer, Univ. Kansas Publ., Mus. Nat. Hist., 1:555, 27 diciembre 1949.
L. T. Jaumave, Tamaulipas.
Dipodomys ordii durranti Setzer, 1952:391.
Distribución: Coahuila, Nuevo León, San Luis Potosí, Tamaulipas, Zacatecas.
Referencias : Alvarez, 1960:401; 1963 a:431; Baumgardner y Schmidly, 1981:21; Hall y Kelson, 1959:514; Matson, 1982:78; Schmidly y Hendrick, 1976:236.

Dipodomys ordii extractus Setzer
Dipodomys ordii extractus Setzer, Univ. Kansas Publ. Mus. Nat. Hist., 1:534, 27 diciembre 1949.
L. T. 1 mi E Samalayuca, 4,500 pies, Chihuahua.
Distribución: Chihuahua.
Referencias : Alvarez, 1960:399; Anderson, 1972:313; Baumgardner y Schmidly, 1981:25; Bogan, 1975 b:278; Schmidly y Hendricks, 1976:236.

Dipodomys ordii obscurus (J. A. Allen)
Perodipus obscurus J. A. Allen, Bull. Amer. Mus. Nat. Hist., 19:603, 12 noviembre 1903.
L. T. Río Sestín, en el NW de Durango.
Dipodomys ordii obscurus, Grinnell, 1921:96.
Distribución: Coahuila, Chihuahua, Durango, Tamaulipas.
Referencias : Alvarez, 1960:399-400; Anderson, 1972:317; Baker, R.H. y Greer, 1962:102-103; Baumgardner y Schmidly, 1981:22; Bo

gan, 1975 b:278; Hall y Kelson, 1959:514, 516; Petersen, 1973:323; 1975:704; Petersen y Petersen, 1979:6, Schmidly y Hendricks, 1976:236.

Dipodomys ordii ordii Woodhouse
D[ipodomys]. ordii Woodhouse, Proc. Acad. Nat. Sci. Philadelphia, 6:224, 1853.
L. T. El Paso, El Paso County, Texas.
Dipodomys ordii ordii, Setzer, 1949:530.
Distribución: Coahuila, Chihuahua, Sonora.
Referencias : Alvarez, 1960:399; Anderson, 1972:317; Baumgardner y Schmidly, 1981:25; Bogan, 1975 b:278; Hall y Kelson, 1959:516.

Dipodomys ordii palmeri (J. A. Allen)
Dipodops ordii palmeri J.A. Allen, Bull. Mus. Comp. Zool., 8:187, marzo 1881.
L. T. San Luis Potosí, San Luis Potosí.
Dipodomys ordii palmeri, Grinnell, 1921:96.
Distribución: Aguascalientes, Durango, Guanajuato, Hidalgo, Jalisco, Querétaro, San Luis Potosí, Zacatecas.
Referencias : Alvarez, 1960:400; Baker, R.H. y Greer, 1962:103; Bassols, 1981:16, 28; Baumgardner y Schmidly, 1981:24; Burt, 1960: 46; Genoways y Jones, 1973:4; Hoffmann, et al., 1972:154; Matson, 1982:78; Petersen, 1973:323; 1975:704; Petersen y Petersen, 1979:6; Schmidly y Hendricks, 1976:237.

Dipodomys ordii pullus Anderson
Dipodomys ordii pullus Anderson, Bull. Amer. Mus. Nat. Hist., 148:317, 8 septiembre 1972.
L. T. El Rosario, 6,700 pies, Chihuahua.
Distribución: Chihuahua.
Referencias : Anderson, 1972:318; Bogan, 1975 b:278.

Dipodomys phillipsii oaxacae Hooper
Dipodomys phillipsii oaxacae Hooper, J. Mamm., 28:48, 17 febrero 1947.
L. T. Teotitlán, 950 m, Oaxaca.
Distribución: Oaxaca, Puebla.
Referencias : Bassols, 1981:30; Burt, 1960:45; Genoways y Jones, 1971: 283; Goodwin, 1969:142; Hoffmann y Bassols, 1970:154; Hoffmann, et. al., 1972:154; Jones y Genoways, 1975:1.

Dipodomys phillipsii ornatus Merriam
Dipodomys ornatus Merriam, Proc. Biol. Soc. Washington, 9:110, 21 junio 1894.
L. T. Berriozábal, Zacatecas.
Dipodomys phillipsii ornatus, Genoways y Jones, 1971:281.
Distribución: Aguascalientes, Durango, Guanajuato, Jalisco, Querétaro, San Luis Potosí, Zacatecas.
Referencias : Alvarez, 1960:409; Baker, R.H. 1960 b:315; Baker, R.H. y

Greer, 1962:103; Genoways y Jones, 1971:282; 1973:4; Hall, 1981:582; Hall y Kelson, 1959:529; Homan y Genoways, 1978:753; Jones y Genoways, 1975:1; Jones y Webster, 1976:78; Lidicker, 1960 c:496; Matson, 1982:78; Matson, et al.,1978:155; Stock, 1974:506.

Dipodomys phillipsii perotensis Merriam
Dipodomys perotensis Merriam, Proc. Biol. Soc. Washington, 9:111, 21 junio 1894.
L. T. Perote, Veracruz.
Dipodomys phillipsii perotensis, Davis, 1944:391.
Distribución: Puebla, Tlaxcala, Veracruz.
Referencias : Alvarez, 1960:410; Bassols, 1981:30; Genoways y Jones, 1971:283; Hall y Dalquest, 1963:282; Hall y Kelson, 1959:529; Hoffmann y Bassols, 1970:154; Jones y Genoways, 1975:1.

Dipodomys phillipsii phillipsii Gray
Dipodomys philipii [*sic*] Gray, Ann. Mag. Nat. Hist., ser. 1, 7:522, agosto 1841.
L. T. No precisa, Valle de México.
Dipodomys phillipsii phillipsii, Davis, 1944:390.
Distribución: Distrito Federal, Hidalgo, México.
Referencias : Alvarez, 1960:409; Genoways y Jones, 1971:281; Jones y Genoways, 1975:1.

Dipodomys spectabilis cratodon Merriam
Dipodomys spectabilis cratodon Merriam, Proc. Biol. Soc. Washington, 20:75, 22 julio 1907.
L.T. Chicalote, Aguascalientes.
Distribución: Aguascalientes, San Luis Potosí, Zacatecas.
Referencias : Alvarez, 1960:408; Matson, 1980:563,566; 1982:78; Nader, 1978:55.

Dipodomys spectabilis intermedius Nader
Dipodomys spectabilis intermedius Nader, Proc. Biol. Soc. Washington, 78:50, 21 julio 1965.
L.T. 16.7 mi SW Bamori, 1900 pies Sonora.
Distribución: Sonora.
Referencias : Csuti, 1980:40; Nader, 1965:52; 1978:41.

Dipodomys spectabilis perblandus Goldman
Dipodomys spectabilis perblandus Goldman, J. Washington Acad. Sci., 23:466, 15 octubre 1933.
L.T. Calabasas, 3,500 pies, Santa Cruz County, Arizona.
Distribución: Sonora.
Referencias : Alvarez, 1960:407; Nader, 1978:39.

Dipodomys spectabilis spectabilis Merriam
Dipodomys spectabilis Merriam, N. Amer. Fauna, 4:46, 8 octubre 1890.
L.T. Dos Cabezas, Cochise County, Arizona.
Dipodomys spectabilis spectabilis, Miller y Kellogg, 1955:389.
Distribución: Chihuahua, Sonora.
Referencias : Alvarez, 1960:406; Anderson, 1972:318; Hall y Kelson, 1959:528; Loomis y Lucas, 1969:228; Nader, 1978:34.

Dipodomys spectabilis zigomaticus Goldman
Dipodomys spectabilis zigomaticus Goldman, Proc. Biol. Soc. Washington, 36: 140, 1° mayo 1923.
L.T. Parral, Chihuahua.
Distribución: Chihuahua.
Referencias : Alvarez, 1960:408; Anderson, 1972:318-319; Hall y Kelson 1959:528; Nader, 1978:52.

SUBFAMILIA HETEROMYINAE

"Ratón con abazones"

Heteromys desmarestianus desmarestianus Gray
Heteromys desmarestianus Gray, Proc. Zool. Soc. London, p. 204, mayo 1868.
L.T. Cobán, Guatemala.
Heteromys desmarestianus desmarestianus, Kuns y Tashian, 1954 : 101.
Distribución: Chiapas, Oaxaca, Quintana Roo, Tabasco, Veracruz, Yucatán.
Referencias : Baker, R.H. et al., 1971:85; Genoways, 1973:271; Jones, et al., 1974 b:6.

Heteromys desmarestianus griseus Merriam
Heteromys griseus Merriam, Proc. Biol. Soc. Washington, 15:42, 5 marzo 1902.
L.T. Montañas cerca de Tonalá, Chiapas.
Heteromys desmarestianus griseus, Goldman, 1911:22.
Distribución: Chiapas, Oaxaca, Veracruz.
Referencias : Genoways, 1973:271; Goodwin, 1969:149.

Heteromys gaumeri J.A. Allen y Chapman
Heteromys gaumeri J.A. Allen y Chapman, Bull. Amer. Mus. Nat. Hist., 9:9, 23 febrero 1897.
L.T. Chichén-Itzá, Yucatán.
Distribución: Campeche, Quintana Roo, Yucatán.
Referencias : Birney, et al., 1974:13; Genoways, 1973:271; Hall, 1981: 599; Ingles, 1959:394; Jones, et al., 1974a:7; Jones, et al., 1974b:7; Loomis, 1969:5,10; Pence y Genoways, 1974:712.

Heteromys goldmani Merriam
Heteromys goldmani Merriam, Proc. Biol. Soc. Washington, 15:417, 5 marzo 1902.
L.T. Chicharras, Chiapas.
Distribución: Chiapas.

Heteromys lepturus Merriam
Heteromys goldmani lepturus Merriam, Proc. Biol. Soc. Washington, 15:42, 5 marzo 1902.
L.T. Montañas cerca de Santo Domingo (pocas Mi W Guachicovi), Oaxaca.
Heteromys lepturus, Goldman, 1911:25.
Distribución: Oaxaca, Veracruz.
Referencias : Alvarez, 1963c:58; Denke, 1977:782,784; Genoways, 1973:277; Goodwin, 1969:151; Hall y Dalquest, 1963: 286; Hall y Kelson, 1959:544; Rickart, 1977:3.

Heteromys longicaudatus Gray
Heteromys longicaudatus Gray, Proc. Zool. Soc. London, p.204, mayo 1868.
L.T. No precisa. México, conocida su distribución sólo de Monte Cristo, Tabasco (Goldman, 1911:24).
Distribución: Tabasco.
Referencias : Homan y Genoways, 1978: 757.

Heteromys nelsoni Merriam
Heteromys (Xilomys) nelsoni Merriam, Proc. Biol. Soc. Washington, 15:43, 5 marzo 1902.
L.T. Pinabete, 8,200 pies, Chiapas.
Heteromys nelsoni Goldman, 1911:31
Distribución: Conocida sólo de la localidad típica.
Referencias : Hall, 1981:600; Homan y Genoways, 1978:757.

Heteromys temporalis Goldman
Heteromys temporalis Goldman, N. Amer. Fauna, 34:26, 7 septiembre 1911.
L.T. Motzorongo, Veracruz.
Distribución: Conocida sólo de los alrededores de la localidad típica.
Referencias : Hall, 1981:599; Hall y Dalquest, 1963:287; Hall y Kelson, 1959:544.

Liomys irroratus alleni (Coues)
Heteromys alleni Coues, Bull. Mus. Comp. Zool., 8:187, marzo 1981.
L. T. Río Verde, San Luis Potosí.
Liomys irroratus alleni, Goldman, 1911:56.
Distribución: Aguascalientes, Chihuahua, Distrito Federal, Durango, Guanajuato, Hidalgo, Jalisco, México, Michoacán, Nuevo León, Querétaro, San Luis Potosí, Tamaulipas, Tlaxcala, Veracruz, Zacatecas.

Referencias : Alvarez, 1963a:433; Alvarez y Polaco, 1980:136; Anderson, 1972:320; Baker, R.H., 1960b:316; Baker, R.H. y - Greer, 1962:104; Bassols, 1981:23; Burt, 1960:44; Csuti, 1980:46; Dowler y Genoways, 1978:3; Gardner, 1965:101; Genoways, 1973:104-105; Genoways y Jones, 1973:2; Hall y Dalquest, 1963:286; Hall y Kelson, 1959:539-540; Homan y Genoways, 1978:753; Ingles, 1959:394; Jones y Webster, 1976:78; Koopman y Martin, 1959:5; Matson, 1982:78; Petersen, 1973:323; Petersen y Petersen, 1979:5; Pinkham, 1973:742.

Liomys irroratus bulleri (Thomas)
Heteromys bulleri Thomas, Ann. Mag. Nat. Hist., ser. 6, 11:330, abril 1893.
L. T. Laguna, Sierra de Juanacatlán, Jalisco.
Liomys irroratus bulleri, Genoways, 1973:106.
Distribución: Jalisco.
Referencias : Bassols, 1981:23; Dowler y Genoways, 1978:3; Genoways, 1973:107; Ingles, 1959:394.

Liomys irroratus guerrerensis Goldman
Liomys guerrerensis Goldman, N. Amer. Fauna, 34:62, 7 septiembre 1911.
L. T. Omilteme, Guerrero.
Liomys irroratus guerrerensis, Genoways, 1973:108.
Distribución: Guerrero.
Referencias : Burt, 1960:44; Dowler y Genoways, 1978:3; Genoways, 1973: 107; López-F.C. y Urbano-V., 1977:235.

Liomys irroratus irroratus (Gray)
Heteromys irroratus Gray, Proc. Zool. Soc. London, p.205, mayo 1868.
L.T. Cerca de Oaxaca, Oaxaca.
Liomys irroratus irroratus, Miller, 1912:258.
Distribución: Oaxaca.
Referencias : Baker, R.H. y Womochel, 1966:306; Bassols, 1981:23; Burt, 1960:44; Dowler y Genoways, 1978:3; Goodwin, 1969:148; Hall, 1981:590.

Liomys irroratus jaliscensis (J.A. Allen)
Heteromys jaliscensis J.A. Allen, Bull. Amer. Mus. Nat. Hist., 22:251,25 julio 1906.
L.T. Las Canoas, 7,000 pies, cerca de 20 mi W Zapotlán, Jalisco.
Liomys irroratus jaliscensis, Goldman, 1911:60.
Distribución: Jalisco, Zacatecas.
Referencias : Baker, R.H., et al., 1967:225; Bassols, 1981:13,16-17; Burt, 1960:44; Dowler y Genoways, 1978:3; Genoways, 1973:115; Genoways y Jones, 1973:2; Hall y Kelson, 1959 540; Matson, 1982:78.

Liomys irroratus texensis Merriam
Liomys texensis Merriam, Proc. Biol. Soc. Washington, 15:44, 15 marzo 1902.
L.T. Brownsville, Cameron County, Texas.
Liomys irroratus texensis, Goldman, 1911:59.
Distribución: Nuevo León, Puebla, San Luis Potosí, Tamaulipas, Veracruz.
Referencias : Alvarez, 1963a:434; Baker, R.H. y Webb, 1966:187; Burt, 1960:44; Dalquest y Roth, 1970:220; Dowler y Genoways, 1978:3; Genoways, 1973:117-119; Hall y Dalquest,1963: 286; Hall y Kelson, 1959:540-541; Ingles, 1959:394.

Liomys irroratus torridus Merriam
Liomys torridus Merriam, Proc. Biol. Soc. Washington, 15:45, 5 marzo 1902.
L.T. Cuicatlán, Oaxaca.
Liomys irroratus torridus, Goldman, 1911:55.
Distribución: Guerrero, Morelos, Oaxaca, Puebla, Veracruz.
Referencias : Burt, 1960:44; Dowler y Genoways, 1978:3; Genoways, 1973:122-123; Goodwin, 1969:148; Hall y Dalquest, 1963: 286; Ingles, 1959:394; López-F.C. y Urbano-V., 1977: 235; Ramírez, et al., 1980:160; Ramírez-P. y Sánchez-H., 1972:109.

Liomys pictus annectens (Merriam)
Heteromys annectens Merriam, Proc. Biol. Soc. Washington, 15:43, 5 marzo - 1902.
L.T. Pluma Hidalgo, Oaxaca.
Liomys pictus annectens, Genoways, 1973:175.
Distribución: Guerrero, Oaxaca.
Referencias : Genoways, 1973:179; Goodwin, 1969:145; López-F.C. y Urbano-V., 1977:235; Mc Ghee y Genoways, 1978:1; Ramírez-P., et al., 1977:272; Schaldach, 1966:293; Webb y R.H. Baker, 1969:144.

Liomys pictus hispidus (J.A. Allen)
Heteromys hispidus J.A. Allen, Bull. Amer. Mus. Nat. Hist., 9:56 15 marzo 1897.
L.T. Rancho "El Calomo", Compostela, Nayarit.
Liomys pictus hispidus, Genoways, 1973:179.
Distribución: Chihuahua, Durango, Jalisco, Nayarit, Sinaloa, Sonora, Zacatecas.
Referencias : Anderson, 1972:320; Baker, R.H. y Greer, 1962:105; Bassols, 1981:15; Crossin, et al., 1973:196; Genoways, 1973:182-185; Hall y Kelson, 1959:537; Helm III, et al., 1976:142; Homan y Genoways, 1978:755; Ingles, 1959:394; Matson, et al., 1978:155; Mc Ghee y Genoways, 1978:1; Shump, 1975:171; Webb y R.H.Baker, 1962:331; Webb, et al., 1981:700; Wrenn y Lomis, 1967:160.

Liomys pictus pictus (Thomas)
Heteromys pictus Thomas, Ann. Mag. Nat. Hist., ser 6, 12:233, septiembre 1893.
L.T. Mineral San Sebastián, 4,300 pies, Jalisco.
Liomys pictus pictus, Miller, 1912:254.
Distribución: Chiapas, Colima, Guerrero, Jalisco, México, Michoacán, Nayarit, Oaxaca, Veracruz.
Referencias : Baker, R.H. 1962:283; Bassols, 1981:11,17,23,25,36; Burt, 1960:44; Caballero, 1970:41; Genoways, 1973:189-191; Genoways y Jones, 1973:6; Goodwin, 1969:143-144; Hall, 1981:522; Hall y Dalquest, 1963:284; Hall y Kelson, 1959:536-537; Ingles, 1959:394; López-F.C. y Urbano-V., 1977:235; López-F, et al., 1971a:102; Mones, 1968:169; Mc Ghee y Genoways, 1978:1; Núñez, et al., 1981:659; Pinkham, 1973:742; Ramírez-P. y Sánchez-H., 1972:109; Ramírez-P., et al., 1977:273; Webb y R.H. Baker, 1969:144.

Liomys pictus plantinarensis Merriam
Liomys plantinarensis Merriam, Proc. Biol. Soc. Washington, 15:46, 5 marzo 1902.
L.T. Plantinar, Jalisco.
Liomys pictus plantinarensis, Goldman, 1911:37.
Distribución: Colima, Guerrero, Jalisco, Michoacán.
Referencias : Alvarez, 1968:31; Bassols, 1981:23; Burt, 1960:44; Genoways, 1973:194: Genoways y Jones, 1973:6; Hall y Kelson, 1959:537; Ingles, 1959:394; McGhee y Genoways, 1978:1; Pinkham, 1973:742, Winkelmann, 1962b:109.

Liomys salvini crispus Merriam
Liomys crispus Merriam, Proc. Biol. Soc. Washington, 15:49, 5 marzo 1902.
L.T. Tonalá, Chiapas.
Liomys salvini crispus, Genoways, 1973:234.
Distribución: Chiapas, Oaxaca.
Referencias : Bassols, 1981:17; Burt, 1960:44; Genoways, 1973:236; Carter y Genoways 1978:2.

Liomys spectabilis Genoways
Liomys spectabilis Genoways, Occas. Papers Mus. Nat. Hist., Univ. Kansas, 5:1, 18 junio 1971.
L.T. 2.2 mi NE Contla, 3,850 pies, Jalisco.
Distribución: Jalisco.
Referencias : Genoways, 1971:7; 1973:200; Hall, 1981:594.

FAMILIA CASTORIDAE

"Castor"

Castor canadensis frondator Mearns
Castor canadensis frondator Mearns, Proc. U.S. Nat. Mus., 20:502, 19 enero 1898.
L.T. Río San Pedro, Sonora.
Distribución: Sonora.
Referencias : Anderson, 1972:320; Jenkins y Busher, 1979:1.

Castor canadensis mexicanus Bailey
Castor canadensis mexicanus Bailey, Proc. Biol. Soc. Washington, 26:191, 23 octubre 1913.
L.T. El Ruidoso Creek; 6 mi abajo Ruidoso, Lincoln County, New Mexico.
Distribución: Coahuila, Chihuahua, Nuevo León, Tamaulipas.
Referencias : Alvarez, 1963a:434; Anderson, 1972:320; Ingles, 1959: 395; Jenkins y Busher, 1979:1.

Castor canadensis repentinus Goldman
Castor canadensis repentinus Goldman, J. Mamm., 13:266, 9 agosto 1932.
L.T. Bright Angel Creek, 4,000 pies, Grand Canyon, Arizona.
Distribución: Baja California Norte, Sonora.
Referencias : Huey, 1964:127; Jenkins y Busher, 1979:1.

SUBORDEN MYOMORPHA
FAMILIA CRICETIDAE

"Ratón de Campo"

Baiomys musculus brunneus (J.A. Allen y Chapman)
Peromyscus musculus brunneus J.A. Allen y Chapman, Bull. Amer. Mus. Nat. Hist., 9:203, 16 junio 1897.
L.T. Jalapa, Veracruz.
Baiomys musculus brunneus, Miller, 1912:137.
Distribución: Veracruz.
Referencias : Goodwin, 1969:196; Hall, 1981:724; Hall y Dalquest, 1963:311-312; Hall y Kelson, 1959:661; Packard, 1960: 614; Packard y Montgomery, 1978:1.

Baiomys musculus infernatis Hooper
Baiomys musculus infernatis Hooper, J. Mamm., 33:96, 18 febrero 1952.
L.T. Teotitlán, Oaxaca.
Distribución: Oaxaca, Puebla.
Referencias : Burt, 1960:58; Carleton, 1980:18; Carleton, et al., 1975:196; Goodwin, 1969:195; Kruidenier, et al., 1959:101; Packard, 1969:195; Packard y Montgomery, 1978:2; Webb y R.H. Baker, 1969:144.

Baiomys musculus musculus (Merriam)
Sitomys musculus Merriam, Proc. Biol. Soc. Washington, 7:170, 29 septiembre 1892.
L.T. Colima, Colima.
Baiomys musculus musculus, Miller, 1912:137.
Distribución: Colima, Jalisco, Michoacán, Nayarit.
Referencias : Alvarez, 1968:34; Burt, 1960:58; Hall y Kelson, 1959:661; Hoffmann, 1965:17; López-F., et al., 1971a:103; Núñez, et al., 1981:664; Packard, 1960:622-623; Packard y Montgomery, 1978:2.

Baiomys musculus nigrescens (Osgood)
Peromyscus musculus nigrescens Osgood, Proc. Biol. Soc. Washington, 17:76, 21 marzo 1904.
L.T. Valle de Comitán, Chiapas.
Baiomys musculus nigrescens, Miller, 1912:137.
Distribución: Chiapas.
Referencias : Burt, 1960:58; Carleton, et al., 1975:916; Packard, 1960:625; Packard y Montgomery, 1978:2.

Baiomys musculus pallidus Russell
Baiomys musculus pallidus Russell, Proc. Biol. Soc. Washington, 65:21,29 enero 1952.
L.T. 12 Km NW Axochiapan, 3,500 pies, Morelos.
Distribución: Guerrero, Morelos, Oaxaca, Puebla.
Referencias : Bassols, 1981:14,16; Burt, 1960:58; Carleton, 1973:7; 1980:18; Goodwin, 1969:194,196; Hall y Kelson, 1959:662; Kruidenier, et al., 1959:101; Packard, 1960:627-628; Packard y Montgomery, 1978:2; Ramírez-P. y Sánchez-H., 1972:107; Ramírez-P., et al., 1977:277.

Baiomys taylori allex (Osgood)
Peromyscus allex Osgood, Proc. Biol. Soc. Washington, 17:76, 21 marzo 1904.
L.T. Colima, Colima.
Baiomys taylori allex, Packard, 1958:17.
Distribución: Colima, Jalisco, Michoacán, Nayarit.

Referencias : Burt, 1960:59; 1961:21; Genoways y Jones, 1973:2; Hall 1981:725; Hall y Dalquest, 1963:311; Hall y Kelson, 1959:659; Hoffmann, et al., 1972:153; Ingles, 1959: 398; Packard, 1960:636.

Baiomys taylori analogous (Osgood)
Peromyscus taylori analogous Osgood, N. Amer. Fauna, 28:256, 17 abril 1909.
L.T. Zamora, Michoacán.
Baiomys taylori analogous, Miller, 1912:136.
Distribución: Distrito Federal, Guanajuato, Hidalgo, Jalisco, México, Michoacán, Querétaro, San Luis Potosí, Veracruz.
Referencias : Bassols, 1981:13,14,16,39: Burt, 1960:59; 1961:21 Genoways y Jones, 1973:2; Hall, 1981:725; Hall y Kelson, 1959:659; Hoffmann, et al., 1972:153; Ingles, 1959: 398; Packard, 1960:639-640; Yates, et al., 1979:42.

Baiomys taylori ater Blossom y Burt
Baiomys taylori ater Blossom y Burt, Occas. Papers Mus. Zool., Univ. Michigan, 465:2, 8 octubre 1942.
L.T. 7 mi W Hereford, Cochise County, Arizona.
Distribución: Chihuahua.
Referencias : Anderson, 1972:351; Packard, 1960:642.

Baiomys taylori canutus Packard
Baiomys taylori canutus Packard, Univ. Kansas Publ., Mus. Nat. Hist., 9:643, 16 junio 1960.
L.T. 1 mi S Pericos, Sinaloa.
Distribución: Nayarit, Sinaloa, Sonora.
Referencias : Carleton, 1973:7; Jones y Genoways, 1969:140; Ingles, 1959:398; Packard, 1960:645.

Baiomys taylori fuliginatus Packard
Baiomys taylori fuliginatus Packard, Univ. Kansas Publ., Mus. Nat. Hist., 9:645, 16 junio 1960.
L.T. 10 mi E, 2 mi N Ciudad del Maíz, 4,000 pies, San Luis Potosí.
Distribución: San Luis Potosí.
Referencias : Baker, R.H. y Phillips, 1965b:338; Jones y Genoways, 1969:140; Packard, 1960:647.

Baiomys taylori paulus (J.A. Allen)
Peromyscus paulus J.A. Allen, Bull. Amer. Mus. Nat. Hist., 19:598, 12 noviembre 1903.
L.T. Río Sestín, NW Durango.
Baiomys taylori paulus, Miller, 1912:137.
Distribución: Aguascalientes, Chihuahua, Durango, Jalisco, Zacatecas.
Referencias : Anderson, 1972:351; Baker, R.H. y Greer, 1962:120;

Burt, 1960:59; Gardner, 1965:101; Hall y Kelson, 1959:659; Ingles, 1959:398; Jones y Webster, 1976:79; Matson, 1982:78; Packard, 1960:649; Petersen, 1973: 323; 1975:704; 1980a:123; Petersen y Petersen, 1979:5.

Baiomys taylori taylori (Thomas)
Hesperomys (Vesperimus) taylori Thomas, Ann. Mag. Nat. Hist., ser. 5, 19:66 enero 1887.
L.T. San Diego, Duval County, Texas.
Baiomys taylori taylori, Miller, 1912:136.
Distribución: Coahuila, Nuevo León, San Luis Potosí, Tamaulipas, Veracruz.
Referencias : Alvarez, 1963a:447; Dalquest y Roth, 1970:220; Hall y Dalquest, 1963:311; Hall y Kelson, 1959:660; Ingles, 1959:398; Koopman y Martin, 1959:5; Packard, 1960:654-655.

Habromys chinanteco (Robertson y Musser)
Peromyscus chinanteco Robertson y Musser, Occas. Papers. Mus. Nat. Hist. Univ. Kansas, 47:1, 1° marzo 1976.
L.T. Falda Norte del Cerro Pelón, 31.6 Km S Vista Hermosa, 2,650 m., Oaxaca.
Habromys chinanteco, Carleton, 1980.
Distribución: Conocida de los alrededores de la localidad típica.
Referencias : Rickart, 1977:3; Robertson y Musser, 1976:7.

Habromys lepturus ixtlani (Goodwin)
Peromyscus ixtlani Goodwin, Amer. Mus. Novitates, 2183:2, 4 junio 1964.
L.T. Cerro Machín, 5 Km NE Macuiltianguis, Oaxaca.
Habromys lepturus ixtlani, (Nueva combinación ver Carleton, 1980).
Distribución: Oaxaca.
Referencias : Bassols, 1981:28; Carleton, 1973:8; 1980:23; Goodwin, 1964:2; 1969:187; Linzey y Layne, 1969:4; 1974:15; Musser, 1969:17.

Habromys lepturus lepturus (Merriam)
Peromyscus lepturus Merriam, Proc. Biol. Soc. Washington, 12:118, 30 abril 1898.
L.T. Mt. Zempoaltepec, 8,200 pies, Oaxaca.
Habromys lepturus lepturus, (Nueva combinación, ver Carleton, 1980).
Distribución: Oaxaca.
Referencias : Carleton, 1973:8; 1980:23; Goodwin, 1969:187; Hooper, 1961:21; Hooper y Musser, 1964b:2; Linzey y Layne, 1969:4; 1974:15; Musser, 1969:12; Robertson y Musser, 1976:6.

Habromys lophurus (Osgood)

Peromyscus lophurus Osgood, Proc. Biol. Soc. Washington, 17:72, 21 marzo 1904.
L.T. Todos Santos, 8,500 pies, Huehuetenango, Guatemala.
Habromys lophurus, Carleton, 1980.
Distribución: Chiapas.
Referencias : Musser, 1969:20; Robertson y Musser, 1976:8.

Habromys simulatus (Osgood)
Peromyscus simulatus Osgood, Proc. Biol. Soc. Washington, 17:72, 21 marzo 1904.
L.T. Cerca del Jico, 6,000 pies, Veracruz.
Habromys simulatus, Carleton, 1980.
Distribución: Veracruz.
Referencias : Hall, 1981:719; Hall y Dalquest, 1963:308; Hall y Kelson, 1959:647; Musser, 1969:21, Roberton y Musser, 1976:8.

Hodomys alleni alleni (Merriam)
Neotoma alleni Merriam, Proc. Biol. Soc. Washington, 7:168, 29 septiembre 1892.
L.T. Manzanillo, Colima.
Hodomys alleni alleni, Laurie, 1953:393.
Distribución: Colima, Jalisco, Nayarit, Sinaloa.
Referencias : Birney y Jones, 1972:202-203; Burt, 1960:61; Carleton, 1973:8; 1980:25; Genoways y Birney 1974:1; Genoways y Jones, 1973:7; Hall, 1981:772; Hall y Kelson, 1959: 705; Hooper, 1960:2; Lee y Elder, 1977:484.

Hodomys alleni elattura Osgood
Hodomys vetulus elatturus Osgood, Field Mus. Nat. Hist., Publ. 431, Zool ser. 20:475, 31 diciembre 1938.
L. T. Cuapongo, Guerrero.
Hodomys alleni elattura, (Nueva combinación, ver Carleton, 1980).
Distribución: Guerrero, Michoacán, Morelos.
Referencias : Carleton, 1980:25; Genoways y Birney, 1974:1; Genoways y Jones, 1973:7; Ramírez-P. y Sánchez-H., 1972:107; Uribe, et al., 1981:643; Winkelmann, 1962 b:109.

Hodomys alleni guerrerensis Goldman
Hodomys alleni guerrerensis Goldman, J. Washington Acad. Sci., 28:498, 15 noviembre 1938.
L. T. Acapulco, Guerrero.
Distribución: Guerrero.
Referencias : Carleton, 1980:25; Genoways y Birney, 1974:1; Hall y Kelson, 1959:705; Ramírez-P y Sánchez-H., 1972:107.

Hodomys alleni vetula Merriam

Hodomys vetulus Merriam, Proc. Acad. Nat. Sci. Philadelphia, 46:236, 24 septiembre 1894.
L. T. Tehuacán, Puebla.
Hodomys alleni vetula, (Nueva combinación, ver Carleton, 1980).
Distribución: Guerrero, Oaxaca, Puebla.
Referencias : Carleton, 1980:25; Genoways y Birney, 1974:1; Goodwin, 1969:208; Hall y Kelson, 1959:706.

Megadontomys thomasi cryophilus (Musser)
Peromyscus thomasi cryophilus Musser, Occas. Papers Mus. Zool., Univ. Michigan, 636:13, 17 junio 1964.
L.T. 13 mi NE Llano de las Flores, en las faldas del Cerro Pelón, 9,200 pies, Distrito de Ixtlán, Sierra de Juárez, Oaxaca.
Megadontomys thomasi cryophilus, (Nueva combinación, ver Carleton, 1980).
Distribución: Oaxaca.
Referencias : Goodwin, 1969:192; Jones y Genoways, 1967b:321; Musser, 1969:12; Rickart, 1977:3; Robertson y Musser, 1976:6.

Megadontomys thomasi nelsoni (Merriam)
Peromyscus (*Megadontomys*) *nelsoni* Merriam, Proc. Biol. Soc. Washington, 12:116, 30 abril 1898.
L.T. Arriba Jico, Veracruz.
Megadontomys thomasi nelsoni, (Nueva combinación ver, Carleton, 1980).
Distribución: Puebla, Veracruz.
Referencias : Hall y Dalquest, 1963:311; Heaney y Birney, 1977:544; Musser, 1969:21.

Megadontomys thomasi thomasi (Merriam)
Peromyscus (*Megadontomys*) *thomasi* Merriam, Proc. Biol. Soc. Washington, 12:116, 30 abril 1898.
L.T. De las Montañas cerca de Chilpancingo, 9,700 pies, Guerrero.
Megadontomys thomasi thomasi, (Nueva combinación, ver Carleton, 1980).
Distribución: Guerrero.
Referencias : Brown y Welser, 1968:425; Carleton, 1973:9; 1980:24; Drickamer y Vestal, 1973:524; Hall, 1981:716; Hall y Kelson, 1959:655; Hooper y Musser, 1964b:2; Linzey y Layne, 1969:4; 1974:15; Musser, 1964:13; Musser y Shoemaker, 1965:1; Petersen, 1968:131.

"Rata de campo"

*Nelsonia neotomodon clifton*i Genoways y Jones
Nelsonia neotomodon cliftoni Genoways y Jones, Proc. Biol. Soc. Washington, 81:97, 30 abril 1968b.
L.T. 2.5 mi ENE, Jazmín, 6,800 pies, Jalisco.
Distribución: Conocida sólo de los alrededores de la localidad típica.

Referencias : Genoways y Jones, 1968b:100; Jones y Genoways, 1969: 141.

Nelsonia neotomodon goldmani Merriam
Nelsonia goldmani Merriam, Proc. Biol. Soc. Washington, 16:80, 20 mayo 1903.
L.T. Tancítaro, Michoacán.
Nelsonia neotomodon goldmani, Hooper, 1954:7.
Distribución: Michoacán.
Referencias : Genoways y Jones, 1968b:97; Hall, 1981:774; Hall y Kelson, 1959:708.

Nelsonia neotomodon neotomodon Merriam
Nelsonia neotomodon Merriam, Proc. Biol. Soc. Washington, 11:278, 17 diciembre 1897.
L.T. Montañas cerca de Plateado, 8,200 pies, Zacatecas.
Nelsonia neotomodon neotomodon, Hooper, 1954:5.
Distribución: Aguascalientes, Durango, Jalisco, Zacatecas.
Referencias : Baker, R.H. y Greer, 1962:129; Carleton, 1973:8; 1980: 21; Genoways y Jones, 1968b:97; Matson, 1982:78.

Neotoma albigula albigula Hartley
Neotoma albigula Hartley, Proc. California Acad. Sci., ser. 2, 14:157, 9 mayo 1894.
L.T. Fort Lowell, cerca de Tucson, Pima County, Arizona.
Neotoma albigula albigula, Miller, 1912:190.
Distribución: Coahuila, Chihuahua, Durango, Sonora.
Referencias : Anderson, 1969b:27; 1972:361; Anderson y Nelson, 1960: 100; Baker, R.H. y Greer, 1962:126; Birney, 1976:105; Hall y Genoways, 1970:512; Hall y Kelson, 1959:686; Ingles, 1959:399; Lawlor, 1982a:60; Petersen y Petersen, 1979:7; Rogers y Schmidly, 1981:179.

Neotoma albigula durangae J.A. Allen
Neotoma intermedia durangae J.A. Allen, Bull. Amer. Mus. Nat. Hist., 19: 602, 12 noviembre 1903.
L.T. San Gabriel, Durango.
Neotoma albigula durangae, Goldman, 1910:37.
Distribución: Chihuahua, Durango.
Referencias : Anderson, 1969b:27-28; 1972:361; Baker, R.H., 1960b: 321; Baker, R.H. y Greer, 1962:127; Gardner, 1965:101; Hall, 1981:752; Hall y Genoways, 1970:514; Petersen, 1973:323; 1975: 704; Petersen y Petersen, 1979:7.

Neotoma albigula latifrons Merriam
Neotoma latifrons Merriam, Proc. Biol. Soc. Washington, 9:121, 2 julio 1894.

L.T. Queréndaro, Michoacán.
Neotoma albigula latifrons, Hall y Genoways, 1970:506.
Distribución: Conocida sólo de la localidad típica.
Referencias : Hall y Genoways, 1970:509.

Neotoma albigula leucodon Merriam
Neotoma leucodon Merriam, Proc. Biol. Soc. Washington, 9:120, 2 julio 1894.
L.T. San Luis Potosí, San Luis Potosí.
Neotoma albigula leucodon, Goldman, 1910:36.
Distribución: Aguascalientes, Durango, Guanajuato, Hidalgo, Jalisco, Nuevo León, Querétaro, San Luis Potosí, Zacatecas.
Referencias : Anderson, 1969b:37; Baker, R.H. y Greer, 1962:127; Genoways y Jones, 1973:3; Hall y Genoways, 1970:37; Hall y Kelson, 1959:686; Hooper, 1960:2; Jones y Webster, 1976:80; Mascarello y Hsu, 1976:167; Matson, 1982:78; Petersen, 1973:323; 1975:704; Petersen y Petersen, 1979:7, Tipton y Méndez, 1968:181-182.

Neotoma albigula melanura Merriam
Neotoma intermedia melanura Merriam, Proc. Biol. Washington, 9:126, 2 julio 1894.
L.T. Ortiz, Sonora.
Neotoma albigula melanura, Goldman, 1910:35.
Distribución: Chihuahua, Sinaloa, Sonora.
Referencias : Anderson, 1972:362; Baker, R.H. y Mascarello, 1969:190; Birney y Jones, 1972:198; Cockrum y Bradshaw, 1963:9; Ingles, 1959:399; Jones, et al., 1962:157; Lawlor, 1982a:60; Lucas y Loomis, 1968:237; Wrenn y Loomis, 1967:167.

Neotoma albigula seri Townsend
Neotoma albigula seri Townsend, Bull. Amer. Mus. Nat. Hist., 31:125, 14 junio 1912.
L.T. Isla Tiburón, Golfo de California, Sonora.
Distribución: Conocida sólo de la localidad típica.
Referencias : Hall y Genoways, 1970:514; Lawlor, 1982a:60.

Neotoma albigula sheldoni Goldman
Neotoma albigula sheldoni Goldman, Proc. Biol. Soc. Washington, 28:136, 29 junio 1915.
L.T. Papayo Tanks, Sierra Pinacate, Sonora.
Distribución: Sonora.
Referencias : Hall y Genoways, 1970:514; Ingles, 1959:399; Lawlor, 1982a:60.

Neotoma albigula subsolana Alvarez

Neotoma albigula subsolana Alvarez, Univ. Kansas Publ., Mus. Nat. Hist., 14:141, 30 abril 1962b.
L.T. Miquihuana, 6,400 pies, Tamaulipas.
Distribución: Coahuila, Nuevo León, Tamaulipas.
Referencias : Alvarez, 1962b:143; 1963a:451; Hall y Genoways, 1970: 514; Jones y Genoways, 1969:140; Rogers y Schmidly, 1981:179.

Neotoma albigula venusta True
Neotoma venusta True, Proc. U.S. Nat. Mus., 17:354, 15 noviembre 1894.
L.T. Carrizo Creek, Imperial County, Arizona.
Neotoma albigula venusta, Goldman, 1910:33.
Distribución: Baja California Norte, Sonora.
Referencias : Cockrum y Bradshaw, 1963:9; Hall y Genoways, 1970:514; Huey, 1964:131; Ingles, 1959:399; Lawlor, 1982a:60.

Neotoma angustapalata R.H. Baker
Neotoma angustapalata R.H. Baker, Univ. Kansas Publ., Mus. Nat. Hist., 5:217, 15 diciembre 1951.
L.T. 70 Km por carretera S Ciudad Victoria, 6 Km W carretera Panamericana a El Carrizo, Tamaulipas.
Distribución: San Luis Potosí, Tamaulipas.
Referencias : Alvarez, 1963a:453; Birney, 1973:35; Carleton, 1973:8; Jones y Genoways, 1969:140; Koopman y Martin, 1959:6.

Neotoma anthonyi J.A. Allen
Neotoma anthonyi J.A. Allen, Bull. Amer. Mus. Nat. Hist., 10:151, 12 abril 1898.
L.T. Isla Todos Santos, Baja California Norte.
Distribución: Conocida sólo de la localidad típica.
Referencias : Huey, 1964:135.

Neotoma bryanti Merriam
Neotoma bryanti Merriam, Amer. Nat., 21:191, febrero 1887.
L.T. Isla Cerros (=Cedros), Baja California Norte.
Distribución: Conocida sólo de la localidad típica.
Referencias : Banks, 1964b:184; Huey, 1964:135.

Neotoma bunkeri Burt
Neotoma bunkeri Burt, Trans. San Diego Soc. Nat. Hist., 7:181, 31 octubre 1932.
L.T. Isla Coronados, 26°06' N y 110°18' W, Golfo de California, Baja California Sur.
Distribución: Conocida sólo de la localidad típica.
Referencias : Burt, 1960:60; Huey, 1964:135.

Neotoma fuscipes martirensis Orr
Neotoma fuscipes martirensis Orr, Proc. Biol. Soc. Washington, 47:110, 13 junio 1934.
L. T. Valladares, 2,700 pies, Sierra de San Pedro Mártir, Baja California Norte.
Distribución: Baja California Norte.
Referencias : Csuti, 1980:48; Huey, 1964:135; Loomis y Somerby, 1966: 222.

Neotoma goldmani Merriam
Neotoma goldmani Merriam, Proc. Biol. Soc. Washington, 16:48; 19 marzo 1903.
L. T. Saltillo, 500 pies Coahuila.
Distribución: Coahuila, Chihuahua, Durango, Nuevo León, San Luis Potosí, Zacatecas.
Referencias : Anderson, 1972:362; Baker, R.H. y Greer, 1962:127; Carleton, 1973:8; Lee y Elder, 1977:484; Matson, 1982:78; Petersen, 1976:141; Petersen y Petersen, 1979:7.

Neotoma lepida abbreviata Goldman
Neotoma abbreviata Goldman, Proc. Biol. Soc. Washington, 22:140, 25 junio 1909.
L. T. Isla San Francisco (cerca del extremo S de la Isla San José) Golfo de California, Baja California Sur.
Neotoma lepida abbreviata, Burt, 1932:183.
Distribución: Conocida sólo de la localidad típica.
Referencias : Baker, R.H. y Mascarello, 1969:190; Burt, 1960:59-60; Huey, 1964:134; Lawlor, 1982a:61; Loomis y Somerby, 1966:222; Wrenn y Loomis, 1967:168.

Neotoma lepida arenacea J. A. Allen
Neotoma arenacea J. A. Allen, Bull. Amer. Mus. Nat. Hist., 10:150, 12 abril 1898.
L. T. San José del Cabo, Baja California Sur.
Neotoma lepida arenacea, Goldman, 1932b:65.
Distribución: Baja California Sur.
Referencias : Baker, R.J. y Marcarello, 1969:190; Burt, 1960:59-60; Huey, 1964:135; Lawlor, 1982a:61; Loomis y Somerby, 1966:222; Mascarello y Hsu, 1976:167; Woloszyn y Woloszyn, 1982:126; Wrenn y Loomis, 1967:168.

Neotoma lepida aridicola Huey
Neotoma lepida aridicola Huey, Trans. San Diego Soc. Nat. Hist., 12:287, 25 septiembre 1957.
L.T. El barril (cerca de 28°20' N), Golfo de California, Baja California Norte.
Distribución: Baja California Norte.
Referencias : Baker, R.J. y Marcarello, 1969:190; Bond, 1969:262;

Burt, 1960:59-60; Huey, 1964:133; Lawlor, 1982:61; Loomis y Somerby, 1966:222; Marcarello y Hsu, 1976:167; Wrenn y Loomis, 1967:168.

Neotoma lepida aureotunicata Huey
Neotoma lepida aureotunicata Huey, Trans. San Diego Soc. Nat. Hist., 8: 349, 15 junio 1937.
L.T. Punta Peñascosa, Sonora.
Distribución: Conocida sólo de la localida típica.
Referencias : Bond, 1969:262; Wreen y Loomis, 1967:168.

Neotoma lepida bensoni Blossom
Neotoma lepida bensoni Blossom, Occas. Papers Mus. Zool., Univ. Michigan, 315:1, 29 mayo 1935.
L.T. Papayo Tanks, Sierra Pinacate, Sonora.
Distribución: Sonora.
Referencias : Wrenn y Loomis, 1967:168.

Neotoma lepida egressa Orr
Neotoma lepida egressa Orr, Proc. Biol. Soc. Washington, 47:109, 13 junio 1934.
L.T. 1 mi E El Rosario, 200 pies, Baja California Norte.
Distribución: Baja California Norte.
Referencias : Baker, R.J. y Marcarello, 1969:190; Burt, 1960:59-60; Csuti, 1980:48; Huey, 1964:132; Lawlor, 1982a:61; - - Loomis y Somerby, 1966:222; Mascarello y Hsu, 1976:167; Wrenn y Loomis, 1967:168.

Neotoma lepida felipensis Elliot
Neotoma bella felipensis Elliot, Field Columb. Mus., Publ. 79, Zool. ser., 3:217, 15 agosto 1903.
L. T. San Felipe, Baja California Norte.
Neotoma lepida felipensis, Goldman, 1932b:64.
Distribución: Baja California Norte.
Referencias : Baker, R.J. y Mascarello, 1969:190; Burt, 1960:59-60; Huey, 1964:132; Lawlor, 1982a:61; Loomis y Somerby, 1966:222; Mascarello y Hsu, 1976:167; Wrenn y Loomis, 1967:168.

Neotoma lepida gilva Rhoads
Neotoma intermedia gilva Rhoads, Amer. Nat. 28:70, enero 1894.
L. T. Banning, Riverside County, California.
Neotoma lepida gilva, Goldman, 1932b:63.
Distribución: Baja California Norte.
Referencias : Baker, R.J. y Mascarello, 1969:190; Burt, 1960:59-60; Huey, 1964:137; Lawlor, 1982a:61; Loomis y Somerby,

1966:222; Mascarello y Hsu, 1976:167; Wrenn y Loomis, 1967:168.

Neotoma lepida insularis Townsend
Neotoma insularis Townsend, Bull. Amer. Mus. Nat. Hist., 31:125, 14 junio 1912.
L. T. Isla Angel de la Guarda, Golfo de California, Baja California Norte.
Neotoma lepida insularis, Burt, 1932:182.
Distribución: Conocida sólo de la localidad típica.
Referencias : Baker, R.J. y Mascarello, 1969:190; Burt, 1960:59-60; Huey, 1964:137; Lawlor, 1982a:61; Loomis y Somerby, 1966:222; Mascarello y Hsu, 1976:167; Wrenn y Loomis, 1967:168.

Neotoma lepida intermedia Rhoads
Neotoma intermedia Rhoads, Amer. Nat., 28:67, enero 1894.
L.T. Dulzura, San Diego County, California.
Neotoma lepida intermedia, Goldman, 1932b:64
Distribución: Baja California Norte.
Referencias : Baker, R.J. y Mascarello, 1969:190; Burt, 1960:59-60; Huey, 1964:32; Lawlor, 1982a:61; Loomis y Somerby, 1966:222; Mascarello, 1978:479; Mascarello y Hsu, 1976:177; Wrenn y Loomis, 1967:168.

Neotoma lepida latirostra Burt
Neotoma lepida latirostra Burt, Trans. San Diego Soc. Nat. Hist., 7:180, 31 octubre 1932.
L.T. Isla Danzante, 25°47' N y 111°11' W, Golfo de California, Baja California Sur.
Distribución: Conocida sólo de la localidad típica.
Referencias : Banks, 1964b:184; Baker, R.J. y Mascarello, 1969:190; Burt, 1960:59-60; Carleton, 1980:25; Huey, 1964:134; Lawlor, 1982a:61; Loomis y Somerby, 1966:222; Mascarello y Hsu, 1976:167; Wrenn y Loomis, 1967:168.

Neotoma lepida lepida Thomas
Neotoma lepida Thomas, Ann. Mag. Nat. Hist., ser. 6: 12:235, septiembre 1893.
L.T. De alguna parte de "Simpson's Route" entre Camp Floyd (=Fairfield), Utah y Carson City, Nevada.
Neotoma lepida lepida, Miller, 1912:198.
Distribución: Baja California Norte.
Referencias : Baker, R.J. y Mascarello, 1969:190; Lawlor, 1982a:61; Loomis y Somerby, 1966:222; Mascarello y Hsu, 1976:167; Wrenn y Loomis, 1967:168.

Neotoma lepida marcosensis Burt
Neotoma lepida marcosensis Burt, Trans. San Diego Soc. Nat. Hist., 7:179, 31 octubre 1932.
L.T. Isla San Marcos, 27°13' N y 112°05' W Golfo de California, Baja California Sur.
Distribución: Conocida sólo de la localidad típica.
Referencias : Baker, R.J. y Mascarello, 1969:190; Burt, 1960:59-60; Carleton, 1980:25; Huey, 1964:133; Lawlor, 1982a:61; Loomis y Somerby, 1966:222; Mascarello y Hsu, 1976: 167; Wrenn y Loomis, 1967:168.

Neotoma lepida molagrandis Huey
Neotoma lepida molagrandis Huey, Trans. San Diego Soc. Nat. Hist., 10:307, 31 agosto 1945.
L.T. Sitio de Old Well cerca de Mesalike Shelf, aproximadamente 3 mi tierra adentro cerca de los 4,250 pies, Great Salt Lake, Tooele County, Utah.
Distribución: Baja California Norte, Baja California Sur.
Referencias : Baker, R.J. y Mascarello, 1969:190; Bond, 1969:262; Burt, 1960:59-60; Huey, 1964:133; Lawlor, 1982a:61; Loomis y Somerby, 1966:222; Mascarello y Hsu, 1976:167; Wrenn y Loomis, 1967:168.

Neotoma lepida notia Nelson y Goldman
Neotoma intermedia notia Nelson y Goldman, Proc. Biol. Soc. Washington, 44:108, 17 octubre 1931.
L.T. Sierra de la Victoria, Baja California Sur.
Neotoma lepida notia, Goldman, 1932b:65.
Distribución: Baja California Sur.
Referencias : Banks, 1967a:227; Baker, R.J. y Mascarello, 1969:190; Burt, 1960:59-60; Huey, 1964:134; Lawlor, 1982a:61; Loomis y Somerby, 1966:222; Mascarello y Hsu, 1976: 167; Wrenn y Loomis, 1967:168; Woloszyn y Woloszyn, 1982:126.

Neotoma lepida nudicauda Goldman
Neotoma nudicauda Goldman, Proc. Biol. Soc. Washington, 18:28, 2 febrero 1905.
L.T. Isla del Carmen, Golfo de California, Baja California Sur.
Neotoma lepida nudicauda, Burt, 1932:182.
Distribución: Conocida sólo de la localidad típica.
Referencias : Baker, R.J. y Mascarello, 1969:190; Burt, 1960:59-60; Huey, 1964:133; Lawlor, 1982a:61; Loomis y Somerby, 1966:222; Mascarello y Hsu, 1976:167; Wrenn y Loomis, 1967:168.

Neotoma lepida perpallida Goldman

Neotoma intermedia perpallida Goldman, Proc. Biol. Soc. Washington, 22:139, 25 junio 1909.
L.T. Isla San José, Golfo de California, Baja California Sur.
Neotoma lepida perpallida Goldman, 1932b:65.
Distribución: Conocida sólo de la localidad típica.
Referencias : Baker, R.J. y Mascarello, 1969:190; Burt, 1960:59-60; Huey, 1964:134; Lawlor, 1982a:61; Loomis y Somerby, 1966:222; Mascarello y Hsu, 1976:167; Wrenn y Loomis, 1967:168.

Neotoma lepida pretiosa Goldman
Neotoma intermedia pretiosa Goldman, Proc. Biol. Soc. Washington, 22:139, 25 junio 1909.
L.T. Matancita, 100 pies (Soledad) 50 mi N, Bahía Magdalena, Baja California Sur.
Neotoma lepida pretiosa Goldman, 1932b:64.
Distribución: Baja California Sur.
Referencias : Banks, 1964b:183; Baker, R.J. y Mascarello, 1969:190; Burt, 1960:59-60; Carleton, 1980:25; Huey, 1964:134; Lawlor, 1982a:61; Loomis y Somerby, 1966:222; Mascarello y Hsu, 1976:167; Wrenn y Loomis, 1967:168.

Neotoma lepida ravida Nelson y Goldman
Neotoma intermedia ravida Nelson y Goldman, Proc. Biol. Soc. Washington, 44:107, 17 octubre 1931.
L.T. Comondú, 700 pies, Baja California Sur.
Neotoma lepida ravida, Goldman, 1932b:64.
Distribución: Baja California Sur.
Referencias : Baker, R.J. y Mascarello, 1969:190; Burt, 1960:59-60; Huey, 1964:134; Lawlor, 1982a:61; Loomis y Somerby, 1966:222; Mascarello y Hsu, 1976:167; Wrenn y Loomis, 1967:168.

Neotoma lepida vicina Goldman
Neotoma intermedia vicina Goldman, Proc. Biol. Soc. Washington, 22:140, 25 junio 1909.
L.T. Isla Espíritu Santo, Golfo de California, Baja California Sur.
Neotoma lepida vicina Goldman, 1932b:65.
Distribución: Conocida sólo de la localidad típica.
Referencias : Baker, R.J. y Mascarello, 1969:190; Burt, 1960:59-60; Huey, 1964:134; Lawlor, 1982a:61; Loomis y Somerby, 1966:222; Mascarello y Hsu, 1976:167; Wrenn y Loomis, 1967:168.

Neotoma martinensis Goldman
Neotoma martinensis Goldman, Proc. Biol. Soc. Washington, 18:28, 2 febrero 1905.

L.T. Isla San Martín, Baja California Norte.
Distribución: Conocida sólo de la localidad típica.
Referencias :Schulz, et al., 1970:148.

Neotoma mexicana chamula Goldman
Neotoma ferruginea chamula Goldman, Proc. Biol. Soc. Washington, 22:141, 25 junio 1909.
L.T. Montañas cerca de San Cristóbal, 8,400 pies, Chiapas.
Neotoma mexicana chamula, Hall, 1955:329
Distribución: Chiapas.
Referencias : Hooper, 1960:2.

Neotoma mexicana distincta Bangs
Neotoma distincta Bangs, Proc. Biol. Soc. Washington, 16:89, 25 junio 1903.
L.T. Texolo (=Teocelo, cerca de Jalapa), Veracruz.
Neotoma mexicana distincta, Hall, 1955:329.
Distribución: Conocida sólo de la localidad típica.
Referencias : Hall y Dalquest, 1963:317.

Neotoma mexicana eremita Hall
Neotoma mexicana eremita Hall, J. Washington Acad. Sci., 45:328, 31 octubre 1955.
L.T. 1 mi S San Francisco, 50 pies, Nayarit.
Distribución: Jalisco, Nayarit.
Referencias : Genoways y Jones, 1973:18; Jones y Genoways, 1969:140; Núñez, et al., 1981:665.

Neotoma mexicana griseoventer Dalquest
Neotoma ferruginea griseoventer Dalquest, J. Washington Acad. Sci., 41: 363, 14 noviembre 1951.
L.T. Xilitla, San Luis Potosí.
Neotoma mexicana griseoventer, Hall, 1955:330.
Distribución: San Luis Potosí.

Neotoma mexicana inornata Goldman
Neotoma mexicana inornata Goldman, Proc. Biol. Soc. Washington, 51:60, 18 marzo 1938.
L.T. Montañas del Carmen, 6,100 pies, Coahuila.
Distribución: Coahuila.

Neotoma mexicana isthmica Goldman
Neotoma isthmica Goldman, Proc. Biol. Soc. Washington, 17:80, 21 marzo 1904.

L.T. Huilotepec, 100 pies, 8 mi S Tehuantepec, Oaxaca.
Neotoma mexicana isthmica, Hall, 1955:330
Distribución: Chiapas, Oaxaca.
Referencias : Goodwin, 1969:205; Hooper, 1960:2; Mones, 1968:169.

Neotoma mexicana mexicana Baird
Neotoma mexicana Baird, Proc. Acad. Nat. Sci. Philadelphia, 7:333, abril 1855
L.T. De las montañas cercanas a Chihuahua, Chihuahua.
Neotoma mexicana mexicana, Miller, 1912:194.
Distribución: Chihuahua, Durango, Sonora, Zacatecas.
Referencias : Anderson, 1972:363; Anderson y Long, 1961:3; Baker, R.H. y Baker, 1975:672; Baker, R.H. y Greer, 1962:128; Gardner, 1965:101; Hooper, 1960:2; Ingles, 1959:399; Matson, 1982:78; Stephen, et al., 1975:101; Webb y R.H. Baker, 1962:331.

Neotoma mexicana navus Merriam
Neotoma navus Merriam, Proc. Biol. Soc. Washington, 16:47, 19 marzo 1903.
L.T. Sierra de Guadalupe, Coahuila.
Neotoma mexicana navus, Hall, 1955:330.
Distribución: Coahuila.
Referencias : Hall Y Kelson, 1959:696.

Neotoma mexicana ochracea Goldman
Neotoma furruginea ochracea Goldman, Proc. Biol. Soc. Washington, 18:30, 2 Febrero 1905.
L.T. Atemajac, 4,000 pies, cerca de Guadalajara, Jalisco.
Neotoma mexicana ochracea, Hall, 1955:330.
Distribución: Conocida sólo de la localidad típica.
Referencias : Burt, 1960:61; Genoways y Jones, 1973:6.

Neotoma mexicana parvidens Goldman
Neotoma parvidens Goldman, Proc. Biol. Soc. Washington, 17:81, 21 marzo 1904.
L.T. Juquila, 5,000 pies, Oaxaca.
Neotoma mexicana parvidens, Hall, 1955:330.
Distribución: Oaxaca.
Referencias : Baker, R.J. y Womochel, 1966:306; Goodwin, 1969:206; Webb y R.H. Baker, 1969:144.

Neotoma mexicana picta Goldman
Neotoma picta Goldman, Proc. Biol. Soc. Washington, 17:79, 21 marzo 1904.
L.T. De las montañas cercanas a Chilpancingo, 10,000 pies, Guerrero.
Neotoma mexicana picta, Hall, 1955:331.
Distribución: Guerrero, Oaxaca.

Referencias : Goodwin, 1969:206; Hooper, 1960:2; López-F.C. y Urbano -V., 1977:235; Schaldach, 1966:296.

Neotoma mexicana sinaloae J.A. Allen
Neotoma sinaloae J.A. Allen, Bull. Amer. Mus. Nat. Hist., 10:149, 12 abril 1898.
L.T. Tatameles, Sinaloa.
Neotoma mexicana sinaloae, Goldman, 1910:60.
Distribución: Durango, Sinaloa, Sonora.
Referencias : Baker, R.H. y Baker, 1975:672; Baker, R.H. y Greer, 1962:128; Birney y Jones, 1972:202; Hooper, 1960:2; Stephen, et al., 1975:101.

Neotoma mexicana tenuicauda Merriam
Neotoma tenuicauda Merriam, Proc. Biol. Soc. Washington, 7:169, 29 septiembre 1892.
L.T. Falda N. de la Sierra Nevada de Colima, 12,000 pies, Jalisco.
Neotoma mexicana tenuicauda, Hooper, 1955:22.
Distribución: Aguascalientes, Jalisco, Michoacán, Sinaloa, Zacatecas.
Referencias : Birney y Jones, 1972:202; Genoways y Jones, 1973:6; Ingles, 1959:399; Matson, 1982:78.

Neotoma mexicana torquata Ward
Neotoma torquata Ward, Amer. Nat., 25:160, febrero 1891.
L.T. De una mina abandonada entre Tetela del Volcán y Zacualpan, Morelos.
Neotoma mexicana torquata, Hall, 1955:331.
Distribución: Distrito Federal, Hidalgo, México, Morelos, Puebla, Tlaxcala, Veracruz.
Referencias : Bassols, 1981:31,37; Burt, 1960:61; Hall y Dalquest, 1963:317; Hall y Kelson, 1959:698; Hoffmann, 1960:104; Hoffmann, et al., 1972:153; López-F.C. y Urbano-V., 1977:235; Mass, et al., 1981:71; Paulette, et al., 1971a:55; 1971b:121; Ramírez-P., 1969b:278; Stephen, et al., 1975:101.

Neotoma mexicana tropicalis Goldman
Neotoma tropicalis Goldman, Proc. Biol. Soc. Washington, 17:81, 21 marzo 1904.
L.T. Totontepec, 6,500 pies, Oaxaca.
Neotoma mexicana tropicalis, Hall, 1955:332.
Distribución: Oaxaca.
Referencias : Goodwin, 1969:208.

Neotoma micropus canescens J.A. Allen

Neotoma micropus canescens J.A. Allen, Bull. Amer. Mus. Nat. Hist., 3:285, 30 junio 1891.
L.T. N Beaver Creek (=N Canadian River), Cimarron County, Oklahoma.
Distribución: Coahuila, Chihuahua, Nuevo León, Tamaulipas.
Referencias : Anderson, 1969:20; 1972:364; Birney, 1973:26-27; Bogan, 1975b:278; Burt, 1960:60; Hall y Kelson, 1959:685.

Neotoma micropus micropus Baird
Neotoma micropus Baird, Proc. Acad. Nat. Sci. Philadelphia, 7:333, abril 1855.
L.T. Charco Escondido, Tamaulipas.
Neotoma micropus micropus, Miller, 1912:189.
Distribución: Tamaulipas.
Referencias : Alvarez, 1963a:454; Anderson, 1969:29; Baker, R.H. y Webb, 1966:188; Birney, 1973:34; Bogan, 1975b:278; Burt, 1960:60; Dalquest y Roth, 1970:220, 227; Hall y Kelson, 1959:685; Selander, et al., 1962:338; Warner, 1976:598.

Neotoma micropus planiceps Goldman
Neotoma micropus planiceps Goldman, Proc. Biol. Soc. Washington, 18:32, 2 febrero 1905.
L.T. Río Verde, 3,000 pies, San Luis Potosí.
Distribución: San Luis Potosí.
Referencias : Anderson, 1969:29; Birney, 1973:34.

Neotoma nelsoni Goldman
Neotoma nelsoni Goldman, Proc. Biol. Soc. Washington, 18:29, 2 febrero 1905.
L.T. Perote, 7,800 pies, Veracruz.
Distribución: Conocida sólo de la localidad típica.
Referencias : Hall y Dalquest, 1963:317; Hall y Genoways, 1970:515.

Neotoma palatina Goldman
Neotoma palatina Goldman, Proc. Biol. Soc. Washington, 18:27, 2 febrero 1905.
L.T. Bolaños, 2,800 pies, Jalisco.
Distribución: Jalisco, Zacatecas.
Referencias : Genoways y Jones, 1973:13; Hall, 1981:754; Hall y Genoways, 1970:512; Matson, 1982:78; Matson, et al., 1978:155.

Neotoma phenax (Merriam)
Teanopus phenax Merriam, Proc. Biol. Soc. Washington, 16:81, 29 mayo 1903.
L.T. Camoa, Río Mayo, Sonora.
Neotoma phenax, Burt y Barkalow, 1942:289.
Distribución: Sinaloa, Sonora.

Referencias : Baker, R.J. y Mascarello, 1969:193; Birney y Jones, 1972:204; Carleton, 1973:8; Hall, 1981:773; Hall y Kelson, 1959:707; Hooper, 1960:2; Jones y Genoways, 1978:1; Loomis y Stephens, 1962b: 112; Mascarello y Hsu, 1976:167; Mascarello, et al., 1974a:696; 1974b: 831.

Neotoma varia Burt
Neotoma varia Burt, Trans. San Diego Soc. Nat. Hist., 7:178, 31 octubre 1932.
L.T. Isla Turner (28°43' N y 112°19' W) Golfo de California, Sonora.
Distribución: Conocida sólo de la localidad típica.
Referencias : Hall y Genoways, 1970:515.

Neotomodon alstoni alstoni Merriam
Neotomodon alstoni Merriam, Proc. Biol. Soc. Washington, 12:128, 30 abril 1898.
L. T. Nahuatzin, 8,500 pies, Michoacán.
Neotomodon alstoni alstoni, Davis, 1944:398.
Distribución: Distrito Federal, México, Michoacán, Morelos, Puebla.
Referencias : Barrera, 1969:481; Bassols, 1981:14,17; Burt, 1960:57; Carleton, 1973:8; 1980:20; Esquivel, 1981:526; Hall, 1981:745; Hall y Kelson, 1959:680; Hoffmann, 1965:10; Ingles, 1959:399; Mass, et al., 1981:70; Martínez y Barrera, 1966:14; Ramírez-P., 1969b:276-278; Uribe, et al., 1973:12; Uribe, et al., 1974:438; Yates, et al., 1979:42.

Neotomodon alstoni perotensis Merriam
Neotomodon perotensis Merriam, Proc. Biol. Soc. Washington, 12:129, 30 abril 1898.
L. T. Cofre de Perote, 9,500 pies, Veracruz.
Neotomodon alstoni perotensis, Davis, 1944:398.
Distribución: Puebla, Veracruz.
Referencias : Bassols, 1981:14,17; Burt, 1960:57; Hall y Dalquest, 1963:315; Rodríguez-R., et al., 1975:118.

Nyctomys sumichrasti colimensis Laurie
Nyctomys sumichrasti colimensis Laurie, Ann. Mag. Nat. Hist., ser. 12, 6:390, mayo 1953.
L. T. Juárez, Colima.
Distribución: Colima, Jalisco.
Referencias : Helm III, et al., 1976:142; Lee y Elder, 1977:481; López-F., et al., 1971a:103.

Nyctomys sumichrasti pallidulus Goldman

Nyctomys sumichrasti pallidulus Goldman, J. Washington Acad. Sci., 27:420, 15 octubre 1937.
L. T. Santo Domingo, 900 pies, 8 mi W Lagunas, Isthmo de Tehuantepec, Oaxaca.
Distribución: Oaxaca.
Referencias : Burt, 1960:63; Carleton, 1980:27; Goodwin, 1969:163; Hall, 1981:631.

Nyctomys sumichrasti salvini (Tomes)
Hesperomys (Myoxomys) salvini Tomes, Proc. Soc. Zool. London, p.284, 1862.
L.T. Dueñas, Sacatepequez, Guatemala.
Nyctomys sumichrasti salvini, Hall y Kelson, 1959:579.
Distribución: Chiapas.

Nyctomys sumichrasti sumichrasti (Saussure)
H[esperomys]. sumichrasti Saussure, Revue et Mag. Zool., Paris, ser. 2, 12:107, marzo 1860.
L.T. Uvero, 20 Km NW Santiago Tuxtla, Veracruz (fijada por Alvarez, 1963b:583).
Nyctomys sumichrasti sumichrasti, Miller, 1924:388.
Distribución: Oaxaca, Veracruz.
Referencias : Alvarez, 1963b:583; Carleton, 1980:27; Goodwin, 1969: 165; Hall, 1981:630; Hall y Dalquest, 1963:295; Hall y Kelson, 1959:578-579; Robertson y Musser, 1976:6.

"Ratón de campo"

Onychomys arenicola Mearns
Onychomys torridus arenicola Mearns, Proc. U.S. Nat. Mus., 19:139, 21 diciembre, 1896.
L.T. Río Grande, cerca de 6 mi arriba El Paso, El Paso County, Texas.
Onychomys arenicola, Hinesley, 1979:119.
Distribución: Chihuahua.
Referencias : Baker, et al., 1979a:299.

Onychomys leucogaster albescens Merriam
Onychomys leucogaster albescens Merriam, Proc. Biol. Soc. Washington, 17: 124, 9 junio 1904.
L.T. Samalayuca, Chihuahua.
Distribución: Chihuahua.
Referencias : Anderson, 1972:352; Mc Carty, 1978:1.

Onychomys leucogaster longipes Merriam
Onychomys longipes Merriam, N. Amer. Fauna, 2:1, 30 octubre 1889.
L.T. Concho County, Texas.

Onychomys leucogaster longipes, Hollister, 1913:216.
Distribución: Coahuila, Nuevo León, Tamaulipas.
Referencias : Alvarez, 1963a:448; Dalquest y Roth, 1970:227; Hall y Kelson, 1959:665; Mc Carty, 1978:1.

Onychomys leucogaster ruidosae Stone y Rehn
Onychomys ruidosae Stone y Rehn, Proc. Acad. Nat. Sci. Philadelphia, 55: 22, 7 mayo 1903.
L.T. Hales Ranch. Ruidoso, Lincoln County, New Mexico.
Onychomys leucogaster ruidosae, Hollister, 1913:216.
Distribución: Chihuahua, Sonora.
Referencias : Anderson, 1972:352; Mc Carty, 1978:1.

Onychomys torridus ater Anderson
Onychomys torridus ater Anderson, Bull. Amer. Mus. Nat. Hist., 148:353, 8 septiembre 1972.
L.T. 11 mi E La junta, Chihuahua.
Distribución: Chihuahua.
Referencias : Anderson, 1972:353; Bogan, 1975b:278.

Onychomys torridus canus Merriam
Onychomys torridus canus Merriam, Proc. Biol. Soc. Washington,17;124, 9 junio 1904.
L.T. San Juan Capistrano, Zacatecas.
Distribución: Aguascalientes, Durango, Jalisco, San Luis Potosí, Zacatecas.
Referencias : Baker, R.H. y Greer, 1962:121; Bassols, 1981:11, 13, 28; Genoways y Jones, 1973:15; Hall y Kelson, 1959: 666; Jones y Webster, 1976:79; Matson, 1982:78; Mc Carty, 1975:2; Petersen, 1973:323; Petersen y Petersen, 1979:7.

Onychomys torridus macrotis Elliot
Onychomys macrotis Elliot, Field Columb. Mus., Publ. 74, Zool. ser. 3(10): 155, 7 mayo 1903.
L.T. Sierra de San Pedro Mártir, Baja California Norte.
Onychomys torridus macrotis, Hollister, 1914:469.
Distribución: Baja California Norte.
Referencias : Huey, 1964:131; Mc Carty, 1975:2.

Onychomys torridus pulcher Elliot
Onychomys pulcher Elliot, Field Columb. Mus., Publ. 87, Zool. ser., 3(14): 243, 7 enero 1904.
L.T. Morongo Pass. San Bernardino Mts., California.
Onychomys torridus pulcher, Hollister, 1913:215.
Distribución: Baja California Norte.
Referencias : Huey, 1964:130; Mc Carty, 1975:2.

Onychomys torridus ramona Rhoads
Onychomys ramona Rhoads, Amer. Nat., 27:833, septiembre 1893.
L.T. (Reche Canyon 1,250 pies, 4 mi SE Cotton) San Bernardino Valley, California.
Onychomys torridus ramona, Merriam, 1904:124.
Distribución: Baja California Norte.
Referencias : Huey, 1964:131; Mc Carty, 1975:2.

Onychomys torridus surrufus Hollister
Onychomys torridus surrufus Hollister, Proc. U.S. Nat. Mus., 47:472, 29 octubre 1914.
L.T. Miquihuana, Tamaulipas.
Distribución: Coahuila, San Luis Potosí, Tamaulipas.
Referencias : Alvarez, 1963a:448; Mc Carty, 1975:2.

Onychomys torridus torridus (Coues)
Hesperomys (Onychomys) torridus Coues, Proc. Acad. Nat. Sci. Philadelphia, 26:183, 15 diciembre 1874.
L.T. Camp Grant, Graham County, Arizona.
Onychomys torridus torridus, Hollister, 1914:454.
Distribución: Coahuila, Chihuahua, Durango, Sonora.
Referencias : Anderson, 1972:353-354; Baker R.H., 1966:345; Baker R.H. y Greer, 1962:121; Baker, R.J., et al., 1979a: 299; Bogan, 1975b:278; Cockrum y Bradshaw , 1963:8; Hall y Kelson, 1959:667; Loomis y Somerby, 1966:221; Lucas y Loomis, 1968:216,218,222-223; Mc Carty, 1975: 2; Petersen, 1973:323; 1975:704; Petersen y Petersen, 1979:7.

Onychomys torridus yakiensis Merriam
Onychomys torridus yakiensis Merriam, Proc. Biol. Soc. Washington, 17:124, 9 junio 1904.
L.T. Camoa, Río Mayo, Sonora.
Distribución: Sinaloa, Sonora.
Referencias : Cockrum y Bradshaw, 1963:8; Jones, et al., 1962:157; Loomis y Somerby, 1966:216,218,222-223; Mc Carty, 1975 2; Wrenn y Loomis, 1967:167.

"Rata arrocera"

Oryzomys alfaroi agrestis Goodwin
Oryzomys alfaroi agrestis Goodwin, Amer. Mus. Novitates, 1967:7, 29 octubre 1959.
L.T. 12 mi SE Tapachula, 1,000 pies, Chiapas.
Distribución: Conocida sólo de la localidad típica.

Oryzomys alfaroi angusticeps Merriam
Oryzomys angusticeps Merriam, Proc. Washington Acad. Sci., 3:292, 26 julio 1901.
L.T. Volcán Santa María, 9,000 pies, Guatemala.
Oryzomys alfaroi angusticeps, Goldman, 1918:62.
Distribución: Chiapas.
Referencias : Burt, 1960:64; Smith y Jones, 1967:189.

Oryzomys alfaroi chapmani Thomas
Oryzomys chapmani Thomas, Ann. Mag. Nat. Hist., ser.77, 1:179, febrero 1898.
L.T. Jalapa, 4,400 pies, Veracruz.
Oryzomys alfaroi chapmani, Goldman, 1918:67.
Distribución: Oaxaca, Veracruz.
Referencias : Carleton, 1973:7; Goodwin, 1969:158; Haiduk, et al., 1979:614; Hall, 1981:615; Hall y Dalquest, 1963:290; Hall y Kelson, 1959:562; Rickart, 1977:3 Robertson y Musser, 1976:6.

Oryzomys alfaroi dilutior Merriam
Oryzomys chapmani dilutior Merriam, Proc. Washington Acad. Sci., 3:290, 26 julio 1901.
L.T. Huauchinango, 5,000 pies, Puebla.
Oryzomys alfaroi dilutior, Goldman, 1918:68.
Distribución: Hidalgo, Puebla.
Referencias : Burt, 1960:64; Heaney y Birney, 1977:543.

Oryzomys alfaroi gloriaensis Goodwin
Oryzomys alfaroi gloriaensis Goodwin, Amer. Mus. Novitates, 1757:8, 8 marzo 1956.
L.T. La Gloria, cerca de 2,500 pies, 10 Km S Chimalapa, Juchitán, Oaxaca.
Distribución: Chiapas, Oaxaca.
Referencias : Baker, R.H. et al., 1971:85; Burt, 1960:64; Carleton, 1973:7; Goodwin, 1969:158; Rickart, 1977;3; Robertson y Musser, 1976:6.

Oryzomys alfaroi guerrerensis Goldman
Oryzomys guerrerensis Goldman, Proc. Biol. Soc. Washington, 28:127, 29 junio 1915.
L.T. Omilete, 8,000 pies, Guerrero.
Oryzomys alfaroi guerrerensis, Hall y Kelson, 1959:562.
Distribución: Guerrero, Oaxaca.
Referencias : Baker, R.J. y Womochel, 1966:306; Bassols, 1970:57; 1981:20; Carleton, 1973:7; Goodwin, 1969:158; Hooper y Musser, 1964a:5; Rickart, 1977:3; Robertson, y Musser, 1976:6.

Oryzomys alfaroi huastecae Dalquest
Oryzomys alfaroi huastecae Dalquest, J. Washington Acad. Sci., 41:363, 14 noviembre 1951.
L.T. 10 Km E Platanito, San Luis Potosí.
Distribución: San Lusi Potosí, Tamaulipas.
Referencias : Alvarez, 1963a: 437; Koopman y Martin, 1959:5.

Oryzomys alfaroi hylocetes Merriam
Oryzomys hylocetes Merriam, Proc. Washington Acad. Sci., 3:291, 26 julio 1901.
L.T. Chicharras, 3,500 pies, Chiapas.
Oryzomys alfaroi hylocetes, Villa, 1948:518.
Distribución: Chiapas.
Referencias : Burt, 1960:64.

Oryzomys alfaroi palatinus Merriam
Oryzomys palatinus Merriam, Proc. Washington Acad. Sci., 3:290, 26 julio 1901.
L.T. Teapa, 3,000 pies, Tabasco.
Oryzomys alfaroi palatinus, Goldman, 1918:65.
Distribución: Chiapas, Oaxaca, Tabasco, Veracruz.
Referencias : Baker, R.H. et al., 1971:85; Burt, 1960:64; Carleton, 1973:7; Denke, 1977:780; Goodwin, 1969:158; Haiduk, et al., 1979:614; Hall y Dalquest, 1963:291; Hall y Kelson, 1959:563; Rickart, 1977:3; Roberson y Musser, 1976:6.

Oryzomys alfaroi saturatior Merriam
Oryzomys chapmani saturatior Merriam, Proc. Washington Acad. Sci., 3:290. 26 julio 1901.
L.T. Tumbalá, 5,000 pies, Chiapas.
Oryzomys alfaroi saturatior, Goldman, 1918:66.
Distribución: Chiapas.
Referencias : Burt, 1960:64.

Oryzomys caudatus Merriam
Oryzomys chapmani caudatus Merriam, Proc. Washington Acad. Sci., 3:289, 26 julio 1901.
L.T. Comaltepec, 3,500 pies, Oaxaca.
Oryzomys caudatus, Goodwin, 1969:157.
Distribución: Oaxaca.
Referencias : Carleton, 1973:7; Goodwin, 1969:57; Haiduk, et al., 1979:614; Jones y Genoways, 1967b: 321; Musser, 1964: 18; Rickart, 1977:3; Roberton y Musser, 1976:6.

Oryzomys couesi albiventer Merriam

Oryzomys albiventer Merriam, Proc. Washington Acad. Sci., 3:279, 26 julio 1901.
L.T. Ameca, 4,000 pies, Jalisco.
Oryzomys couesi albiventer, Goldman, 1918:38.
Distribución: Jalisco.
Referencias : Genoways y Jones, 1973:6; Hall y Kelson, 1959:556-557; Helm III, et al., 1976:142; Stephen, et al., 1975: 102.

Oryzomys couesi aquaticus J.A. Allen
Oryzomys aquaticus J.A. Allen, Bull. Amer. Mus. Nat. Hist., 3:289, 30 junio 1891.
L.T. Brownsville, Cameron County, Texas.
Oryzomys couesi aquaticus, Goldman, 1918:38.
Distribución: Nuevo León, Tamaulipas.
Referencias : Alvarez, 1963a:435; López-F.C. y Urbano-V., 1977:234.

Oryzomys couesi aztecus Merriam
Oryzomys crinitus aztecus Merriam, Proc. Washington Acad. Sci., 3:282, 26 julio 1901.
L.T. Yautepec, Morelos.
Oryzomys couesi aztecus, Goldman, 1918:35.
Distribución: Guerrero, Morelos, Oaxaca, Puebla.
Referencias : Bassols, 1981:17; Goodwin, 1969:156; Hall y Kelson, 1959:557; López-F.C. y Urbano-V., 1977:235; Rickart, 1977:3.

Oryzomys couesi couesi (Alston)
Hesperomys couesi Alston, Proc. Soc. Zool. London, pág. 756, 1877.
L.T. Cobán, Guatemala.
Oryzomys couesi couesi, Hall y Kelson, 1959:557.
Distribución: Campeche, Chiapas, Oaxaca, Puebla, Quintana Roo, Tabasco, Veracruz, Yucatán.
Referencias : Baker, R.H., et al., 1971:85; Birney, et al., 1974: 13; Carleton, 1980:27; Gardner y Patton, 1976:7; Goodwin, 1969:151; Hall, 1981:609; Hall y Dalquest, 1963: 288; Ingles, 1959:395; Jones, et al., 1974b:10; Kruidenier, et al., 1959:101; López-F.C. y Urbano-V. 1977: 234; Mones, 1968:169; Rickart, 1977:3.

Oryzomys couesi cozumelae Merriam
Oryzomys cozumelae Merriam, Proc. Biol. Soc. Washington, 14:103, 19 julio 1901.
L.T. Isla Cozumel, Yucatán [sic], Quintana Roo.
Oryzomys couesi cozumelae, (Nueva combinación, consultar Honacki, Kinman y Koeppl, 1982:439).
Distribución: Conocida sólo de la localidad típica.
Referencias : Jones y Lawlor, 1965:413; Jones, et al., 1974b:10.

Oryzomys couesi crinitus Merriam
Oryzomys crinitus Merriam, Proc. Washington Acad. Sci., 3:281, 26 julio 1901.
L.T. Tlalpan, Distrito Federal.
Oryzomys couesi crinitus, Goldman 1918:36.
Distribución: Distrito Federal, Tlaxcala.

Oryzomys couesi lambi Burt
Oryzomys couesi lambi Burt, Proc. Biol. Soc. Washington, 47:107, 13 junio 1934.
L.T. San José de Guaymas, Sonora.
Distribución: Sonora.

Oryzomys couesi mexicanus J.A. Allen
Oryzomys mexicanus J.A. Allen, Bull. Amer. Mus. Nat. Hist., 9:52, 15 marzo 1897.
L.T. Hacienda San Marcos, 3,500 pies, Tonila, Jalisco.
Oryzomys couesi mexicanus, Goldman 1918:33.
Distribución: Colima, Guerrero, Jalisco, Michoacán, Nayarit, Oaxaca, Sinaloa.
Referencias : Alvarez, 1968:32; Burt, 1961:21; Gardner y Patton, 1976:7; Genoways y Jones, 1973:6; Goodwin, 1969:151; Kruidenier, et al., 1959:101; López-F.C. y Urbano-V., 1977:235; López-F., et al., 1971a:102; Núñez, et al., 1981:660; Schaldach, 1966:293; Stephen, et al., 1975:102; Rickart, 1977:3; Webb y R.H. Baker, 1969:144.

Oryzomys couesi peragrus Merriam
Oryzomys mexicanus peragrus Merriam, Proc. Washington Acad. Sci., 3:283, 26 julio 1901.
L.T. Río Verde, San Luis Potosí.
Oryzomys palustris peragrus, Goldman, 1918:39.
Distribución: San Luis Potosí, Tamaulipas, Veracruz.
Referencias : Alvarez, 1963a:288; Carleton, 1980:27; Dalquest y Roth, 1970:220; 226, Hall y Dalquest, 1963:288; Hall y Kelson, 1959:558; López-F.C. y Urbano-V., 1977:234; Webb, et al., 1967:6.

Oryzomys couesi regillus Goldman
Oryzomys couesi regillus Goldman, Proc. Biol. Soc. Washington, 28:129, 29 junio 1915.
L.T. Los Reyes, Michoacán.
Distribución: Michoacán.
Referencias : Burt, 1961:21.

Oryzomys couesi zygomaticus Merriam

Oryzomys zygomaticus Merriam, Proc. Washington Acad. Sci., 3:285, 26 julio 1901.
L.T. Nentón, Guatemala.
Oryzomys couesi zygomaticus, Goldman, 1918:32.
Distribución: Chiapas.
Referencias : Gardner y Patton, 1976:7.

Oryzomys fulgens Thomas
Oryzomys fulgens Thomas, Ann. Mag. Nat. Hist., ser. 6, 11:403, mayo 1893.
L.T. México, probablemente en, o cerca, del Valle de México.
Distribución: Conocido sólo el ejemplar tipo.

Oryzomys fulvescens engraciae Osgood
Oryzomys fulvescens engraciae Osgood, J. Mamm., 26:300, 14 noviembre 1945.
L.T. Hacienda Santa Engracia, NW Ciudad Victoria, Tamaulipas.
Distribución: Nuevo León, Tamaulipas.
Referencias : Alvarez, 1963a:438; Dalquest y Roth, 1970:220, 226.

Oryzomys fulvescens fulvescens (Saussure)
H[esperomys]. fulvescens Saussure, Revue et Mag. Zool., Paris, ser. 2, 12:102, marzo 1860.
L.T. Orizaba, Veracruz (fijada por Merriam, Proc. Washington Acad. Sci. 3:295, 1901).
Oryzomys fulvescens fulvescens, Goldman, 1918:81
Distribución: Chiapas, Hidalgo, Oaxaca, Puebla, San Luis Potosí, Tamaulipas, Veracruz.
Referencias : Alvarez, 1963a:438; Bassols, 1981:24; Carleton, 1980:27; Goodwin, 1969:158; Haiduk, et al., 1979:614; Hall, 1981:620; Hall y Dalquest, 1963:291; Hall y Kelson, 1959:566-567; Hooper y Musser, 1964a:5; Musser, 1964:5; Rickart, 1977:3.

Oryzomys fulvescens lenis Goldman
Oryzomys fulvescens lenis Goldman, Proc. Biol. Soc. Washington, 28:130, 29 junio 1915.
L.T. Los Reyes, Michoacán.
Distribución: Colima, Chiapas, Guerrero, Jalisco, Michoacán, Nayarit, Oaxaca.
Referencias : Alvarez, 1968:32, Bassols, 1981:20, Carleton, 1980:27; Genoways y Jones, 1973:14; Goodwin, 1969:160; Hall y Kelson, 1959:568; Núñez, et al., 1981:661; Schaldach, 1966:294.

Oryzomys fulvescens mayensis Goldman
Oryzomys fulvescens mayensis Goldman, N. Amer. Fauna, 43:92, 23 septiembre 1918.

L.T. Apazote, cerca Yohaltún, Campeche.
Distribución: Campeche, Yucatán.
Referencias : Hall, 1981:622; Jones, et al., 1974b:8.

Oryzomys fulvescens pacificus Hooper
Oryzomys fulvescens pacificus Hooper, Proc. Biol. Soc. Washington, 65:23, 29 enero 1952.
L.T. Mapastepec, Chiapas.
Distribución: Chiapas, Oaxaca.
Referencias : Bassols, 1981:24; Carleton, 1980:27; Goodwin, 1969:160.

Oryzomys melanotis carrorum Lawrence
Oryzomys rostratus carrorum Lawrence, Proc. New England Zool. Club, 24: 101, 29 mayo 1947.
L.T. Rancho Santa Ana, cerca 8 mi SW Padilla, Río Soto La Marina Tamaulipas.
Oryzomys melanotis carrorum, Hall y Kelson, 1959:560.
Distribución: Tamaulipas.
Referencias : Alvarez, 1963a:437; Ingles, 1959:395.

Oryzomys melanotis colimensis Goldman
Oryzomys melanotis colimensis Goldman, N. Amer. Fauna, 43:51, 23 septiembre 1918.
L.T. Armería, Colima.
Distribución: Colima, Jalisco, Michoacán.
Referencias : Genoways y Jones, 1973:10 Hall y Kelson, 1959:560; Hooper y Musser, 1964a:6; López-F., et al., 1971a:102.

Oryzomys melanotis megadon Merriam
Oryzomys rostratus megadon Merriam, Proc. Washington, Acad. Sci., 3:294, 26 julio 1901.
L.T. Teapa, Tabasco.
Oryzomys melanotis megadon, Hall y Kelson, 1959:561.
Distribución: Campeche, Quintana Roo, Tabasco.
Referencias : Bassols, 1981:20; Hall, 1981:614; Jones, et al., 1974b: 9.

Oryzomys melanotis melanotis Thomas
Oryzomys melanotis Thomas, Ann. Mag. Nat. Hist., ser. 6, 11:404, mayo 1893.
L.T. Mineral San Sebastián, Jalisco.
Oryzomys melanotis melanotis, Goldman, 1918:50.
Distribución: Jalisco, Nayarit, Sinaloa.
Referencias : Burt, 1960:64; Genoways y Jones, 1973:10; Núñez, et al., 1981:660.

Oryzomys melanotis rostratus Merriam
Oryzomys rostratus Merriam, Proc. Washington Acad. Sci., 3:293, 26 julio 1901.
L.T. Metlaltoyuca, Puebla.
Oryzomys melanotis rostratus, Hooper, 1953:8.
Distribución: Oaxaca, Puebla, San Luis Potosí, Tamaulipas, Veracruz.
Referencias : Alvarez, 1963a:437; Carleton, 1973:7; Goodwin, 1969: 156; Haiduk, et al., 1979:614; Hall y Dalquest, 1963: 289; Hall, 1981:614; Hall y Kelson, 1959:560-561; Ingles, 1959:395; Schaldach, 1966:293.

Oryzomys melanotis yucatanensis Merriam
Oryzomys yucatanensis Merriam, Proc. Washington Acad. Sci., 3:294, 26 julio 1901.
L.T. Chichén-Itzá, Yucatán.
Oryzomys melanotis yucatanensis, Hall y Kelson, 1959:561.
Distribución: Campeche, Quintana Roo, Yucatán.
Referencias : Hall y Kelson, 1959:561; Jones, et al., 1974b:9; Loomis, 1969:8-9.

Oryzomys nelsoni Merriam
Oryzomys nelsoni Merriam, Proc. Biol. Soc. Washington, 12:15, 27 enero 1898.
L.T. Isla María Madre (Tres Marías) Nayarit.
Distribución: Conocida sólo de la localidad típica.

Oryzomys peninsulae Thomas
Oryzomys peninsulae Thomas, Ann. Mag. Nat. Hist., ser. 6, 20:548, diciembre 1897.
L.T. Santa Anita, Baja California Sur.
Distribución: Baja California Sur.
Referencias : Huey, 1964:124.

Osgoodomys banderanus banderanus (J.A. Allen)
Peromyscus banderanus J.A. Allen, Bull. Amer. Mus. Nat. Hist., 9:51, 15 marzo 1897.
L.T. Valle de Banderas, Nayarit.
Osgoodomys banderanus banderanus, (Nueva combinación, ver Carleton 1980).
Distribución: Colima, Guerrero, Jalisco, Michoacán, Nayarit.
Referencias : Alvarez, 1968:32; Burt, 1960:57; Carleton, 1973:8; 1980:22; Genoways y Jones, 1973:7; Hall y Kelson, 1959: 652; Helm III, et al., 1976:142; Hooper y Musser, 1964b:2; Lamothe-A., 1981:61; Lee y Elder, 1977:482; Linzey y Layne, 1969:4; 1974:13; López-F.C. Y Urbano-V., 1977:235; López-F. et al., 1971a:103; Musser, 1969:17: Núñez, et al.,1981:663; Ramírez-P. y Sánchez-H., 1972:108;

Ramírez-P. et al., 1977:274; Stephen, et al., 1975:102; Uribe, et al., 1981:643; Winkelmann, 1962b:108-109.

Osgoodomys banderanus vicinior (Osgood)
Peromyscus banderanus vicinior Osgood, Proc. Biol. Soc. Washington, 17:68, 21 marzo 1904.
L.T. La Salada, Michoacán.
Osgoodomys banderanus vicinior, (Nueva combinación, ver Carleton, 1980).
Distribución: Guerrero, Michoacán.
Referencias : Alvarez, 1968:33;Bassols, 1981:15; Carleton, 1973:8; 1980:23; Hall, 1981:721; Hall y Kelson, 1959:652; Linzey y Layne, 1969:4; 1974:13; López-F.C. y Urbano-V., 1977:235; Musser, 1969:7, Ramírez-P. y Sánchez-H., 1972:108.

"Rata arborícola"

Otonyctomys hatti Anthony
Otonyctomys hatti Anthony, Amer. Mus. Novitates, 586:1, 16 noviembre 1932.
L.T. Chichén-Itzá, Yucatán.
Distribución: Campeche, Yucatán.
Referencias : Hall, 1981:632; Hall y Kelson, 1959:579; Jones, et al., 1974b:11; Loomis, 1969:9; Peterson, 1966:281.

Ototylomys phyllotis connectens Sanborn
Ototylomys phyllotis connectens Sanborn, Field Mus. Nat. Hist., Zool. Ser., 20 (11):82, 15 mayo 1935.
L.T. Cobán, Alta Verapaz, Guatemala.
Distribución: Chiapas, Guerrero, Tabasco.
Referencias : Baker, et al., 1971:85; Lawlor 1969:36; 1982:1; Ramírez-P. y Sánchez-H., 1972:107.

Ototylomys phyllotis phyllotis Merriam
Ototylomys phyllotis Merriam, Proc. Washington Acad. Sci., 3:562, 29 noviembre 1901.
L.T. Tunkás, Yucatán.
Ototylomys phyllotis phyllotis, Miller, 1912:180.
Distribución: Campeche, Chiapas, Guerrero, Quitana Roo, Tabasco, Yucatán.
Referencias : Carleton, 1980:25; Helm III, 1975:575; Helm III y Bowers, 1973:769; Ingles, 1959:395; Jones, et al., 1974b:10; Lawlor, 1969:38-39; 1982b:1; Loomis, 1969:5; Ramírez-P. y Sánchez-H., 1972:110.

"Ratones de campo"

Peromyscus aztecus aztecus (Saussure)
H [*esperomys*]. *aztecus* Saussure, Revue et Mag. Zool., Paris, ser.2, 12: 105,1860.
L.T. Probablemente Mirador, Veracruz (Osgood, N. Amer. Fauna, 28:156, 1909).
Peromyscus aztecus aztecus, Carleton, 1979:293.
Distribución: Hidalgo, Puebla, San Luis Potosí, Veracruz.
Referencias : Alvarez, 1961b:115; Carleton, 1973:8; 1977:40; 1979: 281; Hall, 1981:699; Hall y Dalquest, 1963:305; Musser, 1964:9.

Peromyscus aztecus evides Osgood
Peromyscus spicilegus evides Osgood, Proc. Biol. Soc. Washington, 17:64, 21 marzo 1904.
L.T. Juquila, Oaxaca.
Peromyscus aztecus evides, Carleton, 1979:294.
Distribución: Guerrero, Oaxaca.
Referencias : Bassols, 1981:17,26; Burt, 1961:21; Carleton, 1973:8; 1977:40-41; 1979:281; Goodwin, 1969:175; Hooper, 1961: 121; Hooper y Musser, 1964b:2; Musser, 1964:10; Petersen, 1968:131; Ramírez-P., et al., 1977:27; Schaldach, 1966:296; Webb y R.H. Baker, 1969:144; Winkelmann, 1962b:109.

Peromyscus aztecus hylocetes Merriam
Peromyscus hylocetes Merriam, Proc. Biol. Soc. Washington, 12:124, 30 abril 1898.
L.T. Pátzcuaro, 8,000 pies, Michoacán.
Peromyscus aztecus hylocetes, Carleton, 1979:294.
Distribución: Distrito Federal, Jalisco, México, Michoacán. Morelos.
Referencias : Baker, R.H. y Phillips, 1965a:692; Bassols, 1981:13, 14; Burt, 1960:55; 1961:21; Carleton, 1977:5,41; 1979: 281; Hall, 1981:701; Hall y Kelson, 1959:637; Hooper y Musser, 1964b:1; Lee y Elder, 1977:481; Ramírez-P., 1969b:275.

Peromyscus aztecus oaxacensis Merriam
Peromyscus oaxacensis Merriam, Proc. Biol. Soc. Washington, 12:122, 30 abril 1898.
L.T. Cerro San Felipe, 10,000 pies, Oaxaca.
Peromyscus aztecus oaxacensis, Carleton, 1979:295.
Distribución: Chiapas, Oaxaca.
Referencias : Baker, R.H., et al., 1971:85; Bassols, 1981:11; Carleton, 1973:9; 1977:541; 1979:281; Goodwin, 1969:183; Hoffmann, 1960:99; Hooper y Musser, 1964b:1; Linzey y

Layne, 1969:4; 1974:9; Musser, 1969:12; Robertson y Musser, 1976:6.

Peromyscus boylii ambiguus Alvarez
Peromyscus boylii ambiguus Alvarez, Univ. Kansas Publ., Mus.Nat. Hist., 14 (7):118, 29 diciembre 1961.
L.T. Monterrey, Nuevo León.
Distribución: Coahuila, Nuevo León, San Luis Potosí, Tamaulipas.
Referencias : Alvarez, 1961b:120; 1963a:443; Avise, et al., 1974b: 753; Burt, 1960:55; Kilpatrick y Zimmerman, 1975:144; Koopman y Martin, 1959:5; Schmidly, 1973:130; Schmidly y Schroeter, 1974:335; Zimmerman, et al., 1975:541.

Peromyscus boylii beatae Thomas
Peromyscus beatae Thomas, Ann. Mag. Nat. Hist., ser.7, 11:485, mayo 1903.
L.T. Campo Xometla, Orizaba, Veracruz.
Peromyscus boylii beatae, Alvarez, 1961b:116.
Distribución: Veracruz.
Referencias : Alvarez, 1961b:117; Burt, 1960:55; Hall y Dalquest, 1963:305; Kilpatrick y Zimmerman, 1975:144; Schmidly y Schroeter, 1974:335.

Peromyscus boylii glasselli Burt
Peromyscus boylii glasselli Burt, Trans. San Diego Soc. Nat. Hist., 7:171, 31 octubre 1932.
L.T. Isla San Pedro Nolasco, 27°58' N y 111°24' W Golfo de California, Sonora.
Distribución: Conocida sólo de la localidad típica.
Referencias : Carleton, 1977:37; Klinger, 1977:41.

Peromyscus boylii levipes Merriam
Peromyscus levipes Merriam, Proc. Biol. Soc. Washington, 12:123, 30 abril 1898.
L.T. Monte Malinche, 8,400 pies, Tlaxcala.
Peromyscus boylii levipes, Osgood, 1909:153.
Distribución: Coahuila, Chiapas, Distrito Federal, Durango, Guanajuato, Guerrero, Hidalgo, Jalisco, México, Michoacán, Morelos, Nuevo León, Oaxaca, Puebla, Querétaro, San Luis Potosí, Tamaulipas, Tlaxcala, Veracruz.
Referencias : Alvarez, 1961b:116; 1963a:443; Avise, et al., 1974b:753; Baker, RH. y M.W. Baker, 1975:672; Baker, R.H., y Phillips, 1965a:692; Baker, R.H., et al., 1971:85; Bassols, 1981:11,28,35; Brown y Welser, 1968:425; Burt, 1960:2; Carleton, 1977:5,40; 1979:281; 1980:21; Doty y Kart, 1972:84; Esquivel, 1981:526; Goodwin, 1969:175; Hall, 1981:695; Hall y Dalquest, 1963:305; Hoffmann, 1960: 99; Hooper, 1961:121; Kilpatrick y Zimmerman, 1975:144;

Koopman y Martin,1959:5; Lee,et al., 1972:698; López-F. C. y Urbano-V.,1977:235; Musser, 1964:9;1969:12; Petersen, 1968:130; Ramírez-P.,1969b:275; Ramírez-P. y Sánchez-H.,1972:107; Robertson y Musser, 1976:6; Schmidly, 1973:129; Schmidly y Schroeter,1974:335; Smith y Jones, 1967:189; Stephen, et al., 1975:101; Webb y R.H. Baker, 1969:144; Zimmerman, et al., 1975:541.

Peromyscus bullatus Osgood

Peromyscus bullatus Osgood, Proc. Biol. Soc. Washignton, 17:63, 21 marzo 1904.

L.T. Perote, Veracruz.

Distribución: Veracruz.

Referencias : Hall, 1981:706; Hall y Dalquest, 1963:306; Hall y Kelson, 1959:642.

Peromyscus californicus insignis Rhoads

Peromyscus insignis Rhoads, Proc. Acad. Nat. Sci. Philadelphia, 47:33, 21 febrero 1895.

L. T. Dulzura, San Diego County, California.

Peromyscus californicus insignis, Mearns, 1907:429.

Distribución: Baja California Norte.

Referencias : Avise, et al., 1974a:228; Huey, 1964:125; Merrit, 1978:1; Smith, 1979:707.

Peromyscus caniceps Burt

Peromyscus caniceps Burt, Trans. San Diego Soc. Nat.Hist., 7:174, 31 octubre 1932.

L. T. Isla Monserrate, 25°38' N y 111°02' W, Golfo de California, Baja California Sur.

Distribución: Conocida sólo de la localidad típica.

Referencias : Avise, et al., 1974a:228; Burt, 1960:52; Huey, 1964:127.

Peromyscus crinitus delgadilli Benson

Peromyscus crinitus delgadilli Benson, Proc. Biol. Soc. Washington, 53:1, 16 febrero 1940.

L. T. 2 mi S Crater Elegante, 34 mi W Sonoita, Sierra del Pinacate, Sonora.

Distribución: Sonora.

Referencias : Csuti, 1980:44.

Peromyscus crinitus disparilis Goldman

Peromyscus crinitus disparilis Goldman, Proc. Biol. Soc. Washington, 45:90, 21 junio 1932.

L. T. Tinajas Altas, 2,000 pies, Gila Mts., Yuma County, Arizona.

Distribución: Sonora.
Referencias : Csuti, 1980:44-45.

Peromyscus crinitus pallidissimus Huey
Peromyscus crinitus pallidissimus Huey, Trans. San Diego Soc. Nat. Hist., 6:389, 28 agosto 1931.
L.T. Una pequeña isla en la Bahía de Gonzaga, 29°50' N y 114°20' W, Baja California Norte.
Distribución: Conocida sólo en la localidad típica.
Referencias : Bond, 1969:261; Huey, 1964:125; Lawlor, 1971a:20; 1971b:122.

Peromyscus crinitus stephensi Mearns
Peromyscus stephensi Mearns, Proc. U.S. Nat. Mus., 19:721, 30 julio 1897.
L.T. 3 mi E Mountain Spring, Imperial County, California.
Peromyscus crinitus stephensi, Osgood, 1909:232.
Distribución: Baja California Norte.
Referencias : Huey, 1964:125; Lawlor, 1971a:20; 1971b:122.

Peromyscus dickeyi Burt
Peromyscus dickeyi Burt, Trans. San Diego Soc. Nat. Hist., 7:176, 31 octubre 1932.
L.T. Isla Tortuga, 27°21' N y 111°54' W Golfo de California, Baja California Sur.
Distribución: Conocida sólo de la localidad típica.
Referencias : Avise, et al., 1974a:228; Hooper y Musser, 1964b:2; Huey, 1964:127.

Peromyscus difficilis amplus Osgood
Peromyscus amplus Osgood, Proc. Biol. Soc. Washington, 17:62, 21 marzo 1904.
L.T. Coixtlahuaca, Oaxaca.
Peromyscus difficilis amplus Osgood, 1909:181.
Distribución: Hidalgo, México, Oaxaca, Puebla, Tlaxcala, Veracruz.
Referencias : Bassols, 1981:13,17; Brown y Welser, 1968:425; Burt, 1960: 56; Carleton, 1980:22; Goodwin, 1969:184; Hall, 1981:704; Hall y Dalquest, 1963:307; Hall y Kelson, 1959:643-644; Hoffmeister y de la Torre, 1961:112; Linzey y Layne, 1969:4.

Peromyscus difficilis difficilis (J.A. Allen)
Vesperimus difficilis J.A. Allen, Bull. Amer. Mus. Nat. Hist., 3:289, 30 junio 1891.
L.T. Sierra de Valparaíso, Zacatecas.
Peromyscus difficilis difficilis, Miller, 1912:163.
Distribución: Aguascalientes, Chihuahua, Durango, Guanajuato, Nuevo

León, San Luis Potosí, Zacatecas.
Referencias : Anderson, 1972:338-339; Anderson y Long, 1961:2; Avise, et al., 1979:179; Baker, R.H. y Greer, 1962:113; Burt, 1960:56; Carleton, 1973:8; 1980:22; Diersing, 1976:464; Gardner, 1965:101; Hall y Kelson, 1959:644; Hoffmeister y de la Torre, 1961:7; Ingles, 1959:397; Jones y Webster, 1976:78; Matson, 1982:78: Robins y R.J.Baker, 1981:196; Tipton y Méndez, 1968:182; Wrenn, et al., 1976:301; Zimmerman, et al., 1975:541.

Peromyscus difficilis felipensis Merriam
Peromyscus felipensis Merriam, Proc. Biol. Soc. Washington, 12:122, 30 abril 1898.
L.T. Cerro San Felipe, 10,200 pies, Oaxaca.
Peromyscus difficilis felipensis, Osgood, 1909:182.
Distribución: Distrito Federal, México, Morelos, Oaxaca.
Referencias : Bassols, 1981:17,28,37; Burt, 1960:56; Doty y Kart, 1972:84; Goodwin, 1969:185; Hoffmeister y de la Torre, 1961:13; Linzey y Layne, 1974:10; Petersen, 1968:131; Ramírez-P. 1969b:276.

Peromyscus difficilis nasutus (J.A. Allen)
Vesperimus nasutus J.A. Allen, Bull. Amer. Mus. Nat. Hist., 3:299, 30 junio 1891.
L.T. Estes Park, Larimer County, Colorado.
Peromyscus difficilis nasutus, Hoffmeister y de la Torre, 1961:7.
Distribución: Coahuila.
Referencias : Hoffmeister y de la Torre, 1961:8.

Peromyscus difficilis penicillatus Mearns
Peromyscus boylii penicillatus, Mearns, Proc. U.S. Nat. Mus., 19:139, 21 diciembre 1896.
L.T. Franklin Mts., cerca de El Paso, El Paso County, Texas.
Peromyscus difficilis penicillatus, Diersing, 1976:462.
Distribución: Aguascalientes, Baja California Norte, Coahuila, Chihuahua, Durango, San Luis Potosí, Sinaloa, Sonora, Zacatecas.
Referencias : Anderson, 1972:237-238; Anderson y Long, 1961:2; Anderson y Nelson, 1960:100; Avise, et al., 1974b:753; Baker, R.H. y Greer, 1962:112; Carleton, 1973:8; 1977:5; Crossin, et al., 1973:196; Diersing, 1976:463; Gardner, 1965:101; Huey, 1964:130; Ingles, 1959:397; Jones y Webster, 1976:78; Kilpatrick y Zimmerman, 1975:144; Lee, et al., 1972:697; Loomis y Somerby, 1966:215,223; Matson, 1982:78; Matson, et al., 1978:155; Robbins y R.J. Baker, 1981:196; Schmidly, 1973:129; Schmidly y Schroeter, 1974:335; Webb y R.H. Baker, 1962:331; Zimmerman, et al., 1975:541.

Peromyscus difficilis petricola Hoffmeister y de la Torre
Peromyscus difficilis petricola Hoffmeister y de la Torre, Proc. Biol. Soc. Washington, 72:167, 4 noviembre 1959.
L.T. 12 mi E San Antonio de las Alazanas, 9,000 pies, Coahuila.
Distribución: Coahuila, Nuevo León, Tamaulipas, Zacatecas.
Referencias : Alvarez, 1963a:446; Carleton, 1980:22; Diersing, 1976: 464; Ingles, 1959:397; Jones y Genoways, 1969:139; Matson, 1982:78; Zimmerman, et al., 1975:541.

Peromyscus difficilis saxicola Hoffmeister y de la Torre
Peromyscus difficilis saxicola Hoffmeister y de la Torre, Proc. Biol. Soc. Washington, 72:168, 4 noviembre 1959.
L.T. Cadereyta, 2,100 m, Querétaro.
Distribución: Hidalgo, Querétaro, Veracruz.
Referencias : Alvarez y Polaco, 1980:136; Burt, 1960:56; Carleton, 1980:22; Hall y Dalquest, 1963:308; Hoffmeister y de la Torre, 1961:11; Kaspar y Jones, 1977:155.

Peromyscus eremicus alcorni Anderson
Peromyscus eremicus alcorni Anderson, Bull. Amer. Mus. Nat. Hist., 148: 341, 8 septiembre 1972.
L.T. 11 mi NNW San Buenaventura, Chihuahua.
Distribución: Chihuahua.
Referencias : Anderson, 1972:341; Lee, et al., 1972:698; Veal y Caire, 1979:1.

Peromyscus eremicus anthonyi (Merriam)
Hesperomys (Vesperimus) anthonyi Merriam, Proc. Biol. Soc. Washington, 4:5, 15 abril 1887.
L.T. Camp Apache, Big Hachita Mts., Hidalgo County, Nex Mexico.
Peromyscus eremicus anthonyi, Mearns, 1907:438.
Distribución: Chihuahua, Durango, Sinaloa, Sonora.
Referencias : Anderson, 1972:431; Avise, et al., 1974a:228; Bradshaw y Hayward, 1960:282; Carleton, 1973:8; Cockrum y Bradshaw, 1963:8; Jones, 1964a:753; Lawlor, 1971a:21; 1971b:122; 1982a:59; Lee, et al., 1972:698; Linzey y Layne , 1969:4; Loomis y Davis, 1965:497; Veal y Caire, 1979:3; Wrenn y Loomis, 1967:160.

Peromyscus eremicus avius Osgood
Peromyscus eremicus avius Osgood, N. Amer. Fauna, 28:247, 17 abril 1909.
L.T. Isla Cerralbo, Golfo de California, Baja California Sur.
Distribución: Conocida sólo de la localidad típica.
Referencias : Banks, 1964c:402; Burt, 1960:51; Gill, 1981:193; Herrin, 1970:421; Huey, 1964:126; Lawlor, 1982a:59; Veal y Caire, 1979:3.

Peromyscus eremicus cedrosensis J.A. Allen
Peromyscus cedrosensis J.A. Allen, Bull. Amer. Mus. Nat. Hist., 10:154, 12 abril, 1898.
L.T. Isla Cedros, Golfo de California, Baja California Norte.
Peromyscus eremicus cedrosensis, Osgood, 1909:244.
Distribución: Conocida sólo de la localidad típica.
Referencias : Banks, 1964b:183; Gill, 1981:193; Herrin, 1970:421; Huey, 1964:126; Lawlor, 1982a:59; Loomis y Somerby, 1966:216,218,222-223; Veal y Caire, 1979:3.

Peromyscus eremicus cinereus Hall
Peromyscus eremicus cinereus Hall, Proc. Biol. Soc. Washington, 44:87, 29 junio 1931.
L. T. Isla San José, 25°N, Baja California Sur.
Distribución: Conocida sólo de la localidad típica.
Referencias : Avise, et al., 1974a:228; Csuti, 1980:45; Gill, 1981:193; Herrin, 1970:42; Huey, 1964:126; Lawlor, 1982a:59; Veal y Caire, 1979:3.

Peromyscus eremicus collatus Burt
Peromyscus collatus Burt, Trans. San Diego Soc. Nat. Hist., 7:172, 31 octubre 1932.
L. T. Isla Turner, 28°43' N y 112°19' W, Golfo de California, Sonora.
Peromyscus eremicus collatus, Lawlor, 1971b:121.
Distribución: Conocida sólo de la localidad típica.
Referencias : Burt, 1960:52; Gill, 1981:193; Hooper y Musser, 1964b:2; Lawlor, 1982a:59.

Peromyscus eremicus eremicus (Baird)
Hesperomys eremicus Baird, Mammals, *in* Repts. Expl. Surv. 8 (1):479, 14 julio 1858.
L. T. Old Fort Yuma, Imperial County, California en el Río Colorado.
Peromyscus eremicus eremicus, Townsend, 1912:126.
Distribución: Coahuila, Chihuahua, Durango, Sonora.
Referencias : Anderson, 1972:341-342; Avise, et al., 1974a:228; Baker, R.H. 1960b:317; Baker, R.H. y Greer, 1962:144; Hall y Kelson, 1959:606; Huey, 1964:125; Lawlor, 1971a:21; 1971b:122; 1982a:59; Lee, et al., 1972:698; Veal y Caire, 1979:3.

Peromyscus eremicus fraterculus (Miller)
Vesperimus fraterculus Miller, Amer. Nat., 26:261, marzo 1892.
L. T. Dulzura, San Diego County, California.
Peromyscus eremicus fraterculus, Osgood, 1909:243.
Distribución: Baja California Norte.
Referencias : Gill, 1981:193; Herrin, 1970:421; Huey, 1964:126; Law-

lor, 1971a:21; 1971b:122; 1982a:59; Loomis y Somerby, 1966:216,218,222-223; Veal y Caire, 1979:3.

Peromyscus eremicus insulicola Osgood
Peromyscus eremicus insulicola Osgood, N. Amer. Fauna, 28:246, 17 abril 1909.
L.T. Isla Espíritu Santo, Golfo de California, Baja California Sur.
Distribución: Conocida sólo de la localidad típica.
Referencias : Avise, et al., 1974a:228; Gill, 1981:193; Herrin, 1970:421; Huey, 1964:126; Lawlor, 1982a:59; Veal y Caire, 1979:3.

Peromyscus eremicus papagensis Goldman
Peromyscus eremicus papagensis Goldman, Proc. Biol. Soc. Washington, 30: 110, 23 mayo 1917.
L.T. Sierra del Pinacate, Sonora.
Distribución: Conocida sólo de la localidad típica.
Referencias : Lawlor, 1971a:21; 1971b:122; 1982a:59; Veal y Caire, 1979:3.

Peromyscus eremicus phaeurus Osgood
Peromyscus eremicus phaeurus Osgood, Proc. Biol. Soc. Washington, 17:75, 21 marzo 1904.
L.T. Hacienda La Parrada, San Luis Potosí.
Distribución: Coahuila, Durango, Nuevo León, San Luis Potosí, Zacatecas.
Referencias : Baker, R.H. y Greer, 1962:114; R.H. Baker, et al., 1981:568; Jones y Webster, 1976:79; Lee y Schmidly, 1977:267; Matson, 1982:78; Veal y Caire, 1979:3.

Peromyscus eremicus polypolius Osgood
Peromyscus eremicus polypolius Osgood, N. Amer. Fauna, 28:248, 1909.
L.T. Isla Margarita, Costa W del S de Baja California Sur.
Distribución: Conocida sólo de la localidad típica.
Referencias : Gill, 1981:193; Herrin, 1970:421; Huey, 1964:126; Lawlor, 1982a:59; Veal y Caire, 1979:3.

Peromyscus eremicus pullus Blossom
Peromyscus eremicus pullus Blossom, Occas. Papers Mus. Zool. Univ. Michigan, 265:3; 21 junio 1933.
L.T. Black Mtn., 10 mi S Tucson, Pima Co., Arizona.
Distribución: Baja California Norte, Sonora.
Referencias : Avise, et al., 1974a:228; Banks, 1964b:183; Gill, 1981:193; Herrin, 1970:421; Lawlor, 1971a:21; 1971b: 122; 1982a:59; Loomis y Somerby, 1966:216,218,222-223; Veal y Caire, 1979:3.

Peromyscus eremicus sinaloensis Anderson
Peromyscus eremicus sinaloensis Anderson, Bull. Amer. Mus. Nat. Hist., 148:342, 8 septiembre 1972.
L.T. 26 mi NE Choix, Sinaloa.
Distribución: Chihuahua, Sinaloa.
Referencias : Anderson, 1972:342; Veal y Caire, 1979:3.

Peromyscus eremicus tiburonensis Mearns
Peromyscus tiburonensis Mearns, Proc. U.S. Nat. Mus., 19:720, 30 julio 1897.
L.T. Isla Tiburón, Golfo de California, Sonora.
Peromyscus eremicus tiburonensis, Osgood, 1909:250.
Distribución: Conocida sólo de la localidad típica.
Referencias : Gill, 1981:193; Herrin, 1970:421; Lawlor, 1982a:59; Veal y Caire, 1979:3.

Peromyscus eva carmeni Townsend
Peromyscus eremicus carmeni Townsend, Bull. Amer. Mus. Nat. Hist., 31:126, 1912.
L.T. Isla del Carmen, Golfo de California, Baja California Sur.
Peromyscus eva carmeni, Lawlor, 1971a:17.
Distribución: Baja California Sur.
Referencias : Avise, et al., 1974a:228; Banks, 1964b:183; Burt, 1960: 51; Huey, 1964:126; Lawlor, 1982a:59; Woloszyn y Woloszyn, 1982:121.

Peromyscus eva eva Thomas
Peromyscus eva Thomas, Ann. Mag. Nat. Hist., ser.7, 1:44, enero 1898.
L.T. San José del Cabo, Baja California Sur.
Peromyscus eva eva, Lawlor, 1971a:17.
Distribución: Baja California Sur.
Referencias : Avise, et al., 1974a:228; Banks, 1967a:227; Burt, 1960: 51; Carleton, 1973:8; Huey, 1964:127; Lawlor, 1971a:20-21;1982a:59; Loomis y Lucas, 1970:56,58; López-F.C. y Urbano-V., 1977:238; Woloszyn y Woloszyn, 1982:121.

Peromyscus furvus J.A. Allen y Chapman
Peromyscus furvus J.A. Allen y Chapman, Bull. Amer. Mus. Nat. Hist., 9:201, 16 junio 1897.
L.T. Jalapa, Veracruz.
Distribución: Hidalgo, Oaxaca, Puebla, Querétaro, San Luis Potosí, Veracruz.
Referencias : Carleton, 1973:8; 1980:22; Hall, 1968:154; 1981:714; Hall y Alvarez, 1961c:205; Hall y Dalquest, 1963:308-309; Hall y Kelson, 1959:648-649; Heaney y Birney, 1977:544; Hooper y Musser, 1964b:2; Huckaby, 1980:11; Jones y Genoways, 1969:139; Linzey y Layne, 1969:4, 11; Musser, 1964:10; 1969:21.

Peromyscus guardia guardia Townsend
Peromyscus guardia Townsend, Bull. Amer. Mus. Nat. Hist., 31:126, 14 junio 1912.
L.T. Isla Angel de la Guarda, Golfo de California, Baja California Norte
Peromyscus guardia guardia, Burt, 1932:178.
Distribución: Conocida sólo de la localidad típica.
Referencias : Avise, et al., 1974a:228; Banks, 1967c:214; Brand y Rickman, 1969:503; Burt, 1960:52; Carleton, 1973:8; Gill, 1981:193; Hooper y Musser, 1964b:2; Huey, 1964:127; Lawlor, 1971b:122.

Peromyscus guardia harbisoni Banks
Peromyscus guardia harbisoni Banks, J. Mamm., 48:215, 20 mayo 1967c.
L.T. Isla Granito, 29°33' N y 113°34' W, Baja California Norte.
Distribución: Conocida sólo de la localidad típica.
Referencias : Avise, et al., 1974a:228; Banks, 1967c:215; Bond, 1969:261; Carleton, 1973:8.

Peromyscus guardia mejiae Burt
Peromyscus guardia mejiae Burt, Trans. San Diego Soc. Nat. Hist., 7:174, 31 octubre 1932.
L.T. Isla Mejía, 29°33' N y 113°35' W, Golfo de California, Baja California Norte.
Distribución: Conocida sólo de la localidad típica.
Referencias : Avise, et al., 1974a:228; Banks, 1967c:214; Brand y Rickman, 1969:503; Carleton, 1973:8; Gill, 1981:193; Huey, 1964:127.

Peromyscus guatemalensis Merriam
Peromyscus guatemalensis Merriam, Proc. Biol. Soc. Washington, 12:118, 30 abril 1898.
L.T. Todos Santos, 10,000 pies, Huehuetenango, Guatemala.
Distribución: Chiapas.
Referencias : Carleton, 1973:8; Huckaby, 1980:14.

Peromyscus gymnotis Thomas
Peromyscus gymnotis Thomas, Ann. Mag. Nat. Hist., ser.6, 14:365, noviembre 1894.
L.T. Guatemala.
Distribución: Chiapas.
Referencias : Carleton, 1973:8; Huckaby, 1980:15; Musser, 1971:9.

Peromyscus hooperi Lee y Schmidly
Peromyscus hooperi Lee y Schmidly, J. Mamm., 58:263, 20 agosto 1977.
L.T. 2.5 mi W, 21 mi S Ocampo ± 3,500 pies, Coahuila.
Distribución: Coahuila, Zacatecas.
Referencias : Lee y Schmidly, 1977:267.

Peromyscus interparietalis interparietalis Burt
Peromyscus guardia interparietalis Burt, Trans. San Diego Soc. Nat. Hist., 7:175, 31 octubre 1932.
L.T. Sur de la Isla de San Lorenzo 28°36' N y 112°51' W, Golfo de California, Baja California Norte.
Peromyscus interparietalis interparietalis, Banks, 1967c:216.
Distribución: Conocida sólo de la localidad típica.
Referencias : Banks, 1967c:216; Burt, 1960:52; Carleton, 1973:8; Doty y Kart, 1972:84; Gill, 1981:193; Huey, 1964:127; Lindsay, 1962:4; Linzey y Layne, 1974:13.

Peromyscus interparietalis lorenzi Banks
Peromyscus interparietalis lorenzi Banks, J. Mamm., 48:216, 20 mayo 1967c.
L.T. Isla San Lorenzo, Norte, 28°42' N y 112°57' W, Baja California Norte.
Distribución: Conocida sólo de la localidad típica.
Referencias : Bond, 1969:262; Carleton, 1973:8; Lawlor, 1971b:122.

Peromyscus interparietalis ryckmani Banks
Peromyscus interparietalis ryckmani Banks, J. Mamm., 48:216, 20 mayo 1967c.
L.T. Isla Salsipuedes, 28°45' N y 112°59' W, Baja California Norte.
Distribución: Conocida sólo de la localidad típica.
Referencias : Avise, et al., 1974a:228; Bond, 1969:262; Brand y Rickman, 1968:495; 1969:503; Carleton, 1973:8; Gill, 1981:193; Lawlor, 1971b:122; Linzey y Layne, 1969:4.

Peromyscus leucopus affinis (J.A. Allen)
Hesperomys (Vesperimus) affinis J.A. Allen, Proc. U.S. Nat. Mus., 14:195, 24 julio 1891.
L.T. Barrio, Oaxaca.
Peromyscus leucopus affinis, Osgood, 1909:133.
Distribución: Oaxaca, Veracruz.
Referencias : Burt, 1960:54; Goodwin, 1969:173; Hall y Dalquest, 1963:304.

Peromyscus leucopus arizonae (J.A. Allen)
Sitomys americanus arizonae J.A. Allen, Bull. Amer. Mus. Nat. Hist., 6:321, 7 noviembre 1894.
L.T. Fairbank, Cochise County, Arizona.
Peromyscus leucopus arizonae, Osgood, 1909:226.
Distribución: Coahuila, Chihuahua, Durango, Sonora.
Referencias : Anderson, 1972:344-345.

Peromyscus leucopus castaneus Osgood
Peromyscus texanus castaneus Osgood, N. Amer. Fauna, 28:133, 17 abril 1904.
L.T. Yohaltún, Campeche.
Peromyscus leucopus castaneus Osgood, 1909:133.

Distribución: Campeche, Quintana Roo, Yucatán.
Referencias : Birney, et al., 1974:15; Burt, 1960:54; Carleton, 1973: 8; Jones, et al., 1974b:15; Lackey, 1978:69; Loomis, 1969:9-10.

Peromyscus leucopus cozumelae Merriam
Peromyscus cozumelae Merriam, Proc. Biol. Soc. Washington, 14:103, 19 julio 1901.
L.T. Isla de Cozumel Yucatán [sic] Quintana Roo.
Peromyscus leucopus cozumelae, Osgood, 1909:135.
Distribución: Conocida sólo de la localidad típica.
Referencias : Jones y Lawlor, 1965:416; Jones, et al., 1974b:16.

Peromyscus leucopus incensus Goldman
Peromyscus leucopus incensus Goldman, Proc. Biol. Soc. Washington, 55:157, 17 octubre 1942.
L.T. Metlaltoyuca, 800 pies, Puebla.
Distribución: Oaxaca, Puebla, San Luis Potosí, Tamaulipas, Veracruz.
Referencias: Brown y Welser, 1968:425; Burt, 1960:54; Goodwin, 1969: 174; Hall y Dalquest, 1963:304; Ingles, 1959:396.

Peromyscus leucopus lachiguiriensis Goodwin
Peromyscus leucopus lachiguiriensis Goodwin, Amer. Mus. Novitates, 1791:5, 28 septiembre 1956.
L.T. San José Lachiguirí, cerca de 4,000 pies, Oaxaca.
Distribución: Oaxaca.
Referencias : Burt, 1960:54; Goodwin, 1969:174.

Peromyscus leucopus mesomelas Osgood
Peromyscus texanus mesomelas Osgood, Proc. Biol. Soc. Washington, 17:57, 21 marzo 1904.
L.T. Orizaba, Veracruz.
Peromyscus leucopus mesomelas, Osgood, 1909:132.
Distribución: Puebla, San Luis Potosí, Veracruz.
Referencias : Bassols, 1981:17,21; Burt, 1960:54; Hall y Dalquest, 1963:304; Hall y Kelson, 1959:630.

Peromyscus leucopus texanus (Woodhouse)
Hesperomys texana Woodhouse, Proc. Acad. Nat. Sci. Philadelphia, 6:242, 1853.
L.T. Probablemente de la vecindad de Mason, Mason County, Texas.
Peromyscus leucopus texanus, Osgood, 1909: 127.
Distribución: Coahuila, Hidalgo, Nuevo León, San Luis Potosí, Tamaulipas.
Referencias : Alvarez, 1963a:442-443; Baker, R.H. y Phillips, 1965b: 338; Baker, R.H. y Webb, 1966:187; Burt, 1960:54; Dal-

quest y Roth, 1970:220; Ingles, 1959:396; Petersen, 1968:131.

Peromyscus leucopus tornillo Mearns
Peromyscus tornillo Mearns, Proc. U.S. Nat. Mus., 18:445, 23 mayo 1896.
L.T. Río Grande, cerca de 6 mi arriba El Paso, El Paso County, Texas.
Peromyscus leucopus tornillo, Osgood, 1909:125.
Distribución: Coahuila, Chihuahua, Durango.
Referencias : Anderson, 1972:345; Baker, R.H. y Greer, 1962:115; Hall y Kelson, 1959:631.

Peromyscus madrensis Merriam
Peromyscus madrensis Merriam, Proc. Biol. Soc. Washington, 12:16, 27 enero 1898.
L.T. Isla María Madre (Tres Marías), Nayarit.
Distribución: Nayarit.
Referencias : Carleton, 1977:5, 41.

Peromyscus maniculatus assimilis Nelson y Goldman
Peromyscus maniculatus assimilis Nelson y Goldman, J. Mamm., 12:305, 24 agosto 1931.
L.T. Isla Coronados, Baja California Norte.
Distribución: Conocida sólo de la lodalicad típica.
Referencias : Banks, 1965:506; Huey, 1964:128; Loomis y Somerby, 1966: 218,222.

Peromyscus maniculatus blandus Osgood
Peromyscus sonoriensis blandus Osgood, Proc. Biol. Soc. Washington, 17:56, 21 marzo 1904.
L.T. Escalón, Chihuahua.
Peromyscus maniculatus blandus Osgood, 1909:84.
Distribución: Coahuila, Chihuahua, Durango, Jalisco, Nuevo León, San Luis Potosí, Tamaulipas, Veracruz, Zacatecas.
Referencias : Alvarez, 1963a:440; Anderson, 1972:346-347; Baker, R. H., 1960b:317; Baker, R.H. y Greer, 1962:116; Bowers, 1974: 730; Bowers, et al., 1973:384; Gardner, 1965:101; Genoways y Jones, 1973:11; Judd, 1970:278; Matson, 1982: 78; Petersen, 1973:323; 1975:704; 1980a:123; Petersen y Petersen, 1979:7.

Peromyscus maniculatus cineritius J.A. Allen
Peromyscus cineritius J.A. Allen, Bull. Amer. Mus. Nat. Hist., 10:155, 12 abril 1898.
L.T. Isla Roque, Baja California Sur.
Peromyscus maniculatus cineritius, Osgood, 1909:100.
Distribución: Conocida sólo de la localidad típica.

Referencias : Huey, 1964:129; Lawlor, 1982a:60; Loomis y Somerby, 1966:218.

Peromyscus maniculatus coolidgei Thomas
Peromyscus leucopus coolidgei Thomas, Ann. Mag. Nat. Hist., ser. 7, 1:45, enero 1898.
L.T. Región de Santa Anita, Baja California Norte.
Peromyscus maniculatus coolidgei, Osgood, 1909:94.
Distribución: Baja California Norte.
Referencias : Huey, 1964:129; Lawlor, 1971a:20; 1982a:60; Loomis y Somerby, 1966:218,222.

Peromyscus maniculatus dorsalis Nelson y Goldman
Peromyscus maniculatus dorsalis Nelson y Goldman, J. Washington Acad. Sci., 21:535, 19 diciembre 1931.
L.T. Isla Natividad, Baja California Norte.
Distribución: Conocida sólo de la localidad típica.
Referencias : Huey, 1964:129; Lawlor, 1982a:60; Loomis y Somerby, 1966:218,222.

Peromyscus maniculatus dubius J.A. Allen
Peromyscus dubius J.A. Allen, Bull. Amer. Mus. Nat. Hist., 10:157, 12 abril 1898.
L.T. Isla Todos Santos, Baja California Norte.
Peromyscus maniculatus dubius, Osgood, 1909:98.
Distribución: Conocida sólo de la localidad típica.
Referencias : Lawlor, 1982a:60.

Peromyscus maniculatus exiguus J.A. Allen
Peromyscus exiguus J.A. Allen, Bull. Amer. Mus. Nat. Hist., 10:157, 12 abril 1898.
L.T. Isla San Martín, Baja California Norte.
Peromyscus maniculatus exiguus, Nelson y Goldman, 1932:371.
Distribución: Conocida sólo de la localidad típica.
Referencias : Banks, 1964b:183; Huey, 1964:128; Lawlor, 1982a:60; Loomis y Somerby, 1966:218,222; Schulz, et al., 1970:149.

Peromyscus maniculatus fulvus Osgood
Peromyscus sonoriensis fulvus Osgood, Proc. Biol. Soc. Washington, 17:57, 21 marzo 1904.
L.T. Oaxaca, Oaxaca.
Peromyscus maniculatus fulvus Osgood, 1909:86.
Distribución: Distrito Federal, Hidalgo, México, Morelos, Oaxaca, Puebla, Tlaxcala, Veracruz.
Referencias : Alvarez y Polaco, 1980:136; Bassols, 1981:13,14,15,17, 28; Bowers, et al., 1973:384; Goodwin, 1969:172; Hall

y Dalquest, 1963:300; Hoffmann, 1960:101; Ramírez-P., 1969b:272.

Peromyscus maniculatus gambelii (Baird)
Hesperomys gambelii Baird, Mammals, in Repts. Expl. Surv...., 8(1):464, 14 julio 1858.
L.T. Monterey, Monterey County, California.
Peromyscus maniculatus gambelii, Osgood, 1909:446.
Distribución: Baja California Norte.
Referencias : Huey, 1964:127; Lawlor, 1971a:20; 1982a:60; Loomis y Somerby, 1966:218,222.

Peromyscus maniculatus geronimensis J.A. Allen
Peromyscus geronimensis J.A. Allen, Bull. Amer. Mus. Nat. Hist., 10:156, 12 abril 1898.
L.T. Isla San Jerónimo, Baja California Norte.
Peromyscus maniculatus geronimensis, Osgood, 1909:99.
Distribución: Conocida sólo de la localidad típica.
Referencias : Banks, 1964b:183; Huey, 1964:129; Lawlor, 1982a:60; Loomis y Somerby, 1966:218,222.

Peromyscus maniculatus hueyi Nelson y Goldman
Peromyscus maniculatus hueyi Nelson y Goldman, Trans. San Diego Soc. Nat. Hist., 7:51, 15 abril 1932.
L.T. De una pequeña Isla en Bahía Gonzaga, cerca de 29°50' N, Baja California Norte.
Distribución: Conocida sólo de la localidad típica.
Referencias : Bond, 1969:262; Huey, 1964:129; Lawlor, 1982a:60; Loomis y Somerby, 1966:218,222.

Peromyscus maniculatus labecula Elliot
Peromyscus labecula Elliot, Field Columb. Mus. Publ. 71, Zool. ser.3, (8):143, 20 marzo 1903.
L.T. Ocotlán, Jalisco.
Peromyscus maniculatus labecula, Osgood, 1909:87.
Distribución: Colima, Distrito Federal, Durango, Guanajuato, Hidalgo, Jalisco, México, Michoacán, Morelos, Nayarit, Puebla, Querétaro, Zacatecas.
Referencias : Alvarez y Polaco, 1980:36; Baker, R.H. y Greer, 1962:116; Bassols, 1981:13,14,15,17,28; Burt, 1961:21; Doty y Kart, 1972:84; Drickamer y Berstein, 1972:228; Genoways y Jones, 1973:11; Hoffmann, 1960:101; Ingles, 1959:396; Jones y Webster, 1976:79; Loomis y Somerby, 1966:216; Mass, et al., 1981:68; Matson, 1982:78; Petersen, 1968:131; 1973:323; 1975:704; 1980a:123; Petersen y Petersen, 1979:7; Ramírez, et al., 1980:160; Ramírez-P., 1969b:274.

Peromyscus maniculatus magdalenae Osgood
Peromyscus maniculatus magdalenae Osgood, N. Amer. Fauna, 28:101, 17 abril 1909.
L.T. Isla Magdalena, Baja California Sur.
Distribución: Baja California Sur.
Referencias : Huey, 1964:129; Lawlor, 1982a:60; Loomis y Somerby, 1966: 218,222.

Peromyscus maniculatus margaritae Osgood
Peromyscus maniculatus margaritae Osgood, N. Amer. Fauna, 28:95, 17 abril 1909.
L.T. Isla Margarita, Baja California Sur.
Distribución: Conocida sólo de la localidad típica.
Referencias : Burt, 1960:53; Huey, 1964:129; Loomis y Somerby, 1966: 218,222.

Peromyscus maniculatus rufinus (Merriam)
Hesperomys leucopus rufinus Merriam, N. Amer. Fauna, 3:65, 11 septiembre 1890.
L.T. San Francisco Mtn., 9,000 pies, Coconino County, Arizona.
Peromyscus maniculatus rufinus, Osgood, 1909:72.
Distribución: Chihuahua.
Referencias : Anderson, 1972:347; Anderson y Long, 1961:2; Anderson y Nelson, 1960:100.

Peromyscus maniculatus sonoriensis (Le Conte)
Hesp[eromys]. sonoriensis Le Conte, Proc. Acad. Nat. Sci. Philadelphia, 6:413, 1853.
L.T. Santa Cruz, Sonora.
Peromyscus maniculatus sonoriensis, Osgood, 1909:89
Distribución: Baja California Norte, Sonora.
Referencias : Huey, 1964:128; Loomis y Somerby, 1966:218,222.

Peromyscus megalops Merriam
Peromyscus megalops Merriam, Proc. Biol. Soc. Washington, 12:119, 30 abril, 1898.
L.T. De las montañas cercanas a Ozoltepec, Oaxaca.
Distribución: Guerrero, Oaxaca.
Referencias : Bassols, 1981:13,15,17; Brown y Welser, 1968:425; Carleton, 1973:8; 1980:22; Drickamer y Vestal, 1973:524; Goodwin, 1969: 190; Huckaby, 1980:12; Linzey y Layne, 1969:14; 1974:11; Musser, 1964:12; Musser y Shoemaker, 1965:1; Petersen, 1968: 131; Schaldach, 1966:266; Webb y R.H. Baker, 1969:144, citan a *P. megalops auritus* como *P. thomasi* cf. *auritus*.

Peromyscus mekisturus Merriam

Peromyscus mekisturus Merriam, Proc. Biol. Soc. Washington, 12:124, 30 abril 1898.
L.T. Chalchicomula, 8,400 pies, Puebla.
Distribución: Puebla.

Peromyscus melanocarpus Osgood
Peromyscus melanocarpus Osgood, Proc. Biol. Soc. Washington, 17:73, 21 marzo 1904.
L.T. Mt. Zempoaltepec, 8,000 pies, Oaxaca.
Distribución: Oaxaca.
Referencias : Carleton, 1973:8; Dewsbury, 1979:844; Goodwin, 1969: 192; Huckaby, 1980:12; Jones y Genoways, 1967b:321; Rickart, 1977:3; Robertson y Musser, 1976:6.

Peromyscus melanophrys coahuilensis R.H. Baker
Peromyscus melanophrys coahuilensis R.H. Baker, Univ. Kansas Publ., Mus. Nat. Hist., 5:257, 10 abril 1952.
L.T. 7 mi S, 1 mi E, Gómez Farías, 6,500 pies, Coahuila.
Distribución: Coahuila.
Referencias : Jones y Genoways, 1969:139; Zimmerman, et al., 1978: 579.

Peromyscus melanophrys consobrinus Osgood
Peromyscus melanophrys consobrinus Osgood, Proc. Biol. Soc. Washington, 17:66, 21 marzo 1904.
L.T. Berriozábal, Zacatecas.
Distribución: Aguascalientes, Guanajuato, Querétaro, San Luis Potosí, Tamaulipas, Zacatecas.
Referencias : Alvarez, 1963a:446; Baker, R.H., et al., 1967:266; Carleton, 1980:22; Dewsbury, 1979:844; Drickamer y Vestal, 1973:524; Jones y Webster, 1976:79; Matson, 1982: 78; Matson, et al., 1978:155; Petersen, 1968:131.

Peromyscus melanophrys melanophrys (Coues)
Hesperomys (Vesperimus) melanophrys Coues, Proc. Acad. Nat. Sci. Philadelphia, 26:181, 15 diciembre 1874.
L.T. Santa Efigenia, Oaxaca.
Peromyscus melanophrys melanophrys, Miller, 1912:164.
Distribución: Chiapas, Distrito Federal, Guerrero, Morelos, Oaxaca, Puebla.
Referencias : Bassols, 1981:36; Burt, 1960:56; Carleton, 1973:8; 1980: 22; Doty y Kart, 1972;84; Goodwin, 1969:185-186; Hall, 1981:708; Mones, 1968:169; Winkelmann, 1962b:108

Peromyscus melanophrys micropus R.H. Baker
Peromyscus melanophrys micropus R.H. Baker, Univ. Kansas Publ., Mus. Nat. Hist., 5:255, 10 abril 1952.

L.T. 3 mi N Guadalajara, Jalisco.
Distribución: Durango, Jalisco.
Referencias : Crossin, et al., 1973:199; Hall, 1981:707; Hall y Kelson, 1959:644; Jones y Genoways, 1969:139; Petersen, 1973:323; 1975:704; Petersen y Petersen, 1979:7; Zimmerman, et al., 1978:579.

Peromyscus melanophrys xenurus Osgood
Peromyscus xenurus Osgood, Proc. Biol. Soc. Washington, 17:67, 21 marzo 1904.
L.T. Durango, Durango.
Peromyscus melanophrys xenurus, R.H. Baker, 1952:256.
Distribución: Durango, Zacatecas.
Referencias : Baker, R.H., 1960b:318; Baker, R.H. y Greer, 1962:117; R.H. Baker, et al., 1981:568; Carleton, 1980:22; Crossin, et al., 1973:196; Matson, 1982:78; Petersen, 1973:323; 1975:704; Petersen y Petersen, 1979:7; Zimmerman, et al., 1978:579.

Peromyscus melanophrys zamorae Osgood
Peromyscus melanophrys zamorae Osgood, Proc. Biol. Soc. Washington, 17:65, 21 marzo 1904.
L.T. Zamora, Michoacán.
Distribución: Hidalgo, Michoacán.
Referencias : Bassols, 1981:17,25; Burt, 1960:56; Hoffmann, et al., 1972:154.

Peromyscus melanotis J.A. Allen y Chapman
Peromyscus melanotis J.A. Allen y Chapman, Bull. Amer. Mus. Nat. Hist., 9:203, 16 junio 1897.
L.T. Las Vigas, Veracruz.
Distribución: Coahuila, Chihuahua, Distrito Federal, Durango, Hidalgo, Jalisco, México, Michoacán, Morelos, Nuevo León, Puebla, Tamaulipas, Veracruz, Zacatecas.
Referencias : Alvarez, 1963a:440; Anderson, 1972:347-348; Avise, et al., 1979:179; Barrera y Martínez, 1970:155; Baker, R. H. y Greer, 1962:117; Baker, R.H. y Phillips, 1965a: 692; Bassols, 1981:13-14,17, 27-29; Bowers, 1974:721; 736-737; Bowers, et al., 1973:385; Brown y Welser,1968: 425; Burt, 1960:54; 1961:21; Carleton, 1973:8; Gardner, 1965:101; Genoways y Jones, 1973:11; Greenbaum, et al., 1978:335; Hall, 1981:684; Hall y Dalquest, 1963:302; Hall y Kelson, 1959:628; Ingles, 1959:396; Linzey y Layne, 1969:3; 1974:4; Loomis y Somerby, 1966:213, 215, 222; Petersen, 1968:31; Ramírez, et al., 1980:160; Ramírez-P., 1969b:275, Tipton y Méndez, 1968:182.

Peromyscus melanurus Osgood
Peromyscus megalops melanurus Osgood, N. Amer. Fauna, 28:215, 17 abril 1909.
L.T. Pluma Hidalgo, 4,600 pies, Oaxaca.
Peromyscus melanurus, Huckaby, 1980:12.
Distribución: Guerrero, Oaxaca.
Referencias : Baker, R.H. y Womochel, 1966:306; Dewsbury, 1979:844; Carleton, 1973:8; Goodwin, 1969:192; Huckaby, 1980:12-13; Musser, 1964:12; Ramírez-P., et al., 1977:276; Webb y R.H. Baker, 1969:144.

Peromyscus merriami goldmani Osgood
Peromyscus goldmani Osgood, Proc. Biol. Soc. Washington, 17:75, 21 marzo 1904.
L.T. Alamos, Sonora.
Peromyscus merriami goldmani, Hall y Kelson, 1952c:368.
Distribución: Sinaloa, Sonora.
Referencias : Avise, et al., 1974a:228; Carleton, 1973:8; Hoffmeister y Diersing, 1973:357; Hoffmeister y Lee, 1963c: 212; Jones, et al., 1962:157; Lawlor, 1971a:20; 1971b: 122; 1982a:60; Lee y Schmidly, 1977:267.

Peromyscus merriami merriami Mearns
Peromyscus merriami Mearns, Proc. U.S. Nat. Mus., 19:138, 21 diciembre 1896.
L.T. Sonoyta, Sonora.
Peromyscus merriami merriami, Hall y Kelson, 1952c:368.
Distribución: Sonora.
Referencias : Carleton, 1973:8; Cockrum y Bradshaw, 1963:8; Hoffmeister y Diersing, 1973:357; Hoffmeister y Lee, 1963c:209; Lawlor, 1971a:20; 1971b:122; 1982a:60; Lee y Schmidly, 1977:267.

Peromyscus mexicanus (Saussure)
H[*esperomys*]. *mexicanus* Saussure, Revue, et. Mag. Zool., Paris, ser.2, 12: 103, 1860.
L.T. Alrededores de Mirador, Veracruz. Restringida a 10 Km E Mirador por Dalquest (Occas. Papers. Mus. Zool. Louisiana State Univ., 23:8, 1950).
Peromyscus mexicanus, Thomas, 1894:364.
Distribución: Chiapas, Guerrero, Oaxaca, Puebla, San Luis Potosí, Tabasco, Veracruz.
Referencias : Baker, R.H. y Greer, 1960:415; Baker, R.H., et al., 1971:85; Bassols, 1981:12-13; Burt, 1960:56; Carleton, 1973:8; Denke, 1977:778; Dewsbury, 1979:844; Goodwin, 1969:187-191; Hall, 1981:711; Hall y Dalquest, 1963: 311; Hall y Kelson, 1959:650,651,654; Hoffmann, 1960: 100; Huckaby, 1980:16-19; Ingles, 1959:397; Linzey y

Layne, 1969:4; 1970:10; Musser, 1969:3; Petersen, 1968: 131; Rickart, 1977:3; Webb y R.H. Baker, 1969:144.

Peromyscus ochraventer R.H. Baker

Peromyscus ochraventer R.H. Baker, Univ. Kansas Publ., Mus. Nat. Hist., 5:213, 15 diciembre 1951.

L.T. 70 Km (por carretera) S Ciudad Victoria, 6 Km W Carretera Panamericana a El Carrizo, Tamaulipas.

Distribución: San Luis Potosí, Tamaulipas.

Referencias : Alvarez,1963a:447; Baker,R.H. y Phillips,1965b:338; Brown y Welser,1968:425; Carleton,1973:9; 1980:21; Hall,1981:709; Hall y Kelson,1959:649; Hooper y Musser,1964b:2; Huckaby, 1980:9; Jones y Genoways,1969:139; Koopman y Martin,1959: 5; Petersen, 1968:131; Robbins y R.J. Baker, 1981:196.

Peromyscus pectoralis collinus Hooper

Peromyscus pectoralis collinus Hooper, J. Mamm., 33:372, 19 agosto, 1952.

L.T. Sierra de San Carlos, 12 mi NW San Carlos, Tamaulipas.

Distribución: Guanajuato, Jalisco, Nuevo León, San Luis Potosí, Tamaulipas.

Referencias : Alvarez, 1963a:445; Avise, et al., 1974b: 753; Carleton, 1973:9; 1977:41; Dalby y R.H. Baker, 1967:195-196; Dalquest y Roth, 1970:227; Kilpatrick y Zimmerman, 1975: 144; 1976:508; Koopman y Martin, 1959:5; Lee, et al., 1972:698; Pinkham, 1973:742; Schmidly, 1972:132; 1974: 2.

Peromyscus pectoralis laceianus Bailey

Peromyscus attwateri Bailey, Proc. Biol. Soc. Washington, 19:57, 1° mayo 1905.

L.T. Rancho Lacei, cerca de Kerrville, Kerr County, Texas.

Peromyscus pectoralis laceianus Bailey, 1906b:57.

Distribución: Coahuila, Chihuahua, Nuevo León, Tamaulipas, Zacatecas.

Referencias : Carleton, 1973:9; 1977:41; Hall y Kelson, 1959:638; Jones y Webster, 1976:79; Kilpatric y Zimmerman, 1975:144; 1976:508; Koopman y Martin, 1959:5; Lee, et al., 1972: 698; Matson, 1982:78; Pinkham, 1973:742; Robbins y R.J. Baker, 1981:196; Schmidly, 1972:136-137; 1974:2; Zimmerman, et al., 1975:541.

Peromyscus pectoralis pectoralis Osgood

Peromyscus attwateri pectoralis Osgood, Proc. Biol. Soc. Washington, 17: 59, 1° mayo 1904.

L.T. Jalpan, Querétaro.

Peromyscus pectoralis pectoralis, Miller, 1912:160.

Distribución: Aguascalientes, Coahuila, Chihuahua, Durango, Hidalgo, Jalisco, Nayarit, Nuevo León, Querétaro, San Luis Po-

tosí, Tamaulipas, Zacatecas.
Referencias : Alvarez, 1963a:445; Alvarez y Polaco, 1980:136; Anderson, 1972:348; Baker, R.H., 1960b:319; Baker, R.H. y Greer, 1962:118; Baker, R.H. y Phillips, 1965b:338; Baker, R.H., et al., 1967:226; Burt, 1960:56; Carleton, 1973:9; 1977:41; Hall y Kelson, 1959:638; Jones y Webster, 1976:79; Kilpatrick y Zimmerman, 1975:144; 1976:508; Lee, et al., 1972:698; Matson, 1982:78; Petersen, 1972:301; 1973:323; 1975:704; 1980a:123; 1980b:3; Petersen y Petersen, 1979:7; Pinkham, 1973:742; Robbins y R.J. Baker, 1981:196; Schmidly, 1972:130; 1974:2; Zimmerman, et al., 1975:541.

Peromyscus pembertoni Burt
Peromyscus pembertoni Burt, Trans. San Diego Soc. Nat. Hist., 7:176, 31 octubre 1932.
L.T. Isla San Pedro Nolasco, 27°58' N y 111°24' W, Golfo de California, Sonora.
Distribución: Conocida sólo de la localidad típica.
Referencias : Burt, 1960:51; Lawlor, 1971a:20.

Peromyscus perfulvus chrysopus Hooper
Peromyscus perfulvus chrysopus Hooper, Occas. Papers Mus. Zool., Univ. Michigan, 565:18, 31 marzo 1955.
L.T. 0.5 mi N Barra de Navidad, 50 pies, Jalisco.
Distribución: Jalisco.
Referencias : Carleton, 1973:9; Genoways y Jones, 1973:14; Helm III, et al., 1976:142; Lee y Elder, 1977:482; Núñez, et al., 1981:663; Stephen, et al., 1975:102; Zimmerman, et al., 1978:579.

Peromyscus perfulvus perfulvus Osgood
Peromyscus perfulvus Osgood, J. Mamm., 26:299, 14 noviembre 1945.
L.T. 10 Km W Apatzingán, 1,040 pies, Michoacán.
Peromyscus perfulvus perfulvus, Hooper, 1955:18.
Distribución: Guerrero, Michoacán.
Referencias : Burt, 1960:55.

Peromyscus polius Osgood
Peromyscus polius Osgood, Proc. Biol. Soc. Washington, 17:61, 21 marzo 1904.
L.T. Colonia García, Chihuahua.
Distribución: Chihuahua.
Referencias : Anderson, 1972:349; Anderson y Long, 1961:2; Hoffmeister y de la Torre, 1961:6; Kilpatrick y Zimmerman, 1975:144; Zimmerman, et al., 1975:541.

Peromyscus pseudocrinitus Burt
Peromyscus pseudocrinitus Burt, Trans. San Diego Soc. Nat. Hist., 7:173, 31 octubre 1932.
L.T. Isla Coronados, 26°06' N y 111°18' W, Golfo de California, Baja California Sur.
Distribución: Conocida sólo de la localidad típica.
Referencias : Banks, 1964b:183; Burt, 1960:52; Huey, 1964:125.

Peromyscus sejugis Burt
Peromyscus sejugis Burt, Trans. San Diego Soc. Nat. Hist., 7:171, 31 octubre 1932.
L.T. Isla Santa Cruz, 25°17' N y 110°43' W, Golfo de California, Baja California Sur.
Distribución: Conocida sólo de la localidad típica.
Referencias : Avise, et al., 1974a:228; Burt, 1960:53; Hooper y Musser, 1964b:1; Huey, 1964:130; Lindsay, 1962:36.

Peromyscus simulus Osgood
Peromyscus spicilegus simulus Osgood, Proc. Biol. Soc. Washington, 17:64, 21 marzo 1904.
L.T. San Blas, Nayarit.
Peromyscus simulus, Carleton, 1977:28
Distribución: Nayarit, Sinaloa.
Referencias : Carleton, 1977:5,41; Ingles, 1959:397; Schmidly y Schroeter, 1974:335.

Peromyscus slevini Mailliard
Peromyscus slevini Mailliard, Proc. California Acad. Sci., ser.4, 12:1221, 22 julio 1924.
L.T. Isla Santa Catalina, 17 mi NE Punta San Marcial, Golfo de California, Baja California Sur.
Distribución: Conocida sólo de la localidad típica.
Referencias : Burt, 1960:54; Huey, 1964:130.

Peromyscus spicilegus J.A. Allen
Peromyscus spicilegus J.A. Allen, Bull. Amer. Mus. Nat. Hist., 9:50, 15 marzo 1897.
L.T. Mineral San Sebastián, Mascota, Jalisco.
Distribución: Colima, Chihuahua, Durango, Jalisco, Michoacán, Nayarit, Sinaloa, Zacatecas.
Referencias : Anderson, 1972:338-339; Baker, R.H. y Greer, 1962:112-113; Carleton, 1977:5, 41-42; 1979:281; 1980:21; Genoways y Jones, 1973:6; Kilpatrick y Zimmerman, 1975:144; Lee, et al., 1972:698; Matson, 1982:78; Núñez, et al., 1981:661; Petersen, 1968:130; Schmidly y Schroeter, 1974:335; Webb y R.H. Baker, 1962:332; Webb, et al., 1981:700.

Peromyscus stephani Townsend
Peromyscus stephani Townsend, Bull. Amer. Mus. Nat. Hist., 31:126, 14 junio 1912.
L.T. Isla San Esteban, Golfo de California, Baja California Norte.
Distribución: Baja California Norte, Sonora.
Referencias : Avise, et al., 1974a:288; Burt, 1960:52; Carleton, 1973:9; Gill, 1981:193; Lawlor, 1971b:122.

Peromyscus truei erasmus Findley
Peromyscus truei erasmus Findley, Univ. Kansas Publ., Mus. Nat. Hist., 5:265, 23 mayo 1952.
L. T. 8 mi NE Durango, 6,200 pies, Durango.
Distribución: Conocida sólo de la localidad típica.
Referencias : Hoffmeister, 1981:1; Ingles, 1959:397; Jones y Genoways, 1969:140.

Peromyscus truei gentilis Osgood
Peromyscus gratus gentilis Osgood, Proc. Biol. Soc. Washington, 17:61, 21 marzo 1904.
L. T. Lagos, Jalisco.
Peromyscus truei gentilis Osgood, 1909:175.
Distribución: Aguascalientes, Coahuila, Chihuahua, Durango, Guanajuato, Jalisco, San Luis Potosí, Zacatecas.
Referencias : Anderson, 1972:349-350; Avise, et al., 1979:179; Baker, R.H., 1960b:320; 1966:345; Baker, R.H. y Greer, 1962:119; Doty y Kart, 1972:84; Gardner, 1965:101; Genoways y Jones, 1973:11; Hall y Kelson, 1959:639; Hoffmeister, 1981:1; Jones y Webster, 1976:79; Lee, et al., 1972:698; Matson, 1982:78; Petersen, 1968:131; Petersen y Petersen, 1979:7; Zimmerman, et al., 1975:541.

Peromyscus truei gratus Merriam
Peromyscus gratus Merriam, Proc. Biol. Soc. Washington, 12:123, 30 abril 1898.
L. T. Tlalpan, Distrito Federal.
Peromyscus truei gratus, Osgood, 1909:173.
Distribución: Distrito Federal, Hidalgo, Jalisco, México, Michoacán, Oaxaca, Querétaro, San Luis Potosí.
Referencias : Bassols, 1981:13,24,28; Burt, 1960:56; Carleton, 1973:9; Genoways y Jones, 1973:11; Hoffmeister, 1981:1; Linzey y Layne, 1969:4; 1974:9; Solís, et al., 1971:50; Solís, et al., 1973:13.

Peromyscus truei lagunae Osgood
Peromyscus truei lagunae Osgood, N. Amer. Fauna, 28:172, 17 abril 1909.

L.T. La Laguna, Sierra La Laguna, Baja California Sur.
Distribución: Baja California Sur.
Referencias : Banks, 1967a:227; Hoffmeister, 1981:1; Huey, 1964:130; Loomis y Somerby, 1966:218; Woloszyn y Woloszyn, 1982: 125.

Peromyscus truei martirensis (J. A. Allen)
Sitomys martirensis J.A. Allen, Bull. Amer. Mus. Nat. Hist., 5:187, 18 agosto 1893.
L.T. Sierra de San Pedro Mártir, 7,000 pies, Baja California Norte.
Peromyscus truei martirensis, Osgood, 1909:171.
Distribución: Baja California Norte.
Referencias : Hoffmeister, 1981:1; Huey, 1964:130.

Peromyscus truei zapotecae Hooper
Peromyscus truei zapotecae Hooper, Occas. Papers Mus. Zool. Univ. Michigan, 586:6, 30 abril 1957.
L.T. 1 mi E Tlacolula, 5,700 pies, Oaxaca.
Distribución: Oaxaca, Puebla.
Referencias : Bassols, 1981:17; Carleton, 1973:9; Goodwin, 1969:184; Hoffmeister, 1981:1; Linzey y Layne, 1969:4.

Peromyscus winkelmanni Carleton
Peromyscus winkelmanni Carleton, Occas. Papers Mus. Zool. Univ. Michigan, 675:2, 1° marzo 1977.
L.T. 6.3 mi (por carretera) WSW Dos Aguas, 8,000 pies, Michoacán.
Distribución: Conocida sólo de la localidad típica.
Referencias : Hall, 1981:700.

Peromyscus yucatanicus J.A. Allen y Chapman
Peromyscus yucatanicus J.A. Allen y Chapman, Bull. Amer. Mus. Nat. Hist., 9:8, 23 febrero 1897.
L.T. Chichén-Itzá, Yucatán.
Distribución: Campeche, Quintana Roo, Yucatán.
Referencias : Birney, et al., 1974:15; Burt, 1960:56; Carleton, 1973:9; 1980:23; Dewsbury, 1979:844; Hall, 1981:710; Huckaby, 1980:10; Ingles, 1959:397; Jones, et al., 1974b:16; Lackey, 1976:639; Lawlor, 1965:432; Loomis, 1969:5, 10; Loomis y Webb, 1969:40.

Peromyscus zarhynchus Merriam
Peromyscus zarhynchus Merriam, Proc. Biol. Soc. Washington, 12:117, 30 abril 1898.
L. T. Tumbalá, 5,500 pies, Chiapas.
Distribución: Chiapas.
Referencias : Baker, et al., 1971:85; Bassols, 1981:13, 17; Carle-

ton, 1973:9; Hooper y Musser, 1964b:2; Huckaby, 1980: 13; Linzey y Layne, 1969:4; 1974:12; Smith y Jones, 1967:189.

Reithrodontomys burti Benson
Reithrodontomys burti Benson, Proc. Biol. Soc. Washington, 52:147:11 octubre 1939.
L. T. Rancho Costa Rica, Río Sonora, Sonora.
Distribución: Sinaloa, Sonora.
Referencias : Bradshaw y Hayward, 1960:282; Csuti, 1980:43; Hall, 1981:636; Hall y Kelson, 1959:583.

Reithrodontomys chrysopsis chrysopsis Merriam
Reithrodontomys chrysopsis Merriam, Proc. Biol. Soc. Washington, 12:152, 13 junio 1900.
L. T. Volcán Popocatépetl, 11,500 pies, México.
Reithrodontomys chrysopsis chrysopsis, Miller, 1912:130.
Distribución: Distrito Federal, Jalisco, México, Michoacán, Morelos, Puebla.
Referencias : Burt, 1960:49; Hall, 1981:642; Hall y Kelson, 1959: 589; Mass, et al., 1981:67; Ramírez-P., 1969b:273.

Reithrodontomys chrysopsis perotensis Merriam
Reithrodontomys perotensis Merriam, Proc. Washington Acad. Sci., 3:550, 29 noviembre 1901.
L. T. Cofre de Perote, 9,500 pies, Veracruz.
Reithrodontomys chrysopsis perotensis, Davis, 1944:393.
Distribución: Puebla, Veracruz.
Referencias : Hall y Dalquest, 1963:297.

Reithrodontomys fulvescens amoenus Elliot
Reithrodontomys amoenus Elliot, Proc. Biol. Soc. Washington, 18:234, 9 diciembre 1905.
L. T. Reforma, 500 pies, Oaxaca.
Reithrodontomys fulvescens amoenus, Hooper, 1952:120.
Distribución: Oaxaca.
Referencias : Goodwin, 1969:167; Spencer y Cameron, 1982:2.

Reithrodontomys fulvescens canus Benson
Reithrodontomys fulvescens canus Benson, Proc. Biol. Soc. Washington, 52:149, 11 octubre 1939.
L. T. 5 mi SE Chihuahua, Chihuahua.
Distribución: Coahuila, Chihuahua, Durango.
Referencias : Anderson, 1972:329; Anderson y Long, 1961:2; Baker, R.H. y Greer, 1962:105; Csuti, 1980:43; Petersen, 1973:323; 1975:704; Petersen y Petersen, 1979:5; Spencer y Cameron, 1982:2.

Reithrodontomys fulvescens chiapensis Howell
Reithrodontomys fulvescens chiapensis Howell, N. Amer. Fauna, 36:53, 5 junio 1914.
L. T. Canjob, cerca de 5,000 pies, Chiapas.
Distribución: Chiapas.
Referencias : Spencer y Cameron, 1982:2.

Reithrodontomys fulvescens difficilis Merriam
Reithrodontomys difficilis Merriam, Proc. Washington Acad. Sci., 3:566, 29 noviembre 1901.
L. T. Orizaba, Veracruz.
Reithrodontomys fulvescens difficilis, Howell, 1914:50.
Distribución: Hidalgo, Puebla, Tlaxcala, Veracruz.
Referencias : Alvarez y Polaco, 1980:136; Burt, 1960:49; Engstrom, et al., 1981:160; Hall, 1981:645; Hall y Dalquest, 1963:289; Spencer y Cameron, 1982:2.

Reithrodontomys fulvescens fulvescens J. A. Allen
Reithrodontomys mexicanus fulvescens J. A. Allen, Bull. Amer. Mus. Nat. Hist., 6:319, 7 noviembre 1894.
L. T. Oposura, 2,000 pies, Sonora.
Reithrodontomys fulvescens fulvescens, Howell, 1914:43.
Distribución: Sonora.
Referencias : Spencer y Cameron, 1982:2.

Reithrodontomys fulvescens griseoflavus Merriam
Reithrodontomys griseoflavus Merriam, Proc. Washington Acad. Sci., 3:553, 29 noviembre 1901.
L.T. Ameca, 4,000 pies, Jalisco.
Reithrodontomys fulvescens griseoflavus, Hooper, 1952:98.
Distribución: Aguascalientes, Durango, Guanajuato, Jalisco, Michoacán, Nayarit, San Luis Potosí, Tamaulipas, Zacatecas.
Referencias : Alvarez, 1963a:439; Baker, R.H., 1960b:316; Baker, R. H. y Greer, 1962:105; Carleton, 1980:20; Engstrom, et al., 1981:160-161; Gardner, 1965:101; Genoways y Jones, 1973:3; Jones y Webster, 1976:78; Matson, 1982:78; Petersen, 1973:323; 1975:704; 1980a:123; Spencer y Cameron, 1982:2.

Reithrodontomys fulvescens helvolus Merriam
Reithrodontomys griseoflavus helvolus Merriam, Proc. Washington Acad. Sci., 3:554, 29 noviembre 1901.
L.T. Oaxaca cerca de 5,000 pies, Oaxaca.
Reithrodontomys fulvescens helvolus, Howell, 1914:52.
Distribución: Guerrero, Oaxaca.
Referencias : Carleton, 1980:20; Goodwin, 1969:166; López-F.C. y

Urbano-V., 1977:235; Spencer y Cameron, 1982:2; Webb y R.H. Baker, 1969:144.

Reithrodontomys fulvescens infernatis Hooper
Reithrodontomys fulvescens infernatis Hooper, Proc. Biol. Soc. Washington, 63:167, 29 diciembre 1950.
L.T. Teotitlán, 3,100, pies Oaxaca.
Distribución: Oaxaca, Puebla.
Referencias : Burt, 1960:50; Engstrom, et al., 1981:160; Goodwin, 1969:167; Spencer y Cameron, 1982:2.

Reithrodontomys fulvescens intermedius J.A. Allen
Reithrodontomys mexicanus intermedius J.A. Allen, Bull. Amer. Mus. Nat. Hist., 7:136, 21 mayo 1895.
L.T. Brownsville, Cameron County, Texas.
Reithrodontomys fulvescens intermedius, Howell, 1914:47.
Distribución: Coahuila, Nuevo León, Tamaulipas.
Referencias : Alvarez, 1963a:439; Carleton, 1980:20; Engstrom, et al., 1981:161; Spencer y Cameron, 1982:2, Tipton y Méndez, 1968:199.

Reithrodontomys fulvescens mustelinus Howell
Reithrodontomys fulvescens mustelinus Howell, N. Amer. Fauna, 36:54, 5 junio 1914.
L.T. Llano Grande, 300 pies, Oaxaca.
Distribución: Guerrero, Michoacán, Morelos, Oaxaca.
Referencias : Burt, 1961:21; Carleton, 1973:9; Goodwin, 1969:167; López-F.C. y Urbano-V., 1977:235; Ramírez-P. y Sánchez-H., 1972:108; Ramírez-P., et al., 1977:274; Spencer y Cameron, 1982:2; Webb y R.H. Baker, 1969:144.

Reithrodontomys fulvescens nelsoni Howell
Reithrodontomys fulvescens nelsoni Howell, N. Amer. Fauna, 36:53, 5 junio 1914.
L.T. Colina, Colima.
Distribución: Colima, Jalisco, Nayarit.
Referencias : Burt, 1960:49; Carleton, 1980:20; Genoways y Jones, 1973:3; López-F., et al., 1971a:103; Spencer y Cameron, 1982:2.

Reithrodontomys fulvescens tenuis J.A. Allen
Reithrodontomys tenuis J.A. Allen, Bull. Amer. Mus. Nat. Hist., 12:15, 4 marzo 1899.
L.T. Rosario, Sinaloa.
Reithrodontomys fulvescens tenuis, Howell, 1914:45.

Distribución: Chihuahua, Durango, Jalisco, Nayarit, Sinaloa, Sonora, Zacatecas.
Referencias : Anderson, 1972:329; Baker, R.H. y Greer, 1962:106; Carleton, 1980:20; Matson, 1982:78; Petersen, 1973: 323; 1975:704; 1980a:123; Petersen y Petersen, 1979: 5; Spencer y Cameron, 1982:2.

Reithrodontomys fulvescens toltecus Merriam
Reithrodontomys levipes toltecus Merriam, Proc. Washington Acad. Sci., 3:555, 29 noviembre 1901.
L.T. Tlalpan, Distrito Federal.
Reithrodontomys fulvescens toltecus, Howell, 1914:51.
Distribución: Distrito Federal, Guanajuato, Hidalgo, México, Michoacán, Puebla, Querétaro.
Referencias : Engstrom, et al., 1981:160; Hall, 1981:647; Spencer y Cameron, 1982:2.

Reithrodontomys fulvescens tropicalis Davis
Reithrodontomys fulvescens tropicalis Davis, J. Mamm., 25:393, 12 diciembre 1944.
L.T. Boca del Río, 8 Km S Veracruz, Veracruz.
Distribución: Querétaro, San Luis Potosí, Tamaulipas, Veracruz.
Referencias : Alvarez, 1963a:440; Burt, 1960:49; Carleton, 1980:20; Carleton y Myers, 1979:307; Dalquest y Roth, 1970:220, 226; Engstrom, et al., 1981:161; Hall y Dalquest, 1963:298; Ingles, 1959:396; Spencer y Cameron, 1982:2.

Reithrodontomys gracilis gracilis J.A. Allen y Chapman
Reithrodontomys mexicanus gracilis J. A. Allen y Chapman, Bull. Amer. Mus. Nat. Hist., 9:9, 23 febrero 1897.
L.T. Chichén-Itzá, Yucatán.
Reithrodontomys gracilis gracilis, Hooper, 1952:132.
Distribución: Campeche, Quintana Roo, Yucatán.
Referencias : Carleton, 1973:9; Carleton y Myers, 1979:307; Hall, 1981:649; Jones, 1964c:124; Jones, et al., 1974b:13.

Reithrodontomys gracilis insularis Jones
Reithrodontomys gracilis insularis Jones, Proc. Biol. Soc. Washington, 77:123, 26 junio 1964c.
L.T. 8 mi ENE Ciudad del Carmen, Isla del Carmen, Campeche.
Distribución: Conocida de la localidad típica.
Referencias : Carleton, 1973:9; Jones y Genoways, 1969:138; Jones, et al., 1974b:13.

Reithrodontomys gracilis pacificus Goodwin

Reithrodontomys pacificus Goodwin, Amer. Mus. Novitates, 560:2, 16 septiembre 1932.
L.T. Hacienda California, 6 mi de Ocós, Guatemala.
Reithrodontomys gracilis pacificus, Hooper, 1952:135; 1960:50.
Distribución: Chiapas.

Reithrodontomys hirsutus Merriam
Reithrodontomys hirsutus Merriam, Proc. Washington Acad. Sci., 3:553, 29 noviembre 1901.
L.T. Ameca, 4,000 pies, Jalisco.
Distribución: Jalisco, Nayarit.
Referencias : Hall, 1981:648; Hall y Kelson, 1959:594.

Reithrodontomys megalotis alticolus Merriam
Reithrodontomys saturatus alticolus Merriam, Proc. Washington Acad. Sci., 3:556, 29 noviembre 1901.
L.T. Cerro San Felipe, 10,000 pies, Oaxaca.
Reithrodontomys megalotis alticolus, Howell, 1914:37.
Distribución: Oaxaca.
Referencias : Carleton, 1973:9; Goodwin, 1969:165; Webb y R.H. Baker, 1969:144; Webster y Jones, 1982c:1.

Reithrodontomys megalotis amoles Howell
Reithrodontomys amoles Howell, N. Amer. Fauna, 36:40, 5 junio 1914.
L.T. Pinal de Amoles, aproximadamente 7,500 pies, Querétaro.
Reithrodontomys megalotis amoles, Hooper, 1952:64.
Distribución: Conocida sólo de la localidad típica.
Referencias : Engstrom, et al., 1981:161; Webster y Jones, 1982c:1.

Reithrodontomys megalotis hooperi Goodwin
Reithrodontomys megalotis hooperi Goodwin, Amer. Mus. Novitates, 1660:1, 25 mayo 1954.
L.T. Rancho del Cielo, 5 mi NW Gómez Farías, 3,500 pies, Tamaulipas.
Distribución: Tamaulipas.
Referencias : Alvarez, 1963a:438; Koopman y Martin, 1959:5; Webster y Jones, 1982c:1.

Reithrodontomys megalotis longicaudus (Baird)
Reithrodon longicauda Baird, Mammals, in Repts. Expl. Surv....,8 (1):451, 14 julio 1858.
L.T. Petaluma, Sonoma Co., California.
Reithrodontomys megalotis longicaudus, Howell, 1914:33.
Distribución: Baja California Norte.
Referencias : Huey, 1964:124; Webster y Jones, 1982c:1.

Reithrodontomys megalotis megalotis (Baird)
Reithrodon megalotis Baird, Mammals, in Repts., Expl. Surv...., 8 (1): 451, 14 julio 1858.
L.T. Entre Janos, Chihuahua y San Luis Springs, Grand County, New Mex..
Reithrodontomys megalotis megalotis, Miller, 1912:133.
Distribución: Baja California Norte, Coahuila, Chihuahua, Durango, Guanajuato, San Luis Potosí, Sonora, Zacatecas.
Referencias : Anderson, 1972:330-331; Baker, R.H., 1960b:316; Baker, R.H. y Greer, 1962:106; Engstrom, et al., 1981:161; Gardner, 1965:101; Huey, 1964:124; Jones y Webster, 1976:78; Matson, 1982:78; Petersen, 1972:301; 1973: 323; 1975:704; Petersen y Petersen, 1979:5; Stephen, et al., 1975:101; Webster y Jones, 1982c:1.

Reithrodontomys megalotis peninsulae Elliot
Reithrodontomys peninsulae Elliot, Field Columb. Mus., Publ. 74, Zool. Ser., 3 (10):164, 7 mayo 1903.
L. T. San Quintín, Baja California Norte.
Reithrodontomys megalotis peninsulae, Howell, 1914:35.
Distribución: Baja California Norte.
Referencias : Huey, 1964:125; Webster y Jones, 1982c:1.

Reithrodontomys megalotis saturatus J. A. Allen y Chapman
Reithrodontomys saturatus J. A. Allen y Chapman, Bull. Amer. Mus. Nat. Hist., 9:201, 16 junio 1897.
L. T. Las Vigas, 8,000 pies, Veracruz.
Reithrodontomys megalotis saturatus, Howell, 1914:36.
Distribución: Coahuila, Distrito Federal, Hidalgo, Jalisco, México, Michoacán, Morelos, Nuevo León, Oaxaca, Puebla, San Luis Potosí, Tamaulipas, Tlaxcala, Veracruz.
Referencias : Bassols, 1981:43; Burt, 1961:20; Carleton, 1973:9; Genoways y Jones, 1973:2; Hall y Dalquest, 1963:296; Hall y Kelson, 1959:588; Hoffmann, et al., 1972:151; Koopman y Martin, 1959:5; Ramírez-P., 1969b:271; Uribe, et al., 1979:135; Webster y Jones, 1982c:1.

Reithrodontomys megalotis zacatecae Merriam
Reithrodontomys megalotis zacatecae Merriam, Proc. Washington Acad. Sci., 3:557, 29 noviembre 1901.
L. T. Sierra Valparaíso, Zacatecas.
Distribución: Aguascalientes, Chihuahua, Durango, Jalisco, Michoacán, Zacatecas.
Referencias : Anderson, 1972:331; Anderson y Long, 1961:2; Baker, R.H. y Greer, 1962:106; Jones y Webster, 1976:78; Matson, 1982:78; Petersen, 1972:301; 1973:323; 1975: 704; Petersen y Petersen, 1979:5; Stephen, et al., 1975:101; Webster y Jones, 1982c:1.

Reithrodontomys mexicanus howelli Goodwin
Reithrodontomys mexicanus howelli Goodwin, Amer. Mus. Novitates, 560:1, 16 septiembre 1932.
L.T. El Quiché, Guatemala.
Distribución: Chiapas.
Referencias : Burt, 1960:50; Carleton, 1980:19.

Reithrodontomys mexicanus mexicanus (Saussure)
R[*eithrodon*]. *mexicanus* Saussure, Revue et Mag. Zool., Paris, ser. 2, 12:109, 1860.
L. T. De las montañas de Veracruz, restringido a Mirador, Veracruz por Hooper (Misc. Publ. Mus. Zool. Univ. Michigan, 77:140, 1952).
Reithrodontomys mexicanus mexicanus, Miller, 1912:134.
Distribución: Hidalgo, Oaxaca, Puebla, San Luis Potosí, Tamaulipas, Veracruz.
Referencias : Alvarez, 1963a:440; Alvarez y Polaco, 1980:136; Goodwin, 1969:171; Hall y Dalquest, 1963:299; Koopman y Martin, 1959:5; Musser, 1964:8; Rickart, 1977:3; Robertson y Musser, 1976:6.

Reithrodontomys mexicanus riparius Hooper
Reithrodontomys mexicanus riparius Hooper, Occas. Papers Mus. Zool. Univ. Michigan, 565:12, 1° mayo 1955.
L.T. 2.5 mi SW Coalcomán, 3,600 pies, Michoacán.
Distribución: Conocida sólo de la localidad típica.

Reithrodontomys mexicanus scansor Hooper
Reithrodontomys mexicanus scansor Hooper, J. Washington Acad. Sci., 40: 418, 15 diciembre 1950.
L.T. Villa Flores, 2,000 pies, Chiapas.
Distribución: Chiapas, Oaxaca.
Referencias : Burt, 1960:50; Carleton, 1980:19, Goodwin, 1969:172.

Reithrodontomys microdon albilabris Merriam
Reithrodontomys microdon albilabris Merriam, Proc. Washington Acad. Sci., 3:549, 29 noviembre 1901.
L.T. Cerro San Felipe, 10,000 pies, Oaxaca.
Distribución: Oaxaca.
Referencias : Carleton, 1973:9; Goodwin, 1969:172; Jones y Genoways, 1967b:321; Musser, 1964:9.

Reithrodontomys microdon microdon Merriam
Reithrodontomys microdon Merriam, Proc. Washington Acad. Sci., 3:548, 29 noviembre 1901.
L.T. Todos Santos, 10,000 pies, Guatemala.

Reithrodontomys microdon microdon, Howell, 1914:80.
Distribución: Chiapas.
Referencias : Smith y Jones, 1967:189.

Reithrodontomys microdon wagneri Hooper
Reithrodontomys microdon wagneri Hooper, Proc. Biol. Soc. Washington, 63: 169, 29 diciembre 1950.
L.T. Cerro San Andrés, 9,400 pies, cerca de 10 mi NW Ciudad Hidalgo, Michoacán.
Distribución: Distrito Federal, Michoacán.
Referencias : Burt, 1960:50.

Reithrodontomys montanus montanus (Baird)
Reithrodon montanus Baird, Proc. Acad. Nat. Sci. Philadelphia, 7:335, abril 1855.
L.T. Rocky Mts. 39°N, probablemente cerca del extremo superior San Luis Valley, Saguache County, Colorado; de acuerdo con J.A. Allen (Bull. Amer. Mus. Nat. Hist., 7:124, 1895a).
Reithrodontomys montanus montanus, Benson, 1935:139.
Distribución: Chihuahua, Durango, Sonora.
Referencias : Anderson, 1972:331; Baker, R.H. y Greer, 1962:107.

Reithrodontomys spectabilis Jones y Lawlor
Reithrodontomys spectabilis Jones y Lawlor, Univ. Kansas Publ., Mus. Nat. Hist., 16 (3):413, 13 abril 1965.
L.T. 2.5 Km N San Miguel, Isla Cozumel, Quintana Roo.
Distribución: Conocida de la localidad típica.
Referencias : Hall, 1981:652; Jones y Genoways, 1969:138; Jones, et al., 1974b:14.

Reithrodontomys sumichrasti dorsalis Merriam
Reithrodontomys dorsalis Merriam, Proc. Washington Acad. Sci., 3:557, 29 noviembre 1901.
L.T. Calel, Guatemala.
Reithrodontomys sumichrasti dorsalis, Hooper, 1952:78.
Distribución: Chiapas.
Referencias : Bassols, 1981:13; Burt, 1960:49; Carleton, 1973:9; Baker, R.H., et al., 1971:85; Smith y Jones, 1967:189.

Reithrodontomys sumichrasti luteolus Howell
Reithrodontomys rufescens luteolus Howell, N. Amer. Fauna, 36:57, 5 junio 1914.
L.T. Juquila, 5,000 pies, Oaxaca.
Reithrodontomys sumichrasti luteolus, Hooper, 1952:77.
Distribución: Guerrero, Oaxaca.

Referencias : Baker, R.H. y Womochel, 1966:306; Bassols, 1981:18; Goodwin, 1969:165-166; Webb y R.H. Baker, 1969:144.

Reithrodontomys sumichrasti nerterus Merriam
Reithrodontomys colimae nerterus Merriam, Proc. Washington Acad. Sci., 3:551, 29 noviembre 1901.
L.T. Nevado de Colima, Jalisco.
Reithrodontomys sumichrasti nerterus, Hooper, 1952:74.
Distribución: Jalisco, Michoacán.
Referencias : Burt, 1960:49; 1961:20; Baker, R.H. y Phillips, 1965a: 692; Engstrom, et al., 1981:161; Hooper, 1961:121.

Reithrodontomys sumichrasti sumichrasti (Saussure)
Reithrodon sumichrasti Saussure, Revue et Mag. Zool., Paris, ser. 2, 13:3, 1861.
L.T. Restringida a Mirador, Veracruz por Hooper (Miscl. Publ. Mus. Zool., Univ. Michigan, 77:72, 1952).
Reithrodontomys sumichrasti sumichrasti, Hooper, 1952:72.
Distribución: Distrito Federal, Hidalgo, México, Morelos, Oaxaca, Puebla, Querétaro, Tlaxcala, Veracruz.
Referencias : Bassols, 1981:13; Burt, 1960:49; Goodwin, 1969:165; Hall y Dalquest, 1963:297; Heaney y Birney, 1977:544; Mass, et al., 1981:67; Ramírez-P., 1969b:272.

Rheomys mexicanus Goodwin
Rheomys (Neorheomys) mexicanus Goodwin, Amer. Mus. Novitates, 1967:4, 29 octubre 1959.
L.T. San José Lachiguiri, Distrito de Miahuatlán, 4,000 pies, Oaxaca.
Rheomys mexicanus Goodwin, 1969:208.
Distribución: Oaxaca.
Referencias : Goodwin, 1969:209.

Rheomys thomasi chiapensis Hooper
Rheomys thomasi chiapensis Hooper, J. Mamm., 28:53, 17 febrero 1947.
L.T. Prusia, 1,100 m, Chiapas.
Distribución: Chiapas.
Referencias : Hooper, 1968:552.

Scotinomys teguina teguina (Alston)
Hesperomys teguina Alston, Proc. Zool. Soc. London, pág. 755, abril 1877.
L.T. Alta Verapaz, Cobán, Guatemala.
Scotinomys teguina teguina, Hooper, 1972:15.
Distribución: Chiapas, Oaxaca.
Referencias : Goodwin, 1969:196; Hooper, 1972:16; Hooper y Carleton, 1976:5.

"Rata cañera"

Sigmodon alleni alleni Bailey
Sigmodon alleni Bailey, Proc. Biol. Soc. Washington, 15:112, 2 junio 1902.
L.T. San Sebastián, Mascota, Jalisco.
Sigmodon alleni alleni, R.H. Baker, 1969:192.
Distribución: Jalisco, Michoacán, Nayarit.
Referencias : Baker, R.H., 1969:194; Dalby y Lillevik, 1969:74; Hooper, 1962:1; Ingles, 1959:399; Núñez, et al., 1981: 664; Shump y R.H. Baker, 1978a:1; Webb, et al., 1981: 700; Zimmerman, 1970:449.

Sigmodon alleni planifrons Nelson y Goldman
Sigmodon planifrons Nelson y Goldman, Proc. Biol. Soc. Washington, 46:197, 26 octubre 1933.
L.T. Juquila, 5,000 pies, Oaxaca.
Sigmodon alleni planifrons, R.H. Baker, 1969:195.
Distribución: Oaxaca.
Referencias : Baker, R.H. 1969:196, 203; Baker, R.J. y Womochel, 1966:306; Dalby y Lillevik, 1969:75; Goodwin, 1969: 205; Jiménez, 1971:135; Shump y R.H. Baker, 1978a:1; Webb y R.H. Baker, 1969:144.

Sigmodon alleni vulcani J.A. Allen
Sigmodon vulcani J.A. Allen, Bull. Amer. Mus. Nat. Hist., 22:247, 25 julio 1906.
L.T. Volcán de Fuego, 10,000 pies, Jalisco.
Sigmodon alleni vulcani, R.H. Baker, 1969:194.
Distribución: Colima, Guerrero, Jalisco, Michoacán.
Referencias : Baker, R.H., 1969a:195; Hall, 1981:744; Ramírez-P., et al., 1977:278; Shump y R.H. Baker, 1978a:1.

Sigmodon arizonae cienegae A.B. Howell
Sigmodon hispidus cienegae A.B. Howell, Proc. Biol. Soc. Washington, 32: 161, 30 septiembre 1919.
L.T. 4 mi E Fort Lowell, Pima County, Arizona.
Sigmodon arizonae cienegae, Hall, 1981:741.
Distribución: Sonora.
Referencias : Hall, 1981:741; Severinghaus y Hoffmeister, 1978:869; Zimmerman, 1970:448-449.

Sigmodon arizonae major Bailey
Sigmodon hispidus major Bailey, Proc. Biol. Soc. Washington, 15:109, 2 junio 1901.
L.T. Sierra de Choix, 50 mi (Probablemente 10 a 15 mi) NE Choix, Sinaloa.

Sigmodon arizonae major, Hall, 1981:742.
Distribución: Durango, Nayarit, Sinaloa, Sonora, Zacatecas.
Referencias : Baker, R.H., 1962:283; Baker, R.H. y Greer, 1962:124; Cockrum y Bradshaw, 1963:9; Crossin, et al., 1973:196; Dalby y Lillevik, 1969:73; Hall, 1981:742; Ingles, 1959:398; Jones, 1964a:753; Matson, et al., 1978:155; Petersen, 1973:319; 1980:123; Severinghaus y Hoffmeister, 1978:869; Zimmerman, 1970:448-449.

Sigmodon fulviventer fulviventer J.A. Allen
Sigmodon fulviventer J.A. Allen, Bull. Amer. Mus. Nat. Hist., 2:180, 21 octubre 1889.
L.T. Zacatecas, Zacatecas.
Sigmodon fulviventer fulviventer, R.H. Baker y Greer, 1962:123.
Distribución: Durango, Guanajuato, Jalisco, Zacatecas.
Referencias : Baker, R.H., 1969:212; Baker, R.H. y Greer, 1962:123; Baker, R.H. y Shump, 1978a:2; Dalby y Lillevik, 1969: 74;Genoways y Jones, 1973:11; Jimenez, 1971:135; Jones y Webster, 1976:80; Matson, 1982:78; Petersen, 1973:319; 1975:704; 1976:141; 1980a:123; Petersen y Petersen, 1979:5; Zimmerman, 1970:449.

Sigmodon fulviventer melanotis Bailey
Sigmodon melanotis Bailey, Proc. Biol. Soc. Washington, 15:114, 2 junio 1902.
L.T. Pátzcuaro, 7,000 pies, Michoacán.
Sigmodon fulviventer melanotis, R.H. Baker, 1969:212.
Distribución: Jalisco, Michoacán.
Referencias : Baker, R.H., 1969:213; Baker, R.H. y Shump, 1978a:2; Dalby y Lillevik, 1969:74; Genoways y Jones, 1973:11; Hall, 1981:742; Hall y Kelson, 1959:677; Hooper, 1961: 122; Jiménez, 1971:135.

Sigmodon fulviventer minimus Mearns
Sigmodon minima Mearns, Proc. U.S. Nat. Mus., 17:130, 19 julio 1894.
L.T. Cerca del Monumento No. 40, 1,500 m, Hidalgo County, New Mexico, en la frontera entre México y E.E.U.U., 100 mi W del monumento inicial en el borde W del Río Grande.
Sigmodon fulviventer minimus, R.H. Baker y Greer, 1962:123.
Distribución: Chihuahua, Durango, Sonora.
Referencias : Anderson, 1972:356-357; Baker, R.H., 1966:345; 1969: 211; Baker, R.H. y Greer, 1962:123; Baker, R.H. y Shump, 1978a:2; Dalby y Lillevik, 1969:74; Jiménez, 1971:135; Petersen, 1973:319; 1975:704; 1980a:123; Petersen y Petersen, 1979:5.

Sigmodon hispidus berlandieri Baird
Sigmodon berlandieri Baird, Proc. Acad. Nat. Sci. Philadelphia, 7:333, 1855.
L.T. Río Nasas, Coahuila.
Sigmodon hispidus berlandieri, J.A. Allen, 1890:186.
Distribución: Aguascalientes, Coahuila, Chihuahua, Durango, Hidalgo, Jalisco, Nuevo León, Querétaro, San Luis Potosí, Tamaulipas, Zacatecas.
Referencias :Alvarez, 1963a:450; Anderson, 1972:357; Baker, R.H. y Greer, 1962:123-124; Baker, R. H. et.al., 1981:568; Cameron y Spencer, 1981:1; Dalby y Lillevik, 1969: 71; Genoways y Jones, 1973:11; Ingles, 1959:398; Koopman y Martin, 1959:5; López-F.C. y Urbano-V., 1977: 232; Matson, 1982:78; Petersen, 1973:319; 1975:704; 1976:141; 1980a:123; Petersen y Petersen, 1979:5; Severinghaus y Hoffmeister, 1978:869; Zimmerman, 1970: 447-448.

Sigmodon hispidus eremicus Mearns
Sigmodon hispidus eremicus Mearns, Proc. U.S. Nat. Mus., 20:504, 19 enero 1897.
L.T. Cienega Wall, 30 mi S Monumento No. 204, frontera entre México y E.E.U.U. en el borde E del Río Colorado, Sonora.
Distribución: Sonora.
Referencias : Bradshaw y Hayward, 1960:282; Cameron y Spencer, 1981: 1; Huey, 1964:131.

Sigmodon hispidus microdon Bailey
Sigmodon hispidus microdon Bailey, Proc. Biol. Soc. Washington, 15:111, 2 junio 1902.
L.T. Puerto Morelos, Quintana Roo.
Distribución: Campeche, Quintana Roo, Yucatán.
Referencias : Birney, et al., 1974:16; Cameron y Spencer, 1981:1; Carleton, 1980:26; Jones, et al., 1974b:17; Loomis, 1969:5,9.

Sigmodon hispidus obvelatus Russell
Sigmodon hispidus obvelatus Russell, Proc. Biol. Soc. Washington, 65:81, 25 abril 1952.
L.T. 5 mi S Alpuyeca, 3,700 pies, Morelos.
Distribución: Guerrero, Morelos, Oaxaca.
Referencias : Cameron y Spencer, 1981:1; Goodwin, 1969:203; Ingles, 1959:398; Ramírez-P. y Sánchez-H., 1972:107.

Sigmodon hispidus saturatus Bailey
Sigmodon hispidus saturatus Bailey, Proc. Biol. Soc. Washington, 15:111, 2 junio 1902.

L.T. Teapa, Tabasco.
Distribución: Chiapas, Oaxaca, Tabasco, Veracruz.
Referencias : Alvarez del T., 1977:66; Baker, R.H. y Greer, 1960:415; Baker, R.H., et al., 1971:85; Bassols, 1981:13; Cameron y Spencer, 1981:1; Carleton, 1980:26; Goodwin, 1969: 197; Hall y Dalquest, 1963:314; López-F.C. y Urbano-V., 1977:234.

Sigmodon hispidus solus Hall
Sigmodon hispidus solus Hall, Univ. Kansas Publ., Mus. Nat. Hist., 5:42, 1° octubre 1951.
L.T. De la isla, 88 mi S, 10 Km W Matamoros, Tamaulipas.
Distribución: Concida sólo de la localidad típica.
Referencias : Alvarez, 1963a:450; Cameron y Spencer, 1981:1; Jones y Genoways, 1969:140; Koopman y Martin, 1959:5; Selander, et al., 1962:341.

Sigmodon hispidus toltecus (Saussure)
[*Hesperomys*] *toltecus* Saussure, Revue et Mag. Zool., Paris, ser. 2, 12:98, 1860.
L.T. De las Montañas de Veracruz (Probablemente cerca de Mirador, Dalquest, Louisiana State Univ. Studies, Biol. Sci. Series, 1:163, 1953).
Sigmodon hispidus toltecus, J.A. Allen y Chapman, 1897:9.
Distribución: Oaxaca, Puebla, San Luis Potosí, Tamaulipas, Veracruz.
Referencias : Alvarez, 1963a:450; Baker, R.H. y Phillips, 1965b:338; Cameron y Spencer, 1981:1; Carleton, 1980:26; Dalby y Lillevick. 1969:73; Dalquest y Roth, 1970:220,227; Goodwin, 1969:199; Hall y Dalquest, 1963:314; Hall y Kelson, 1959:675; Ingles, 1956:398; Koopman y Martin, 1959:5; López-F. y Urbano-V, 1977:232; Webb, et al., 1967:6; Zimmerman, 1970:447-448.

Sigmodon hispidus tonalensis Bailey
Sigmodon hispidus tonalensis Bailey, Proc. Biol. Soc. Washington, 15:109, 2 junio 1902.
L.T. Tonalá, Chiapas.
Distribución: Chiapas, Oaxaca.
Referencias : Cameron y Spencer, 1981:1; Carleton, 1980:26.

Sigmodon hispidus villai Goodwin
Sigmodon hispidus villai Goodwin, Amer. Mus. Novitates, 1871:2, 26 febrero 1958.
L.T. 5 mi SE Teopisca, 6,000 pies, Chiapas.
Distribución: Conocida sólo de la localidad típica.

Sigmodon leucotis alticola Bailey
Sigmodon alticola Bailey, Proc. Biol. Soc. Washington, 15:116, 2 junio 1902.
L.T. Cerro San Felipe 10,000, Oaxaca.
Sigmodon leucotis alticola, R.H. Baker, 1969:222.
Distribución: Oaxaca, Puebla.
Referencias : Baker, R.H., 1969:223; Goodwin, 1969:204; Shump y R.H. Baker, 1978b:1.

Sigmodon leucotis leucotis Bailey
Sigmodon leucotis Bailey, Proc. Biol. Soc. Washington, 15:115, 2 junio 1902.
L. T. Sierra de Valparaíso, 8,700 pies, Zacatecas.
Sigmodon leucotis leucotis, R.H. Baker, 1969:220.
Distribución: Aguascalientes, Chihuahua, Durango, Guanajuato, México, Morelos, Nuevo León, Querétaro, Zacatecas.
Referencias : Anderson, 1972:358; Baker, R.H., 1969:222; Baker, R.H. y Greer, 1962:124-125; Carleton, 1973:7; Dalby y Lillevick, 1969:72-74; Jiménez, 1971:135; Jones y Webster, 1976:80; Matson, 1982:78; Ramírez-P., 1969b:276; Shump y R.H. Baker, 1978b:1; Stephen, et al., 1975:101; Webb y R.H. Baker, 1962:331; Zimmerman, 1970:449.

Sigmodon mascotensis inexoratus Elliot
Sigmodon hispidus inexoratus Elliot, Field Colum. Mus., Publ. 71, Zool. Ser., 3:144, 20 marzo 1903.
L. T. Ocotlán, Jalisco.
Sigmodon mascotensis inexoratus, Hall, 1981:740.
Distribución: Jalisco, Michoacán.
Referencias : Burt, 1961:21; Csuti, 1980:47; Dalby y Lillevik, 1969:72; Genoways y Jones, 1973:11; Hall, 1981:740; Hall y Kelson, 1959:674; Hooper, 1962:1; Ingles, 1959:398; Zimmerman, 1970:449.

Sigmodon mascotensis ischyrus Goodwin
Sigmodon hispidus ischyrus Goodwin, Amer. Mus. Novitates, 1791:8, 28 septiembre 1956.
L. T. "El Arco" Gorge del Río Grande, Santo Domingo Chontecomatlán, Distrito de Yautepec, 2,600 pies, Oaxaca.
Sigmodon mascotensis ischyrus, Hall, 1981:741.
Distribución: Oaxaca.
Referencias : Goodwin, 1969:203; Zimmerman, 1970:449.

Sigmodon mascotensis mascotensis J.A. Allen
Sigmodon mascotensis J.A. Allen, Bull. Amer. Mus. Nat. Hist., 9:54, 15 marzo 1897.
L.T. Mineral San Sebastián, Mascota, Jalisco.

Sigmodon mascotensis mascotensis Hall, 1981:740.
Distribución: Colima, Guerrero, Jalisco, Michoacán, Morelos, Nayarit, Oaxaca, Puebla, Sinaloa, Zacatecas.
Referencias : Alvarez, 1968:34; Dalby y Lillevick, 1969:72-73; Goodwin, 1969:199,203; Helm III, et al., 1976:142; Jiménez, 1971:135; López-F.C. y Urbano-V., 1977:235; López-F. , et al., 1971a:103; Matson, 1982:78; Mones, 1968:169; Ramírez-P. y Sánchez-H., 1972:107; Ramírez-P., et al., 1977:277; Severinghaus y Höffmeister, 1978:869, Stephen, et al., 1975:102; Webb y R.H. Baker, 1969:144; Zimmerman, 1970:447-448.

Sigmodon ochrognathus Bailey
Sigmodon ochrognathus Bailey, Proc. Biol. Soc. Washington, 15:115, 2 junio 1902.
L.T. Chisos Mts., 8,000 pies, Brewester County, Texas.
Distribución: Coahuila, Chihuahua, Durango.
Referencias : Anderson, 1972:358; Baker, R.H., 1966:345; 1969:230; Baker, R.H. y Greer, 1962:126; Baker, R.H. y Shump, 1978b:1; Cameron y Spencer, 1981:1; Dalby y Lillevick, 1969:75; Findley y Jones, 1960:468; Jiménez, 1971:135; Petersen, 1976:141; Petersen y Petersen, 1979:7.

"Rata arborícola"

Tylomys bullaris Merriam
Tylomys bullaris Merriam, Proc. Washington Acad. Sci., 3:561, 29 noviembre 1901.
L.T. Tuxtla, Chiapas.
Distribución: Conocida sólo de la localidad típica.
Referencias : Alvarez del T., 1977:64; Goodwin, 1969:162.

Tylomys nudicaudus gymnurus Villa
Tylomis [*sic*] *gymnurus* Villa, An. Inst. Biol., Univ. Nal. Autón. México, 12:763, 18 noviembre 1941.
L.T. Presidio, Veracruz.
Tylomys nudicaudus gymnurus, Schaldach, 1966:295.
Distribución: Oaxaca, Puebla, Veracruz.
Referencias : Carleton, 1980:25; Goodwin, 1969:161; Hall, 1981:627; Hall y Dalquest, 1963:292; Hall y Kelson, 1959:575; Helm III y Bowers, 1973:769; Ramírez-P. y Sánchez-H., 1971:481; Schaldach, 1966:295.

Tylomys nudicaudus microdon Goodwin
Tylomys nudicaudus microdon Goodwin, Amer. Mus. Novitates, 1738:1, 10 junio, 1955.
L.T. La Gloria, aproximadamente 2,500 pies, 10 Km SE Santa María Chimalpa, Istmo de Tehuantepec, Oaxaca.
Distribución: Oaxaca.
Referencias : Baker, R.H. y Petersen, 1965:494; Carleton, 1980:25; Goodwin, 1969:160.

Tylomys nudicaudus nudicaudus (Peters)
Hesperomys (Tylomys) nudicaudus Peters, Monatsb. Preuss. Akad. Wiss., Berlín, pág. 404, 1866.
L.T. Guatemala. La Primavera, 3,200 pies, cerca de 10 mi SW Cobán, Alta Verapaz, considerada como probable localidad típica por Goodwin (Bull. Amer. Mus. Nat. Hist., 68:48, 1934).
Tylomys nudicaudus nudicaudus, Goodwin, 1934:48.
Distribución: Chiapas.
Referencias : Baker, R.H., et al., 1971:85; Burt, 1960:62; Carleton, 1973:9; 1980:2; Hooper, 1960:2.

Tylomys nudicaudus villai Schaldach
Tylomys nudicaudus villai Schaldach, Säugetierk Mitteilungen, 14:294, octubre 1966.
L.T. 36.5 Km por carretera N San Gabriel Mixtepec, Municipio de Juquila, aproximadamente 1,600 m, Oaxaca.
Distribución: Guerrero, Oaxaca.
Referencias : Carleton, 1980:2; Goodwin, 1969:161; Ramírez-P. y Sánchez-H., 1971:481; 1972:107; Shaldach, 1966:294; Webb y R.H. Baker, 1969:144.

Tylomys tumbalensis Merriam
Tylomys tumbalensis Merriam, Proc. Washington Acad. Sci., 3:560, 29 noviembre, 1901.
L.T. Tumbalá, Chiapas.
Distribución: Chiapas.
Referencias : Carleton, 1973:9; Goodwin, 1969:162; Hooper, 1960:2.

Xenomys nelsoni Merriam
Xenomys nelsoni Merriam, Proc. Biol. Soc. Washington, 7:161, 29 septiembre 1892.
L.T. Hacienda Magdalena, entre Colima y Manzanillo, Colima.
Distribución: Colima, Jalisco.
Referencias : Carleton, 1980:25; Helm III, et al., 1976:143; Hall, 1981:773; Hall y Kelson, 1959:707; Hooper, 1960:2; López-F. ., et al., 1971a:103; Shaldach, 1960:425.

FAMILIA ARVICOLIDAE

"Ratón de Alfalfar o Metorito"

Microtus californicus aequivocatus Osgood
Microtus californicus aequivocatus Osgood, J. Mamm., 9:56, 9 febrero 1928.
L.T. San Quintín, Baja California Norte.
Distribución: Baja California Norte.
Referencias : Huey, 1964:136.

Microtus californicus grinnelli Huey
Microtus californicus grinnelli Huey, Trans. San Diego Soc. Nat. Hist., 7:47, 19 diciembre 1931.
L. T. Sangre de Cristo, Valle de San Rafael, en el W de la base de Sierra Juárez, 31°52' N y 116°06' W, Baja California Norte.
Distribución: Baja California Norte.
Referencias : Bond, 1969:263; Huey, 1964:136.

Microtus californicus huperuthrus Elliot
Microtus californicus hyperythrus Elliot, Field Colum. Mus., Publ. 79, Zool. ser., 3:218, 15 agosto 1903.
L. T. La Grulla, San Pedro Mártir, Baja California Norte.
Microtus californicus huperuthrus Elliot, 1903b:161.
Distribución: Baja California Norte.
Referencias : Huey, 1964:136.

Microtus mexicanus fulviventer Merriam
Microtus fulviventer Merriam, Proc. Biol. Soc. Washington, 12:106, 30 abril 1898.
L. T. Cerro San Felipe, 10,200 pies, Oaxaca.
Microtus mexicanus fulviventer, Musser, 1964:20.
Distribución: Oaxaca.
Referencias : Bassols, 1981:17; Carleton, 1981:94; (como M. fulviventer); Goodwin, 1969:209; Musser, 1964:20; Roberton y Musser, 1976:6; Webb y R.H. Baker, 1969:144.

Microtus mexicanus fundatus Hall
Microtus mexicanus fundatus Hall, Univ. Kansas Publ., Mus. Nat. Hist., 1:425, 24 diciembre 1948.
L. T. 3.5 mi S Pátzcuaro, 7,900 pies, Michoacán.
Distribución: Michoacán.
Referencias : Burt, 1961:21; Choate y Jones, 1970:356; Csuti, 1980:52; Hall, 1981:814; Hall y Kelson, 1959:740.

Microtus mexicanus madrensis Goldman
Microtus mexicanus madrensis Goldman, J. Mamm., 19:493, 14 noviembre 1838.
L.T. Río Gavilán, 6,700 pies, 5 mi W Colonia García, cerca de 60 mi SW Casas Grandes, Chihuahua.
Distribución: Chihuahua, Durango.
Referencias : Anderson, 1972:365; Anderson y Long, 1961:3; Baker, R. H. y Greer, 1962:130; Choate y Jones, 1970:358; Findley y Jones, 1962:157.

Microtus mexicanus mexicanus (Saussure)
Arvicola (Hemiotomys) mexicanus Saussure, Revue et Mag. Zool., Paris, ser. 2, 13:3, enero 1861.
L.T. Volcán de Orizaba, Puebla.
Microtus mexicanus mexicanus, Miller, 1912:223.
Distribución: Distrito Federal, Hidalgo, México, Morelos, Puebla, Tlaxcala, Veracruz.
Referencias : Anderson, 1960b:205; Barrera, et al., 1960:127; Bassols, 1981:17,20,25,26,29,44; Choate y Jones, 1970:356; Hall y Dalquest, 1963:433; Hoffmann, 1960:104, Hoffmann y Bassols, 1970:154; Hoffmann, et al., 1972:154; Hooper y Hart, 1962:6; Mass, et al., 1981: 71; Ramírez-P., 1969b:279; Sánchez-H., et al., 1981b:605.

Microtus mexicanus neveriae Hooper
Microtus mexicanus neveriae Hooper, Occas. Papers Mus. Zool., Univ. Michigan, 565:23, 31 marzo 1955.
L.T. Montañas cerca de 20 mi SE Autlán, cerca del aserradero de la Nevería, 8,200 pies, Jalisco.
Distribución: Jalisco.
Referencias : Barrera y Martínez, 1970:155; Carleton, 1981:94; Choate y Jones, 1970:356; Lee y Elder, 1977:486.

Microtus mexicanus phaeus (Merriam)
Arvicola phaeus Merriam, Proc. Biol. Soc. Washington, 7:171, 29 septiembre 1892.
L.T. Falda N El Nevado de Colima, 10,000 pies, Colima (sic) Jalisco.
Microtus mexicanus phaeus, Bailey, 1900:54.
Distribución: Colima, Durango, Jalisco, Michoacán, Querétaro.
Referencias : Anderson, 1960b:205; Baker, R.H. y Phillips, 1965a: 692; Carleton, 1981:94; Choate y Jones, 1970:356.

Microtus mexicanus salvus Hall
Microtus mexicanus salvus Hall, Univ. Kansas Publ., Mus. Nat. Hist., 1: 426, 24 diciembre 1948.
L.T. Cerro Tancítaro, 11,400 pies, Michoacán.
Distribución: Michoacán.
Referencias : Burt, 1961:21; Choate y Jones, 1970:356.

Microtus mexicanus subsimus Goldman
Microtus mexicanus subsimus Goldman, J. Mamm., 19:494, 14 noviembre 1938.
L.T. Sierra de Guadalupe, en el SE de Coahuila.
Distribución: Coahuila, Durango, Nuevo León, Tamaulipas.
Referencias : Alvarez, 1963a:454; Anderson, 1960b: 205; Choate y Jones, 1970:356; Gardner, 1965:101; Lee y Elder, 1977: 486, Tipton y Méndez, 1968:178.

Microtus oaxacensis Goodwin
Microtus oaxacensis Goodwin, Amer. Mus. Novitates, 2243:1, 19 mayo 1966.
L.T. Tarabundí, Distrito de Ixtlán, 5,000 pies, Oaxaca.
Distribución: Oaxaca.
Referencias : Goodwin, 1969:211; Jones y Genoways, 1967b:320; Rickart, 1977:3.

Microtus pennsylvanicus chihuahuensis Bradley y Cockrum
Microtus pennsylvanicus chihuahuensis Bradley y Cockrum, Amer. Mus. Novitates, 2325:1, 19 junio 1968.
L.T. 3 mi S Galeana, 1,400 m, Chihuahua.
Distribución: Chihuahua.
Referencias : Anderson, 1972:366; Anderson y Hubbard, 1971:2; Reich, 1981:1.

Microtus umbrosus Merriam
Microtus umbrosus Merriam, Proc. Biol. Soc. Washington, 12:107, 30 abril 1898.
L.T. Mt. Zempoaltepec, 8,200 pies, Oaxaca.
Distribución: Oaxaca.
Referencias : Goodwin, 1969:213; Hall, 1981:800; Hall y Kelson, 1959: 747; Jones y Genoways, 1967b:320.

"Rata Almizclera"

Ondatra zibethicus bernardi Goldman
Ondatra zibethica bernardi Goldman, Proc. Biol. Soc. Washington, 45:93, 21 junio 1952.
L.T. 4 mi S Gadsden, Yuma County, Arizona.
Ondatra zibethicus bernardi, Miller y Kellogg, 1955:618.
Distribución: Baja California Norte.
Referencias : Huey, 1964:136; Willner, et al., 1980:1.

Ondatra zibethicus ripensis (Bailey)
Fhiber zibethicus ripensis Bailey, Proc. Biol. Soc. Washington, 15:119, 2 junio 1902.

L.T. Eddy, cerca de Carlsbad, Eddy County, New Mexico.
Ondatra zibethicus ripensis, Miller y Kellogg, 1955:618.
Distribución: Chihuahua.
Referencias : Anderson, 1972:366; Willner, et al., 1980:1.

"Metorito o ratón de campo"

Pitymys guatemalensis (Merriam)
Microtus guatemalensis Merriam, Proc. Biol. Soc. Washington, 12:108, 30 abril 1898.
L.T. Todos Santos, 10,000 pies, Huehuetenango, Guatemala.
Pitymys guatemalensis, Honacki, Kinman y Koeppl, 1982:500.
Distribución: Chiapas.
Referencias : Carleton, 1981:94; Smith y Jones, 1967:199.

Pitymys quasiater (Coues)
Arvicola (Pitymys) pinetorum Var. *quasiater* Coues, Proc. Acad. Nat. Sci. Philadelphia, 26:191, 15 diciembre 1874.
L. T. Jalapa, Veracruz.
Pitymys quasiater, Honacki, Kinman y Koeppl, 1982:502.
Distribución: Hidalgo, Oaxaca, Puebla, San Luis Potosí, Veracruz.
Referencias : Anderson, 1960b:209; Carleton, 1981:95; Goodwin, 1969: 213; Hall, 1981:818; Hall y Dalquest, 1963:320; Hall y Kelson, 1959:751.

SUBORDEN HYSTRICOMORPHA
FAMILIA ERETHIZONTIDAE

"Puercoespín"

Coendou mexicanus mexicanus (Kerr)
Hystrix mexicana Kerr, The animal Kingdom..., 1:214, 1792.
L. T. Montañas de México (probablemente en Veracruz, Dalquest, Occas. Papers Mus. Zool. Louisiana State Univ., 23:12, 1950).
Coendou mexicanus mexicanus, Miller y Kellogg, 1955:634.
Distribución: Oaxaca, San Luis Potosí, Veracruz.
Referencias : Goodwin, 1969:217; Hall, 1981:853-854; Hall y Dalquest, 1963:322; Hall y Kelson, 1959:783-784; Hoffmann y Bassols, 1970:155; Hoffmann, et al., 1972:155; Schaldach, 1964:136.

Coendou mexicanus yucataniae Thomas
Coendou mexicanus yucataniae Thomas, Ann. Mag. Nat. Hist., ser. 7, 10:249 septiembre 1902.
L. T. Yucatán (Probablemente cerca de Izamal, Hall y Kelson, 1959:784).

Distribución: Campeche, Quintana Roo, Yucatán.
Referencias : Birney, et al., 1974:16; Hall 1981:854; Ingles, 1959: 400; Jones, et al., 1974b:22; Villa-R., 1959:133.

Erethizon dorsatum couesi Mearns
Erethizon epixathus couesi Mearns, Proc. U.S. Nat. Mus., 19:723, 30 julio 1897.
L. T. Fort Whipple, Yavapai County, Arizona.
Erethizon dorsatum couesi, Hall, 1946:649.
Distribución: Aguascalientes, Coahuila, Chihuahua, Nuevo León, Sinaloa, Sonora.
Referencias : Anderson, 1972:367; Dickerman, 1962:108; Hibbard y Mosser, 1963:245; Jones y Genoways, 1968:709; Woods, 1973: 1.

FAMILIA AGOUTIDAE

"Agoutí o Paca"

Agouti paca nelsoni Goldman
Agouti paca nelsoni Goldman, Smiths. Miscl. Coll., 60 (22):9, 28 febrero 1913.
L.T. Catemaco, Veracruz.
Distribución: Campeche, Chiapas, Oaxaca, Quintana Roo, San Luis Potosí, Veracruz, Yucatán.
Referencias : Alvarez, 1963c:58; Birney, et al., 1974:16; Goodwin, 1969:219; Hall, 1981:857-858; Hall y Dalquest, 1963: 324; Hall y Kelson, 1959:788; Ingles, 1959:400; Jones y Lawlor, 1965:416; Jones, et al., 1974b:21; Villa-R., 1959:133.

FAMILIA DASYPROCTIDAE

"Paca o Tepescuintle"

Dasyprocta mexicana Saussure
Dasyprocta mexicana Saussure, Revue et Mag. Zool., Paris, ser.2, 12:53, 1860.
L.T. No precisa. Zona caliente de México; probablemente en el Estado de Veracruz (Hall y Kelson, 1959:790).
Distribución: Oaxaca, Veracruz.
Referencias : Alvarez, 1963c:58 Baker, R.H. y Greer, 1960:415; Goodwin 1969:219; Hall, 1981:859; Hall y Dalquest, 1963:

326; Hall y Kelson, 1959:790; Schaldach, 1964:137; Villa-R., 1959:134.

Dasyprocta punctata chiapensis Goldman
Dasyprocta punctata chiapensis Goldman, Smiths. Miscl. Coll., 60 (22):13, 28 febrero 1913
L.T. Huehuetán, Chiapas.
Distribución: Chiapas.
Referencias : Goodwin, 1969:219.

Dasyprocta punctata yucatanica Goldman
Dasyprocta punctata yucatanica Goldman, Smiths. Miscl. Coll., 60 (22):12, 28 febrero 1913.
L.T. Apazote, cerca de Yohaltún, Campeche.
Distribución: Campeche, Quintana Roo, Tabasco.
Referencias : Jones y Lawlor, 1965:416; Ingles, 1959:401; Jones, et al., 1974b:20; Villa-R., 1959:134.

ORDEN CARNIVORA

FAMILIA CANIDAE

"Coyote"

Canis latrans cagottis (Hamilton-Smith)
Lyciscus cagottis Hamilton-Smith, *in* The naturalist's library (edit. Jardine), 25: 164, 1839.
L.T. Río Frío, falda W del Volcán Iztaccíhuatl, México.
Canis latrans cagottis, Nelson, 1932: 224.
Distribución: México, Michoacán, Oaxaca, Puebla, San Luis Potosí, Veracruz.
Referencias: Alvarez, 1963 c: 59; Bekoff, 1977: 1; Burt, 1961: 20; Cervantes, 1981: 850; Goodwin, 1969: 221; Hall y Dalquest, 1963: 328; Ingles, 1959: 401; Núñez, et al., 1981: 665; Van Gelder, 1960: 519.

Canis latrans clepticus Elliot
Canis clepticus Elliot, Field Columb. Mus., Publ. 79. Zool. ser., 3: 225, 15 agosto 1903.
L.T. Vallecitos, Sierra de San Pedro Mártir, 8,500 pies, Baja California Norte.
Canis latrans clepticus, Nelson, 1932: 224.
Distribucion: Baja California Norte.
Referencias: Bekoff, 1977: 1; Huey, 1964: 142.

Canis latrans goldmani Merriam
Canis goldmani Merriam, Proc. Biol. Soc. Washington, 17: 157, 6 octubre 1904.
L.T. San Vicente, Chiapas.
Canis latrans goldmani, Nelson, 1932: 224.
Distribución: Chiapas, Oaxaca.
Referencias: Alvarez, 1963c: 59; Bekoff, 1971: 1; Goodwin, 1969: 221.

Canis latrans impavidus J. A. Allen
Canis impavidus J. A. Allen, Bull. Amer. Mus. Nat. Hist., 19: 609, 12 noviembre 1903.
L.T. Río de las Bocas, NW de Durango, Durango.
Canis latrans impavidus, Nelson, 1932: 224.
Distribución: Chihuahua, Durango, Sinaloa, Sonora, Zacatecas.
Referencias: Anderson, 1972: 373; Armstrong, et al., 1972: 50; Baker, R. H., 1960b: 322; Baker, R. H. y Greer, 1962: 131; Bekoff, 1977: 1; Ingles, 1959: 401; Jones y Webster, 1976: 80.

Canis latrans jamesi Townsend
Canis jamesi Townsend, Bull. Amer. Mus. Nat. Hist., 31: 130, 14 junio 1912.
L.T. Isla Tiburón, Baja California (*sic*), Sonora.
Canis latrans jamesi, Nelson, 1932: 224.
Distribución: Conocida sólo de la localidad típica.
Referencias: Bekoff, 1977: 1.

Canis latrans mearnsi Merriam
Canis mearnsi Merriam, Proc. Biol. Soc. Washington, 11: 30, 15 marzo 1897.
L.T. Quitobaquito, Pima County, Arizona.
Canis latrans mearnsi, Nelson, 1932: 224.
Distribución: Baja California Norte, Chihuahua, Durango, Sonora.
Referencias: Anderson, 1972: 373; Baker, R.H. y Greer, 1962: 131; Bekoff. 1977: 1; Huey, 1964: 142; Ingles, 1959: 401.

Canis latrans microdon Merriam
Canis microdon Merriam, Proc. Biol. Soc. Washington, 11: 29, 15 marzo 1897.
L.T. Mier, en el Río Grande, Tamaulipas.
Canis latrans microdon, Nelson, 1932: 224.
Distribución: Nuevo León, San Luis Potosí, Tamaulipas.
Referencias: Alvarez, 1963 a: 455; Bekoff, 1977: 1; Ingles, 1959: 401.

Canis latrans peninsulae Merriam
Canis peninsulae Merriam, Proc. Biol. Soc. Washington, 11: 28, 15 marzo 1897.
L.T. Santa Anita, Cabo San Lucas, Baja California Sur.
Canis latrans peninsulae, Nelson, 1932: 224.
Distribución: Baja California Sur.
Referencias: Huey, 1964: 142; Bekoff, 1977: 1; Woloszyn y Woloszyn, 1982: 132.

Canis latrans texensis Bailey
Canis nebrascensis texensis Bailey, N. Amer. Fauna, 25: 175, 24 octubre 1905.
L.T. 45 mi SW Corpus Christi, at Santa Gertrudis, Kleber County, Texas.
Canis latrans texensis Bailey, 1932: 312.
Distribución: Coahuila, Chihuahua, Tamaulipas.
Referencias: Alvarez, 1963 a: 455; Anderson, 1972: 373; Bekoff, 1977: 1; Ingles, 1959: 401; Minckley, 1966: 137.

Canis latrans vigilis Merrian
Canis vigilis Merrian, Proc. Biol. Soc. Washington, 11: 33, 15 marzo 1897.
L.T. Manzanillo, Colima.
Canis latrans vigilis, Nelson, 1932: 224.
Distribución: Colima, Guerrero, Jalisco, Nayarit.
Referencias: Bekoff, 1977: 1; Genoways y Jones, 1973: 11.

" Lobo "

Canis lupus baileyi Nelson y Goldman
Canis nubilus baileyi Nelson y Goldman, J. Mamm., 10: 165, 9 mayo 1929.
L.T. Colonia García (cerca de 60 mi SW Casas Grandes), Chihuahua.
Canis lupus baileyi, Goldman, 1937: 45.

Distribución: Coahuila, Chihuahua, Durango, Oaxaca, San Luis Potosí, Sonora, Zacatecas.
Referencias: Anderson, 1972: 374; Baker, R.H. Y Greer, 1962: 133; Baker, R. H. y Villa-R., 1960:369; Goodwin, 1969:224; Jones y Webster, 1976:80; Mech, 1974:1; Nowak, 1979: : 138; Paradiso y Nowak, 1971a:2; Villa-R., 1961:469. .

Canis lupus monstrabilis Goldman
Canis lupus monstrabilis Goldman, J. Mamm., 18:42, 11 febrero 1937.
L.T. 10 mi S Rankin, Upton County, Texas.
Distribución: Tamaulipas.
Referencias: Alvarez, 1963a:455; Baker, R.H. y Villa-R., 1960: 369; Mech, 1974:1.

" Zorra gris "

Urocyon cinereoargenteus californicus Mearns
Urocyon cinereoargenteus californicus Mearns, Proc. U.S. Nat. Mus., 20:459, 24 diciembre 1897.
L.T. Tahquitz Valley, San Jacinto Mts., Riverside County, California.
Distribución: Baja California Norte.
Referencias: Burt, 1960: 15; Huey, 1964: 143.

Urocyon cinereoargenteus fraterculus Elliot
Urocyon cinereo-argentatus [*sic*] *fraterculus* Elliot, Field Columb. Mus., Pub'l. 11, Zool. ser., 1 (3): 80, 11 Junio 1896.
L.T. San Felipe, Yucatán.
Urocyon cinereoargenteus fraterculus, Miller, 1912: 86
Distribución: Campeche, Quintana Roo, Yucatán.
Referencias: Birney, et al., 1974: 16; Genoways y Jones, 1975: 3; Hall, 1981: 943; Ingles, 1959: 402; Jones y Lawlor, 1965: 416; Villa-R., 1959: 136.

Urocyon cinereoargenteus guatemalae Miller
Urocyon guatemalae Miller, Proc. Acad. Nat. Sci. Philadelphia, 51: 278, 26 julio 1899.
L.T. Nentón, Huehuetenango, Guatemala.
Urocyon cinereoargenteus guatemalae, Goldman, 1938b: 495.
Distribución: Chiapas
Referencias: Hoffmann y Bassols, 1970: 155; Hoffmann, et al., 1972: 155; Ingles, 1959: 402.

Urocyon cinereoargenteus madrensis Burt y Hooper
Urocyon cinereoargenteus madrensis Burt y Hooper, Occas. Papers Mus. Zool.,

Univ. Michigan, 430: 4, 27 mayo 1941.
L.T. Carimechi, Río Mayo, Chihuahua
Distribución: Chihuahua, Durango, Sonora.
Referencias: Anderson, 1972: 375; Baker, R.H. y Greer, 1962: 134; Ingles, 1959: 402.

Urocyon cinereoargenteus nigrirostris (Lichtenstein)
Canis nigrirostris Lichtenstein, Abhand. d. Konig. Akad. d. Wiss., Berlin, pág. 106: 1850.
L.T. Real de Arriba (=Temascaltepec), México.
Urocyon cinereoargenteus nigrirostris, Hall y Kelson, 1959: 861.
Distribución: Colima, Durango, Guerrero, Hidalgo, Jalisco, México, Michoacán, Morelos, Nayarit, Oaxaca, Puebla, Sinaloa, Zacatecas.
Referencias: Armstrong, et al., 1972: 50; Baker, R.H. y Greer, 1962: 134; Burt, 1960: 15; 1961: 21; Genoways y Jones, 1973: 6; Goodwin, 1969: 224; Ingles, 1959: 402; Jones y Webster, 1976: 80; Núñez, et al., 1981: 665; Ramírez-P., 1969 b: 279; Ramírez-P., et al., 1977: 279; Van Gelder, 1960: 519; Webb y R.H. Baker, 1962: 331.

Urocyon cinereoargenteus orinomus Goldman
Urocyon cinereoargenteus orinomus Goldman, J. Washington Acad. Sci., 28: 497, 15 noviembre 1938 b.
L.T. Orizaba, Veracruz.
Distribución: Chiapas, Oaxaca, Querétaro, San Luis Potosí, Veracruz.
Referencias: Baker, R.H., et al., 1971: 85; Goodwin, 1969: 224; Hall y Dalquest, 1963: 330; Hall y Kelson, 1959: 863; Hoffmann y Bassols, 1970: 155; Hoffmann, et al., 1972: 155; Ingles, 1959: 402; Woloszyn y Woloszyn, 1982: 134.

Urocyon cinereoargenteus peninsularis Huey
Urocyon cinereoargenteus peninsularis Huey, Trans. San Diego Soc. Nat. Hist., 5: 203, 1°septiembre 1928.
L.T. San Ignacio, Región del Cabo, Baja California Sur.
Distribución: Baja California Sur.
Referencias: Banks, 1967 a: 228; Bond, 1969: 263; Huey, 1964: 143.

Urocyon cinereoargenteus scottii Mearns
Urocyon virginianus scottii Mearns, Bull. Amer. Mus. Nat. Hist., 3: 236, 5 junio 1891.
L.T. Pinal County, Arizona.
Urocyon cinereoargenteus scottii, J.A. Allen, 1895 b: 253.
Distribución: Chihuahua, Durango, Tamaulipas, Veracruz.
Referencias: Alvarez, 1963 a: 456; Anderson, 1972: 375-376; Baker, R. H., 1960 b: 322; Baker, R.H. y Greer, 1962: 134; Hall y Dalquest, 1963: 330; Huey, 1964: 143; Ingles, 1959: 402.

"Zorra roja o zorra del desierto"

Vulpes macrotis macrotis Merriam
Vulpes macrotis Merriam, Proc. Biol. Soc. Washington, 4: 136, 18 febrero 1888.
L.T. Riverside, Riverside County, California.
Vulpes macrotis macrotis, Miller, 1912: 84.
Distribución: Baja California Norte, Baja California Sur, Sonora.
Referencias: Huey, 1964: 142; Mc Grew, 1979: 1; Waithman y Roest, 1977: 162.

Vulpes macrotis neomexicana Merriam
Vulpes macrotis neomexicanus Merriam, Proc. Biol. Soc. Washington, 15: 74, 22 marzo 1902.
L.T. Baird's Ranch, Lado E de San Andres Mts., Dona Ana County, New Mexico.
Vulpes macrotis neomexicana, Miller, 1912: 85.
Distribución: Chihuahua.
Referencias: Anderson, 1972: 375; Mc Grew, 1979: 1.

Vulpes macrotis zinseri Benson
Vulpes macrotis zinseri Benson, Proc. Biol. Soc. Washington, 51:21, 18 febrero 1938.
L.T. San Antonio del Jaral, Coahuila.
Distribución: Coahuila, Durango, Zacatecas.
Referencias: Anderson y Hadary, 1965:343; Baker, R.H. y Greer, 1962: 133; Csuti, 1980:58; Matson, 1977:110; McGrew, 1976:1.

FAMILIA URSIDAE

"Oso Negro"

Ursus americanus amblyceps Baird
Ursus amblyceps Baird, Rept. U.S. and Mexican boundary Surv., 2 (2): 29, enero 1859.
L.T. Fort Webster (minas de cobre), en el Gila River, 32°47' N y 108°04' W, Grant County, New Mexico.
Ursus americanus amblyceps, Bailey, 1905:187.
Distribución: Coahuila

Ursus americanus eremicus Merriam
Ursus americanus eremicus Merriam, Proc. Biol. Soc. Washington, 17:154, 6 octubre 1904.
L.T. Sierra de Guadalupe, Coahuila.
Distribución: Coahuila, San Luis Potosí, Tamaulipas.
Referencias: Alvarez, 1963 a:456; Ingles, 1959:402.

Ursus americanus machetes Elliot
Ursus machetes Elliot, Field Columb. Mus., Publ. 80, Zool. Ser., 3:235, 3 septiembre 1903.
L.T. Casas Grandes, Sierra Madre, Chihuahua.
Ursus americanus machetes, Hall y Kelson, 1959:868.
Distribución: Chihuahua, Durango, Sinaloa.
Referencias: Anderson, 1972:377; Armstrong, et al., 1972:51; Baker, R.H. y Greer, 1962:135.

"Oso Plateado"

Ursus arctos horribilis Ord
Ursus horribilis Ord, *in* Guthrie, A new georg., hist., comm. grammar., Philadelphia 2nd Amer. Edit. 2:291, 1815.
L.T. Missouri River, un poco arriba de la boca or Poplar River NE Montana (Leopold, 1958:115).
Ursus arctos horribilis, Rausch, 1953:105.
Distribución: Chihuahua, Durango, Sonora.
Referencias: Anderson, 1972:378; Baker, R.H. y Greer, 1962:135.

Ursus kennerleyi Merriam
Ursus kennerleyi Merriam, Proc. Biol. Soc. Washington, 27:194, 13 agosto 1914.
L.T. Montañas cerca de Nogales, Sonora.
Distribución: Sonora.

Ursus magister Merriam
Ursus magister Merriam, Proc. Biol. Soc. Washington, 27:189, 13 agosto 1914.
L.T. Los Biacitos, cabeza del Cañon San Orofre Mts. Santa Ana San Diego County, California.
Distribución: Baja California Norte.
Referencias: Huey, 1964:143.

FAMILIA PROCYONIDAE

"Cacomistle"

Bassariscus astutus astutus (Lichtenstein)
B [assaris]. astuta Lichtenstein, Abh. Preuss. Akad. Wiss., Berlin, 1827, pág. 119, 1830.
L.T. Cerca de la Ciudad de México.
Bassariscus astutus astutus, Miller, 1912:88.
Distribución: Distrito Federal, Guanajuato, Morelos, Oaxaca, Puebla,

San Luis Potosí, Veracruz, Zacatecas.
Referencias: Goodwin, 1969:225; Hall y Dalquest, 1963:330; Hall y Kelson, 1959:879; Hoffmann, 1962:281; Ingles, 1959:402; Ramírez-P., 1969 b:280; Van Gelder, 1960:519; Villa-R. y López-F., 1967:187.

Bassariscus astutus bolei Goldman
Bassariscus astutus bolei Goldman, Proc. Biol. Soc. Washington, 58:105, 18 julio 1945.
L.T. Chilpancingo, Guerrero.
Referencias: Ingles, 1959:402.

Bassariscus astutus consitus Nelson y Goldman
Bassariscus astutus consitus Nelson y Goldman, J. Washington Acad. Sci., 22: 497, 19 octubre 1932.
L.T. La Salada, 40 mi S Uruapan, Michoacán.
Distribución: Coahuila, Chihuahua, Durango, Jalisco, Michoacán, Sinaloa, Zacatecas.
Referencias: Armstrong, et al., 1972:51; Baker, R.H. y Greer, 1962:136; Baker, R.H. y Phillips, 1965 a:692; Bassols, 1981:13; Burt, 1960:9; 1961:20; Genoways y Jones, 1973:6; Hall y Kelson, 1959:880; Matson, 1977:110; Webb y R.H. Baker, 1962:331.

Bassariscus astutus flavus Rhoads
Bassariscus astutus flavus Rhoads, Proc. Acad. Nat. Sci., Philadelphia, 45:417, 30 enero 1894.
L.T. Texas, localidad exacta desconocida.
Distribución: Coahuila, Chihuahua, Durango, Nuevo León, Tamaulipas.
Referencias: Alvarez, 1963 a:457; Anderson, 1972:379; Baccus, 1978: 707; Baker, R.H. y Greer, 1962:136; Hall y Kelson, 1959: 880.

Bassariscus astutus insulicola Nelson y Goldman
Bassariscus astutus insulicola Nelson y Goldman, Proc. Biol. Soc. Washington, 22:26, 10 marzo 1909.
L.T. Isla San José, Golfo de California, Baja California Sur.
Distribución: Conocida sólo de la localidad típica.
Referencias: Huey, 1964:144; Lindsay, 1962:31.

Bassariscus astutus macdougalli Goodwin
Bassariscus astutus macdougalli Goodwin, Amer. Mus. Novitates, 1757:10, 8 marzo 1956.
L.T. La Ventosa, Salina Cruz, 20 Kms S Tehuantepec, Oaxaca.
Distribución: Conocida sólo de la localidad típica.
Referencias: Goodwin, 1969:229.

Bassariscus astutus palmarius Nelson y Goldman
Bassariscus astutus palmarius Nelson y Goldman, Proc. Biol. Soc. Washington, 22:26, 10 marzo 1909.
L.T. Comondú, Baja California Sur.
Distribución: Baja California Norte, Baja California Sur.
Referencias: Huey, 1964:144; Webb y Loomis, 1970:143; Woloszyn y Woloszyn, 1982:136.

Bassaricus astutus saxicola Merriam
Bassaricus saxicola Merriam, Proc. Biol. Soc. Washington, 11:185, 1°Julio 1897.
L.T. Isla Espíritu Santo, Golfo de California, Baja California Sur.
Bassariscus astutus saxicola, Hall, 1926:46.
Distribución: Conocida sólo de la localidad típica.
Referencias: Huey, 1964:144.

Bassariscus sumichrasti campechensis (Nelson y Goldman)
Jentinkia sumichrasti campechensis Nelson y Goldman, J. Washington Acad. Sci. 22:486, 19 octubre 1932.
L.T. Apazote, cerca de Yohaltún, Campeche.
Bassariscus sumichrasti campechensis, Hall y Kelson, 1959:882.
Distribución: Campeche, Quintana Roo, Yucatán.
Referencias: Genoways y Jones, 1975:4: Villa-R., 1959:136.

Bassariscus sumichrasti latrans (Davis y Lukens)
Jentinkia sumichrasti latrans Davis y Lukens, J. Mamm., 39:353, 20 agosto 1958.
L.T. 2 mi W Omilteme, 7,900 pies, Guerrero.
Bassariscus sumichrasti latrans, Hall y Kelson, 1959:1082.
Distribución: Conocida sólo de la localidad típica.

Bassariscus sumichrasti oaxacensis (Goodwin)
Jentinkia sumichrasti oaxacensis Goodwin, Amer. Mus. Novitates, 1757:11, 8 marzo 1956.
L.T. La Gloria, 10 Km SE Santa María, Oaxaca.
Bassariscus sumichrasti oaxacensis, Hall y Kelson, 1959:882.
Distribución: Chiapas, Oaxaca.
Referencias: Goodwin, 1969:229.

Bassariscus sumichrasti sumichrasti (Saussure)
Bassaris sumichrasti Saussure, Revue et Mag. Zool., Paris, Ser. 2,12: 7 enero 1860.
L.T. Mirador, Veracruz.
Bassariscus sumichrasti sumichrasti, Miller, 1912:89.

Distribución: Chiapas, Oaxaca, Veracruz.
Referencias: Burt, 1960:9; Goodwin, 1969:229; Hall, 1981:966; Hall y Dalquest, 1963:331; Hall y Kelson, 1959:883.

Bassariscus sumichrasti variabilis (Peters)
Bassaris variabilis Peters, Monatsb. preuss. Akad. Wiss., Berlín, pág. 704, 1874.
L.T. Cobán, Alta Verapaz, Guatemala.
Bassariscus sumichrasti variabilis, Thomas, 1903:379.
Distribución: Chiapas, Oaxaca.
Referencias: Schaldach, 1964:137.

"Tejón o Coatí"

Nasua nasua molaris Merriam
Nasua narica molaris Merriam, Proc. Biol. Soc. Washington, 15:68, 22 marzo 1902.
L.T. Manzanillo, Colima.
Nasua nasua molaris, Matson, 1977:110.
Distribución: Coahuila, Colima, Chihuahua, Durango, Guerrero, Jalisco, Morelos, Nayarit, Nuevo León, Oaxaca, San Luis Potosí, Sinaloa, Sonora, Tamaulipas, Veracruz, Zacatecas.
Referencias: Alvarez, 1963 a:458; Anderson, 1972:380; Armstrong, et al., 1972:52; Baker, R.H. y Greer, 1962:137; Baker, R.H. y Webb, 1966:188; Gaviño de la Torre, et al., 1981:716: Genoways y Jones, 1973:6; Hall y Dalquest, 1963:335; Ingles, 1959:403; López-F., et al., 1971 a:103; Matson, 1977:110; Ramírez-P., et al., 1977:279; Webb y R.H. Baker, 1962:331.

Nasua nasua narica (Linnaeus)
[*Viverra*] *narica* Linnaeus, Syst. Nat., ed. 12,1:64, 1766.
L.T. Achotal, Istmo de Tehuantepec, Veracruz (por restricción Hershkovitz, Fieldiana-Zool. Chicago Nat. Hist. Mus., 31:560, 1951).
Nasua nasua narica, Nueva combinación (consultar Handley, 1966 a:789).
Distribución: Chiapas, Oaxaca, Puebla, Veracruz.
Referencias: Baker, R.H. y Greer, 1960:415; Goodwin, 1969:231; Hall, 1981:975; Hall y Dalquest, 1963:335; Hall y Kelson, 1959:893; Hoffmann, 1962:277; Ingles, 1959:403; Van Gelder, 1960:519.

Nasua nasua yucatanica J.A. Allen
Nasua narica yucatanica J.A. Allen, Bull. Amer. Mus. Nat. Hist., 20:52, 29 febrero 1904.
L.T. Chichén-Itzá, Yucatán.

Nasua nasua yucatanica, Birney, Bowers, Timm y Williams, 1974:16.
Distribución: Campeche, Quintana Roo, Yucatán.
Referencias: Birney, et al., 1974:17; Genoways y Jones, 1975:6; Hall, 1981:976; Ingles, 1959:403; Loomis, 1969:9; Villa-R., 1959: 138.

Nasua nelsoni Merriam
Nasua nelsoni Merriam, Proc. Biol. Soc. Washington, 14:100, 19 julio 1901.
L.T. Isla Cozumel, Quintana Roo.
Distribución: Conocida sólo de la localidad típica.
Referencias: Genoways y Jones, 1975:7; Jones y Lawlor, 1965:416.

"Marta", "Martucha", "Mico de Noche" o "Kinkajú"

Potos flavus chiriquensis J.A. Allen
Potos flavus chiriquensis J.A. Allen, Bull. Amer. Mus. Nat. Hist., 20:72, 29 febrero 1904.
L.T. Boquerón, Chiriquí, Panamá.
Distribución: Campeche, Chiapas, Tabasco, Yucatán.
Referencias: Baker, R.H., et al., 1971:85; Burt, 1960:10; Genoways y Jones, 1975:5; Kortlucke, 1973:33; Villa-R., 1959:139.

Potos flavus prehensilis (Kerr)
Viverra prehensilis Kerr. Anim. Kingdom, Class I, Mammalia, pág.169, 1792.
L.T. Atoyac, Veracruz.
Potos flavus prehensilis, Hershkovitz, 1959:341.
Distribución: Guerrero, Oaxaca, San Luis Potosí, Veracruz.
Referencias: Alvarez, 1963 a:458; Baker, R.H. y Greer, 1960:415; Goodwin, 1969:233; Hall, 1981:978; Hall y Dalquest, 1963: 335; Hall y Kelson, 1959:894; Ingles, 1959:403; Kortlucke, 1973:32-33; Webb y R.H. Baker, 1969:144

" Mapache ó Tejón"

Procyon insularis insularis Merriam
Procyon lotor insularis Merriam, Proc. Biol. Soc. Washington, 12:17, 27 enero 1898.
L.T. Isla María Madre (Tres Marías) Nayarit.
Procyon insularis insularis, Nelson y Goldman, 1931:20.
Distribución: Conocida sólo de la localidad típica.

Procyon insularis vicinus Nelson y Goldman
Procyon insularis vicinus Nelson y Goldman, Proc. Biol. Soc. Washington, 44: 20, 21 febrero 1931.
L.T. Isla María Magdalena (Tres Marías), Nayarit.
Distribución: Conocida sólo de la localidad típica.

Procyon lotor fuscipes Mearns
Procyon lotor fuscipes Mearns, Proc. Biol. Soc. Washington, 27:63, 20 marzo 1914.
L.T. Las Moras Creek, 1,011 pies, Fort Clark, Kinney County, Texas.
Distribución: Coahuila, Nuevo León, Tamaulipas.
Referencias: Alvarez, 1963 a:457; Hall y Kelson, 1959:887; Ingles, 1959:403; Lotze y Anderson, 1979:1; Selander, et al., 1962:338.

Procyon lotor grinnelli Nelson y Goldman
Procyon lotor grinnelli Nelson y Goldman, J. Washington Acad. Sci., 20:82, 4 marzo 1930.
L.T. La Paz, Baja California Sur.
Distribución: Baja California Sur.
Referencias: Huey, 1964:145; Lotze y Anderson, 1979:1; Woloszyn y Woloszyn, 1982:138.

Procyon lotor hernandezii Wagler
Pr [ocyon]. hernandezii Wagler, Isis von Oken, 24:514, 1831.
L.T. Tlalpan, Distrito Federal.
Procyon lotor hernandezi, J. A. Allen, 1890:176.
Distribución: Colima, Chiapas, Distrito Federal, Guerrero, Hidalgo, Jalisco, México, Michoacán Morelos, Nayarit, Oaxaca, Querétaro, San Luis Potosí, Tamaulipas, Veracruz, Zacatecas,.
Referencias: Alvarez, 1963 a:458; 1969:102; Burt, 1961:20; Gaviño de Torre, et al., 1981:716; Genoways y Jones, 1973:14; Goodwin, 1969:230; Hall y Dalquest, 1963:333; Ingles, 1959:403; Lotze y Anderson, 1979:1; Matson, 1977:110.

Procyon lotor mexicanus Baird
Procyon hernandezii var. *mexicana* Baird, Mammals, *in* Repts. Expl. Sur...., 8 (1):215, 14 julio 1858.
L.T. Espía, Chihuahua.
Procyon lotor mexicanus, Mearns, 1914:65.
Distribución: Chihuahua, Durango, Nayarit, Sinaloa, Sonora.
Referencias: Anderson, 1972:380; Armstrong, et al., 1972:52; Baker, R.H. y Greer, 1962:137; Crossin, et al., 1973:196; Ingles, 1959:403; Lotze y Anderson, 1979:1.

Procyon lotor pallidus Merriam
Procyon pallidus Merriam, Proc. Biol. Soc. Washington, 13:151, 13 junio 1900.
L.T. New River, aproximadamente 6 mi W, Imperail County, California.
Procyon lotor pallidus, Grinnell, 1923:316.
Distribución: Baja California Norte, Sonora.
Referencias: Huey, 1964:144; Lotze y Anderson, 1979:1.

Procyon lotor psora Gray
Procyon psora Gray, Ann. Mag. Nat. Hist., ser. 1,10:261, diciembre 1842.
L.T. Sacramento, Sacramento County, California.
Procyon lotor psora, Grinnell, 1923:316.
Distribución: Baja California Norte.
Referencias: Huey, 1964:145; Lotze y Anderson, 1979:1.

Procyon lotor shufeldti Nelson y Goldman
Procyon lotor shufeldti Nelson y Goldman, Proc. Biol. Soc. Washington, 44:17. 21 febrero 1931.
L.T. La Tuxpeña, Champotón, Campeche.
Distribución: Campeche, Chiapas, Oaxaca, Tabasco, Veracruz, Yucatán.
Referencias: Genoways y Jones, 1975:4; Goodwin, 1969:230; Hall, 1981: 972; Hall y Dalquest, 1963:333; Ingles, 1959:403; Lotze y Anderson, 1979:1; Villa-R., 1959:137.

Procyon pygmaeus Merriam
Procyon pygmaeus Merriam, Proc. Biol. Soc. Washington, 14:101, 19 julio 1901.
L.T. Isla Cozumel, Quintana Roo.
Distribución: Conocida sólo de la localidad típica.
Referencias: Genoways y Jones, 1975:5; Jones y Lawlor, 1965:416; Villa-R., 1959:137.

FAMILIA MUSTELIDAE

SUBFAMILIA MUSTELINAE

"Cabeza de Viejo o Tayra"

Eira barbara senex (Thomas)
Galictis barbara senex Thomas, Ann. Mag. Nat. Hist., ser. 7,5:146, enero 1900.
L.T. Hacienda Tortuga, aproximadamente 600 pies, Jalapa, Veracruz.
Eira barbara senex, Hershkovitz, 1951:561.
Distribución: Campeche, Chiapas, Oaxaca, Quintana Roo, San Luis Potosí, Sinaloa, Tabasco, Tamaulipas, Veracruz.
Referencias: Alvarez, 1963 a:459; Armstrong, et al., 1972:53; Genoways y Jones, 1975:9; Goodwin, 1969:235; Hall, 1981:1005-1006; Hall y Dalquest, 1963:339; Hall y Kelson, 1959:920; Ingles, 1959:404; Villa-R., 1959:139.

"Grisón"

Galictis vittata canaster Nelson
Galictis canaster Nelson, Proc. Biol. Soc. Washington, 14:129, 9 agosto 1901.
L.T. Cerca de Tunkás, Yucatán.

Galictis vittata canaster, Cabrera, 1958:259.
Distribución: Chiapas, Oaxaca, Quintana Roo, San Luis Potosí, Veracruz, Yucatán.
Referencias: Genoways y Jones, 1975:9; Goodwin, 1969:235; Hall, 1981: 1007; Hall y Dalquest, 1963:340; Hall y Kelson, 1959:922; Ingles, 1959:404; Schaldach, 1964:137; Villa-R., 1959:139.

"Comadreja u Oncita"

Mustela frenata frenata Lichtenstein
Mustela frenata Lichtenstein, Darstellung never oder wenig bekannter Säugethiere.., pág. 42, 1831.
L.T. México, Distrito Federal.
Mustela frenata frenata, Miller, 1912:92.
Distribución: Coahuila, Distrito Federal, México, Morelos, Nuevo León, San Luis Potosí, Tamaulipas.
Referencias: Alvarez, 1963 a:459; Baccus, 1978:707; Hall y Kelson, 1959:910; Ingles, 1959:404, Tipton y Méndez, 1969:194.

Mustela frenata goldmani (Merriam)
Putorius frenatus goldmani Merriam, N. Amer. Fauna, 11:28, 30 junio 1896.
L.T. Pinabete, Chiapas.
Mustela frenata goldmani, Miller, 1912:100.
Distribución: Chiapas.
Referencias: Goodwin, 1969:234.

Mustela frenata latirostra Hall
Mustela frenata latirostra Hall, Carnegie Inst. Washington Publ., 473:96, 20 noviembre 1936.
L.T. San Diego, San Diego County, Texas.
Distribución: Baja California Norte.
Referencias: Huey, 1964:145; Ralston y Clark, 1971:209.

Mustela frenata leucoparia (Merriam)
Putorius frenatus leucoparia Merriam, N. Amer. Fauna, 11:29, 30 junio 1896.
L.T. Pátzcuaro, Michoacán.
Mustela frenata leucoparia, Miller, 1912:100.
Distribución: Guerrero, Jalisco, Michoacán, Nayarit, Oaxaca.
Referencias: Genoways y Jones, 1973:19; Goodwin, 1969:233; Ramírez-P., 1969 b:281; Ramírez-P., et al., 1977:279.

Mustela frenata macrophonius (Elliot)
Putorius macrophonius Elliot, Proc. Biol. Soc. Washington, 18:235, 9 diciembre 1905.

L.T. Achotal, Veracruz.
Mustela frenata macrophonius, Hall, 1936:109.
Distribución: Oaxaca, Veracruz.
Referencias: Goodwin, 1969:234; Hall y Dalquest, 1963:338.

Mustela frenata neomexicana (Barber y Cockerell)
Putorius frenatus neomexicanus Barber y Cockerell, Proc. Acad. Nat. Sci. Philadelphia, 50:188, 3 mayo 1898.
L.T. Armstrongs Lake, Mesilla, Dona Ana County, New Mexico.
Mustela frenata neomexicana, Miller, 1912:100.
Distribución: Chihuahua, Durango, Zacatecas.
Referencias: Anderson, 1972:381; Baker, R.H. y Greer, 1962:138; Matson, 1977:110; Petersen, 1976:141; Villa-R., 1961:469.

Mustela frenata perda (Merriam)
Putorius tropicalis perdus Merriam, Proc. Biol. Soc. Washington, 15:67, 22 marzo 1902.
L.T. Teapa, Tabasco.
Mustela frenata perda, Hall, 1936:109.
Distribución: Chiapas, Quintana Roo, Tabasco, Veracruz, Yucatán.
Referencias: Birney, et al., 1974:117; Genoways y Jones, 1975:8; Hall y Dalquest, 1963:338; Ramírez-P y Phillips, 1968:146; Villa-R., 1959:139.

Mustela frenata perotae Hall
Mustela frenata perotae Hall, Carnegie Inst. Washington Publ. 473:100, 20 noviembre 1936.
L.T. Cofre de Perote, 12,500 pies, Veracruz.
Distribución: México, Oaxaca, Puebla, Tlaxcala, Veracruz.
Referencias: Bassols, 1981:32; Goodwin, 1969:233; Hall y Dalquest, 1963:338; Hoffmann, et al., 1972:154; Ingles, 1959:404; Mass, et al., 1981:72.

Mustela frenata tropicalis (Merriam)
Putoruis tropicalis Merriam, N. Amer. Fauna, 11:30, 30 junio 1896.
L.T. Jico, Veracruz.
Mustela frenata tropicalis, Hall, 1936:109.
Distribución: San Luis Potosí, Tamaulipas, Veracruz.
Referencias: Alvarez, 1963 a:459; Hall y Dalquest, 1963:338.

SUBFAMILIA MELINAE

"Tejón o Tlalcoyote"

Taxidea taxus berlandieri Baird

Taxidea berlandieri Baird, Mammals, *in* Repts. Expl. Surv....., 8 (1):205, 14 julio 1858.
L.T. Llano Estacado, Texas cerca del límite con New Mexico.
Taxidea taxus berlandieri, J.A. Allen, 1895 b:256.
Distribución: Baja California Norte, Baja California Sur, Coahuila, Chihuahua, Durango, Hidalgo, Puebla, San Luis Potosí, Sinaloa, Sonora, Tamaulipas, Zacatecas.
Referencias: Alvarez, 1963 a:460; Anderson, 1972:382; Armstrong, et al., 1972:53; Baker, R.H. y Greer, 1962:138; Baker, R. H. y Petersen, 1969:252; Huey, 1964:145-146; Ingles, 1959:404; Long, 1972:750-751; 1973:1; Matson, 1977:110; Petersen, 1976:141; Selander, et al., 1962:338; Woloszyn y Woloszyn, 1982:140.

SUBFAMILIA MEPHITINAE
"Zorrillo"

Conepatus leuconotus leuconotus (Lichtenstein)
Mephitis leuconata Lichtenstein, Darstellung never oder wenig bekannter Saugethiere..., pl. 44, fig. 1, 1832.
L.T. Río Alvarado, Veracruz.
Conepatus leuconotus leuconotus, Miller, 1924:140.
Distribución: Puebla, Veracruz.
Referencias: Hall y Dalquest, 1963:341; Hall y Kelson, 1959:942; Ingles, 1959:405.

Conepatus leuconotus texensis Merriam
Conepatus leuconotus texensis Merriam, Proc. Biol. Soc. Washington, 15:162, 6 agosto 1902.
L.T. Brownsville, Cameron County, Texas.
Distribución: San Luis Potosí, Tamaulipas, Veracruz.
Referencias: Alvarez, 1963 a:462; Baker, R.H. y Webb, 1966:188; Ingles, 1959:405.

Conepatus mesoleucus filipensis Merriam
Conepatus filipensis Merriam, Proc. Biol. Soc. Washington, 15:163, 6 agosto 1902.
L.T. Cerro San Felipe, Oaxaca.
Conepatus mesoleucus filipensis, Hall y Kelson, 1952 b:335.
Distribución: Conocida sólo de la localidad típica.
Referencias: Goodwin, 1969:242.

Conepatus mesoleucus mearnsi Merriam
Conepatus mesoleucus mearnsi Merriam, Proc. Biol. Soc. Washington, 15:163, 6 agosto 1902.

L.T. Mason, Mason County, Texas.
Distribución: Coahuila, Durango, Jalisco, Nuevo León, San Luis Potosí, Tamaulipas.
Referencias: Alvarez, 1963 a:462; Baker, R.H. 1960 b:323; Baker, R.H. y Greer, 1962:139; Genoways y Jones, 1973:6; Hall, 1960:537; Ingles, 1959:405.

Conepatus mesoleucus mesoleucus (Lichtenstein)
Mephitis mesoleuca Lichtenstein, Darstellung never oder wenig bekannter Säugethiere..., pl. 44, fig. 2, 1832.
L.T. Cerca de El Chico, Hidalgo.
Conepatus mesoleucus mesoleucus, Miller, 1912:111.
Distribución: Chiapas, Guerrero, Hidalgo, México, Morelos, Oaxaca, Puebla.
Referencias: Goodwin, 1969:242; Mass, et al., 1981:74; Ramírez-P., 1969 b:282; Ramírez-P., et al., 1977:280; Van Gelder, 1960:519.

Conepatus mesoleucus nelsoni Goldman
Conepatus mesoleucus nelsoni Goldman, J. Mamm., 3:41, 8 febrero 1922.
L.T. Armería, Cerca de Manzanillo, 200 pies, Colima.
Distribución: Colima, Guerrero, Michoacán.
Referencias: Burt, 1961:20.

Conepatus mesoleucus sonoriensis Merriam
Conepatus sonoriensis Merriam, Proc. Biol. Soc. Washington, 15:162, 6 agosto 1902.
L.T. Camoa, Río Mayo, Sonora.
Conepatus mesoleucus sonoriensis, Hall y Kelson, 1952 b:335.
Distribución: Durango, Jalisco, Sinaloa, Sonora, Zacatecas.
Referencias: Armstrong, et al., 1972:55; Ingles, 1959:405; Jones y Webster, 1976:80.

Conepatus mesoleucus venaticus Goldman
Conepatus mesoleucus venaticus Goldman, J. Mamm., 3:40, 8 febrero 1922.
L.T. Cosper Ranch, Blue River, 12 mi S Blue, 5,000 pies, Greenlee County, Arizona.
Distribución: Chihuahua, Sonora.
Referencias: Anderson, 1972:386.

Conepatus semistriatus conepatl (Gmelin)
[*Viverra*] *conepatl* Gmelin, Syst. Nat., ed. 13, 1:88, 1788.
L.T. Nova Hispania (=México), restringido a Motzorongo, Veracruz por Hershkovitz (Fieldiana: Zool, Chicago Nat. Hist. Mus. 3:562, 1951).
Conepatus semistriatus conepatl, Hershkovitz, 1951:562.

Distribución: Tabasco, Veracruz.
Referencias: Goodwin, 1969:242; Hall y Dalquest, 1963:342; Hall y Kelson, 1959:943.

Conepatus semistriatus yucatanicus Goldman
Conepatus tropicalis yucatanicus Goldman, Proc. Biol. Soc. Washington, 56: 89; 1°octubre 1943.
L.T. La Vega, Isla, Can Cún, Quintana Roo.
Conepatus semistriatus yucatanicus, Miller y Kellogg, 1955:761.
Distribución: Quintana Roo, Yucatán.
Referencias: Birney, et al., 1974:17; Genoways y Jones, 1975:11; Ingles, 1959:405; Villa-R., 1959:140.

Mephitis macroura eximius Hall y Dalquest
Mephitis macroura eximius Hall y Dalquest, Univ. Kansas Publ., Mus. Nat. Hist., 1:579, 20 enero 1950.
L.T. 15 Km W Piedras Negras, 300 pies, Veracruz.
Distribución: Veracruz.
Referencias: Hall y Dalquest, 1963:341; Jones y Genoways, 1969:142.

Mephitis macroura macroura Lichtenstein
Mephitis macroura Lichtenstein, Darstellung, never oder wenig bekannter Säugethiere..., pl. 46, 1832.
L.T. Montañas del NE de la Ciudad de México.
Mephitis macroura macroura, Miller, 1912:110.
Distribución: Colima, Chiapas, Distrito Federal, Durango, Guerrero, Hidalgo, Jalisco, México, Michoacán, Nayarit, Nuevo León, Oaxaca, Puebla, San Luis Potosí, Tamaulipas, Veracruz, Zacatecas.
Referencias: Alvarez, 1963 a:462, Baker, R.H., 1960 b:323; Baker, R.H. y Greer, 1962:139; Genoways y Jones, 1973:2; Goodwin, 1969:241; Hall, 1981:1023; Hall y Dalquest, 1963:341; Hall y Kelson, 1959:938; Ingles, 1959:405; López-F., et al., 1971 a:104; Mass, et al., 1981:73; Ramírez-P., 1969 b:282; Van Gelder, 1960:519; Villa-R. y López-F., 1967:189.

Mephitis macroura milleri Mearns
Mephitis milleri Mearns, Proc. U.S. Nat. Mus., 20:467, 24 diciembre 1897.
L.T. Fort Lowell, cerca de Tucson, Pima County, Arizona.
Mephitis macroura milleri, J.A. Allen, 1901:334.
Distribución: Coahuila, Chihuahua, Durango, Sinaloa, Sonora.
Referencias: Anderson, 1972:383-384; Armstrong, et al., 1972:54; Baker, R.H. y Greer, 1962:139; Ingles, 1959:405; Packard, 1965:102.

Mephitis mephitis estor Merriam
Mephitis estor Merriam, N. Amer. Fauna, 3:81, 11 septiembre 1890.
L.T. Little Spring, 8,200 pies, base N de Mt. San Francisco, Coconino County, Arizona.
Mephitis mephitis estor, Hall, 1931:1.
Distribución: Baja California Norte, Chihuahua, Durango, Sonora.
Referencias: Anderson, 1972:384; Baker, R.H. y Greer, 1962:139; Huey, 1964:146; Ingles, 1959:404; Wade-Smith y Verts, 1982:1.

Mephitis mephitis holzneri Mearns
Mephitis occidentalis holzneri Mearns, Proc. U.S. Nat. Mus., 20:461, 24 diciembre 1897.
L.T. Rancho San Isidro, Baja California Norte, a 2 mi de la frontera de San Diego County, California.
Mephitis mephitis holzneri, Grinnell, 1933:107.
Distribución: Baja California Norte.
Referencias: Huey, 1964:147; Wade-Smith y Verts, 1982:1.

Mephitis mephitis varians Gray
Mephitis varians Gray, Charlesworth's Mag. Nat. Hist., 1:581, 1837.
L.T. No precisa. Texas.
Mephitis mephitis varians, Hall, 1936:61.
Distribución: Coahuila, Chihuahua, Nuevo León, Tamaulipas.
Referencias: Alvarez, 1963 a:461; Anderson, 1972:385; Baker, R.H. y Webb, 1966:188; Hall, 1960:537; Hall y Kelson, 1959:937; Ingles, 1959:404; Wade-Smith y Verts, 1982:1.

Spilogale gracilis leucoparia Merriam
Spilogale leucoparia Merriam, N. Amer. Fauna, 4:11, 8 octubre 1890.
L.T. Mason, Mason County, Texas.
Spilogale gracilis leucoparia, Genoways, Baker y Cornely, 1979:304.
Distribución: Coahuila, Chihuahua, Durango, Guanajuato, Hidalgo, Jalisco, Michoacán, Nuevo León, San Luis Potosí, Sinaloa, Sonora.
Referencias: Anderson, 1972:383; Armstrong, et al., 1972:53; Baccus, 1978:707; Baker, R.H. y Baker, 1975:671; Genoways y Jones, 1968 c:130; 1973:10; Hall, 1960 b:536; 1981:1017; Hall y Kelson, 1959:931; Matson, 1977:110; Van Gelder, 1959 b:305-309.

Spilogale putorius angustifrons Howell
Spilogale angustifrons Howell, Proc. Biol. Soc. Washington, 15:242, 16 diciembre 1902.
L.T. Tlalpam (=Tlalpan), Distrito Federal.

Spilogale putorius angustifrons, Van Gelder, 1959 b:309.
Distribución: Distrito Federal, Jalisco, México, Michoacán, Morelos, Zacatecas.
Referencias: Genoways y Jones, 1968 c:130; 1973:10; Hall, 1981:1014-1015; Hall y Kelson, 1959:693; Matson, 1977:110; Ramírez-P., 1969 b:281; Van Gelder, 1959 b:312; Villa-R. y López-F., 1967:191.

Spilogale putorius elata Howell
Spilogale angustifrons elata Howell, N. Amer. Fauna, 26:27, 24 noviembre 1906.
L.T. San Bartolo, Chiapas.
Spilogale putorius elata, Van Gelder, 1959 b:321.
Distribución: Chiapas.
Referencias: Van Gelder, 1959 b:325.

Spilogale putorius interrupta (Rafinesque)
Mephitis interrupta Rafinesque, Ann. Nat. ..., 1:3, 1820.
L.T. No precisa. Upper Missouri (River?).
Spilogale putorius interrupta, McCarley, 1952:108.
Distribución: Tamaulipas.
Referencias: Alvarez, 1963 a:461; Baker, R.H. y Webb, 1966:188; Hall y Kelson, 1959:929; Van Gelder, 1959 b:265.

Spilogale putorius lucasana Merriam
Spilogale lucasana Merriam, N. Amer. Fauna, 4:11, 8 octubre 1890.
L.T. Cabo San Lucas, Baja California Sur.
Spilogale putorius lucasana, Van Gelder, 1959 b:374.
Distribución: Baja California Sur.
Referencias: Banks, 1967 a:228; Huey, 1964:146; Van Gelder, 1959 b: 377-379; Woloszyn y Woloszyn, 1982:142.

Spilogale putorius martirensis Elliot
Spilogale arizonae martirensis Elliot, Field Columb. Mus., Publ. 74, Zool. Ser., 3:170, 7 mayo 1903.
L.T. Vallecitos, Sierra San Pedro Mártir, Baja California Norte.
Spilogale putorius martirensis, Van Gelder, 1959 b:369.
Distribución: Baja California Norte, Baja California Sur.
Referencias: Huey, 1964:146; Van Gelder, 1959 b:374.

Spilogale putorius tropicalis Howell
Spilogale angustifrons tropicalis Howell, Proc. Biol. Soc. Washington, 15: 242, 16 diciembre 1902.
L.T. San Mateo del Mar, Oaxaca.
Spilogale putorius tropicalis, Van Gelder, 1959 b:312.

Distribución: Guerrero, Morelos, Oaxaca, Puebla.
Referencias: Goodwin, 1969:240; Van Gelder, 1959 b:519.

Spilogale putorius yucatanensis Burt
Spilogale angustifrons yucatanensis Burt, Occas. Papers. Mus. Zool., Univ. Michigan, 348:2, 27 agosto 1938.
L.T. Chichén-Itzá, Yucatán.
Spilogale putorius yucatanensis, Van Gelder, 1959 b:319.
Distribución: Yucatán.
Referencias: Genoways y Jones, 1975:10; Van Gelder, 1959 b:321; Villa-R., 1959:139.

Spilogale pygmaea australis Hall
Spilogale pygmaea australis Hall. Ann. Mag. Nat. Hist., ser. 11, 1:514, mayo 1938.
L.T. Acapulco, Guerrero.
Distribución: Guerrero, Oaxaca.
Referencias: Genoways y Jones, 1968 c:127; López-F. C. y Urbano-V., 1977:235; 1981:728; Ramírez-P., et al., 1977:279; Salgado-M., 1979:52.

Spilogale pygmaea intermedia López-F. C. y Urbano-V.
Spilogale pygmaea intermedia López-F. C. y Urbano-V., An. Inst. Biol., Univ. Nal. Autón. México, Ser. Zool. , 50:726, 1981.
L.T. 8 Km. E Chamela, 60 m. Jalisco.
Distribución: Colima, Jalisco, Nayarit.
Referencias: López-F. C. y Urbano-V., 1981:728.

Spilogale pygmaea pygmaea Thomas.
Spilogale pygmaea Thomas, Proc. Zool. Soc. London, pág. 898, 1898.
L.T. Rosario, Sinaloa.
Spilogale pygmaea pygmaea, Genoways y Jones, 1968 c:126.
Distribución: Colima, Jalisco, Sinaloa.
Referencias: Armstrong, et al., 1972:53; Baker, R.H. y Sánchez-H., 1974:61; Genoways y Jones, 1968 c:124; 128; Goodwin, 1969:240; Greer y Greer, 1970:629; Hall, 1981:1013; Helm 111, et al., 1976:142; Jones, et al., 1962:157; López-F. C y Urbano-V., 1981:728; López-F., et al., 1971 a:104; Van Gelder, 1959 b:383.

SUBFAMILIA LUTRINAE

"Nutria o Perro de Agua"

Enhydra lutris nereis (Merriam)

Latax lutris nereis Merriam, Proc. Biol. Soc. Washington, 17:159, 6 octubre, 1904.
L.T. Isla San Miguel, Islas Santa Barbara, California.
Enhydra lutris nereis, Grinnell, 1923:316.
Distribución: Baja California Norte.
Referencias: Huey, 1964:147.

Lutra longicaudis annectens Major
Lutra annectens, Major, Zool. Anzeiger, 20:142, 26 abril 1897.
L.T. Río de Tepic, Nayarit.
Lutra longicaudis annectens, nueva combinación (Revisar Van Zyll de Jong, 1972; Genoways y Jones, 1975; Jones, et al., 1975).
Distribución: Chiapas, Chihuahua, Durango, Guerrero, Jalisco, Nayarit, Oaxaca, Sinaloa, Sonora, Tabasco, Veracruz, Yucatán.
Referencias: Anderson, 1972:386; Armstrong, et al., 1972:55; Baker, R.H. y Greer, 1962:140; Cockrum, 1964:634; Genoways y Jones, 1975:11; Goodwin, 1969:243; Hall, 1981:1033; Hall y Dalquest, 1963:343; Hall y Kelson, 1959:948; Ingles, 1959:405.

FAMILIA FELIDAE
"Puma o León de Montaña"

Felis concolor azteca Merriam
Felis hippolestes aztecus Merriam, Proc. Washington Acad. Sci., 3:592, 11 diciembre 1901.
L.T. Colonia García, 6,700 pies, cerca de 60 mi SW Casas Grandes, Chihuahua.
Felis concolor azteca, Nelson y Goldman, 1929 b:347.
Distribución: Chihuahua, Durango, Jalisco, Morelos, San Luis Potosí, Sinaloa, Sonora, Zacatecas.
Referencias: Anderson, 1972:376; Armstrong, et al., 1972:56; Baker, R.H. y Greer, 1962:140.

Felis concolor browni Merriam
Felis aztecus browni Merriam, Proc. Biol. Soc. Washington, 16:73, 29 mayo 1903.
L.T. La parte baja del Río Colorado, 12 mi S Yuma, Yuma County, Arizona.
Felis concolor browni, Nelson y Goldman, 1929 b:347.
Distribución: Baja California Norte.
Referencias: Huey, 1964:227.

Felis concolor californica May
Felis californica May, California game "marked down". pag. 22, 1896.
L.T. Kern County, California.
Felis concolor californica, Young y Goldman, 1946:218.

Distribución: Baja California Norte.
Referencias: Huey, 1964:147.

Felis concolor improcera Phillips
Felis improcera Phillips, Proc. Biol. Soc. Washington 25:85, 4 mayo 1912.
L.T. Comallí, Baja California Sur.
Felis concolor improcera, Nelson y Goldman, 1929 b:347.
Distribución: Baja California Sur.
Referencias: Huey, 1964:148; Woloszyn y Woloszyn, 1982:144.

Felis concolor mayensis Nelson y Goldman
Felis concolor mayensis Nelson y Goldman, J. Mamm., 10:350, 11 noviembre 1929.
L.T. La Libertad, Petén, Guatemala.
Distribución: Campeche, Chiapas, Guerrero, Oaxaca, Tabasco, Veracruz.
Referencias: Genoways y Jones, 1975:12; Goodwin, 1969:245; Hall, 1981: 1038; Hall y Dalquest, 1963:345; Hall y Kelson, 1959:958; Ingles, 1959:407; Villa-R., 1959:142.

Felis concolor stanleyana Goldman
Felis concolor youngi Goldman, Proc. Biol. Soc. Washington, 49:137, 22 agosto 1936.
L.T. Bruni Ranch, cerca de Bruni, Webb County, Texas.
Felis concolor stanleyana Goldman, 1938 c:63.
Distribución: Coahuila, Chihuahua, Tamaulipas,
Referencias: Alvarez, 1963 a:463; Anderson, 1972:388; Baker, R.H. y Webb, 1966:188; Hall y Kelson, 1959:959.

"Ocelote o Tigrillo"

Felis pardalis albescens Pucheran
Felis albescens Pucheran, *in* Geoffroy Saint-Hilaire, Mammiferes, *in* Petit-Thoaurs, Voyage autour du mode sur.. La Venus..., Zoologie, pág. 149, 1855.
L.T. No precisa. Arkansas.
Felis pardalis albescens, J.A. Allen, 1906:219.
Distribución: Tamaulipas.
Referencias: Alvarez, 1963 a:464.

Felis pardalis nelsoni Goldman
Felis pardalis nelsoni Goldman, J. Mamm., 6:122, 12 mayo 1925.
L.T. Manzanillo, 50 pies, Colima.
Distribución: Colima, Guerrero, Jalisco, Nayarit, Oaxaca, Sinaloa.
Referencias: Armstrong, et al., 1972:56; Baker, R.H. y Greer, 1962:

141; Goodwin, 1969:245; Ingles, 1959:406; López-F., et al., 1971 a:104.

Felis pardalis pardalis Linnaeus
[*Felis*] *pardalis* Linnaeus, Syst. Nat., ed. 10, 1:42, 1758.
L.T. Veracruz (por restricción J.A. Allen, Bull. Amer. Mus. Nat. Hist., 41:345, 1919).
Felis pardalis pardalis, J.A. Allen, 1906:221.
Distribución: Campeche, Chiapas, Oaxaca, San Luis Potosí, Tabasco, Tamaulipas, Veracruz, Yucatán.
Referencias: Genoways y Jones, 1975:13; Goodwin, 1969:245; Hall, 1981: 1044; Hall y Dalquest, 1963:343; Hoffmann, 1962:281; Ingles, 1959:406; Villa-R., 1959:142.

Felis pardalis sonoriensis Goldman
Felis pardalis sonoriensis Goldman, J. Mamm., 6:123, 12 mayo 1925.
L.T. Camoa, Río Mayo, Sonora.
Distribución: Sinaloa, Sonora.
Referencias: Baker, R.H. y Greer, 1962:141.

"Margay o Tigrillo"

Felis wiedii glaucula Thomas
Felis glaucula Thomas, Ann. Mag. Nat. Hist., ser. 7, 12:235, agosto 1903.
L.T. Beltrán, Jalisco.
Felis wiedii glaucula, Goldman, 1943:384.
Distribución: Chihuahua, Guerrero, Jalisco, Sinaloa.
Referencias: Anderson, 1972:388; Armstrong, et al., 1972:57.

Felis wiedii oaxacensis Nelson y Goldman
Felis glaucula oaxacensis Nelson y Goldman, J. Mamm., 12:303, 24 agosto 1931.
L.T. Cerro San Felipe, 10,000 pies, cerca de la Ciudad de Oaxaca, Oaxaca.
Felis wiedii oaxacensis, Goldman, 1943:383.
Distribución: Oaxaca, San Luis Potosí, Tamaulipas, Veracruz.
Referencias: Alvarez, 1963 a:464; Goodwin, 1969:245; Hall y Dalquest, 1963:346; Ingles, 1959:407.

Felis wiedii yucatanica Nelson y Goldman
Felis glaucula yucatanica Nelson y Goldman, J. Mamm., 12:304, 24 agosto 1931.
L.T. Mérida, Yucatán.
Felis wiedii yucatanica, Goldman, 1943:382.
Distribución: Campeche, Chiapas, Oaxaca, Yucatán.
Referencias: Genoways y Jones, 1975:4; Goodwin, 1969:245; Ingles, 1959:407; Villa-R., 1959:142.

"Jaguarundi", "Onza" o "Leoncillo"

Felis yagouaroundi cacomitli Berlandier
Felis cacomitli Berlandier, Mammals of the boundary, *in* Emory, Rept. U.S. and Mexican boundary survey, 2 (2): 12 enero 1859.
L.T. Matamoros, Tamaulipas.
Felis yagouaroundi cacomitli, Dalquest, 1953:203.
Distribución: San Luis Potosí, Tamaulipas, Veracruz.
Referencias: Alvarez, 1963 a:464; Hall y Dalquest, 1963:347; Hall y Kelson, 1959:966; Ingles, 1959:407.

Felis yagouaroundi fossata Mearns
Felis fossata Mearns, Proc. Biol. Soc. Washington, 14:150, 9 agosto 1901.
L.T. Mérida, Yucatán.
Felis yagouaroundi fossata, Miller y Kellogg, 1955:776.
Distribución: Campeche, Chiapas, Oaxaca, Quintana Roo, Veracruz, Yucatán.
Referencias: Birney, et al., 1974;17; Genoways y Jones, 1975:14; Goodwin, 1969:248; Hall, 1981:1049; Hall y Dalquest, 1963:347; Hall y Kelson, 1959:966; Ingles, 1959:407; Villa-R., 1959:143.

Felis yagouaroundi tolteca Thomas
Felis yagouarondi [*sic*] *tolteca* Thomas, Ann. Mag. Nat. Hist., ser. 7, 1:41, enero 1898.
L.T. Tatemales, Sinaloa.
Felis yagouaroundi tolteca, Miller, 1912:188.
Distribución: Guerrero, Jalisco, Nayarit, Sinaloa.
Referencias: Armstrong, et al., 1972:58; López-F., et al., 1971 a:104; Hall y Kelson, 1959:966; Ramírez-P., et al., 1977:280.

"Lince o Gato Montés"

Lynx rufus baileyi Merriam
Lynx baileyi Merriam, N. Amer. Fauna, 3:79, 11 septiembre 1890.
L.T. Moccasin Spring, N del Río Colorado, Coconino County, Arizona.
Lynx rufus baileyi, Bailey, 1932:291.
Distribución: Coahuila, Chihuahua, Durango, Sonora.
Referencias: Anderson, 1972:388 (lo menciona como *Felis rufus baileyi*); Baker, R.H. y Greer, 1962:144; Hall y Kelson, 1959:969.

Lynx rufus californicus Mearns

Lynx rufus californicus Mearns, Proc. U.S. Nat. Mus., 20:458, 24 diciembre 1897.
L.T. San Diego, San Diego County, California.
Distribución: Baja California Norte.
Referencias: Banks, 1967 a:228; Huey, 1964:148.

Lynx rufus escuinapae J.A. Allen
Lynx ruffus [*sic*] *escuinapae* J. A. Allen, Bull. Amer. Mus. Nat. Hist., 19; 614, 14 noviembre 1903.
L.T. Escuinapa, Sinaloa.
Lynx rufus escuinapae, Burt, 1938:34.
Distribución: Distrito Federal, Durango, Jalisco, México, Michoacán, Morelos, Puebla, San Luis Potosí, Sinaloa, Sonora, Veracruz, Zacatecas.
Referencias: Armstrong, et al., 1972:58; Baker, R.H. y Greer, 1962: 142; Genoways y Jones, 1973:20; Hall y Dalquest, 1963: 347; Hall y Kelson, 1959:910; Mass, et al., 1981:75; Matson, 1977:110; Ramírez-P., 1969 b:283.

Lynx rufus oaxacensis Goodwin
Lynx rufus oaxacensis Goodwin, Amer. Mus. Novitates, 2139:1, 7 mayo 1963.
L.T. Los Nanches, San Pedro Jilotepec, Distrito de Yautepec, Oaxaca.
Distribución: Conocida sólo de la localidad típica.
Referencias: Goodwin, 1969:249.

Lynx rufus peninsularis Thomas
Lynx rufus peninsularis Thomas, Ann. Mag. Nat. Hist., ser. 7, 1:42, enero 1898.
L.T. Santa Anita, Baja California Sur.
Distribución: Conocida sólo de la localidad típica.
Referencias: Huey, 1964:148; Woloszyn y Woloszyn, 1982:146.

Lynx rufus texensis J. A. Allen
Lynx texensis J. A. Allen, Bull. Amer. Mus. Nat. Hist., 7:188, 20 junio 1895.
L.T. No precisa. México.
Lynx rufus texensis, Mearns, 1897:458.
Distribución: Coahuila, Nuevo León, Tamaulipas, Zacatecas.
Referencias: Alvarez, 1963 a:465; Baker, R. H. y Webb, 1966:189; Hall y Kelson, 1959:972; Ingles, 1959:407; Matson, 1977:110.

"Jaguar"

Panthera onca arizonensis (Goldman)

Felis onca arizonensis Goldman, Proc. Biol. Soc. Washington, 45:144, 9 septiembre 1932 c.
L.T. Cibecue, Navajo County, Arizona.
Panthera onca arizonensis, Pocock, 1939:420.
Distribución: Baja California Norte, Chihuahua, Sonora.
Referencias: Leopold, 1959:466 .

Panthera onca centralis (Mearns)
Felis centralis Mearns, Proc. Biol. Soc. Washington, 14:139, 9 agosto 1901.
L.T. Talamanca, Limón, Costa Rica (Probablemente cerca de Sipurio en el Valle del Río Sicsola; Hall y Kelson, 1959:955).
Panthera onca centralis, Pocock, 1939:419.
Distribución: Chiapas.

Panthera onca goldmani (Mearns)
Felis hernandesii goldmani Mearns, Proc. Biol. Soc. Washington, 14:142, 9 agosto 1901.
L.T. Yohaltún, Campeche.
Panthera onca goldmani, Pocock, 1939:421.
Distribución: Campeche, Chiapas, Quintana Roo, Tabasco, Yucatán.
Referencias: Genoways y Jones, 1975:12; Ingles, 1959:406; Villa-R., 1959:141.

Panthera onca hernandesii (Gray)
Leopardus hernandesii Gray, Proc. Zool. Soc. London, pág. 278, 1858.
L.T. Mazatlán, Sinaloa.
Panthera onca hernandesii, Pocock, 1939:420.
Distribución: Colima, Chiapas, Guerrero, Jalisco, Nayarit, Oaxaca, Sinaloa, Sonora.
Referencias: Armstrong, et al., 1972:56; Baker, R. H. y Greer, 1962:140; Goodwin, 1969:244; Hall, 1981:1038; Hall y Kelson, 1959:953; Hoffmann, 1962:270; Nuñez, et al., 1981:665.

Panthera onca veraecrucis (Nelson y Goldman)
Felis onca veraecrucis Nelson y Goldman, J. Mamm., 14:236, 17 agosto 1933.
L. T. San Andrés Tuxtla, Veracruz.
Panthera onca veraecrucis, Pocock, 1939:421.
Distribución: Chiapas, San Luis Potosí, Tamaulipas, Veracruz.
Referencias : Alvarez, 1963 a:463; Baker, R.H. y Webb, 1966:189; Hall y Dalquest, 1963:344; Hall y Kelson, 1959:955; Ingles, 1959:406.

ORDEN PERISSODACTYLA
FAMILIA TAPIRIDAE
"Tapir", "Danta" o "Anteburro"

Tapirus bairdii (Gill)
Ellasmognathus bairdii Gill, Proc. Acad. Nat. Sci. Philadelphia, 17:183, 1865.
L. T. Istmo de Panamá, Panamá.
Tapirus bairdii, Hall y Kelson, 1959:993.
Distribución: Campeche, Chiapas, Oaxaca, Tabasco, Veracruz.
Referencias : Genoways y Jones, 1975:15; Goodwin, 1969:249; Hall, 1981: 1076; Hall y Dalquest, 1963:348; Hall y Kelson, 1959:992; Webb y R.H. Baker, 1969:151.

ORDEN ARTIODACTYLA
FAMILIA TAYASSUIDAE

"Pecarí", "Jabalí" o "Jabalí de Collar"

Tayassu pecari ringens Merriam
Tayassu albirostris ringens Merriam, Proc. Biol. Soc. Washington, 14:121, 19 julio 1901.
L. T. Apazote, Campeche.
Tayassu pecari ringens, J. A. Allen, 1902:166.
Distribución: Campeche, Oaxaca, Quintana Roo, Tabasco, Veracruz.
Referencias : Genoways y Jones, 1975:18; Goodwin, 1969:251; Hall, 1981: 1083; Hall y Dalquest, 1963:352; Hall y Kelson, 1959:998; Hoffmann, 1962:253; Villa-R., 1959:144.

Tayassu tajacu angulatus (Cope)
Dicotyles angulatus Cope, Amer. Nat., 23:147, febrero 1889.
L. T. Guadalupe River, Texas.
Tayassu tajacu angulatus, Dalquest, 1953:207.
Distribución: Coahuila, Guanajuato, Nuevo León, San Luis Potosí, Tamaulipas.
Referencias : Alvarez, 1963 a:465.

Tayassu tajacu crassus Merriam
Tayassu angulatus crassus Merriam, Proc. Biol. Soc. Washington, 14:124, 19 julio 1901.
L. T. Metlaltoyuca, Puebla.
Tayassu tajacu crassus, Dalquest, 1953:206.
Distribución: Hidalgo, Oaxaca, Puebla, Querétaro, San Luis Potosí, Veracruz.
Referencias : Hall y Dalquest, 1963:350-351; Hall y Kelson, 1959:997.

Tayassu tajacu humeralis Merriam
Tayassu angulatus humeralis Merriam, Proc. Biol. Soc. Washington, 14:122, 19 julio 1901.
L. T. Armería, Colima.
Tayassu tajacu humeralis, Hall y Kelson, 1959:997.
Distribución: Colima, Guerrero, Michoacán, Oaxaca.
Referencias : Goodwin, 1969:251; Ingles, 1959:408.

Tayassu tajacu nanus Merriam
Tayassu nanus Merriam, Proc. Biol. Soc. Washington, 14:102, 19 julio 1901.
L. T. Isla Cozumel, Quintana Roo.
Tayassu tajacu nanus, Hall y Kelson, 1959:997.
Distribución: Conocida sólo de la localidad típica.
Referencias : Genoways y Jones, 1975:17.

Tayassu tajacu nelsoni (Goldman)

Pecari angulatus nelsoni Goldman, Proc. Biol. Soc. Washington, 39:48, 30 julio 1926.
L. T. Huehuetán, 500 pies, Chiapas.
Tayassu tajacu nelsoni, Hatt y Villa, 1950:237.
Distribución: Chiapas, Quintana Roo, Tabasco, Yucatán.
Referencias : Hoffmann, 1962:253.

Tayassu tajacu sonoriensis (Mearns)
Dicotyles angulatus sonoriensis Mearns, Proc. U.S. Nat. Mus., 20:469, 24 diciembre 1897.
L. T. Río San Bernardino, Sonora, cerca del monumento 77, Frontera entre México y E.E.U.U.
Tayassu tajacu sonoriensis, Hall y Kelson, 1959:997.
Distribución: Chihuahua, Durango, Jalisco, Sinaloa, Sonora.
Referencias : Anderson, 1972:389-390; Armstrong, et al., 1972:58; Baker, R. H. y Greer, 1962:142; Cockrum y Bradshaw, 1963:9; López-F., et al., 1971 a:104; Petersen, 1976:142.

Tayassu tajacu yucatanensis Merriam
Tayassu angulatus yucatanensis Merriam, Proc. Biol. Soc. Washington, 14:123, 19 julio 1901.
L. T. Tunkás, Yucatán.
Tayassu tajacu yucatanensis, Hall y Kelson, 1959:997.
Distribución: Campeche, Chiapas, Yucatán.
Referencias : Genoways y Jones, 1975:16; Villa-R., 1959:144.

FAMILIA CERVIDAE
"Temazate"

Mazama americana pandora Merriam
Mazama pandora Merriam, Proc. Biol. Soc. Washington, 14:105, 19 julio 1901.
L. T. Tunkás, Yucatán.
Mazama americana pandora, Hershkovitz, 1966:743.
Distribución: Campeche, Quintana Roo, Yucatán.
Referencias : Genoways y Jones, 1975:19; Hall, 1981:1098; Villa-R., 1959:147.

Mazama americana temama (Kerr)
Cervus temama Kerr, The animal kingdom..., pág. 303, 1792.
L. T. Restringida a Mirador, Veracruz por Hershkovitz (Fieldiana: Zool. Chicago Nat. Hist. Mus., 31:567, 1951).
Mazama americana temama, Hershkovitz, 1951:567.
Distribución: Chiapas, Oaxaca, San Luis Potosí, Tamaulipas, Veracruz.
Referencias : Alvarez, 1963a:466; Goodwin, 1969:255; Hall, 1981:1098;

Hall y Dalquest, 1963:355; Hall y Kelson, 1959:1013; Hoffmann, 1962:253; Ingles, 1959:408.

"Venado Bura"

Odocoileus hemionus cerrosensis Merriam
Odocoileus cerrosensis Merriam, Proc. Biol. Soc. Washington, 12:101, 30 abril 1898.
L. T. Isla Cedros, Baja California Norte.
Odocoileus hemionus cerrosensis, Lydekker, 1915:180.
Distribución: Conocida sólo de la localidad típica.
Referencias : Huey, 1964:148.

Odocoileus hemionus crooki (Mearns)
Dorcelaphus crooki Mearns, Proc. U.S. Nat. Mus., 20:468, 24 diciembre 1897.
L. T. Punta de las Dog Mtns., 6,129 pies, Hidalgo County, Texas.
Odocoileus hemionus crooki, Goldman y Kellogg, 1939:507.
Distribución: Coahuila, Chihuahua, Durango, San Luis Potosí, Tamaulipas.
Referencias : Alvarez, 1963 a:465; Anderson, 1972:391; Baker, R.H. y Greer, 1962:143; Leopold, 1959:504.

Odocoileus hemionus eremicus (Mearns)
Dorcelaphus hemionus eremicus Mearns, Proc. U.S. Nat. Mus., 20:470, 24 diciembre 1897.
L. T. Sierra Seri, Cerca del Golfo de California, Sonora.
Odocoileus hemionus eremicus, Thompson,1898:286.
Distribución: Baja California Norte, Sonora.

Odocoileus hemionus fuliginatus Cowan
Odocoileus hemionus fuliginatus Cowan, J. Mamm., 14:326, 13 noviembre 1933.
L. T. Rancho Barona, 30 mi E San Diego, San Diego County, California.
Distribución: Baja California Norte.
Referencias : Huey, 1964:148.

Odocoileus hemionus peninsulae (Lydekker)
Mazama (Dorcelaphus) hemionus peninsulae Lydekker, Proc. Biol. Zool. Soc. London, págs. 899-900, abril 1898.
L. T. Entre La Laguna y Mt. Victoria, 6,000 pies, Sierra Laguna, Baja California Sur.
Odocoileus hemionus peninsulae, Miller y Rehn, 1901:16.
Distribución: Baja California Sur.
Referencias : Banks, 1967 a:228; Huey, 1964:150; Lindsay, 1962:30; Woloszyn y Woloszyn, 1982:150.

Odocoileus hemionus sheldoni Goldman
Odocoileus hemionus sheldoni Goldman, J. Mamm., 20:497, 15 noviembre 1939.
L. T. Isla Tiburón, Sonora.
Distribución: Conocida sólo de la localidad típica.
Referencias : Lindsay, 1962:11.

"Venado Cola Blanca"

Odocoileus virginianus acapulcensis (Caton)
Cervus acapulcensis Caton, The antelope and deer of America, p. 113, 1877.
L. T. Acapulco, Guerrero.
Odocoileus virginianus acapulcensis, Lydekker, 1915:159.
Distribución: Colima, Guerrero, Oaxaca.
Referencias : Gaviño de la Torre, et al., 1981:716; Goodwin, 1969:253; Ramírez-P., et al., 1977:280.

Odocoileus virginianus carminis Goldman y Kellogg
Odocoileus virginianus carminis Goldman y Kellogg, Proc. Biol. Soc. Washington, 53:81, 28 junio 1940.
L. T. Cañón Botellas, 6,500 pies, Sierra del Carmen, Coahuila.
Distribución: Coahuila, Chihuahua.
Referencias : Hall y Kelson, 1959:1008; Krausman, et al., 1978:588; Quay, 1971:6.

Odocoileus virginianus couesi (Coues y Yarrow)
Cariacus ~~*Odocoileus*~~ *virginianus* var. *couesi* Coues y Yarrow, Report upon the collection of mammals, pág. 111, in Rept. Geogr. Geol. Explor. and Surv., West of One Hundredth Merid (Wheeler), 5(Zool.):72, 1875.
L. T. Campo Critten-den (=Crittenden) en Sonoita Creek, entre Santa Rita y Patagonia Mts., Santa Cruz County, Arizona.
Odocoileus virginianus couesi, Lydekker, 1915:158.
Distribución: Chihuahua, Durango, Jalisco, Nayarit, Sinaloa, Sonora, Zacatecas.
Referencias : Anderson, 1972:391; Armstrong, et al., 1972:59; Baker, R. H. y Greer, 1962:144; Crossin, et al., 1973:196; Ingles, 1959:408; Jones y Webster, 1976:80; Krausman, et al., 1978:588.

Odocoileus virginianus mexicanus (Gmelin)
[*Cervus*] *mexicanus* Gmelin, Syst. nat., ed. 13, 1:179, 1788.
L. T. No precisa. Valle de México.
Odocoileus virginianus mexicanus, Lydekker, 1915:158.
Distribución: Distrito Federal, Guanajuato, Guerrero, México, Morelos, Puebla.
Referencias : Alvarez, 1969:103; Gaviño de la Torre, et al., 1981:716; Ramírez-P., 1969 b:283.

Odocoileus virginianus miquihuanensis Goldman y Kellogg
Odocoileus virginianus miquihuanensis Goldman y Kellogg, Proc. Biol. Soc. Washington, 53:84, 28 junio 1940.
L. T. Sierra Madre Oriental, 6,000 pies, cerca Miquihuana, Tamaulipas.
Distribución: Coahuila, Nuevo León, San Luis Potosí, Tamaulipas.
Referencias : Alvarez, 1963 a:466.

Odocoileus virginianus nelsoni Merriam
Odocoileus nelsoni Merriam, Proc. Biol. Soc. Washington, 12:103, 30 abril 1898.
L. T. San Cristobal, 8,500 pies, Chiapas.
Odocoileus virginianus nelsoni, Lydekker, 1915:159.
Distribución: Chiapas.
Referencias : Ingles, 1959:408.

Odocoileus virginianus oaxacensis Goldman y Kellogg
Odocoileus virginianus oaxacensis Goldman y Kellogg, Proc. Biol. Soc. Washington, 53:85, 28 junio 1940.
L. T. 15 mi W Oaxaca, Oaxaca.
Distribución: Oaxaca.
Referencias : Goodwin, 1969:251.

Odocoileus virginianus sinaloae J. A. Allen
Odocoileus sinaloae J. A. Allen, Bull. Amer. Mus. Nat. Hist., 19:613, 14 noviembre 1903.
L. T. Escuinapa, Sinaloa.
Odocoileus virginianus sinaloae, Lydekker, 1915:159.
Distribución: Colima, Durango, Jalisco, Michoacán, Sinaloa, Sonora.
Referencias : Armstrong, et al., 1972:59; Baker, R.H. y Greer, 1962:144; Hoffmann, 1962:253; Ingles, 1959:408; López-F., et al., 1971 a:105; Webb y R.H. Baker, 1962:332; Webb, et al., 1981: 700.

Odocoileus virginianus texanus (Mearns)
Dorcelaphus texanus Mearns, Proc. Biol. Soc. Washington, 12:23, 27 enero 1898.
L. T. Fort Clark (Norte de Eagle Pass en Big Bend del Río Grande) Kinne County, Texas.
Odocoileus virginianus texanus, Lydekker, 1915:158.
Distribución: Coahuila, Chihuahua, Nuevo León, Tamaulipas.
Referencias : Alvarez, 1963 a:466; Anderson, 1972:392; Krausman, et al., 1978:588; Selander, et al., 1962:339.

Odocoileus virginianus thomasi Merriam
Odocoileus thomasi Merriam, Proc. Biol. Soc. Washington, 12:102, 30 abril 1898.
L. T. Huehuetán, Chiapas.

Odocoileus virginianus thomasi, Lydekker, 1915:159.
Distribución: Chiapas, Oaxaca, Tabasco, Veracruz.
Referencias : Goodwin, 1969:255; Hall, 1981:1096; Ingles, 1959:408; Quay, 1971:6.

Odocoileus virginianus toltecus (Saussure)
Cervus toltecus Saussure, Revue et Mag. Zool., Paris, Ser. 2, 12:247, 1860.
L. T. Orizaba, Veracruz.
Odocoileus virginianus toltecus, Lydekker, 1915:159.
Distribución: Oaxaca, Veracruz.
Referencias : Goodwin, 1969:255; Hall y Kelson, 1959:1011.

Odocoileus virginianus veraecrucis Goldman y Kellogg
Odocoileus virginianus veraecrucis Goldman y Kellogg, Proc. Biol. Soc. Washington, 53:89, 28 junio 1940.
L. T. Chijol, 200 pies, Veracruz.
Distribución: San Luis Potosí, Tamaulipas, Veracruz.
Referencias : Baker, R.H. y Webb, 1966:189.

Odocoileus virginianus yucatanensis (Hays)
Cervus yucatanensis Hays, Ann. Lyc. Nat. Hist., New York, 10 (8):218, octubre diciembre 1872.
L. T. No precisa, Yucatán y parte S de México.
Odocoileus virginianus yucatanensis, Goldman y Moore, 1946:360.
Distribución: Campeche, Quintana Roo, Yucatán.
Referencias : Genoways y Jones, 1975:18; Ingles, 1959:408; Villa-R., 1959:146.

FAMILIA ANTILOCAPRIDAE

"Berrendo"

Antilocapra americana mexicana Merriam
Antilocapra americana mexicana Merriam, Proc. Biol. Soc. Washington, 14:131, 5 abril 1901.
L. T. Sierra en Media, Chihuahua.
Distribución: Coahuila, Chihuahua, Durango, Hidalgo, San Luis Potosí, Sonora, Tamaulipas, Zacatecas.
Referencias : Alvarez, 1963 a:467; Anderson, 1972:393; Baker, R.H. y Greer, 1962:144; O'Gara, 1978;1; Paradiso y Nowak, 1971 b: 858; Villa-R., 1961:446.

Antilocapra americana peninsularis Nelson
Antilocapra americana peninsularis Nelson, Proc. Biol. Soc. Washington, 25:107, 29 junio 1912.

L. T. 45 mi S Calmalli, Baja California Sur.
Distribución: Baja California Norte, Baja California Sur.
Referencias : Huey, 1964:151; O'Gara, 1978:1; Paradiso y Nowak, 1971 b: 858.

Antilocapra americana sonoriensis Goldman
Antilocapra americana sonoriensis Goldman, Proc. Biol. Soc. Washington, 58:3, 21 marzo 1945.
L. T. 40 mi N Rancho Costa Rica, en el lado N del Río Sonora, SW de Hermosillo, Sonora.
Distribución: Sonora.
Referencias : O'Gara, 1978:1; Paradiso y Nowak, 1971 b:858.

FAMILIA BOVIDAE

SUBFAMILIA BOVINAE

"Bisonte"

Bison bison bison (Linnaeus)
[*Bos*] *bison* Linnaeus, Syst. Nat., ed. 10, 1:72, 1758.
L. T. "Quivira", centro de Kansas (Hershkovitz, Proc. Biol. Soc. Washington, 70:32, 1957).
Bison bison bison, Miller, 1912:394.
Distribución: Chihuahua.
Referencias : Anderson, 1972:393.

SUBFAMILIA CAPRINAE

"Borrego Cimarrón" o "Carnero Salvaje"

Ovis canadensis cremnobates Elliot
Ovis cervina cremnobates Elliot, Field Columb Mus., Publ. 87, Zool. Ser 3 (14) 239, 7 enero 1903.
L. T. Mattomi, Sierra San Pedro Martir, Baja California Norte.
Ovis canadensis cremnobates, Miller, 1912:396.
Distribución: Baja California Norte.
Referencias : Hoffmann, 1962:270; Huey, 1964:151; Villa-R., 1969:432.

Ovis canadensis mexicana Merriam
Ovis mexicanus Merriam, Proc. Biol. Soc. Washington, 14:30, 5 abril 1901.
L. T. Lago de Santa María, Chihuahua.
Ovis canadensis mexicana, Hall y Kelson, 1959:1032.
Distribución: Coahuila, Chihuahua, Sonora.

Referencias : Anderson, 1972:394-395; Baker, R.H. y Greer, 1962:145; Vi lla-R., 1969:425.

Ovis canadensis weemsi Goldman

Ovis canadensis weemsi Goldman, Proc. Biol. Soc. Washington, 50:30, 2 abril 1937.

L. T. Cajón de Tecomajá, Sierra de la Giganta, cerca de 30 mi S Cerro La Giganta, S de Baja California Sur.

Distribución: Baja California Sur.

Referencias : Huey, 1964:152; Villa-R., 1969:426.

LITERATURA CITADA

ALLEN, G. M. 1935. Bats from the Panama region. J. Mamm., 16:226-228.

ALLEN, H. 1890. Description of a new species of *Carollia* and remarks on *Carollia brevicauda*. Proc. U. S. Nat. Mus., 13:291-298.

ALLEN, J. A. 1890. Notes on collections of mammals made in central and southern Mexico, by Dr. Audley C. Buller, with descriptions of new species of the genera *Vespertilio*, *Sciurus* and *Lepus*. Bull. Amer. Mus. Nat. Hist., 3:175-194.

______ 1895a. On the species of the Genus *Reithrodontomys*. Bull. Amer. Mus. Nat. Hist., 7:107-143.

______ 1895b. On a collection of mammals from Arizona and Mexico, by Mr. W. W. Price, with field notes by collector. Bull. Amer. Mus. Nat. Hist., 7:193-258.

______ 1901. The generic names of Mephitinae. Bull. Amer. Mus. Nat. Hist., 14:325-334.

______ 1902. Nomenclatorial notes on American mammals. Bull. Amer. Mus. Nat. Hist., 16:159-168.

______ 1906. Mammals from the states of Sinaloa and Jalisco, Mexico, collected by J. A. Batty during 1904 and 1905. Bull. Amer. Mus. Nat. Hist., 22:191-262.

______ 1919. Notes on the synonymy and nomenclature of smaller spotted cats of Tropical America. Bull. Amer. Mus. Nat. Hist., 41:341-419.

ALLEN, J. A. y F. M. CHAPMAN. 1897. On a collection of mammals from Jalapa and las Vigas, state of Veracruz, Mexico. Bull. Amer. Mus. Nat. Hist., 9:197-208.

ALVAREZ, L. B., B. VILLA-R. y W. A. WIMSATT. 1964. Contribución al conocimiento de la epidemiología de la rabia en algunos murciélagos de la República Mexicana. Bol. Inst. Est. Med. Biol., 22:387-392.

ALVAREZ, T. 1960. Sinopsis de las especies mexicanas del género *Dipodomys*. Rev. Soc. Mex. Hist. Nat., 21:391-424.

______ 1961a. Sinopsis de las ardillas arbóreas del género *Sciurus* en México (Mamm. Sciuridae). An. Esc. nac. Cien. biol., México, 10:123-148.

______ 1961b. Taxonomic status of some mice of the *Peromyscus boylii* group in eastern Mexico, with description of a new subspecies. Univ. Kansas Publ., Mus. Nat. Hist., 14:111-120.

______ 1962a. A new subspecies of ground squirrel (*Spermophilus spilosoma*) from Tamaulipas, Mexico. Univ. Kansas Publ., Mus. Nat. Hist., 14:121-124.

______ 1962b. A new subspecies of wood rat (*Neotoma*) from northeastern Mexico. Univ. Kansas Publ., Mus. Nat. Hist., 14:139-143.

______ 1963a. The recent mammals of Tamaulipas, Mexico, Univ. Kansas Publ., Mus. Nat. Hist., 14:363-473.

______ 1963b. The type locality for *Nyctomys sumichrasti* Saussure. J. Mamm., 44:582-583.

______ 1963c. Restos de mamíferos encontrados en una cueva de Valle Nacional, Oaxaca, México. Rev. Biol. Trop., 11:57-61.

______ 1966. Redescubrimiento de algunos tipos de murciélagos mexicanos que se suponían perdidos. Rev. Soc. Mex. Hist. Nat., 27:191-197.

______ 1968. Nota sobre una colección de mamíferos de la región costera del Río Balsas entre Michoacán y Guerrero. Rev. Soc. Mex. Hist. Nat., 29:21-35.

______ 1969. Restos fósiles de Mamíferos de Tlapacoya, Estado de México (Pleistoceno-Reciente). Pp. 93-112, *in* Contributions in mammalogy (J. K. Jones, Jr. ed.). Misc. Publ. Mus. Nat. Hist., Univ. Kansas, 51:1-428.

ALVAREZ, T. y C. E. AVIÑA. 1963. Notas acerca de algunas especies mexicanas de ardillas del género *Sciurus* (Rodentia: Sciuridae). Rev. Soc. Mex. Hist. Nat., 24:33-39.

______ 1964. Nuevos registros en México de la familia Molossidae. Rev. Soc. Mex. Hist. Nat., 25:243-254.

______ 1965. *Baeodon alleni, Rhogeessa tumida major* and *R. p. parvula* newly reported for Michoacan with notes on the qualitative differentiation of the two Rhogeessas. Southwestern Nat., 10:75-76.

ALVAREZ, T. y L. GONZALEZ QUINTERO. 1970. Análisis polínico del contenido gástrico de murciélagos Glossophaginae de México. An. Esc. nac. Cien. biol., México, 18:137-165.

ALVAREZ, T. y A. MARTINEZ GUERRERO. 1967. New records of *Cryptotis mayensis* from the Yucatan Peninsula, Mexico. Southwestern Nat., 12:189-205.

ALVAREZ, T. y O. J. POLACO. 1980. Nuevos registros de murciélagos para el estado de Hidalgo, México. An. Esc. nac. Cien. biol., México, 23:135-143.

ALVAREZ, T. y J. RAMIREZ-PULIDO. 1968. Descripción de una nueva subespecie de *Spermophilus adocetus* (Rodentia, Sciuridae) de Michoacán, México y estado taxonómico de *S. a. arceliae* (Villa R., 1942). Rev. Soc. Mex. Hist. Nat., 29:181-190.

______ 1972. Notas acerca de murciélagos mexicanos. An. Esc. nac. Cien. biol., México, 19:167-178.

ALVAREZ DEL TORO, M. 1977. Los Mamíferos de Chiapas. Univ. Autón. Chiapas, 147 pp.

ANDERSEN, K. 1908. A monograph of the chiropteran genera *Uroderma, Enchisthenes* and *Artibeus*. Proc. Zool. Soc. London, 2:204-320.

ANDERSON, S. 1960a. Neotropical bats from western Mexico. Univ. Kansas Publ., Mus. Nat. Hist., 14:1-8.

______ 1960b. The baculum of microtine rodents. Univ. Kansas Publ., Mus. Nat. Hist., 12:181-216.

______ 1962. Tree squirrels (*Sciurus colliaei* group) of western Mexico. Amer. Mus. Novitates, 2093:1-13.

______ 1964. The systematic status of *Perognathus artus* and *Perognathus goldmani* (Rodentia). Amer. Mus. Novitates, 2184:1-27.

______ 1966. Taxonomy of gophers, specially *Thomomys* in Chihuahua, Mexico. Syst. Zool., 15:189-198.

______ 1969a. *Macrotus waterhousii*. Mamm. Species, 1:1-4.

______ 1969b. Taxonomic status of the woodrat, *Neotoma albigula*, in southern Chihuahua, Mexico. Pp. 25-50, *in* Contributions in mammalogy (J. K. Jones, Jr. ed.). Misc. Publ. Mus. Nat. Hist., Univ. Kansas, 51:1-428.

______ 1972. Mammals of Chihuahua taxonomy and distribution. Bull. Amer. Mus. Nat. Hist., 148:149-410.

ANDERSON, S. y A. S. GAUNT. 1962. A classification of the white-sided jack rabbits of Mexico. Amer. Mus. Novitates , 2088:1-16.

ANDERSON, S. y S. HADARY. 1965. A kit fox from southern Zacatecas. J. Mamm., 46:343.

ANDERSON, S. y J. P. HUBBARD. 1971. Notes on geographic variation of *Microtus pennsylvanicus* (Mammalia, Rodentia) in New Mexico and Chihuahua. Amer. Mus. Novitates, 2460:1-8.

ANDERSON, S. y C. A. LONG. 1961. Small mammals in pellets of barn owls from Miñaca, Chihuahua. Amer. Mus. Novitates, 2052:1-4.

ANDERSON, S. y C. E. NELSON. 1960. Birds and mammals in barn owl pellets from near Laguna, Chihuahua, Mexico. Southwestern Nat., 5:99-101.

______ 1965. A systematics revision of *Macrotus* (Chiroptera). Amer. Mus. Novitates, 2212:1-39.

ARMSTRONG, D. M. y J. K. JONES, Jr. 1971. Mammals from the Mexican state of Sinaloa. I. Marsupialia, Insectivora, Edentata, Lagomorpha. J. Mamm., 52:747-757.

______ 1972a. *Megasorex gigas*. Mamm. Species, 16:1-2.

______ 1972b. *Notiosorex crawfordi*. Mamm. Species, 17:1-5.

ARMSTRONG, D. M., J. K. JONES, Jr. y E. C. BIRNEY. 1972. Mammals from the Mexican state of Sinaloa, III. Carnivora and Artiodactyla. J. Mamm., 53:48-61.

ARNOLD, M. L., R. L. HONEYCUTT, R. J. BAKER, V. M. SARICH y J. K. JONES, Jr. 1982. Resolving a phylogeny with multiple data sets: a systematic study of phyllostomoid bats. Occas. Papers Mus., Texas Tech Univ., 77:1-15.

ARNOLD, J. R. y J. SCHONEWALD. 1972. Notes on the distribution of some bats in southern Mexico. Wasmann J. Biol., 30:171-174.

AVISE, J. C., M. H. SMITH y R. K. SELANDER. 1974b. Biochemical polymorphism and systematics in the genus *Peromyscus*. VI. The *boylii* species group. J. Mamm., 55:751-763.

______ 1979. Biochemical polymorphism and systematics in the genus *Peromyscus* VII. Geographic differentiation in members of the *truei* and *maniculatus* species groups. J. Mamm., 60:177-192.

AVISE, J. C., M. H. SMITH, R. K. SELANDER, T. E. LAWLOR y P. R. RAMSEY. 1974a. Biochemical polymorphism and systematics in the genus *Peromyscus*. V. Insular and mainland species of the subgenus *Haplomylomys*. Syst. Zool., 23:226-238.

AXTELL, R. W. 1962. An easternmost record for the bat *Choeronycteris mexicana* from Coahuila, Mexico. Southwestern Nat., 7:76.

BACCUS, J. T. 1978. Notes on the distribution of some mammals from Coahuila, Mexico. Southwestern Nat., 23:706-708.

BAILEY, V. 1900. Revision of American voles of the genus *Microtus*. N. Amer. Fauna, 17:1-85.

______ 1905. Biological survey of Texas. N. Amer. Fauna, 25:1-222.

______ 1906a. Identity of *Thomomys umbrinus* (Richardson). Proc. Biol. Soc. Washington, 19:3-6.

______ 1906b. A new white-footed mouse from Texas. Proc. Biol. Soc. Washington, 19:57-58.

______ 1915. Revision of the pocket gophers of the genus *Thomomys*. N. Amer. Fauna, 39:1-136.

______ 1932. Mammals of New Mexico. N. Amer. Fauna, 53:1-412.

BAKER, R. H. 1952. Geographic range of *Peromyscus melanophrys*, with description of new subspecies. Univ. Kansas Publ., Mus. Nat. Hist., 5:251-258.

______ 1956. Mammals of Coahuila, Mexico. Univ. Kansas Publ., Mus. Nat. Hist., 9:125-335.

______ 1960a. Geoffroy's tailles bat in Durango. J. Mamm., 41:511-512.

______ 1960b. Mammals of the Guadiana Lava field, Durango, Mexico. Publ. Mus. Michigan State Univ., Biol. Ser., 1:305-327.

______ 1962. Additional records of *Notiosorex crawfordi* from Mexico. J. Mamm., 43:283.

______ 1966. Further notes on the mammals of Durango, Mexico. J. Mamm., 47:344-345.

______ 1967. A new subspecies of pallid bat (Chiroptera: Vespertilionidae) from northeastern Mexico. Southwestern Nat., 12:329-330.

______ 1968. Records of opossum and kit fox from Zacatecas. J. Mamm., 49:318.

______ 1969. Cotton rats of the *Sigmodon fulviventer* group. Pp. 177-232, *in* Contributions in mammalogy (J. K. Jones, Jr. ed.). Misc. Publ. Mus. Nat. Hist., Univ. Kansas, 51:1-428.

BAKER, R. H. y M. W. BAKER. 1975. Montane habitat used by the spotted skunk (*Spilogale putorius*) in Mexico. J. Mamm., 56:671-673.

BAKER, R. H., M. W. BAKER, J. D. JOHNSON y R. G. WEBB. 1981. New records of mammals and reptiles from northwestern Zacatecas. Southwestern Nat., 25:568-569.

BAKER, R. H. y J. K. GREER. 1960. Notes on Oaxacan mammals. J. Mamm., 41:413-415.

______ 1962. Mammals of the Mexican state of Durango. Publ. Mus. Michigan State Univ., Biol. Ser., 2:29-154.

BAKER, R. H. y M. K. PETERSEN. 1965. Notes on a climbing rat, *Tylomys*, from Oaxaca, Mexico. J. Mamm., 46:494-495.

______ 1969. Records of the badger from Mexico. Southwestern Nat., 14:251-252.

BAKER, R. H. y C. J. PHILLIPS. 1965a. Mammals from el Nevado de Colima, Mexico. J. Mamm., 46:691-693.

______ 1965b. *Peromyscus ochraventer* in San Luis Potosi. J. Mamm., 46:337-338.

BAKER, R. H. y C. SANCHEZ H. 1974. Observaciones sobre el zorrillo pigmeo manchado *Spilogale pygmaea*. An. Inst. Biol., Univ. Nal. Autón. México, Ser. Zool., 44:61-64.

BAKER, R. H. y K. A. SHUMP, Jr. 1978a. *Sigmodon fulviventer*. Mamm. Species, 94:1-4.

______ 1978b. *Sigmodon ochrognathus*. Mamm. Species, 97:1-2.

BAKER, R. H. y B. VILLA R. 1960. Distribución geográfica y población actuales del lobo gris en México. An. Inst. Biol., Univ. Nal. Autón. México, 30:369-374.

BAKER, R. H. y R. G. WEBB. 1966. Notas acerca de los anfibios, reptiles y mamíferos de la Pesca, Tamaulipas. Rev. Soc. Mex. Hist. Nat., 17:179-190.

BAKER, R. H., R. G. WEBB y P. DALBY. 1967. Notes on reptiles and mammals from southern Zacatecas. Amer. Midland Nat., 77:223-226.

BAKER, R. H., R. G. WEBB y E. STERN. 1971. Amphibia, reptiles and mammals from north-central Chiapas. An. Inst. Biol., Univ. Nal. Autón. México, Ser. Zool., 42:77-85.

BAKER, R. H. y D. WOMOCHEL. 1966. Mammals from southern Oaxaca. Southwestern Nat., 11:306.

BAKER, R. J. 1967. Karyotypes of bats of the family Phyllostomatidae and their taxonomic implications. Southwestern Nat., 12:407-428.

1979. Karyology. Pp. 107-176 in Biology of the New World family Phyllostomatidae . Part III (R. J. Baker, J. K. Jones, Jr. y D. C. Carter eds). Sepc. Publ. Mus., Texas Tech Univ., 16:1-441.

______ 1981. Chromosome flow between chromosomally characterized taxa of volant mammal, *Uroderma bilobatum* (Chiroptera: Phyllostomatidae). Evolution, 35:296-305.

BAKER, R. J., W. R. ATCHLEY y V. R. McDANIEL . 1973. Karyology and morphometrics of Peter's tentmaking bat, *Uroderma bilobatum* Peters (Chiroptera, Phyllostomatidae). Syst. Zool., 21:414-429.

BAKER, R. J., R. K. BARNETT e I. F. GREENBAUM. 1979a. Chromosomal evolution in grasshopper mice (*Onychomys*: Cricetidae). J. Mamm., 60:297-306.

BAKER, R. J., R. A. BASS Y M. A. JOHNSON. 1979b. Evolutionary implications of chromosomal homology in four genera of stenodermine bats (Phyllostoma tidae: Chiroptera). Evolution, 33:220-226.

BAKER, R. J. y L. CHRISTIANSON. 1966. Notes of bats from Sonora, Mexico. Southwestern Nat., 11:310-311.

BAKER, R. J. y E. L. COCKRUM. 1966. Geographic and ecological range of the long-nosed bats, *Leptonycteris*. J. Mamm., 47:329-331.

BAKER, R. J., R. L. HONEYCUTT, M. L. ARNOLD, V. M. SARICH y H. H. GENOWAYS. 1981. Electrophoretic and inmunological studies on the relationships of the Rrachyphyllinae and the Glossophaginae. J. Mamm., 62:665-672.

BAKER, R. J. y J. K. JONES, Jr. 1972. *Tadarida aurispinosa* in Sonora, Mexico. Southwestern Nat., 17:308-309.

BAKER, R. J. y R. G. JORDAN. 1970. Chromosomal studies of some neotropical bats of the families Emballonuridae, Noctilionidae, Natalidae and, Vespertilionidae. Caryologia, 23:595-604.

BAKER, R. J. y G. LOPEZ. 1968. Notes on some bats of Tamaulipas. Southwestern Nat., 13:361-362.

______ 1970. Chromosomal variation in bats of the genus *Uroderma*. J. Mamm., 51:786-789.

BAKER, R. J. y J. T. MASCARELLO. 1969. Karyotypic analyses of the genus *Neotoma* (Cricetidae, Rodentia). Cytogenetics, 8:187-198.

BAKER, R. J., T. MOLLHAGEN y G. LOPEZ. 1971. Notes on *Lasiurus ega*. J. Mamm., 52:849-852.

BAKER, R. J. y V. R. McDANIEL. 1972. A new subespecies of *Uroderma bilobatum* (Chiroptera: Phyllostomatidae) from Middle America. Occas. Papers Mus., Texas Tech Univ., 7:1-4.

BAKER, R. J. y J. L. PATTON. 1967. Karyotypes and Karyotypic variation of North American vespertilionid bats. J. Mamm., 48:270-286.

BAKER, R. J. y S. L. WILLIAMS. 1974. *Geomys tropicalis*. Mamm. Species, 35:1-4.

BANGS, O. 1902. Chriqui Mammalia. Bull. Mus. Comp. Zool., 39:17-51

BANKS, R. C. 1962. A history of explorations for vertebrates on Cerralvo Island, Baja California. Proc. California Acad. Sci., 4th. ser., 30:117-125.

______ 1964a. Range extensions for three bats in Baja California, Mexico. J. Mamm., 45:489.

______ 1964b. Birds and mammals of the voyage of the "Gringa". Trans. San Diego Soc. Nat. Hist., 13:177-184.

______ 1964c. The mammals of Cerralvo Island, Baja California. Trans. San Diego Soc. Nat. Hist., 13:399-404.

______ 1965. Some informations from barn owl pellets. Auk, 82:506.

______ 1967a. Birds and mammals of La Laguna, Baja California. Trans. San Diego Soc. Nat., Hist. 14:205-232.

______ 1967b. A new insular subspecies of spiny pocket mouse (Mammalia: Rodentia). Proc. Biol. Soc. Washington, 80:101-104.

______ 1967c. The *Peromyscus guardia interparietalis* complex. J. Mamm., 48:210-218.

BANKS, R.C. y C. PARRISH. 1965. Additional records of *Choeronycteris mexicana* from southern California and Baja California. Bull. Soc. California Acad. Sci., 64:163-164.

BARKALOW, F. S., Jr. 1948. The status of seminoles bat. *Lasiurus seminolus* (Rhoads). J. Mamm., 29:415-416.

BARRERA, A. 1966. Redefinición de *Haplopsillus* Jordan y Haplosyllus Baker. Rev. Soc. Mex. Hist. Nat., 27:67-68.

______ 1969. Notes on the behaviour of *Loberopsyllus traubi*, a cucujuid beetle associated with the volcano mouse, *Neotomodon alstoni* in Mexico. Proc. Ent. Soc. Washington, 71:481-486.

BARRERA, A., C. MACHADO-ALISON y R. MUÑIZ. 1960. Un nuevo coleóptero parásito de roedores: *Amblyopinus bolivari* sp. nov. (Col., Staph.). Ciencia, Méx., 20:127-130.

BARRERA, A. y A. MARTINEZ. 1970. Nuevo cryptofágido mexicano *Cryptofagus bolivari* nov. sp. (Ins. Col.). An. Esc. nac. Cien. biol. México, 17:151-156.

BASSOLS de B.I. 1970. Nuevos datos sobre *Gigantolaelaps* Fonseca, 1949 (Acarina: Dermanyssidae: Laelapinae). An. Esc. nac. Cien. biol. México, 17:55-63.

_____ 1981. Catálogo de los ácaros Mesostigmata de mamíferos de México. An. Esc. nac. Cien. biol. México, 24:9-49.

BATEMAN, G.C. y T.A. VAUGHAN. 1974. Nightly activities of mormoopid bats. J. Mamm., 55:45-65.

BAUMGARDNER, G.D. y D.J. SCHMIDLY. 1981. Systematics of the southern races of two species of kangaroo rats (*Dipodomys compactus* and *D. ordii*). Occas. Papers Mus., Texas Tech Univ., 73:1-27.

BAUMGARDNER, G.D., K. T. WILKINS y D.J. SCHMIDLY. 1977. Noteworthy additions to the bat fauna of the Mexican states of Tamaulipas (San Carlos Mountains) and Queretaro. Mammalia, 41:237-238.

BEKOFF, M. 1977. *Canis latrans*. Mamm. Species, 79:1-9.

BENSON, S.B. 1935. The status of *Reithrodontomys montanus* (Baird). J. Mamm., 16:139-142.

BENSON, S.B. y D.F. TILLOTSON. 1940. A substitute name for *Thomomys bottae occipitalis* Benson and Tillotson. Proc. Biol. Soc. Washington, 53:93.

BERRY, D.L. y R.J. BAKER. 1971. Apparent convergence of karyotypes in two species of pocket gophers of the genus *Thomomys* (Mammalia: Rodentia). Cytogenetics, 10:1-9.

_____ 1972. Chromosomes of pocket gophers of the genus *Pappogeomys*, subgenus *Cratogeomys*. J. Mamm., 53:303-309.

BEST, T.L. 1978. Variation in kangaroo rats (genus *Dipodomys*) of the *heermanni* group in Baja California, Mexico. J. Mamm., 59:160-175.

_____ 1981a. Bacular variation in kangaroo rats (Genus *Dipodomys*) of the *heermanni* group in Baja California, México. Southwestern Nat., 25:529-534.

_____ 1981b. Relationships between ecogeographic and morphologic variation of the agile Kangaroo rat (*Dipodomys agilis*) in Baja California, Mexico. Bull. Southern California Acad. Sci., 80:60-69.

BEST, T.L., J.K. GREER y F.F.B. ELDER. 1972. Two bat records from Zacatecas, Mexico. Southwestern Nat., 17:97-98.

BHATNAGAR, K.P. 1978. Breech presentation in the hairy-leggee vampire, *Diphylla ecaudata*. J. Mamm., 59:864-866.

BICKHAM, J.W. 1979a. Chromosomal variation and evolutionary relationships of vespertilionid bats. J. Mamm., 60:350-363.

_____ 1979b. Banded karyotypes of 11 species of American bats (Genus *Myotis*) Cytologia, 44:789-797.

BICKHAM, J.W. y R.J. BAKER. 1977. Implications of chromosomal variation in *Rhogeessa* (Chiroptera: Vespertilionidae). J. Mamm., 58:448-453.

BIEBER, H. y U. SCHMIDT. 1971. Undersuchungen zur haarfärbung bei vampir fledermäusen (*Desmodus rotundus murinus* Wagner). Z. Säugetierk., 36:280-283.

BIRNEY, E.C. 1973. Systematics of three species of woodrats (genus *Neotoma*) in central North America. Misc. Publ. Mus. Nat. Hist., Univ. Kansas, 58:1-173.

______ 1976. An assessment of relationships and effects of interbreeding among woodrats of the *Neotoma floridana* Species group. J. Mamm., 57:103-132.

BIRNEY, E.C., J.B. BOWLES, R.M. TIMM y S.L. WILLIAMS. 1974. Mammalian distributional records in Yucatan and Quintana Roo, with comments on reproduction, structure, and status of peninsular populations. Occas. Papers, Bull. Mus. Nat. Hist., 13:1-25.

BIRNEY, E.C. y H.H. GENOWAYS. 1973. Chromosomes of *Spermophilus adocetus* (Mammalia: Sciuridae), with comments on the subgeneric affinities of the species. Experentia, 29:228-229.

BIRNEY, E.C. y J.K. JONES, Jr. 1972. Woodrats (genus *Neotoma*) of Sinaloa, Mexico. Trans. Kansas Acad. Sci., 74:197-211.

BLEIER, W.J. 1975. Crystalline structure in the ova and early embryological stages in a leaf-nosed bat, *Macrotus californicus*. J. Mamm., 56:235-238.

BOGAN, M.A. 1975a. Geographic variation in *Myotis californicus* in southwestern United States and Mexico. U. S. Dept. Interior, Fish Wildl. Serv., Wildl. Res. Rept., 3:1-31.

______ 1975b. *Neotoma micropus* in Chihuahua. Southwestern Nat., 20:278-279.

______ 1978. A new species of *Myotis* from the Islas Tres Marias, Nayarit, Mexico, with comments on variation in *Myotis nigricans*. J. Mamm., 59:519-530.

BOGAN, M.A. y C. JONES. 1975. Observations on *Lepus callotis* in New Mexico. Proc. Biol. Soc. Washington, 88:45-50.

BOGAN, M.A. y D.F. WILLIAMS. 1970. Additional records of some Chihuahuan bats. Southwestern Nat., 15:131-134.

BOND, S.I. 1969. Type specimens of mammals in the San Diego Natural History Museum. Trans. San Diego Soc. Nat. Hist., 15:252-263.

BOWERS, J. H. 1974. Genetic compatibility of *Peromyscus maniculatus* and *Peromyscus melanotis*, as indicated by breeding studies and morphometrics. J. Mamm., 55:720-737.

BOWERS, J. H., R. J. BAKER y M.H. SMITH. 1973. Chromosomal, electrophoretic, and breeding studies of selected populations of deer mice (*Peromyscus maniculatus*) and black-eared mice (*P. melanotis*). Evolution, 27:378-386.

BOWLES, J.B. 1972. Notes on reproduction in four species of bats from Yucatan, Mexico. Trans. Kansas Acad. Sci., 75:271-272.

BRADLEY, W.G. y R.A. MAUER. 1965. A collection of bats from Chihuahua, Mexico. Southwestern Nat., 10:74-75.

BRADSHAW, G. VAN R. y B. J. HAYWARD. 1960. Mammals skulls recovered from owl pellets in Sonora, Mexico. J. Mamm., 41:282-283.

BRAND, L.R. y R.E. RYCKMAN. 1968. Laboratory life histories of *Peromyscus eremicus* and *Peromyscus interparietalis*. J. Mamm., 49:495-501.

_____ 1969. Biosystematics of *Peromyscus eremicus*, *P. guardia* and *P. interparietalis*. J. Mamm., 50:501-513.

BRENNAN, J. M. y M. L. GOFF. 1977. The neotropical genus *Hoffmanina*: four new species and other records from Mexico, Panama and Venezuela (Acarina: Trombiculidae). J. Parasitol., 63:908-914.

BROADBOOKS, H.E. 1961. The funned-eared bat in Sonora. J. Mamm., 42:403.

BROWN, J. H. y C. F. WELSER. 1968. Serum albumin polymorphisms in natural and laboratory populations of *Peromyscus*. J. Mamm., 49:420-426.

BROWN, R.E. 1967. Bacula of some New World Molossid bats. Mammalia, 31:645-667.

BROWN, R.E., H.H. GENOWAYS y J.K. JONES, Jr. 1971. Bacula of some neotropical bats. Mammalia, 35:456-464.

BUCHER, J.E. y R.S. HOFFMANN. 1980. *Caluromys derbianus*. Mamm. Species, 140:1-4.

BURNS, R.J. 1970. Twin vampire bats born in captivity. J. Mamm., 51:391-392.

BURNS, R.J. y R. FLORES CRESPO. 1975. Notes on local movement and reproduction of vampire bats in Colima, Mexico. Southwestern Nat., 19:446-449.

BURT, W. H. 1932. Descriptions of heretofore unknown mammals from islands in the Gulf of California, Mexico. Trans. San Diego Soc. Nat. Hist., 7:161-182.

_____ 1938. Faunal relationships and geographic distribution of mammals in Sonora. Mexico. Misc. Publ. Mus. Zool., Univ. Michigan, 39:1-77.

_____ 1960. Bacula of North American mammals. Misc. Publ. Mus. Zool., Univ. Michigan, 113:1-76.

______ 1961. Some effects of volcan Paricutin on vertebrates. Occas. Papers Mus. Zool., Univ. Michigan, 620:1-24.

BURT, W.H. y F.S. BARKALOW, Jr. 1942. A comparative study of the bacula of wood rats (Subfamily Neotominae). J. Mamm., 23:287-297.

CABALLERO y C., E. 1960. Tremátodos de los murciélagos de México VIII. An. Inst. Biol., Univ. Nal. Autón. México, 31:215-287.

CABALLERO y C., E. y G. CABALLERO R. 1969. Tremátodos de los murciélagos de México. IX. Descripción de una nueva especie de *Platynosonum* Looss, 1907 y a continuación el primer suplemento del catálogo taxonómico de los tremátodos que parasitan a los murciélagos. Rev. Soc. Mex. Hist. Nat ., 30:263-290.

CABALLERO, D.J. 1970. Descripción de *Brachylaemus* (*Brachylaemus*) *bravoae*. sp. nov. (Tremátoda: Digenea), de roedores del Estado de Jalisco, Mexico. An. Inst. Biol., Univ. Nal. Autón. México, Ser. Zool., 41:39-44.

______ 1971. Redescription de *Bidigiticauda vivipara* Chitwood, 1938. (Nematoda: Trichostrongylidae). An. Inst. Biol., Univ. Nal. Autón. México, Ser. Zool., 42:35-40.

CABRERA, A. 1958. Catálogo de los mamíferos de América del Sur, *Metateria-Ungulata-Carnivora*. Mus. Argentino Cien. Nat. "Bernardino Rivadavia" e Inst. Nac. Inv. Cien. Nat., 4:1-307.

CADENA, A. y R.J. BAKER. 1976. Cariotipos de los murciélagos vampiros (Chiroptera: Desmodinae). Caldasia, 11:159-163.

CAIN, G.D. y E.H.STUDIER. 1974. Parasitic helminths of bats from the Southwestern United States and Mexico. Proc. Helminthol. Soc. Washington, 41:113-114.

CAIRE, W., J.E. VAUGHAN y V.E. DIERSING. 1978. First records of *Sorex arizonae* (Insectivora: Soricidae) from México. Southwestern Nat., 23:532:533.

CALLAHAN, J. R. 1977. Diagnosis of *Eutamias obscurus* (Rodentia: Sciuridae). J. Mamm., 58:188-201.

______ 1980. Taxonomic status of *Eutamias bulleri*. Southwestern Nat., 25:1-8.

CALLAHAN, J. R. y R. DAVIS. 1976. Desert chipmunks. Southwestern Nat., 21:127-130.

______ 1977. A new subespecies of the cliff chipmunk from coastal Sonora, Mexico. Southwestern Nat., 22:67-75.

CAMERON, G. N. y S. R. SPENCER. 1981. *Sigmodon hispidus*. Mamm. Species, 158:1-9.

CARLETON, M. D. 1973. A survey of gross stomach morphology in New World Cricetinae (Rodentia, Muroidea), with comments of functional interpretations. Misc. Publ. Mus. Zool., Univ. Michigan, 146:1-43.

______ 1977. Interrelationships of populations of the *Peromyscus boylii* species group (Rodentia, Muridae) in western Mexico. Occas. Papers Mus. Zool., Univ, Michigan, 675:1-47.

______ 1979. Taxonomic status and relationships of *Peromyscus boylii* from El Salvador. J. Mamm., 60:280-296.

______ 1980. Philogenetic relationships in neotomine-peromyscine rodents (Muroidea) and a reappraisal of the dichotomy within New World Cricetinae. Misc. Publ. Mus. Zool., Univ. Michigan, 157:VII+146

______ 1981. A survey of gross stomach morphology in Microtinae (Rodentia: Muroidea). Z. Säugetierk., 46:93-108.

CARLETON, M. D., E. T. HOOPER y J. HONACKI. 1975. Karyotypes and accesory reproductive glands in the rodent genus *Scotinomys*. J. Mamm., 56:916-921.

CARLETON, M. D. y P. MYERS. 1979. Karyotypes of some harvest mice, genus *Reithrodontomys*. J. Mamm., 60:307-313.

CARPENTER, R.E. y J. B. GRAHAM. 1967. Physiological responses to temperature in the long-nosed bat, *Leptonycteris sanborni*. Comp. Biochem. Physiol., 22:709-722.

CARTER, D. C. y W. B. DAVIS. 1961. *Tadarida aurispinosa* (Peale) (Chiroptera: Molossidae) in North America. Proc. Biol. Soc. Washington, 74:161-165.

CARTER, C. H. y H. H. GENOWAYS. 1978. *Liomys salvini*. Mamm. Species, 84:1-5.

CARTER, D. C. y J. K. JONES, Jr. 1978. Bats from de Mexican state of Hidalgo. Occas. Papers Mus., Texas Tech Univ., 54:1-2.

CARTER, D. C., R. H. PINE y W. B. DAVIS. 1966. Notes of Middle American bats. Southwestern Nat., 11:488-499.

CERVANTES-R., F. A. 1981. Some predators of zacatuche(*Romerolagus diazi*). J. Mamm., 62:850-851.

CERVANTES-R., F. y W. LOPEZ - F. C. 1981. Observations on the sexual behavior, gestation period, and young of captive Mexican volcano rabbits, *Romerolagus diazi*. J. Mamm., 62:634-635.

CHAPMAN, J. A. 1974. *Sylvilagus bachmani*. Mamm. Species, 34:1-4.

CHAPMAN, J. A., J. G. HOCKMAN y M. M. OJEDA C. 1980. *Sylvilagus floridanus*. Mamm. Species, 136:1-8.

CHAPMAN, J. A. y G. R. WILLNER. 1978. *Sylvilagus audubonii*. Mamm. Species, 106:1-4.

CHOATE, J. R. 1969. Taxonomic status of the shrew, *Notiosorex* (*Xenosorex*) *phillipsii* Schaldach, 1966 (Mammalia: Insectivora). Proc. Biol. Soc. Washington, 82:469-476.

______ 1970. Systematics and zoogeography of Middle American shrews of the genus *Cryptotis*. Univ. Kansas Publ., Mus. Nat. Hist., 19:195-317.

______ 1973. *Cryptotis mexicana*. Mamm. Species, 28:1-3.

CHOATE, J. R. y P. L. CLIFTON. 1970. Noteworthy records of bats from Tamaulipas. Southwestern Nat., 14:358-360.

CHOATE, J. R. y J. K. JONES, Jr. 1970. Additional notes on reproduction in the Mexican vole, *Microtus mexicanus*. Southwestern Nat., 14:356-358.

CIFUENTES CORTES, E. 1966. Rabia en un murciélago insectívoro. *Rhogeessa tumida tumida* - Allen 1866. Rev. Invest. Salud Pública, 26:123-127.

COCKRUM, E.L. 1960. Distribution, habitat and habits of the mastiff bat, *Eumops perotis*, in North America. J. Arizona Acad. Sci., 1:79-84.

______ 1964. Southern river otter, *Lutra annectens*, from Sonora, Mexico. J. Mamm., 45:634-635.

______ 1969. Migration in the guano bat, *Tadarida brasiliensis*. Pp. 303-336, *in* Contributions in mammalogy (J. K. Jones, Jr. ed.). Misc. Publ. Mus. Nat. Hist., Univ. Kansas, 51:1-428.

COCKRUM, E. L. y G. VAN R. BRADSHAW. 1963. Notes on mammals from Sonora, Mexico. Amer. Mus. Novitates, 2138:1-9.

CONSTANTINE, D. G. 1959. *Pteronotus davyi* in northwestern Mexico. J. Mamm. 40:442.

______ 1966. New bat locality records from Oaxaca, Arizona and Colorado, J. Mamm., 47:125-126.

______ 1967. Activity patterns of the Mexican free-tailed bat. Univ. New Mexico, Publ. Biol., 7:7-79.

CORBET, G. B. y J. E. Hill. 1980. A world list of mammalian species. British Museum (Natural History). Comstock Publishing Associates and Cornell University Press, VIII + 226 pags.

COTHRAM, E. G., E. G. ZIMMERMAN y C. F. NADLER. 1977. Genetic diferentiation and evolution in the ground squirrel subgenus *Ictidomys* (genus *Spermophilus*). J. Mamm., 58:610-622.

CROSSIN, R. S., O. H. SOULE, R. G. WEBB y R. H. BAKER. 1973. Biotic relationship in the Cañon del Rio Mezquital, Durango, Mexico. Southwestern Nat., 18:187-200.

CSUTI, B. 1980. Type specimens of recent mammals in the Museum of Vertebrate Zoology, University of California, Berkeley. Univ. California Publ. Zool., 114:1-75.

DALBY, P. L. y R. H. BAKER. 1967. Crawford's desert shrew first reported from Nuevo Leon. Southwestern Nat., 12:195-196.

DALBY, P. L. y H. A. LILLEVIK. 1969. Taxonomic analysis of electrophoretic serum patterns in the cotton rat *Sigmodon*. Publ. Mus. Michigan State Univ., Biol. Ser., 4:67-101.

DALQUEST, W. W. 1943. The systematic status of the races of little big-eared bat, *Myotis evotis* H. Allen. Proc. Biol. Soc. Washington, 56:1-2.

______ 1946. A new name for the desert race of the bat, *Myotis californicus*. Proc. Biol. Soc. Washington, 56:67-68.

______ 1950. Records of mammals from the Mexican state of San Luis Potosi. Occas. Papers Mus. Zool., Louisiana State Univ., 23:1-15.

______ 1953. Mammals of the Mexican state of San Luis Potosi. Louisiana State Univ. Biol. Studies, Sci. Ser., 1:1-229.

______ 1961. *Sylvilagus cunicularius* in the Pleistocene of Mexico. J. Mamm., 42:408-409.

DALQUEST, W. W. y E. ROTH. 1970. Late Pleistocene mammals from a cave in Tamaulipas, Mexico. Southwestern Nat., 15:217-230.

______ 1971. The pallid bat (*Anthrozous*) of the Edwards Plateu. Southwestern Nat., 15:395-396.

DAVIS, B. L. y R. J. BAKER. 1974. Morphometrics, evolution, and cytotaxonomy of mainland bats of the genus *Macrotus* (Chiroptera: Phyllostomatidae). Syst. Zool., 23:26-39.

DAVIS, R. M. y R. B. LOOMIS. 1971. The intranasal chigger *Microtrombicula merrihewi* (Acarina: Trombiculidae) in the North American free-tailed bat, *Tadarida brasiliensis*. Southwestern Nat., 15:437-458.

DAVIS, W. B. 1941. The short shrews (*Cryptotis*) of Texas. J. Mamm., 22:411-418.

______ 1944. Notes on Mexican mammals. J. Mamm., 25:370-403.

______ 1965. Review of the *Eptesicus brasiliensis* complex in Middle America with description of a new subspecies from Costa Rica. J. Mamm., 46:229-240.

______ 1966. Review of Southamerican bats of the genus *Eptesicus*. Southwestern Nat., 11:245-274.

______ 1968. Review of the genus *Uroderma* (Chiroptera). J. Mamm., 49:676-698.

______ 1969. A review of the small fruit bats (genus *Artibeus*) of Middle America. Part I. Southwestern Nat., 14:15-29.

______ 1970a. The large fruit bats (genus *Artibeus*) of Middle America, with a review of the *Artibeus jamaicensis* complex. J. Mamm., 51:105-122.

______ 1970b. A review of the small fruit bats (genus *Artibeus*) of Middle America. Part II. Southwestern Nat., 14:389-402.

______ 1973. Geographic variation in the fishing bat, *Noctilio leporinus*. J. Mamm., 54:862-874.

DAVIS, W. B. y D. C. CARTER. 1962a. Notes on Central American bats with description of a new subspecies of *Mormoops*. Southwestern Nat., 7:64-74.

______ 1962b. Review of the genus *Leptonycteris* (Mammalia: Chiroptera). Proc. Biol. Soc. Washington, 75:193-198.

______ 1978. A review of the round-eared bats of the *Tonatia silvicola* complex, with descriptions of three new taxa. Occas. Papers Mus., Texas Tech Univ., 53:1-12.

DAVIS, W. B., D. C. CARTER y R. H. PINE. 1964. Noteworthy records of Mexican and Central American bats. J. Mamm., 45:375-387.

DAVIS, W. B. y P. W. LUKENS, Jr. 1958. Mammals of the Mexican state of Guerrero, exclusive of Chiroptera and Rodentia. J. Mamm., 39:347-367.

DAVIS, W. B. y R. J. RUSSELL, Jr. 1952. Bats of the Mexican state of Morelos. J. Mamm., 33:234-239.

DE LA TORRE, L. 1956. The correct type locality of the bat *Trachops coffini*. Proc. Biol. Soc. Washington, 69:189-190.

DENKE, M. A. 1977. Quatre nouveaux Nematodes Heligmosomes parasites de Rongeurs de Mexique. Bull. Mus. Nat. Hist. Nat., Zool 3a.Ser., 327:777-787.

DEWSBURY, D. A. 1979. Copulatory behavior of four Mexican species of *Peromyscus*. J. Mamm., 60:844-846.

DICKERMAN, R. W. 1962. *Erethizon dorsatum* in Coahuila, Mexico. J. Mamm., 43:108.

DIERSING, V. E. 1976. An analysis of *Peromyscus difficilis* from the Mexican United States boundary area. Proc. Biol. Soc. Washington, 89:451-466.

______ 1980. Systematics of flying squirrels, *Glaucomys volans* (Linnaeus) from Mexico, Guatemala and Honduras. Southwestern Nat., 25:157-172.

______ 1981. Systematic status of *Sylvilagus brasiliensis* and *S. insonus* from North America. J. Mamm., 62:539-556.

DIERSING, V. E. y D. F. HOFFMEISTER. 1977. Revision of the shrews *Sorex merriami* and a description of a new species of the subgenus *Sorex*. J. Mamm., 58:321-333.

DIERSING, V. E. y D. E. WILSON. 1980. Distribution and systematics of the rabbits (*Sylvilagus*) of western-central Mexico. Smiths. Contrib. Zool., 297:1-34.

DINGMAN, R. E. 1964. The lump-nosed bat (*Plecotus townsendii*) in the southern Sonora, Mexico. Bull. So. California Acad. Sci., 63:192.

DOLAN, P. G. y D. C. CARTER. 1977. *Glaucomys volans*. Mamm. Species, 78:1-6.

DOTY, R. L. y R. KART. 1972. A comparative and developmental analysis of the midventral sebaceous glands in 18 taxa of *Peromyscus*, with an examination of general steroid influences in *Peromyscus maniculatus bairdii*. J. Mamm., 53:83-99.

DOWLER, R. C. y H. H. GENOWAYS. 1978. *Liomys irroratus*. Mamm. Species, 82:1-6.

DRICKAMER, L. C. y J. BERNSTEIN. 1972. Growth in two subspecies of *Peromyscus maniculatus*. J. Mamm., 53:228-231.

DRICKAMER, L. C. y B. M. VESTAL. 1973. Patterns of reproduction in a laboratory colony of *Peromyscus*. J. Mamm., 54:523-528.

DUNFORD, C. y R. DAVIS. 1975. Cliff chipmunk volcalizations and their relevance to the taxonomy of coastal Sonoran chipmunks. J. Mamm., 56:207-212.

DUNN, E. R. 1931. The disk-winged bat (*Thyroptera*) in Panama. J. Mamm., 12:429-430.

DUNNIGAN, P. B. 1967. Pocket gophers of the genus *Thomomys* of the Mexican State of Sinaloa. The Radford Review, 21:139-168.

EASTERLA, D. A. 1970. First record of pocketed free-tailed bat for Coahuila, Mexico and additional Texas records. Texas J. Sci., 22:92-93.

______ 1972. A diurnal colony of big freetail bats, *Tadarida macrotis* (Gray) in Chihuahua, Mexico. Amer. Midland Nat., 88:468-470.

EASTERLA, D. A. y J. BACCUS. 1973. A collection of bats from the Fronteriza Mountains, Coahuila, Mexico. Southwestern Nat., 17:424-427.

EGER, J. L. 1974. A new subspecies of the bat *Eumops auripendulus* (Chiroptera: Molossidae), from Argentina and eastern Brazil. Life Sci. Occas. Papers Royal Ontario Mus., 25:1-8.

______ 1977. Systematics of the genus *Eumops* (Chiroptera: Molossidae). Life Sci. Contr. Royal Ontario Mus., 110:1-69.

ELLERMAN, J. R. 1940. The families and genera of living rodents. The British Museum (Nat. Hist.), London, 1-2:XXVI + 690.

ELLIOT, D. G. 1903a. A list of a collection of Mexican mammals with a description of some apparently new forms. Field Columb. Mus., Publ. 71, Zool. Ser., 3:141-149.

______ 1903b. Description of apparently new species and subspecies of mammals from California, Oregon, the Kenai Peninsula, Alaska and Lower California, Mexico. Field Columb. Mus., Publ. 74, Zool. Ser., 3:153-173.

______ 1907. A catalogue of the collection of mammals in the Field Columbian Museum. Field Columb. Mus., Publ. 115, Zool. Ser., 8: VIII + 694.

ENGSTROM, M. D., R. C. DOWLER, D. S. ROGERS, D. J. SCHMIDLY y J.W. BICKHAM. 1981. Chromosomal variation within four species of harvest mice (*Reithrodontomys*). J. Mamm., 62:159-164.

ENGSTROM, M. D. y D. E. WILSON. 1981. Systematics of *Antrozous dubiaquercus*. (Chiroptera : Vespertilionidae), with comments on the status of *Bauerus* Van Gelder. Ann. Carnegie Mus., 50:371-383.

ESQUIVEL, M. P. 1981. Estudio comparativo de la musculatura craneocervical de *Neotomodon alstoni alstoni* (Davis, 1944) y *Peromyscus boylii levipes* (Osgood, 1909), (Rodentia-Cricetinae). An. Inst. Biol., Univ. Nal. Autón. México, Ser. Zool., 51:525-562.

FELTEN, H. 1956. Fladermäuse (Mammalia, Chiroptera) aus El Salvador. Senckenbergiana Biologica, 37:179-212.

FENTON, M. B. y R. M. R. BARCLAY. 1980. *Myotis lucifugus*. Mamm. Species, 142:1-8.

FINDLEY, J. S. 1955. Taxonomy and distribution of some American shrews. Univ. Kansas Publ., Mus. Nat. Hist., 7:613-618.

______ 1960. Identity of the long-eared *Myotis* of the southwest and Mexico. J. Mamm., 41:16-20.

______ 1967. A black population of the Goldman pocket mouse. Southwestern Nat., 12:189-205.

______ 1972. Phenetic relationships among bats of the genus *Myotis*. Syst. Zool., 21:31-52.

FINDLEY, J. S. y C. JONES. 1960. Geographic variation in the yellow-nosed cotton rat. J. Mamm., 41:462-469.

______ 1962. Distribution and variation of the voles of genus *Microtus* in New Mexico and adjacent areas. J. Mamm., 43:154-166.

______ 1965. Northernmost record of some Neotropical bat genera. J. Mamm., 46:330-331.

______ 1967. Taxonomic relationships of bats of the species *Myotis fortidens*, *M. lucifugus*, and *M. occultus*. J. Mamm., 48:429-444.

FINDLEY, J. S. y G. L. TRAUT. 1970. Geographic variation in *Pipistrellus hesperus*. J. Mamm., 51:741-765.

FISHER, R. D. y M. A. BOGAN. 1977. Distributional notes on *Notiosorex* and *Megasorex* in western Mexico. Proc. Biol. Soc. Washington, 90:826-828.

FITCH, J. H., K. A. SHUMP, Jr. y A. U. SHUMP. 1981. *Myotis velifer*. Mamm. Species, 149:1-5.

FLEHARTY, E. D. 1960. The status of the gray-necked chipmunk in New Mexico. J. Mamm., 41:235-242.

FLORES-C., R. J. BURNS y S. B. LINHART. 1970. Load-lifting capacity of the vampire bat. J. Mamm., 51:627-629.

FLORES-C., R., S. B. LINHART y R. J. BURNS. 1972a. Comportamiento del vampiro (*Desmodus rotundus*) en cautiverio. Southwestern Nat., 17:139-143.

FLORES-C., R., S. B. LINHART, R. J. BURNS y G. C. MITCHELL. 1972b. Foraging behaviour of the common vampire bat related to moonlight. J. Mamm., 53:366-368.

FORMAN, G. L. 1968. Comparative gross morphology of spermatozoa of two families of North American bats. Univ. Kansas Sci. Bull., 47:901-928.

______ 1972. Comparative morphological and histochemical studies of stomachs of selected American bats. Univ. Kansas Sci. Bull., 49:591-729.

FORMAN, G. L., R. J. BAKER y J. D. GERBER. 1968. Comments on the systematic status of vampire bats (family Desmódontidae). Syst. Zool., 17:417-425.

FORMAN, G. L. y H. H. GENOWAYS. 1979. Sperm morphology. Pp. 177-204, *in* Biology of bats of the New world family Phyllostomatidae. Part III (R. J. Baker, J. K. Jones, Jr. y D. C. Carter, eds.). Spec. Publ. Mus., Texas Tech Univ., 16:1-441.

FREEMAN, P. W. 1981. A multivariate study of the family Molossidae (Mammalia, Chiroptera): morphology, ecology, evolution. Fieldiana Zool., New Ser., 7:VII + 173.

GARDNER, A. L. 1962a. Bat records from the Mexican states of Colima and Nayarit. J. Mamm., 43:102-103.

______ 1962b. A new bat of the genus *Glossophaga* from Mexico. Contrib. Sci., Los Angeles County Mus., 54:1-7.

______ 1962c. Correction. J. Mamm., 43:537.

______ 1963. Notas acerca de la distribución de dos murciélagos en México. Rev. Soc. Mex. Hist. Nat., 24:41-44.

______ 1965. New bat records from the Mexican state of Durango. Proc. Western Foundation Vert. Zool., 1:101-106.

______ 1966. A new subspecies of the Aztec Mastiff Bat, *Molossus aztecus* Saussure, from southern Mexico. Contrib. Sci., Los Angeles County Mus., 111:1-5.

______ 1973. The systematics of the genus *Didelphis* (Marsupialia: Didelphidae) in North and Middle America. Spec. Publ. Mus., Texas Tech Univ., 4:1-81.

______ 1977. Taxonomic implications of the karyotypes of *Molossops* and *Cynomops* (Mammalia: Chiroptera). Proc. Biol. Soc. Washington, 89:545-550.

GARDNER, A. L. y D. C. CARTER. 1972. A review of the Peruvian species of *Vampyrops* (Chiroptera: Phillostomatidae). J. Mamm., 53:72-82.

GARDNER, A. L. y J. L. PATTON. 1976. Karyotypic variation in oryzomyine rodents (Cricetinae) with comments on chromosomal evolution in neotropical cricetine complex. Occas Papers Mus. Zool., Louisiana State Univ., 49:1-48.

GAVIÑO DE LA TORRE, G., A. MARTINEZ GUERRERO, Z. URIBE PEÑA y S. SANTILLAN ALARCON. 1981. Vertebrados terrestres y vegetación dominante de la Isla de Ixtapa, Guerrero, México. An. Inst. Biol., Univ. Nal. Autón. México, Ser. Zool., 50:701-719.

GENNARO, A. L. y T. J. SALB. 1969. The hispid pocket mouse in San Luis Potosi. Southwestern Nat., 14:251.

GENOWAYS, H. H. 1971. A new species of spiny pocket mouse (genus *Liomys*) from Jalisco, Mexico. Occas. Papers. Mus. Nat. Hist., Univ. Kansas, 5:1-7.

______ 1973. Systematics and evolutionary relationships of spiny pocket mice, genus *Liomys*. Spec. Publ. Mus., Texas Tech Univ., 5:1-368.

GENOWAYS, H. H., R. J. BAKER y J. E. CORNELY. 1979. Mammals of the Guadalupe Mountains National Park, Texas. Pp. 271-332, *in* Biological investigations in the Guadalupe Mountains National Park, Texas (H. H. Genoways y R. J. Baker, eds.). Proc. Trans., 4:XVII + 442.

GENOWAYS, H. H., R. J. BAKER y W. B. WYATT. 1973. Nongeographic variation in the long-nosed bat *Choeroniscus intermedius*. Bull. So. California Acad. Sci., 72:106-107.

GENOWAYS, H. H. y E. C. BIRNEY. 1974. *Neotoma alleni* Mamm. Species, 41:1-4.

GENOWAYS, H. H. y J. R. CHOATE. 1967. A new species of shrew (genus *Cryptotis*) from Jalisco, Mexico (Mammalia, Insectivora). Proc. Biol Soc. Washington, 80:203-206.

GENOWAYS, H. H. y J. K. JONES, Jr. 1967. Notes on distribution and variation in the Mexican big-eared bat, *Plecotus phyllotis*. Southwestern Nat., 12:447-480.

______ 1968a. Notes on bats from the Mexican state of Zacatecas. J. Mamm., 49:743-745.

______ 1968b. A new mouse of the genus *Nelsonia* from southern Jalisco, Mexico. Proc. Biol. Soc. Washington, 81:97-100.

______ 1968c. Notes on spotted skunks (genus *Spilogale*) from western Mexico. An. Inst. Biol., Univ. Nal. Autón. México, Ser. Zool., 39:123-132.

______ 1969a. Taxonomic status of certain long-eared bats (genus *Myotis*) from the southwestern United States and Mexico. Southwestern Nat., 14:1-13.

______ 1969b. Notes on pocket gophers from Jalisco, Mexico with descriptions of two new subspecies. J. Mamm., 50:748-755.

______ 1971. Systematics of southern banner-tailed kangaroo rats of the *Dipodomys phillipsii* group. J. Mamm., 52:265-287.

______ 1973. Notes of some mammals from Jalisco, Mexico. Occas. Papers Mus., Texas Tech Univ., 9:1-22.

______ 1975. Annotated checklist of mammals of the Yucatan Peninsula, Mexico. IV. Carnivora, Sirenia, Perissodactyla, Artiodactyla. Occas. Papers Mus., Texas Tech Univ., 26:1-22.

GILL, A.E. 1981. Morphological features and reproduction of *Perognathus* and *Peromyscus* on northern islands in the Gulf of California. Amer. Midland Nat., 106:192-196.

GLASS, B.P. y R.J. BAKER. 1968. The status of the name *Myotis subulatus* Say. Proc. Biol. Soc. Washington, 81:257-260.

GOLDMAN, E.A. 1910. Revision of the wood rats of the genus *Neotoma*. N. Amer. Fauna, 31:1-124.

______ 1911. Revision of the spiny pocket mice (Genera *Heteromys* and *Liomys*). N. Amer. Fauna, 34:1-70.

______ 1917. New mammals from North and Middle America. Proc. Biol. Soc. Washington, 30:107-116.

______ 1918. The rice rats of the North America (genus *Oryzomys*). N. Amer. Fauna, 43:1-100.

______ 1920. Mammals of Panama. Smiths. Misc. Coll., 69:1-309.

______ 1932a. The status of the Costa Rica red bat. Proc. Biol. Soc. Washington, 45:148.

______ 1932b. Review of wood rats of *Neotoma lepida* group. J. Mamm., 13:59-67.

______ 1937. The wolves of North America. J. Mamm., 18:37-45.

______ 1938a. A new pocket gopher of the genus *Zygogeomys*. Proc. Biol. Soc. Washington, 51:211-212.

______ 1938b. List of the gray foxes of Mexico. J. Washington Acad. Sci., 28:494-498.

______ 1938c. A substitute name for *Felis concolor youngi*. Proc. Biol. Soc. Washington, 51:63-64.

______ 1939. The pocket gophers of the genus *Pappogeomys*. J. Mamm., 20:93-98.

______ 1943. The races of the ocelot and margay in Middle America. J. Mamm., 24:372-385.

GOLDMAN, E. A. y A. R. KELLOGG. 1939. The status of the name *Dorcephalus crooki* Mearns. J. Mamm., 20:507.

GOLDMAN, E. A. y R. T. MOORE. 1946. The biotic provinces of Mexico. J. Mamm., 26:347-360.

GOODWIN, G. G. 1934. Mammals collected by A. W. Anthony in Guatemala, 1924-1928. Bull. Amer. Mus. Nat. Hist., 68:1-60.

______ 1942. Mammals of Honduras. Bull. Amer. Mus. Nat. Hist., 79:107-195.

______ 1959. Bats of the subgenus *Natalus*. Amer. Mus. Novitates, 1977:1-22.

______ 1960. The status of *Vespertilio auripendulus* Shaw, 1800, and *Molossus ater* Geoffroy, 1805. Amer. Mus. Novitates, 1994:1-6.

______ 1961. Flying squirrels (*Glaucomys volans*) of Middle America. Amer. Mus. Novitates, 2059:1-22.

______ 1963a. American bats of the genus *Vampyressa*, with the description of a new species. Amer. Mus. Novitates, 2125:1-24.

______ 1963b. A new subspecies of bobcat (*Lynx rufus*) from Oaxaca, Mexico. Amer. Mus. Novitates, 2139:1-7.

______ 1964. A new species and a new subspecies of *Peromyscus* from Oaxaca, Mexico. Amer. Mus. Novitates, 2183:1-8.

______ 1969. Mammals from the state of Oaxaca, Mexico, in the American Museum of Natural History. Bull. Amer. Mus. Nat. Hist., 141:1-269.

GREENBAUM, I. F. y R. J. BAKER. 1976. Evolutionary relationships in *Macrotus* (Mammalia: Chiroptera): Biochemical variation and karyology. Syst. Zool., 25:15-25.

GREENBAUM, I. F., R. J. BAKER y J. H. BOWERS. 1978. Chromosomal homology and divergence between sibling species of deer mice: *Peromyscus maniculatus* and *P. melanotis* (Rodentia, Cricetidae). Evolution, 32:334-341.

GREENBAUM, I. F. y C. J. PHILLIPS. 1974. Comparative anatomy and general histology of tongues of long-nosed bats (*Leptonycteris sanborni* and *L. nivalis*) with reference to infestation of oral mites. J. Mamm., 55:489-504.

GREENHALL, A. M., U. SCHMIDT y W. LOPEZ - F. C. 1969. Field observations on the mode of attack of the vampire bat (*Desmodus rotundus*) in Mexico. An. Inst. Biol., Univ. Nal. Autón. Méxicc, Ser. Zool., 40:245-252.

GREENHALL, A. M., U. SCHMIDT y W. LOPEZ-F. 1971. Attacking behavior of the vampire bat, *Desmodus rotundus*, under field conditions in Mexico. Biotropica, 3:136-141.

GREER, J. K. 1960. Southern yellow bat from Durango, Mexico. J. Mamm., 41:511.

GREER, J. K. y M. GREER. 1970. Record of the pygmy spotted skunk (*Spilogale pygmaea*) from Colima, Mexico. J. Mamm., 51:629-630.

GRIFFITHS, T. 1978. Modification of m. crycothyroideus and the larynx in the Mormoopidae, with reference to amplification of high-frecuency pulses. J. Mamm., 59:724-730.

GRINNELL, J. 1913. A distributional list of the mammals of California. Proc. California Acad. Sci., Ser. 4, 3:265-390.

______ 1921. Revised list of the species in the genus *Dipodomys*. J. Mamm., 2:94-97.

______ 1922. A geographical study of the kangaroo rats of California. Univ. California Publ. Zool., 24:1-124.

______ 1923. A systematic list of the mammals of California. Univ. California Publ. Zool., 21:313-324.

______ 1933. Review of the recent mammal fauna of California. Univ. California Publ. Zool., 40:71-234.

HAFNER, J. C. 1978. Evolutionary relationships of kangaroo mice, genus *Microdipodops*. J. Mamm., 59:354-365.

HAIDUK, M. W., J. W. BICKHAM y D. J. SCHMIDLY. 1979. Karyotypes of six species of *Oryzomys* from Mexico and Central America. J. Mamm., 60:610-615.

HALL, E. R. 1926. Systematic notes on the subspecies of *Bassariscus astutus* with description of one new form from California. Univ. California Publ. Zool., 30:39-50.

______ 1931. Critical comments on mammals from Utah, with descriptions of new forms from Utah, Nevada and Washington. Univ. California Publ. Zool., 37:1-13.

______ 1936. Mustelid mammals from the Pleistocene of North America with systematic notes of some recent members of the genera *Mustela*, *Taxidea* and *Mephitis*. Publ. Carnegie Inst. Washington, 473:41-119.

______ 1946. Mammals of Nevada. Univ. California Press, Berkeley, XI + 710.

______ 1951. Mammals obtained by Dr. Curt von Wedel from the Barrier Beach of Tamaulipas, Mexico. Univ. Kansas Publ., Mus. Nat. Hist., 5:33-47.

______ 1955. A new subspecies of wood rat from Nayarit, Mexico, with new name-combinations for the *Neotoma mexicana* group. J. Washington Acad. Sci., 45:328-332.

______ 1960. Small carnivores from San Josecito Cave (Pleistocene), Nuevo Leon, Mexico. Univ. Kansas Publ., Mus. Nat. Hist., 9:531-538.

______ 1962. A new bat (*Myotis*) from Mexico. Univ. Kansas Publ., Mus. Nat. Hist., 14:161-164.

______ 1965. Names of species of North American mammals north of Mexico. Misc. Publ. Mus. Nat. Hist., Univ. Kansas, 43:1-16.

______ 1968. Variation in the blackish deer mouse, *Peromyscus furvus*. An. Inst. Biol., Univ. Nal. Autón. México, Ser. Zool., 39:149-154.

______ 1981. The mammals of North America. John Wiley and Sons, Vol. 1:XV+ 600 + 1-90, Vol. 2:VI+601-1181+1-90.

HALL, E. R. y T. ALVAREZ. 1961a. A new subspecies of the black *Myotis* (bat) from eastern Mexico. Univ. Kansas Publ., Mus. Nat. Hist., 14:69-72.

______ 1961b. A new subspecies of pocket gopher (*Heterogeomys*) from northern Veracruz. An. Esc. nac. Cien. biol., México, 10:121-122.

______ 1961c. A new species of mouse (*Peromyscus*) from northwestern Veracruz, Mexico. Proc. Biol. Soc. Washington, 74:203-205.

HALL, E. R. y W. W. DALQUEST. 1950. A synopsis of the American bats of the genus *Pipistrellus*. Univ. Kansas Publ., Mus. Nat. Hist., 1:591-602.

______ 1963. The mammals of Veracruz. Univ. Kansas Publ., Mus. Nat. Hist., 14:165-362.

HALL, E. R. y H. H. GENOWAYS. 1970. Taxonomy of the *Neotoma albigula* group of woodrats in central Mexico. J. Mamm., 51:504-516.

HALL, E. R. y J. K. JONES, Jr. 1961. North American yellow bats "*Dasypterus*" and a list of named kind of the genus *Lasiurus* Gray. Univ. Kansas Publ., Mus. Nat. Hist., 14:73-98.

HALL, E. R. y K. R. KELSON. 1951. Comments on the taxonomy and geographic distribution of some North American rabbits. Univ. Kansas Publ., Mus. Nat. Hist., 5:49-58.

______ 1952a. The subespecific status of two Central American sloths. Univ. Kansas Publ., Mus. Nat. Hist., 5:313-317.

______ 1952b. Comments on the taxonomy and geographic distribution of some North American marsupials, insectivores and carnivores. Univ. Kansas Publ., Mus. Nat. Hist., 5:319-341.

______ 1952c. Comments on the taxonomy and geographic distribution of some North American rodents. Univ. Kansas Publ., Mus. Nat. Hist., 5:343-371.

______ 1959. The mammals of North America. The Ronald Press Co., Vol. 1:XXX + 546 + 1-79, Vol. 2:VIII + 547-1083 + 1-79.

HALL, E. R. y C. A. LONG. 1960. A new subspecies of pocket gopher (*Thomomys umbrinus*) from Sinaloa, Mexico, with comments on *T. u. sinaloae* and *T. u. evexus*. Proc. Biol. Soc. Washington, 73:35-38.

HALL, E. R. y M. B. OGILVIE. 1960. Conspecificity of two pocket mice, *Perognathus goldmani* and *P. artus*. Univ. Kansas Publ., Mus. Nat. Hist., 9:513-518.

HALL, E. R. y B. VILLA R. 1949. An annotated check list of the mammals of Michoacan, Mexico. Univ. Kansas Publ., Mus. Nat. Hist., 1:431-472.

HANDLEY, C. O., Jr. 1956. The taxonomic status of the bats *Corynorhinus phyllotis* G. M. Allen and *Idionycteris mexicanus* Anthony. Proc. Biol. Soc. Washington, 69:53-54.

______ 1959. A revision of the American bats of the genera *Euderma* and *Plecotus*. Proc. U. S. Nat. Mus., 110:95-246.

______ 1960. Descriptions of new bats from Panama. Proc. U. S. Nat. Mus., 112:459-479.

______ 1966a. Checklist of the mammals on Panama. Pp. 753-759, *in* Ectoparasites of Panama (R. L. Wenzel y V. J. Tipton, eds.). Field Mus. Nat. Hist., Chicago, XII + 861.

______ 1966b. Descriptions of new bats (*Choeroniscus* and *Rhinophylla*) from Colombia. Proc. Biol. Soc. Washington, 79:83-88.

______ 1966c. Descriptions of new bats (*Chiroderma* and *Artibeus*) from Mexico. An. Inst. Biol., Univ. Nal. Autón. México, 36:297-301.

HANDLEY, C.O., Jr. y J. R. CHOATE. 1970. The correct name for the least short-tailed shrew (*Cryptotis parva*) of Guatemala (Mammalia: Insectivora). Proc. Biol. Soc. Washington, 83:195-202.

HARRIS, A. H. 1974. *Myotis yumanensis* in interior southwestern North America, with comments on *Myotis lucifugus* J. Mamm., 55:589-607.

HARRISON, D. L. 1975. *Macrophyllum macrophyllum*. Mamm. Species, 62:1-3.

HATFIELD, D. M. 1936. A revision of the *Pipistrellus hesperus* group of bats. J. Mamm., 17:257-262.

HAYWARD, B. J. 1970. The natural history of the cave bat *Myotis velifer*. Western New Mexico Univ., Res. Sci., 1:1-74.

HAYWARD, B. J. y S. P. CROSS. 1979. The natural history of *Pipistrellus hesperus* (Chiroptera: Vespertilionidae). Off. Res. Western New Mexico Univ., 3:1-36.

HEANEY, L.R. y E. C. BIRNEY. 1977. Distribution and natural history notes on some mammals from Puebla, Mexico. Southwestern Nat., 21:543-545.

HELM III, J. D. 1975. Reproductive biology of *Ototylomys* (Cricetidae). J. Mamm., 56:575-590.

HELM III, J. D. y J. R. BOWERS. 1973. Spermatozoa of *Tylomys* and *Ototylomys*. J. Mamm., 54:769-772.

HELM III, J. D., C. SANCHEZ HERNANDEZ Y R. H. BAKER. 1976. Observaciones sobre los ratones de las marismas, *Peromyscus perfulvus* Osgood (Rodentia: Cricetidae). An. Inst. Biol., Univ. Nal. Autón. Mexico, Ser. Zool., 45:141-146.

HENNINGS, D. y R. S. HOFFMANN. 1977. A review of the taxonomy of the *Sorex vagrans* species complex from western North America. Occas. Papers Mus. Nat. Hist., Univ. Kansas, 68:1-35.

HERRIN, S. C. 1970. A systematic revision of the genus *Hirstionyssus* (Acari: Mesostigmata) of the Neartic Region. J. Med. Ent., 7:391-437.

HERSHKOVITZ, P. 1949. Mammals of northern Colombia. Preliminary report No. 5: bats (Chiroptera). Proc. U. S. Nat. Mus., 99:429-454.

______ 1950. Mammals of northern Colombia. Preliminary report No. 6. Rabbits (Leporidae), with notes on the clasification and distribution of the South American forms. Proc. U. S. Nat. Mus., 100:327-375.

______ 1951. Mammals from British Honduras, Mexico, Jamaica and Haiti. Fieldiana: Zool., 31:547-569.

______ 1957. The type locality of *Bison bison* Linnaeus. Proc. Biol. Soc. Washington, 70:31-32.

______ 1959. Nomenclature and taxonomy of the Neotropical mammals described by Olfers, 1818. J. Mamm., 40:337-353.

______ 1966. Mice, land bridges and Latin American faunal interchange. Pp. 725-751, *in* Ectoparasites of Panama (R. L. Wenzel y V. J. Tipton, eds.). Field Mus. Nat. Hist., Chicago, XII + 861.

HIBBARD, C. W. 1950. Mammals of the Rexroad formation from Fox Canyon, Meade County, Kansas. Contrib. Mus. Paleo., Univ. Michigan, 8:113-192.

HIBBARD, C. W. y O. MOOSER. 1963. A porcupine from the Pleistocene of Aguascalientes, Mexico. Contrib. Mus. Paleo., Univ. Michigan, 18:245-252.

HINESLEY, L. L. 1979. Systematics and distribution of two chromosome forms in the grasshopper mouse, genus *Onychomys*. J. Mamm., 60:117-128.

HOFFMANN, A. 1960. Contribución al estudio de los trombicúlidos mexicanos (Acarina Trombicul.), 8a. parte. Ciencia, Méx., 20:99-105.

______ 1962. Monografía de los Ixodoidea de México. Rev. Soc. Mex. Hist. Nat., 23:191-307.

______ 1965. Contribuciones al conocimiento de los trombicúlidos mexicanos. 11a. Parte. Folia Entomólogica Mexicana, 9:3-18.

______ 1972. Dos ectoparásitos de murciélagos poco frecuentes en México. Rev. lat.-amer. Microbiol., 14:191-195.

HOFFMANN, A. e I. BASSOLS DE B. 1970. Acaros de la familia Spelaerhinchidae. Rev. lat.-amer. Microbiol., 12:145-149.

HOFFMANN, A., I. BASSOLS DE B. y C. MENDEZ. 1972. Nuevos hallazgos de ácaros en México. Rev. Soc. Mex. Hist. Nat., 33:151-159.

HOFFMEISTER, D. F. 1969. The species problem in the *Thomomys bottae* - *Thomomys umbrinus* complex of pocket gophers in Arizona. Pp. 75-91, *in* contributions in mammalogy (J.K. Jones, Jr. ed.). Misc. Publ. Mus. Nat. Hist., Univ. Kansas, 51:1-428.

______ 1974. The taxonomic status of *Perognathus penicillatus minimus* Burt. Southwestern Nat., 19:213-214.

______ 1977. Noteworthy range extensions of mammals in northern Mexico and Arizona. Southwestern Nat., 22:150-151.

HOFFMEISTER, D. F. y L. DE LA TORRE. 1961. Geographic variation in the mouse *Peromyscus difficilis*. J. Mamm., 42:1-13.

HOFFMEISTER, D. F. y V. E. DIERSING. 1973. The taxonomic status of *Peromyscus merriami goldmani* Osgood, 1904. Southwestern Nat., 18:354-357.

______ 1978. Review of the tassel-eared squirrels of the subgenus *Otosciurus*. J. Mamm., 59:402-413.

HOFFMEISTER, D. F. y M. R. LEE. 1963a. Eastern cottontail in Sonora, Mexico. J. Mamm., 44:120-212.

______ 1963b. Revision of the desert cottontail, *Sylvilagus audubonii*, in the southwest. J. Mamm., 44:501-518.

______ 1963c. The status of sibling species *Peromyscus merriami* and *Peromyscus eremicus*. J. Mamm., 44:201-213.

______ 1967. Revision of the pocket mice, *Perognathus penicillatus*. J. Mamm., 48:361-380.

HONEYCUTT, R. L., I. F. GREENBAUM, R. J. BAKER y V. M. SARICH. 1981. Molecular evolution of vampire bats. J. Mamm., 62:805-811.

HONEYCUTT, R.L. y S.L. WILLIAMS. 1982. Genetic differentiation in pocket gophers of the genus *Pappogeomys*, with comments on intergeneric relationships in the subfamily Geomyinae. J. Mamm., 63:208-217.

HOLLISTER, N. 1913. Three new subspecies of grasshopper mice. Proc. Biol. Soc. Washington, 26:215-216.

______ 1914. A systematic account of the grasshopper mice. Proc. U. S. Nat. Mus., 47:427-489.

HOMAN, J. A. y H. H. GENOWAYS. 1978. An analysis of hair structure and its phylogenetic implications among heteromyid rodents. J. Mamm., 59:740-760.

HONACKI, J. H., K. E. KINMAN y J. W. KOEPPL (Eds.) 1982. Mammal species of the world: A taxonomic and geographic reference. Joint Venture of Allen Press, Inc. and Assoc. Syst. Coll., IX + 1-694 pp.

HOOPER, E. T. 1952. A systematic review of the harvest mice (Genus *Reithrodontomys*) of Latin America. Misc. Publ. Mus. Zool., Univ. Michigan, 77:1-255.

______ 1953. Notes on mammals of Tamaulipas, Mexico. Occas. Papers Mus. Zool., Univ. Michigan, 544:1-12.

______ 1954. A synopsis of the Cricetinae rodent Genus *Nelsonia*. Occas. Papers Mus. Zool., Univ. Michigan, 558:1-12.

______ 1955. Notes on mammals of western Mexico. Occas. Papers Mus. Zool., Univ. Michigan, 565:1-26.

______ 1960. The glans penis in *Neotoma* (Rodentia) and allied genera. Occas. Papers Mus. Zool., Univ. Michigan, 618:1-20.

______ 1961. Notes on mammals from western and southern Mexico, J. Mamm., 42:120-122.

______ 1962. The glans penis in *Sigmodon*, *Sigmomys* and *Reithron* (Rodentia, Cricetinae). Occas. Papers Mus. Zool., Univ. Michigan, 625:1-11.

______ 1968. Habitats and foods of amphibious mice of the genus *Rheomys*. J. Mamm., 49:550-553.

______ 1972. A synopsis of the rodent genus *Scotinomys*. Occas. Papers Mus. Zool., Univ. Michigan, 665:1-32.

HOOPER, E. T. y M. D. CARLETON. 1976. Reproduction, growth and development in two contiguously allopatric rodent species, genus *Scotinomys*. Misc. Publ. Mus. Zool., Univ. Michigan, 151:1-52.

HOOPER, E. T. y B. S. HART. 1962. A synopsis of recent North American microtine rodents. Misc. Publ. Mus. Zool., Univ. Michigan, 120:5-68.

HOOPER, E. T. y G. G. MUSSER. 1964a. The glans penis in Neotropical Cricetines (Family Muridae) with comments on classification of muroid rodents. Misc. Publ. Mus. Zool., Univ. Michigan, 123:1-57.

______ 1964b. Notes on classification of the rodent genus *Peromyscus*. Occas. Papers Mus. Zool., Univ. Michigan, 635:1-13.

HORST, R. y M. LANGWORTHY. 1972. Rabies in a colony of vampire bats. J. Mamm., 53:903-905.

HOWELL, A. H. 1914. Revision of the American harvest mice (Genus *Reithrodontomys*). N. Amer. Fauna, 36:1-97.

______ 1918. Revision of the American flying squirrels. N. Amer. Fauna, 44:1-64.

______ 1922. Diagnosis of seven new chipmunks of the genus *Eutamias* with a list of the American flying squirrels. J. Mamm., 3:178-185.

______ 1938. Revision of the North American ground squirrels, with a classification of the North American Sciuridae. N. Amer. Fauna, 56:1-256.

HSU, T. C., R. J. BAKER y T. UTAKOJI. 1968. The multiple sex chromosome system of American leaf-nosed bats (Chiroptera: Phyllostomatidae). Cytogenetics, 7:27-38.

HUCKABY, D. G. 1980. Species limits in the *Peromyscus mexicanus* group (Mammalia: Rodentia: Muroidea). Contrib. Sci., Los Angeles County Mus., 326:1-24.

HUEY, J. M. 1926. The description of a new subspecies of *Perognathus* from Lower California with a short discussion of the taxonomic position of other peninsular members of this genus. Proc. Biol. Soc. Washington, 39:67-70.

______ 1951. The kangaroo rats (*Dipodomys*) of Baja California Mexico. Trans. San Diego Soc. Nat. Hist., 11:205-255.

______ 1960a. A new race of pocket gopher (*Thomomys*) from San Fernando Mission, Baja California, Mexico. Trans. San Diego Soc. Nat. Hist., 12:407-408.

______ 1960b. Comments of the pocket mouse *Perognatus fallax*,, with descriptions of two new races from Baja California, Mexico. Trans. San Diego Soc. Nat. Hist., 12:413-420.

______ 1960c. Two new races of *Perognathus spinatus* from Baja California, Mexico. Trans. San Diego Soc. Nat. Hist., 12:409-412.

______ 1962. Two new species of broad-faced, five-toed kangaroo rats (genus *Dipodomys*). Trans. San Diego Soc. Nat. Hist., 12:477-480.

______ 1964. The mammals of Baja California, Mexico. Trans. San Diego Soc. Nat. Hist., 13:85-168.

HUSSON, A. M. 1962. The bats of Suriname. Zool. Verhand., Rijksmuseum Nat. Hist. Leiden, 58:1-282.

HUTTERER, R. 1980. A record of Goodwin's shrew, *Cryptotis goodwini*, from Mexico. Mammalia, 44:413.

INGLES, L. G. 1959. Notas acerca de los mamíferos mexicanos. An. Inst. Biol., Univ. Nal. Autón. México, 29:379-408.

IRWIN, D. W. y R. J. BAKER. 1967. Additional records of bats from Arizona and Sinaloa. Southwestern Nat., 12:195.

JACKSON, H. H. T. 1925. Preliminary descriptions of seven shrews of the genus *Sorex*. Proc. Biol. Soc. Washington, 38:127-130.

______ 1928. A taxonomic review of the American long-tailed shrews (genera *Sorex* and *Microsorex*). N. Amer. Fauna, 51: VI + 238.

JENKINS, S. H. y P. E. BUSHER. 1979. *Castor canadensis*. Mamm. Species, 120:1-8.

JIMENEZ GUZMAN, A. 1968a. Nuevos registros de murciélagos para Nuevo León, México. An. Inst. Biol., Univ. Nal. Autón. México, Ser. Zool., 39:133-144.

______ 1968b. Hiperparasitosis in *Pipistrellus hesperus* (Chiroptera). An. Inst. Biol., Univ. Nal. Autón. Mexico, Ser. Zool., 39:165-166.

JIMENEZ, J. 1971. Comparative post-natal growth in five species of the genus *Sigmodon*: I. External morphological character relationships. Rev. Biol. Tropical, 19:33-148.

JONES, G. S. y J. D. WEBSTER. 1976. Notes on distribution, habitat and abundance of some mammals of Zacatecas, Mexico. An. Inst. Biol., Univ. Nal. Autón. Mexico, Ser. Zool., 47:75-84.

JONES, J. K., Jr. 1964a. Additional records of mammals from Durango, Mexico. Trans. Kansas Acad. Sci., 66:750-753.

______ 1964b. Bats from western and southern Mexico. Trans. Kansas Acad. Sci., 67:507-516.

______ 1964c. A new subspecies of harvest mouse, *Reithrodontomys gracilis*, from Isla del Carmen, Campeche. Proc. Biol. Soc. Washington, 77:123-124.

______ 1965. Taxonomic status of the molossid bat *Cynomops malagai* Villa-R., 1955. Proc. Biol. Soc. Washington, 78:93.

______ 1966. Recent records of the shrew, *Megasorex gigas* (Merriam), from western Mexico. Amer. Midland Nat., 75:249-250.

______ 1970. The red bat in Baja California, Mexico. Southwestern Nat., 14:361.

______ 1977. *Rhogeessa gracilis*. Mamm. Species, 76:1-2.

JONES, J. K., Jr. y T. ALVAREZ. 1962. Taxonomic status of the free-tailed bat, *Tadarida yucatanica* Miller. Univ. Kansas Publ., Mus. Nat. Hist., 14:125-133.

______ 1964. Additional records of mammals from the Mexican state of San Luis Potosi. J. Mamm., 45:302-303.

JONES, J. K., Jr., T. ALVAREZ y M. R. LEE. 1962. Noteworthy mammals from Sinaloa, Mexico. Univ. Kansas Publ., Mus. Nat. Hist., 14:145-159.

JONES, J. K. Jr., y D. C. CARTER. 1976. Annotated checklist, with keys to subfamilies and genera. Pp. 7-38, *in* Biology of bats of the New World family Phyllostomatidae. Part I. (R. J. Baker, J. K. Jones, Jr., and D. C. Carter, eds.). Spec. Publ. Mus., Texas Tech Univ., 10:1-218.

JONES, J. K., Jr., D. C. CARTER y H. H. GENOWAYS. 1973a. Checklist of North American mammals north of Mexico. Occas. Papers Mus., Texas Tech Univ., 12:1-14.

______ 1975. Revised checklist of North American mammals north of Mexico. Occas. Papers Mus., Texas Tech Univ., 28:1-14.

______ 1979. Revised checklist of North American mammals north of Mexico, 1979. Occas. Papers Mus., Texas Tech Univ., 62:1-17.

JONES, J. K., Jr., J. R. CHOATE y A. CADENA. 1972. Mammals from the Mexican state of Sinaloa. II. Chiroptera.Occas. Papers Mus. Nat. Hist., Univ. Kansas, 6:1-29.

JONES, J. K., Jr. y P. B. DUNNIGAN. 1965. *Molossops greenhalli* and other bats from Guerrero and Oaxaca, Mexico. Trans. Kansas Acad. Sci., 68:461-462.

JONES, J. K., Jr., H. H. GENOWAYS. 1967a. A new subspecies of free-tailed bat, *Molossops greenhalli*, from western Mexico (Mammalia: Chiroptera). Proc. Biol. Soc. Washington, 80:207-210.

______ 1967b. Notes on the Oaxacan vole, *Microtus oaxacensis* Goodwin, 1966. J. Mamm., 48:320-321.

______ 1968. Distribution of the porcupine, *Erethizon dorsatum* in Mexico. Mammalia, 32:709-711.

______ 1969. Holotypes of recent mammals in the Museum of Natural History, The University of Kansas. Pp. 129-149, *in* Contributions in mammalogy (J. K. Jones, Jr. ed.). Misc. Publ. Mus. Nat. Hist., Univ. Kansas., 51:1-428.

______ 1975. *Dipodomys phillipsii*. Mamm. Species, 51:1-3.

______ 1978. *Neotoma phenax*. Mamm. Species, 108:1-3.

JONES, J. K., Jr., H. H. GENOWAYS y J. D. SMITH. 1974a. Annotated checklist of mammals of the Yucatan Peninsula, Mexico. III. Marsupialia, Insectivora, Primates, Edentata, Lagomorpha. Occas. Papers Mus., Texas Tech Univ., 23:1-12.

JONES, J. K., Jr., H. H. GENOWAYS y T. E. LAWLOR. 1974b. Annotated checklist of mammals of the Yucatan Peninsula, Mexico. II. Rodentia, Occas. Papers Mus., Texas Tech Univ., 22:1-24.

JONES, J. K., Jr., H. H. GENOWAYS y L. C. WATKINS. 1970. Bats of genus *Myotis* from western Mexico. Trans. Kansas Acad. Sci., 73:409-418.

JONES, J. K., Jr. y J. A. HOMAN. 1974. *Hylonycteris underwoodi*. Mamm. Species, 32:1-2.

JONES, J. K., Jr. y T. E. LAWLOR. 1965. Mammals from Isla Cozumel, Mexico, with description of a new species of harvest mouse. Univ. Kansas Publ., Mus. Nat. Hist., 16:409-419.

JONES, J. K., Jr., G. L. PHILLIPS. 1964. A new subspecies of the fruit-eating bat, *Sturnira ludovici* from western Mexico. Univ. Kansas Publ., Mus. Nat. Hist., 14:477-481.

JONES, J. K., Jr., J. D. SMITH y T. ALVAREZ. 1965. Notes on bats from the Cape Region of Baja California. Trans. San Diego Soc. Nat. Hist., 14:53-56.

JONES, J. K., Jr., J. D. SMITH y H. H. GENOWAYS. 1973b. Annotated checklist of mammals of the Yucatan Peninsula, Mexico. I. Chiroptera. Occas. Papers Mus., Texas Tech Univ., 13:1-31.

JONES, J. K., Jr., J. D. SMITH y R. W. TURNER. 1971. Noteworthy records of bats from Nicaragua, with a checklist of the Chiroptera fauna of the country. Occas. Papers Mus. Nat. Hist., Univ. Kansas, 2:1-36.

JONES, J. K., Jr. P. SWANEPOEL y D. C. CARTER. 1977. Annotated checklist of the bats of Mexico and Central America. Occas. Papers Mus., Texas Tech Univ., 47:1-35.

JUDD, F. W. 1970. Geographic variation in the deer mouse *Peromyscus maniculatus*, on the Llano Estacado. Southwestern Nat., 14:261-282.

KASPAR, T. C. y J. K. JONES, Jr. 1977. The desert shrew, *Notiosorex crawfordi*, in Hidalgo, Mexico. Southwestern Nat., 22:155-156.

KELLOG, R. y E. A. GOLDMAN. 1944. Review of the spider monkeys. Proc. U. S. Nat. Mus., 96:1-45.

KENNEDY, M. L., P. K. PRICE y O. S. FULLER. 1977. Flight speeds of five species of neotropical bats. Southwestern Nat., 22:401-404.

KILPATRICK, C. W. y E. G. ZIMMERMAN. 1975. Genetic variation and systematics of four species of mice of the *Peromyscus boylii* species group. Syst. Zool., 24:143-162.

______ 1976. Biochemical variation and systematics of *Peromyscus pectoralis*. J. Mamm., 57:506-522.

KINGSTON, N. y J. TAY. 1968. *Rhopalias macrocanthus* y *Rhopalias corantus* en *Didelphis marsupialis*. An. Inst. Biol., Univ. Nal. Autón. México, Ser. Zool., 39:167-168.

KINGSTON, N., B. VILLA R. y W. LOPEZ-FORMENT. 1971. New host and locality records for species of the genera *Periglischrus* and *Camaronieta* (Acarina: Spinturnicidae) on bats from Mexico. J. Parasitol., 57:927-928.

KLINGER, H. P. (Editor). 1977. Standarized karyotype of deer mice, *Peromyscus* (Rodentia). Cytogenetics, 19:38-43.

KOOPMAN, K. F. 1961. A collection of bats from Sinaloa, with remarks on the limits of the Neotropical region in northwestern Mexico. J. Mamm., 42:536-538.

______ 1971. The systematic and historical status of the Florida *Eumops* (Chiroptera: Molossidae). Amer. Mus. Novitates, 2478:1-6.

______ 1974. Eastern limits of *Plecotus* in Mexico. J. Mamm., 55:872-873.

KOOPMAN, K. F. y P. S. MARTIN. 1959. Subfossil mammals from the Gomez Farias region and the tropical gradient of Eastern Mexico. J. Mamm., 40:1-12.

KORTLUCKE, S. M. 1973. Morphological variation in the kinkajou, *Potos flavus* (Mammalia: Procyonidae), in Middle America. Occas. Papers Mus. Nat. Hist., Univ. Kansas, 17:1-36.

KRAUSMAN, P. R., D. J. SCHMIDLY y E. D. ABLES. 1978. Comments on the taxonomic status, distribution, and habitat of the Carmen mountains white-tailed deer (*Odocoileus virginianus carminis*) in Trans-Pecos Texas. Southwestern Nat., 23:577-590.

KRUIDENIER, F. J., J. N. D. LEVINE y V. IVENS. 1959. *Eimeria* (Protozoa: Eimeriidae) from the rice rat and pygmy mouse in Mexico. Trans. Illinois State Acad. Sci., 52:100-101.

KUNS, M. L. y R. E. TASHIAN. 1954. Notes on mammals from northern Chiapas Mexico. J. Mamm., 35:100-103.

KUNZ, T. H. 1982. *Lasionycteris noctivagans*. Mamm. Species, 172:1-5.

KUNZ, T. H. y R. A. MARTIN. 1982. *Plecotus townsendii*. Mamm. Species, 175:1-6.

LACKEY, J. A. 1967. Biosystematics of *heermanni* group kangaroo rats in southern California. Trans. San Diego Soc. Nat. Hist., 14:313-344.

______ 1970. Distributional records of bats from Veracruz. J. Mamm., 51:384-385.

______ 1976. Reproduction, growth, and development in the Yucatan deer mouse, *Peromyscus yucatanicus*. J. Mamm., 57:638-655.

______ 1978. Reproduction, growth, and development in high-latitude and low-latitude populations of *Peromyscus leucopus* (Rodentia). J. Mamm., 59:69-83.

LAGUARDA-FIGUERAS, A. y J. ROMERO-JARERO. 1971. Cytogenetic analysis of *Pappogeomys* (*Cratogeomys*) *merriami merriami*. Mammal. Chromosomes Newls., 12:129-130.

LAMOTHE-ARGUMEDO, R. 1978. Tremátodos de mamíferos 1. Redescripción de *Rhopalias macracanthus* Chandlor, 1932 y algunas consideraciones sobre el género. An. Inst. Biol., Univ. Nal. Autón. México, Ser. Zool., 49:25-34.

______ 1981. Tremátodos de mamíferos. II. Una especie nueva del género *Dictyonograptus* Travessos, 1919. (Tremátoda: Dicrocoeliidae). An. Inst. Biol., Univ. Nal. Autón. Mexico, Ser. Zool., 51:61-68.

LARSON, E. A. 1964. The peninsula chipmunk in Baja California. J. Mamm., 45:634.

LaVal, R. K. 1972. Distributional records and band recoveries of bats from Puebla, Mexico. Southwestern Nat., 16:449-451.

______ 1973a. A revision of the neotropical bats of the genus *Myotis*. Sci. Bull., Los Angeles County Mus., 15:1-54.

______ 1973b. Systematics of the genus *Rhogeessa* (Chiroptera: Vespertilionidae). Occas. Papers Mus. Nat. Hist., Univ. Kansas, 19:1-47.

LAWLOR, T. E. 1965. The Yucatan mouse, *Peromyscus yucatanicus*. Univ. Kansas Publ., Mus. Nat. Hist., 16:421-438.

______ 1969. A systematic study of the rodent genus *Ototylomys*. J. Mamm., 50:28-42.

______ 1971a. Distribution and relationships of six species of *Peromyscus* in Baja California and Sonora, Mexico. Occas. Papers Mus. Zool., Univ. Michigan, 661:1-22.

______ 1971b. Evolution of *Peromyscus* of northern islands in the Gulf of California, Mexico. Trans. San Diego Soc. Nat. Hist., 16:91-124.

______ 1982a. The evolution of body size in mammals: evidence from insular populations in Mexico. American Natur., 119:54-72.

______ 1982b. *Ototylomys phyllotis*. Mamm. Species, 181:1-3.

LAY, D. M. 1962. Seis mamíferos nuevos para la fauna de México. An. Inst. Biol., Univ. Nal. Autón. México, 33:373-377.

LEE, M. R. y F. F. B. ELDER. 1977. Karyotypes of eight species of Mexican rodents (Muridae). J. Mamm., 58:479-487.

LEE, M. R. y D. F. HOFFMEISTER. 1963. Status of certain fox squirrels in Mexico and Arizona. Proc. Biol. Soc. Washington, 76:181-190.

LEE, M. R. y D. J. SCHMIDLY. 1977. A new species of *Peromyscus* (Rodentia: Muridae) from Coahuila, Mexico. J. Mamm., 58:263-268.

LEE, M. R., D. J. SCHMIDLY y C. C. HUHEEY. 1972. Chromosomal variation in certain populations of *Peromyscus boylii* and its systematic implications. J. Mamm., 53:697-707.

LEOPOLD, A. S. 1958. Situación del oso plateado en Chihuahua. Rev. Soc. Mex. Hist. Nat., 19:115-120.

______ 1959. Wildlife of Mexico. The game birds and mammals. Univ. California Press, XV + 568 pp.

LIDICKER, W. Z., Jr. 1960a. A new subspecies of the cliff chipmunk from central Chihuahua. Proc. Biol. Soc. Washington, 73:267-274.

______ 1960b. An analysis of intraspecific variation in the kangaroo rat *Dipodomys merriami*. Univ. California Publ. Zool., 67:125-212.

______ 1960c. The baculum of *Dipodomys ornatus* and its implication for superspecific groupings of kangaroo rats. J. Mamm., 41:495-499.

______ 1961. Two southern range extensions in Chihuahua. J. Mamm., 42:281.

LINDSAY, G. E. 1962. The Belvedere expedition to the Gulf of California. Trans. San Diego Soc. Nat. Hist., 13:1-44.

LINDSAY, S. L. 1981. Taxonomic and biogeographic relationships of Baja California chicarees (*Tamiasciurus*). J. Mamm., 62:673-682.

LINHART, S. B. 1973. Age determination and occurrence of incremental growth lines in dental cementum of the common vampire bat (*Desmodus rotundus*). J. Mamm., 54:493-496.

LINZEY, A. V. y J. N. LAYNE. 1969. Comparative morphology of the male reproductive tract in the rodent genus *Peromyscus* (Muridae). Amer. Mus. Novitates, 2355:1-47.

______ 1974. Comparative morphology of spermatozoa of the genus *Peromyscus* (Muridae). Amer. Mus. Novitates, 2532:1-20.

LONG, C. A. 1972. Taxonomic revision of the North American badger, *Taxidea taxus*. J. Mamm., 53:725-759.

______ 1973. *Taxidea taxus*. Mamm. Species, 26:1-4.

LOOMIS, R. B. 1966. A new genus of chigger (Acarina: Trombiculidae) from western Mexico. J. Med. Ent., 3:49-53.

______ 1969. Chiggers (Acarina, Trombiculidae) from vertebrates of the Yucatan Peninsula, Mexico. Misc. Publ. Mus. Nat. Hist., Univ. Kansas, 50:1-22.

LOOMIS, R. B. y R. M. DAVIS. 1965. The vampire bat in Sonora, with notes on other bats from southern Sonora. J. Mamm., 46:497.

LOOMIS, R. B. y J. K. JONES, Jr. 1964. The northern yellow bats in Sinaloa, Mexico. Bull. So. California Acad. Sci., 63:32.

LOOMIS, R. B. y J. L. LUCAS. 1969. A new species of *Hexidionis* (Acarina, Trombiculidae) from kangaroo rats (genus *Dipodomys*) of western North America. Bull. So. California Acad. Sci., 68:225-228.

______ 1970. A new subgenus and two new species of *Hexidionis* (Acarina: Trombiculidae) from North America. Bull. So. California Acad. Sci., 69:52-59.

LOOMIS, R. B. y R. E. SOMERBY. 1966. New species and new records of *Euschoengastia* (Acarina: Trombiculidae) from western Mexico. Bull. So. California Acad. Sci. 65:211-224.

LOOMIS, R. B. y R. C. STEPHENS. 1962a. *Marmosa canescens* in Sonora, Mexico. J. Mamm., 43:111.

______ 1962b. *Neotoma phenax* in Sinaloa, Mexico. J. Mamm., 43:112.

______ 1965. Cliff chipmunk from the vecinity of Guaymas Sonora. J. Mamm., 46:501.

LOOMIS, R. B. y L. K. TANIGOSHI. 1968. A new chigger (Acarina: Trombiculidae) from a bat, *Tadarida femorossaca*, taken in Sonora, Mexico. Bull. So. California Acad. Sci., 67:155-158.

LOOMIS, R. B. y J. P. WEBB, Jr. 1969. A new species of *Speleocola* (Acarina: Trombiculidae), off a bat, *Pizonyx vivesi*, from Baja California, Mexico. Bull. So. California Acad. Sci., 68:36-42.

LOPEZ-FORMENT C., W. 1981. Algunos aspectos ecológicos del murciélago *Balantiopteryx plicata plicata* Peters, 1867 (Chiroptera: Emballonuridae) en México. An. Inst. Biol., Univ. Nal. Autón. México, Ser. Zool., 50:673-699.

LOPEZ-FORMENT, W. C., C. SANCHEZ-HERNANDEZ y B. VILLA R. 1971a. Algunos mamíferos de la región de Chamela, Jalisco, México. An. Inst. Biol., Univ. Nal. Autón. México, Ser. Zool., 42:99-106.

LOPEZ-FORMENT, W., U. SCHMIDT y A. M. GREENHALL. 1971b. Movement and population studies of the vampire bat (*Desmodus rotundus*) in Mexico. J. Mamm., 52:227-228.

LOPEZ-F. C., W. y G. URBANO-V. 1977. Restos de pequeños mamíferos recuperados en regurgitaciones de lechuza, *Tyto alba* en México. An. Inst. Biol., Univ. Nal. Autón. México, Ser. Zool., 48:231-242.

______ 1981. Historia natural del zorrillo manchado pigmeo, *Spilogale pygmaea*, con la descripcion de una nueva subespecie.An. Inst. Biol., Univ. Nal. Autón. México, Ser. Zool., 50:721-728.

LOTZE, J. H. y S. ANDERSON. 1979. *Procyon lotor*. Mamm. Species, 119:1-8.

LUCAS, J. L. y R. B. LOOMIS. 1968. The genus *Hexidionis* (Acarina, Trombiculidae) with the description of a new species from western Mexico. Bull. So. California Acad. Sci., 67:233-239.

LYDDEKKER, R. 1915. Catalogue of the ungulate mammals. British Museum (Nat. Hist.). London, 4:XXI + 438.

LYON, M.W.,Jr. 1904. Classification of the hares and their allies. Smiths. Misc. Coll., 45:321-447.

LYON, M.W., Jr. Y W.H. OSGOOD.1909. Catalogue of the type-specimens of mammals in the United States National Museum, including the Biological Survey Collection. Bull. U. S. Nat. Mus., 62:IX + 325.

MACHADO-ALLISON, C. E. 1964. Notas sobre Mesostigmata neotropicales. II. Cuatro nuevas especies de *Periglischrus* Kolenati, 1857 (Acarina: Spinturnicidae). Rev. Soc. Mex. Hist. Nat., 25:193-207.

______ 1965. Las especies venezolanas del género *Periglischrus* Kolenati, 1857 (Acarina: Mesostigmata, Spinturnicidae). Act. Biol. Venezuélica, 4:259-348.

______ 1967. The systematic position of the bats *Desmodus* and *Chilonycteris*, based on host-parasite relationships (Mammalia: Chiroptera). Proc. Biol. Soc. Washington, 80:223-226.

MARSHALL, L. G. 1978. *Chironectes minimus*. Mamm. Species, 109:1-6.

MARTIN, C. O. 1973. The cover illustration, *Euderma maculatum*, (Chiroptera: Vespertilionidae). Southwestern Nat., 18:112-114.

MARTINEZ, A. y A. BARRERA. 1966. Hallazgo de Cryptophagidae, anoftalmos y ápteros, asociados a mamíferos (Ins., Coleopt.). Ciencia, Méx., 25:11-16.

MASCARELLO, J.T. 1978. Chromosomal, biochemical, mensural, penile, and cranial variation in desert woodrats (*Neotoma lepida*). J. Mamm., 59:477-495.

MASCARELLO, J. T. y T. C. HSU. 1976. Chromosome evolution in woodrats, genus *Neotoma* (Rodentia: Cricetidae). Evolution, 30:152-169.

MASCARELLO, J. T., A. D. STOCK y S. PATHAK. 1974a. Conservatism in the arrangement of genetic material in rodents. J. Mamm., 55:695-704.

MASCARELLO, J. T., J. W. WARNER y R. J. BAKER. 1974b. A chromosome banding analysis of the mechanisms involved in the karyological divergence of *Neotoma phenax* (Merriam) and *Neotoma micropus* Baird. J. Mamm., 55:831-834.

MASS, J., R. PATRON, A. SUAREZ, S. BLANCO, G. CEBALLOS, C. GALINDO y A. PESCADOR. 1981. Ecología de la Estación Experimental Zoquiapan (Descripción general, vegetación y fauna). Univ. Autón. Chapingo, Dir. Dif. Cultural, Depto. Bosques, México, Col. Cuadernos Univ., 2:1-114.

MATSON, J. O. 1975. *Myotis planiceps* Mamm. Species, 60:1-2.

______ 1977. Records of mammals from Zacatecas, Mexico. J. Mamm., 58:110.

______ 1980. The status of banner-tailed kangaroo rats, genus *Dipodomys* from central Mexico. J. Mamm., 61:563-566.

______ 1982. Numerical analysis of rodent distributional patterns in Zacatecas, Mexico. J. Mamm., 63:73-84.

MATSON, J. O., R. H. BAKER y J. K. GREER. 1978. New records of mammals in the state of Zacatecas, Mexico. Southwestern Nat., 23:154-156.

MATSON, J. O. y D. R. PATTEN. 1975. Notes of some bats from the state of Zacatecas, Mexico. Contrib. Sci., Los Angeles County Mus., 263:1-12.

MEARNS, E. A. 1896. Preliminary diagnoses of new mammals from the Mexican Border of the United States. Proc. U. S. Nat. Mus., 19:137-140.

______ 1897. Preliminary diagnoses of new mammals of the genera *Lynx*, *Urocyon*, *Spilogale* and *Mephitis*, from the Mexican Boundary line. Proc. U. S. Nat. Mus., 20:457-461.

______ 1907. Mammals of the Mexican Boundary of the United States. Bull. U. S. Nat. Mus., 56:XV-530.

______ 1914. Descriptions of three new raccoons from the Mexican Boundary Region. Proc. Biol. Soc. Washington, 27:63-68.

MECH, L. D. 1974. *Canis lupus*. Mamm. Species, 37:1-6.

MERRIAM, C. H. 1892. Description of a new prairie-dog (*Cynomys mexicanus*) from Mexico. Proc. Biol. Soc. Washington, 7:157-158.

______ 1894. A new subfamily of murine rodents-the Neotominae-with description of a new genus species and synopsis of the known forms. Proc. Acad. Nat. Sci. Philadelphia, 14:246-247.

______ 1895. Revision of the shrews of the American genera *Blarina* and *Notiosorex*. N. Amer. Fauna, 10:1-34.

______ 1901. Synopsis of the rice rats (genus *Oryzomys*) of the United States and Mexico. Proc. Washington Acad. Sci., 3:295.

______ 1904. Four new grasshopper mice, genus *Onychomys*. Proc. Biol. Soc. Washington, 17:123-126.

MERRIT, J. F. 1978. *Peromyscus californicus*. Mamm. Species, 85:1-6.

MILLER, G. S., Jr. 1897. Revision of the North American bats of the family Vespertilionidae. N. Amer. Fauna, 13:1-135.

______ 1900. Key to the land mammals of northeastern North America. Bull. New York State Mus., 8:59-160.

______ 1902. Twenty new American bats. Proc. Acad. Nat. Sci. Philadelphia, 54:389-412.

______ 1906. Twelve new genera of bats. Proc. Biol. Soc. Washington, 19:83-85.

______ 1911. The volcano rabbit of Mount Iztaccihuatl. Proc. Biol. Soc. Washington, 24:228-229.

______ 1912. List of North American land mammals in the United States National Museum, 1911. Bull. U. S. Nat. Mus., 79: XIII + 455.

______ 1913. Revision on the bats of the genus *Glossophaga*. Proc. U. S. Nat. Mus., 46:413-429.

______ 1924. List of North American recent mammals 1923. Bull. U. S. Nat. Mus., 128:XVI + 673.

MILLER, G. S., Jr. y G. M. ALLEN, 1928. The American bats of the genera *Myotis* and *Pizonyx*. Bull. U. S. Nat. Mus., 144: VIII + 218.

MILLER, G. S., Jr. y R. KELLOGG. 1955. List of North American recent mammals. Bull. U. S. Nat. Mus., 205: XII + 954.

MILLER, G. S., Jr. y J. A. G., REHN. 1901. Systematic results of the study of North American land mammals to the close of the year 1900. Proc. Boston Soc. Nat. Hist., 30:1-352.

MINCKLEY, W. L. 1966. Coyote predation on aquatic turtles. J. Mamm., 47:137.

MITCHELL, G. C. 1965. First record of *Eumops underwoodi* from the state of Jalisco, Mexico. J. Mamm., 46:100.

______ 1967. Population study of the funnel-eared bat (*Natalus stramineus*) in Sonora. Southwestern Nat., 12:172-175.

MITCHELL, H. A. 1964. Investigations of the cave atmosphere of a Mexican bat colony. J. Mamm., 45:568-577.

MITCHELL, H. A. y C. D. SMITH. 1966. Anomalous tails in *Tadarida brasiliensis* J. Mamm., 47:148-149.

MOLLHAGEN, T. 1971. Checklist of bats in caves in the regions of the Sierra de Guatemala and Sierra de El Abra, northeastern Mexico. Assoc. Mexican Cave Stud. Bull., 4:19-22.

MONES, A. 1968. Restos óseos de mamíferos contenidos en regurgitaciones de lechuza del estado de Oaxaca, México. An. Inst. Biol., Univ. Nal. Autón. México, Ser. Zool., 39:169-172.

MORRISON, D. W. 1978. Influence of habitat on the foraging distances of the fruit bat, *Artibeus jamaicensis*. J. Mamm., 59:622-624.

______ 1979. Apparent male defense of tree hollows in the fruit bat, *Artibeus jamaicensis*. J. Mamm., 60:11-15.

MUSSER, G. G. 1964. Notes on geographic distribution, habitat, and taxonomy of some Mexican mammals. Occas. Papers Mus. Zool., Univ. Michigan, 636:1-22.

______ 1968. A systematic study of the Mexican and Guatemalan Gray squirrel, *Sciurus aureogaster* F. Cuvier (Rodentia: Sciuridae). Misc. Publ. Mus. Zool., Univ. Michigan, 13:1-112.

______ 1969. Notes on *Peromyscus* (Muridae) of Mexico and Central America. Amer. Mus. Novitates, 2357:1-23.

______ 1970. Identity of the type-specimens of *Sciurus aureogaster* F. Cuvier and *Sciurus nigrescens* Bennett (Mammalia, Sciuridae). Amer. Mus. Novitates, 2438:1-19.

______ 1971. *Peromyscus allophylus* Osgood: a synonym of *Peromyscus gymnotis* Thomas (Rodentia, Muridae). Amer. Mus. Novitates, 2453:1-10.

MUSSER, G. G. y V. H. SHOEMAKER. 1965. Oxigen consuption and body temperature in relation to ambient temperature in Mexican deer mice, *Peromyscus thomasi* and *P. megalops*. Occas. Papers Mus. Zool., Univ. Michigan, 643:1-16.

McBEE, K. y R. J. BAKER. 1982. *Dasypus novemcinctus*. Mamm. Species, 162:1-9.

McCARLEY, W. H. 1952. The ecological relationships of the mammals of Bry County, Oklahoma. Texas J. Sci., 4:101-112.

McCARTY, R. 1975. *Onychomys torridus*. Mamm. Species, 59:1-5.

______ 1978. *Onychomys leucogaster*. Mamm. Species, 87:1-6.

McGHEE, M. E. y H. H. GENOWAYS. 1978. *Liomys pictus*. Mamm. Species, 83:1-5.

McGREW, J. C. 1979. *Vulpes macrotis*. Mamm. Species, 123:1-6.

McMANUS, J. J., 1974. *Didelphis virginiana*. Mamm. Species, 40:1-6.

McNAB, B. K. 1973. Energetics and the distribution of vampires. J. Mamm., 54:131-144.

NADER, I. A. 1965. Two new subspecies of kangaroo rats, genus *Dipodomys*. Proc. Biol. Soc. Washington, 78:49-54.

______ 1978. Kangaroo rats: Intraspecific variation in *Dipodomys spectabilis* Merriam and *Dipodomys deserti* Stephens. Illinois Biol. Monogr., Univ. Illinois Press, 49:1-113.

NASH, D. J. y R. N. SEAMAN. 1977. *Sciurus aberti*. Mamm. Species, 80:1-5.

NAVARRO, L.D. 1979. *Vampyrum spectrum* (Chiroptera, Phyllostomatidae) in México. J. Mamm., 60:435.

NELSON, E. W. 1898. What is *Sciurus variegátus* Erxleben?. Science, 8:897-898.

______ 1899a. Natural History of the Tres Marias Islands, Mexico. General account of the islands, with reports on mammals and birds. N. Amer. Fauna, 14:1-97.

______ 1899b. Revision of the squirrels of Mexico and Central America. Proc. Washington Acad. Sci., 1:15-110.

______ 1907a. Description of new North America rabbits. Proc. Biol. Soc. Washington, 20:81-84.

______ 1907b. Description of two new subspecies of North American mammals. Proc. Biol. Soc. Washington, 20:87-88.

______ 1909. The rabbits of North America. N. Amer. Fauna, 29:1-314.

______ 1912. Two genera of bats new to Middle America. Proc. Biol. Soc. Washington, 25:93.

______ 1932. Remarks on coyotes, with description of a new subspecies from Salvador. Proc. Biol. Soc. Washington, 45:223-226.

NELSON, E. W. y E. A. GOLDMAN. 1929a. Six new pocket mice from Lower California and notes and the status of several described species. Proc. Biol. Soc. Washington, 42:103-112.

______ 1929b. List of the pumas, with three described as new. J. Mamm., 10:345-350.

______ 1930. The pocket gophers of the genus *Orthogeomys*. J. Mamm., 11:155-159.

______ 1931. Three new raccoons from Mexico and Salvador. Proc. Biol. Soc. Washington, 44:17-22.

______ 1932. The name of the San Martin Island mouse-A correction. J. Mamm., 13:370-371.

______ 1934. Pocket gophers of the genus *Thomomys* of Mexican mailand and bordering territory. J. Mamm., 15:105-124.

NELSON-REES, W. A., A. J. KNIAZEFF, R. J. BAKER y J. L. PATTON. 1968. Intraspecific chromosome variation in the bat, *Macrotus waterhousii* Gray. J. Mamm., 49:706-712.

NOVICK, A. 1960. Successful breeding in captive *Artibeus*. J. Mamm., 41:508-509.

______ 1962. Orientation in Neotropical bats. I. Natalidae and Emballonuridae. J. Mamm., 43:445-449.

______ 1963. Orientation in Neotropical bats. II. Phyllostomatidae and Desmodontidae. J. Mamm., 44:44-56.

______ 1965. Echolocation of flying insects by the bat *Chilonycteris psilotis*. Biol. Bull., 128:297-314.

NOVICK, A. y J. R. VAISNYS. 1964. Echolocation of flying insects by the bat, *Chilonycteris parnelli*. Biol. Bull., 127:478-488.

NOWAK, R. M. 1979. North American Quaternary *Canis*. Monogr. Mus. Nat. Hist., Univ. Kansas, 6:1-154.

NUÑEZ, A. G., C. CHAVEZ T. y C. SANCHEZ-H. 1981. Mamíferos silvestres de la región de el Tuito, Jalisco, México. An. Inst. Biol., Univ. Nal. Autón. México, Ser. Zool., 51:647-668.

O'FARRELL, M. J. y E. H. STUDIER. 1980. *Myotis thysanodes*. Mamm. Species, 137:1-5.

O'GARA, B. W. 1978. *Antilocapra americana*. Mamm. Species, 90:1-7.

OJASTI, J. y O. J. LINARES. 1971. Adiciones a la fauna de murciélagos de Venezuela con notas sobre las especies del género *Diclidurus* (Chiroptera). Acta. Biol. Venezuélica, 7:421-441.

ORR, R. T. 1963. An extension of the range of Merriam's desert shrew. J. Mamm., 44:424.

______ 1965. Longevity in *Pizonyx vivesi*. J. Mamm., 46:497.

ORR, R. T. y R. C. BANKS. 1964. Bats from islands in the Gulf of California. Proc. California Acad. Sci., 30:207-210.

ORTEGA C., B. G. y G. MASSIEU H. 1963. Aminoacidos libres del encéfalo y del higado de diversos géneros y especies de murciélagos. An. Inst. Biol., Univ. Nal. Autón. México, 40:27-34.

OSGOOD, W. H. 1900. Revision of the pocket mice of the genus *Perognathus*. N. Amer. Fauna, 18:1-72.

______ 1909. Revision of the mice of the American genus *Peromyscus*. N. Amer. Fauna, 28:1-285.

______1912. Mammals from western Venezuela and eastern Colombia. Field Mus. Nat. Hist. Publ. 155, Zool. Ser., 10:33-66.

PACKARD, L. R. 1958. New subspecies of the rodent *Baiomys* from Central America. Univ. Kansas Publ., Mus. Nat. Hist., 9:397-404.

______1960. Speciation and evolution of the pygmy mice, genus *Baiomys*. Univ. Kansas Publ., Mus. Nat. Hist., 9:579-670.

______1965. Range extension of the hooded skunk in Texas and Mexico. J. Mamm., 46:102.

PACKARD, R. L. y F. W. JUDD. 1967. Two noteworthy records of bats from Chihuahua. Southwestern Nat., 12:330.

PACKARD, R. L. y J. B. MONTGOMERY, Jr. 1978. *Baiomys musculus*. Mamm. Species, 102:1-3.

PALMER, F. G. 1937. Geographic variation in the mole *Scapanus latimanus*. J. Mamm., 18:280-314.

PARADISO, J. L. 1967. A review of the wrinkle-faced bats (*Centurio senex* Gray), with description of a new subspecies. Mammalia, 31:595-604.

PARADISO, J. L. y R. M. NOWAK 1971a. A report on the taxonomic status and distribution of the red wolf. U. S. Dept. Int., Spec. Sci. Report, Wildl., 145:1-36.

______1971b. Taxonomic status of the Sonoran pronghorn. J. Mamm., 52:855-858.

PATTEN, D. R. y L. T. FINDLEY. 1970. Observations and records of *Myotis* (*Pizonyx*) *vivesi* Menegaux (Chiroptera: Vespertilionidae). Contrib. Sci., Los Angeles County Mus., 183:1-9.

PATTERSON, B. D. 1980. A new subspecies of *Eutamias quadrivittatus* (Rodentia: Sciuridae) from the Organ Mountains, New Mexico. J. Mamm., 61:455-464.

PATTON, J. L. 1967. Chromosome studies of certain pocket mice, genus *Perognathus* (Rodentia: Heteromyidae). J. Mamm., 48:27-37.

______1969a. Chromosome evolution in the pocket mouse, *Perognathus goldmani* Osgood. Evolution, 23: 645-662.

______1969b. Karyotypic variation in the pocket mouse, *Perognathus penicillatus* Woodhouse (Rodentia-Heteromyidae). Caryologia, 22:351-358.

______1972. A complex system of chromosomal variation in the pocket mouse, *Perognathus baileyi* Merriam. Chromosoma, 36:241-255.

______1973. Patterns of geographic variation in karyotype in the pocket gopher, *Thomomys bottae* (Eydoux and Gervais). Evolution, 26:574-586.

PATTON, J. L. y R. E. DINGMAN. 1968. Chromosomal studies of pocket gophers, genus *Thomomys*. I. The specific status of *Thomomys umbrinus* (Richardson) in Arizona. J. Mamm., 49:1-13.

______ 1970. Chromosome studies of pocket gophers, genus *Thomomys*. II. variation in *T. bottae* in the America Southwest. Cytogenetics, 9:139-151.

PATTON, J. L. y J. H. FEDER. 1978. Genetic divergence between populations of the pocket gopher, *Thomomys umbrinus* (Richardson). Z. Säugetierkunde, 43:17-30.

PATTON, J. L. y J. K. JONES, Jr. 1972. First record of *Perognathus baileyi* from Sinaloa, Mexico. J. Mamm., 53:371-372.

PATTON, J. L., S. W. SHERWOOD y S. Y. YANG. 1981. Biochemical systematics of chaetodipine pocket mice, genus *Perognathus*. J. Mamm., 62:477-492.

PATTON, J. L. y M. F. SMITH. 1981. Molecular evolution in *Thomomys*: Phyletic systematics, paraphyly, and rates of evolution. J. Mamm., 62:493-500.

PATTON, J. L. y S. Y. YANG. 1977. Genetic variation in *Thomomys bottae* pocket gophers: Macrogeographic patterns. Evolution, 31:697-720.

PAULETE, J., S. S. DE PAULETE, A. LAGUARDA-FIGUERAS y J. ROMERO. 1971a. Cytogenethic analysis of *Neotoma mexicana torquata*. An. Inst. Biol., Univ. Nal. Autón. México., Ser. Biol. Exp., 42:55-60.

PAULETE-VANRELL, J., S. S. DE PAULETE VANRELL, A. LAGUARDA-FIGUERAS y J. ROMERO-JARERO. 1971b. The karyotype of *Neotoma mexicana torquata*. Mammal. Chromosomes Newls., 12:121-122.

PENCE, D. B. y H. H. GENOWAYS. 1974. *Neolabidophrus yucatanensis* gen. et. sp. n. and a new record for *Dermacarus ornatus* Fain, 1967 (Acarina: Glycyphagidae) from *Heteromys gaumeri* Allen and Chapman, 1897. Gaumer's spiny pocket mouse (Rodentia Heteromyidae). J. Parasitol., 60:712-715.

PETERS, W. C. J. 1865. Über einige weniger bekanter Flederthiere (*Phyllostoma brachyotum, Coelops, Furia, Lasionycteris*. Monatsber. Akad. Wiss. Berlin, págs. 641-648.

______ 1867. Über die zuden gattungen *Mimon* and *Saccopteryx* gehörigen Flederthiere Monatsber. Akad. Wiss. Berlin, págs. 469-481.

PETERSEN, M. K. 1968. Electrophoretic blood-serum patterns in selected species of *Peromyscus*. Amer. Midland Nat., 79:130-148.

______ 1972. Female *Peromyscus pectoralis* fosters litter of *Reithrodontomys megalotis*. Southwestern Nat., 17:301-302.

______ 1973. Interactions between the cotton rats, *Sigmodon fulviventer* and *S. hispidus*. Amer. Midland Nat., 90:319-333.

______ 1975. An analysis of multiple captures in several rodents from Durango, Mexico. J. Mamm., 56:703-705.

______ 1976. Noteworthy range extentions of some mammals in Durango, Mexico. Southwestern Nat., 21:139-142.

______ 1979. Some morphometric observations on *Notiosorex crawfordi* from Durango, Mexico. Occas. Papers Zool., Michael K. Petersen, 1:1-9.

______ 1980a. A comparison of small mammal populations sampled by pit-fall and live-traps in Durango, Mexico. Southwestern Nat., 25:122-124.

______ 1980b. The taxonomic status of a dusky-colored population of *Peromyscus* at Atotonilco, Durango, Mexico. Occas. Papers Zool., Michael K. Petersen, 5:1-19.

PETERSEN. M. K. y M. K. PETERSEN. 1979. A temporal comparison of owl pellet contents with small mammal population levels in Durango, Mexico. Occas. Papers Zool., Michael K. Petersen, 4:1-27.

PETERSON, B. V. 1963. Additional records of some american bat flies (Diptera: Nycteribiidae). Proc. Entomol. Soc. Ontario, 93:93-94.

PETERSON, R. L. 1966. Notes on the Yucatan vesper rat *Otonyctomys hatii*, with a new record, the first from British Honduras. Canadian J. Zool., 44:281-284.

PHILLIPS, C. J. y J. K. JONES, Jr. 1971. A new subspecies of the long-nosed bat, *Hylonycteris underwoodi*, from Mexico. J. Mamm., 52:77-80.

PHILLIPS, C. J., J. K. JONES, Jr. y F. J. RADOVSKY. 1969. Macronyssid mites in oral mucosa of long-nosed bats: ocurrence and associated pathology. Science, 165:1368-1369.

PHILLIPS, C. J. y B. STEINBERG. 1976. Histological and scanning electron microscopic studies of tooth structure and thegosis in the common vampire bat, *Desmodus rotundus*. Occas. Papers Mus., Texas Tech Univ., 42:1-12.

PINE, R. H. 1966. *Baeodon meyeri* (Chiroptera, Vespertilionidae) a new species of bat from Veracruz. Southwestern Nat., 11:308-310.

______ 1972a. A new subgenus and species of murine opossum (genus *Marmosa*) from Peru. J. Mamm., 53:279-282.

______ 1972b. The bats of the genus *Carollia*. Technical Monogr., Texas A. and M. Univ., Texas Agric. Exp. Station, 8:1-125.

PINE, R. H., D. C. CARTER y R. K. LAVAL. 1971. Status of *Bauerus* Van Gelder and its relationships to other Nyctophiline bats. J. Mamm., 52:663-669.

PINKHAM, C. F. A. 1973. The evolutionary significance of locomotor patterns in the Mexican spiny pocket mouse, *Liomys irroratus*. J. Mamm., 54:742-746.

PIZZIMENTI, J. J. 1975. Evolution of the prairie dog genus *Cynomys*. Occas. Papers. Mus. Nat. Hist., Univ. Kansas, 39:1-73.

PIZZIMENTI, J. J. y L. R. McLENEGHAN, Jr. 1974. Reproduction, growth and development, and behavior in the Mexican prairie dog, *Cynomys mexicanus* (Merriam). Amer. Midland Nat., 92:130-145.

POCOCK, R. I. 1939. The races of jaguar (*Panthera onca*). Novit. Zool., 41:406-422.

POOLE, E. L. 1932. *Lasiurus seminolus* in Pennsylvania. J. Mamm., 13:162.

POWER, D. M. y J. R. TAMSITT. 1973. Variation in *Phyllostomus discolor* (Chiroptera: Phyllostomatidae). Canadian J. Zool., 51:461-468.

QUAY, W. B. 1971. Geographic variation in the metatarsal "gland" of the white-tailed deer(*Odocoileus virginianus*). J. Mamm., 52:1-11.

RADOVSKY, F. J. 1966. Revision of the Macronyssidae and Laelapidae mites of bats: outline of the classification with descriptions of new genera and type species. J. Med. Ent., 3:93-99.

_____ 1967. The Macronyssidae and Laelapidae(Acarina : Mesostigmata)parasitic on bats. Univ. Calif. Publ. Ent., 46:1-288.

RADOVSKY, F. J., J. K. JONES, Jr. y C. J. PHILLIPS. 1971. Three new species of *Radfordiella* (Acarina: Macronyssidae) parasitic in the mouth of phyllostomatid bats. J. Med. Ent., 8:737-746.

RALSTON, L. G. y W. H. CLARK. 1971. Occurence of *Mustela frenata* in northern Baja California, Mexico. Southwestern Nat., 16:209.

RAMIREZ, S., I. BASSOLS y S. SANTILLAN. 1980.*Hirstionyssus* (Acarina, Mesotigmata) del volcán Iztaccíhuatl, México, con descripción de una nueva especie. Folia Entomológica Mexicana, 44:157-167.

RAMIREZ-PULIDO, J. 1969a. Nuevos registros de murciélagos para el Estado de Morelos, México. An. Inst. Biol., Univ. Nal. Autón. México, Ser. Zool., 40:123-127.

_____ 1969b. Contribución al estudio de los mamíferos del Parque Nacional "Lagunas de Zempoala", Morelos, México. An. Inst. Biol., Univ. Nal. Autón. México, Ser. Zool., 40:253-290.

RAMIREZ-PULIDO, J. y T. ALVAREZ. 1972. Notas sobre los murciélagos del género *Leptonycteris* en México, con la designación del lectotipo de *L. yerbabuenae* Martínez y Villa, 1940. Southwestern Nat., 16:249-259.

RAMIREZ-PULIDO, J. y M. C. BRITTON. 1981. An historical synthesis of Mexican mammalian taxonomy. Proc. Biol. Soc. Washington, 94:1-17.

RAMIREZ-PULIDO, J., G. CEBALLOS y S. L. WILLIAMS. 1980. A noteworthy record of the long-legged *Myotis* (*Myotis volans*) from Central Mexico. Southwestern Nat., 25:124.

RAMIREZ-PULIDO, J. y W. LOPEZ-FORMENT. 1976. Daños de la ardilla arborícola (*Sciurus aureogaster*) en los cocoteros de la Costa Grande de Guerrero, México. An. Inst. Biol., Univ. Nal. Autón. México, Ser. Zool., 47:67-74.

______ 1979. Additional records of some Mexican bats. Southwestern Nat., 24:541-544.

RAMIREZ-PULIDO, J., R. LOPEZ-WILCHIS, C. MUDESPACHER e I. LIRA. En prensa. Catálogo de los mamíferos terrestres nativos de México. Editorial Trillas.

RAMIREZ-PULIDO, J., A. MARTINEZ y G. URBANO. 1977. Mamíferos de la Costa Grande de Guerrero, México. An. Inst. Biol., Univ. Nal. Autón. México, Ser. Zool., 48:243-292.

RAMIREZ-PULIDO, J. y A. R. PHILLIPS. 1968. Primer registro de comadreja (*Mustela*) en Quintana Roo, México. An. Inst. Biol., Univ. Nal. Autón. México, Ser. Zool., 39:145-148.

RAMIREZ-PULIDO, J. y C. SANCHEZ-HERNANDEZ. 1971. *Tylomys nudicaudus* from the Mexican States of Puebla and Guerrero. J. Mamm., 52·481.

______ 1972. Regurgitaciones de lechuza, procedentes de la cueva del Cañon del Zopilote, Guerrero, México. Rev. Soc. Mex. Hist. Nat., 33:107-112.

RAUN, G. G. 1965a. *Cryptotis parva* from Coahuila, Mexico and comments on the taxonomy of least shrews in Texas. Southwestern Nat., 10:214-218.

______ 1965b. The subspecific status of the cottontail, *Sylvilagus floridanus*, in northern Coahuila, Mexico. J. Mamm., 46:519-521.

RAUSCH, R. 1953. On the status of some arctic mammals. J. Arctic Inst. North Amer., 6:91-148.

REDDELL, J. R. 1981. A review of the cavernicole fauna of Mexico, Guatemala and Belize. Texas Mem. Mus., Univ. Texas Bull., 27:1-327.

REIG, O., F. L. S., A. L. GARDNER, N. O. BIANCHI y J. L. PATTON. 1977. The chromosomes of the Didelphidae (Marsupialia) and their evolutionary significance. Biol. J. Linnean Soc., 9:191-216.

REPENNING, C. A. 1967. Subfamilies and genera of the Soricidae. Geol. Surv. Prof. Paper, 565:IV + 74.

RICKART, E. A. 1977. Reproduction, growth and development in two species of cloud forest *Peromyscus* from southern Mexico. Occas. Papers Mus. Nat. Hist., Univ. Kansas, 67:1-22.

ROBBINS, L. W. y R. J. BAKER. 1981. An assessment of the nature of chromosomal rearrangements in 18 species of *Peromyscus* (Rodentia: Cricetidae). Cytogenet. Cell Genet. 31:194-202.

ROBERTSON, P. B. y G. G. MUSSER. 1976. A new species of *Peromyscus* (Rodentia: Cricetidae), and a new specimen of *P. simulatus* from southern Mexico, with comments on their ecology. Occas. Papers Mus. Nat. Hist., Univ. Kansas, 47:1-8.

ROBERTSON, P. B., y E. A. RICKART. 1975. *Cryptotis magna*. Mamm. Species, 61:1-2.

RODRIGUEZ-ROMERO, F., M. URIBE ALCOCER y A. LAGUARDA-FIGUERAS. 1975. Chromosome analysis of *Neotomodon alstoni perotensis*. Mammal. Chromosomes Newls., 16:117-119.

ROGERS, D. S. y D. J. SCHMIDLY. 1981. Geographic variation in the white-throated woodrat (*Neotoma albigula*) from New Mexico, Texas, and northern Mexico. Southwestern Nat., 26:167-181.

ROTH, E. L. 1976. A new species of pocket mouse (*Perognathus*: Heteromyidae) from the Cape Region of Baja California Sur, Mexico. J. Mamm., 57:562-566.

ROTH, E. y E. L. COCKRUM. 1976. Further records of the southern river otter, *Lutra annectens*, from Sonora, Mexico. J. Arizona Acad. Sci., 11:126.

RUSSELL, R. J. 1968a. Evolution and classification of the pocket gophers of the subfamily Geomyinae. Univ. Kansas Publ., Mus. Nat. Hist., 16:473-579.

______ 1968b. Revision of the pocket gophers of the genus *Pappogeomys*. Univ. Kansas Publ., Mus. Nat. Hist., 16:581-776.

______ 1969. Intraspecific population structure of the species *Pappogeomys castonops*. Pp. 337-371, *in* Contributions in mammalogy (J. K. Jones, Jr. ed.) Misc. Publ. Mus. Nat. Hist., Univ. Kansas, 51:1-428.

SALGADO-MALDONADO, G. 1979. Acantocéfalos de mamíferos I. Hallazgo de *Pachysentis gethi* (Machado, 1950) Schmidt, 1972, parásito de *Spilogale pygmaea* en México, An. Inst., Biol., Univ. Nal. Autón. México, Ser. Zool., 50:51-61.

SANBORN, C. C. 1932. The bats of the genus *Eumops*. J. Mamm., 13:347-357.

______ 1933. Bats of the genera *Anoura* and *Lonchoglossa*. Field Mus. Nat. Hist., Zool. Ser., 20:23-28.

______ 1936. Records and measurements of neotropical bats. Field Mus. Nat. Hist., Zool. Ser., 10:93-106.

______ 1943. External characters of the bats of the subfamily Glossophaginae. Field Mus. Nat. Hist., Zool. Ser., 24:271-277.

______ 1949. Bats of the genus *Micronycteris* and its subgenera. Fieldiana: Zool., 31:215-233.

______ 1954. Bats from Chimanta-Tepui, Venezuela. With remarks on *Choeroniscus*. Fieldiana: Zool., 34:289-293.

SANCHEZ-HERNANDEZ, C. 1978. Registro de murciélagos para el Estado de Jalisco. An. Inst. Biol., Univ. Nal. Autón. México, Ser. Zool., 49:249-256.

SANCHEZ-HERNANDEZ, C., C. B. CHAVEZ y M. A. GURROLA H. 1981a. El cangrejo *Gecarcinus* sp. alimentándose de un murciélago recién nacido. An. Inst. Biol. , Univ. Nal. Autón. México, Ser. Zool., 50:787.

SANCHEZ-HERNANDEZ, C., C. B. CHAVEZ y V. SANCHEZ-C. 1981b. Patrón de actividad diurna del "metorito" *Microtus m. mexicanus*, Saussure 1961 (sic) (Rodentia: Microtinae) en condiciones urbanas del Valle de México. An. Inst. Biol., Univ. Nal. Autón. México, Ser. Zool.,51: 605-614.

SCHALDACH, W. J., Jr. 1960. *Xenomys nelsoni* Merriam, sus relaciones y sus hábitos. Rev. Soc. Mex. Hist. Nat., 21:425-434.

______ 1964. Notas breves sobre algunos mamíferos del sur de México. An. Inst. Biol., Univ. Nal. Autón. México, 35:129-137.

______ 1966. New forms of mammals from southern Oaxaca, Mexico, with notes on some mammals of the coastal range. Säugetier. Mitt., 14:286-297.

SCHALDACH, W. J. y C. A. McLAUGHLIN. 1960. A new genus and species of glossophagine bat from Colima, Mexico. Contrib. Sci., Los Angeles County Mus., 37:1-20.

SCHLITTER, D. A. 1973. *Notiosorex crawfordi evotis* from Nayarit. Southwestern Nat., 17:423.

SCHMIDLY, D. J. 1972. Geographic variation in the white-ankled mouse, *Peromyscus pectoralis*. Southwestern Nat., 17:113-138.

______ 1973. Geographic variation and taxonomy of *Peromyscus boylii* from Mexico and the southern United States. J. Mamm., 54:111-130.

______ 1974. *Peromyscus pectoralis*. Mamm. Species, 49:1-3.

SCHMIDLY, D. J. y F. S. HENDRICKS. 1976. Systematics of the southern races of Ord's kangaroo rat, *Dipodomys ordii*. Bull. So. California Acad. Sci., 75:225-237.

SCHMIDLY, D. J., F. S. HENDRICKS y C. S. LIEB. 1974. Noteworthy additions to the bat fauna of the San Carlos Mountains, Tamaulipas, Mexico. Texas J. Sci., 25:87-88.

SCHMIDLY, D. J. y C. O. MARTIN. 1973. Notes on bats from the Mexican state of Queretaro. Bull. So. California Acad. Sci., 72:90-92.

SCHMIDLY, D. J. y G. T. SCHROETER. 1974. Karyotypic variation in *Peromyscus boylii* (Rodentia:Cricetidae) from Mexico and corresponding taxonomic implications. Syst. Zool., 23:333-342.

SCHMIDT, V. U., A. M. GREENHALL y W. LOPEZ-FORMENT. 1971. Ökologische untersuchungen der vampirfledermaüse (*Desmodus rotundus*). in State Puebla, Mexiko. Sonderdrucke Z. Saügetier. Bd., 36:360-370.

SCHULZ, T. A., F. J. RADOVSKY y P. D. BUDWISER. 1970. First insular record of *Notiosorex crawfordi* , with notes on other mammals of San Martin Island, Baja California, Mexico. J. Mamm., 51:148-150.

SCHWARTZ, A. 1955. The status of the species of the *brasiliensis* group of the genus *Tadarida*. J. Mamm., 36:106-109.

SELANDER, R. K., R. F. JOHNSTON, B. J. WILKS y G. G. RAUN. 1962. Vertebrates from the Barrier Island of Tamaulipas. Mexico. Univ. Kansas Publ., Mus. Nat. Hist., 12:309-345.

SELANDER, R. K., D. W. KAUFMAN, R. J. BAKER y S. L. WILLIAMS. 1974. Genetic and chromosomal differentiation in pocket gophers of the *Geomys bursarius* group. Evolution, 28:557-564.

SETZER, H. W. 1949. Subspeciation in the kangaroo rats, *Dipodomys ordii*. Univ. Kansas Publ., Mus. Nat. Hist., 1:473-573.

______ 1952. A new name for *Dipodomys ordii fuscus* Setzer. J. Washington Acad. Sci., 42:391.

SEVERINGHAUS, W. D. y D. F. HOFFMEISTER. 1978. Qualitative cranial characters distinguishing *Sigmodon hispidus* and *Sigmodon arizonae* and the distribution of these two species in northern Mexico. J. Mamm., 59:868-870.

SHAMEL, H. H. 1931. Notes on the American bats of the genus *Tadarida*. Proc. U. S. Nat. Mus., 78:1-27.

SHUMP, K. A., Jr. 1975. Temperatures of spiny pocket mice (*Liomys pictus*). Trans. Kansas Acad. Sci., 78:171-173.

SHUMP, K. A., Jr. y R. H. BAKER. 1978a. *Sigmodon alleni*. Mamm. Species, 95:1-2.

______ 1978b. *Sigmodon leucotis*. Mamm. Species, 96:1-2.

SHUMP, K. A., Jr. y A. U. SHUMP. 1982. *Lasiurus borealis*. Mamm. Species, 183:1-6.

SITES, J. W. Jr., J. W. BIEKHAM y M. W. HAIDUK. 1981. Conservative chromosomal change in the bat family Mormoopidae. Can. J. Genet. Cytol., 23:459-467.

SMITH, J. D. 1970. The systematic status of the black howler monkey, *Alouatta pigra* Lawrence. J. Mamm., 51:358-369.

______ 1972. Systematics of the chiropteran family Mormoopidae. Misc. Publ. Mus. Nat. Hist., Univ. Kansas, 56:1-132.

______ 1977. On the nomenclatorial status of *Chilonycteris gymnonotus* Natterer, 1843. J. Mamm., 58:245-246.

SMITH, J. D. y J. K. JONES, Jr. 1967. Additional records of the Guatemalan vole, *Microtus guatemalensis* Merriam. Southwestern Nat., 12:189-205.

SMITH, M. F. 1979. Geographic variation in genic and morphological characters in *Peromyscus californicus*. J. Mamm., 60:705-722.

SMITH, M. F. y J. L. PATTON. 1980. Relationships of pocket gopher (*Thomomys bottae*) populations of the lower Colorado River. J. Mamm., 61:681-696.

SNOW, J. L., J. K. JONES, Jr. y Wm. D. WEBSTER. 1980. *Centurio senex*. Mamm. Species, 138:1-3.

SOLIS, V., A. LAGUARDA, J. ROMERO y J. PAULETE. 1971. Chromosome analysis and meiotic behavior of *Peromyscus truei gratus*. An. Inst. Biol., Univ. Nal. Autón. México, Ser. Biol. Exp., 42:49-53.

______ 1973. Cytogenetic analysis of *Peromyscus truei gratus*. Mammal Chromosomes Newls., 14:13.

SPENCER, S. R. y G. N. CAMERON. 1982. *Reithrodontomys fulvescens*. Mamm. Species, 174:1-7.

SPENRATH, C. A. y R. K. LAVAL. 1970. Records of bats from Queretaro and San Luis Potosi, Mexico. J. Mamm., 51:395-396.

STEPHEN, C. F., C. SANCHEZ-HERNANDEZ, K. A. SHUMP, Jr., W. R. TESKA y R. H. BAKER, 1975. Algunas características poblacionales demográficas de pequeños mamíferos en dos hábitats mexicanos. An. Inst. Biol., Univ. Nal. Autón. México, Ser. Zool., 46:101-124.

STOCK, A. D. 1974. Chromosome evolution in the genus *Dipodomys* and its taxonomic and phylogenetic implications. J. Mamm., 55:505-526.

STRANEY, D. O. y J. L. PATTON. 1980. Phylogenetic and environmental determinants of geographic variation of the pocket mouse *Perognathus goldmani* Osgood. Evolution, 34:888-903.

STREUBEL, D. P. y J. P. FITZGERALD. 1978. *Spermophilus spilosoma*. Mamm. Species, 101:1-4.

SUTHERS, R. A. 1967. Comparative echolocation by fishing bats. J. Mamm., 48:79-87.

SWANEPOEL, P. y H. H. GENOWAYS. 1979. Morphometrics. Pp. 13-106 *in* Biology of bats of the New World family Phyllostomatidae. Part III (R. J. Baker, J. K. Jones, Jr. y D.C. Carter eds.). Spec. Publ. Mus., Texas Tech Univ., 16:1-441.

TATE, G. H. H. 1933. A systematic revision of the marsupial genus *Marmosa*, with a discussion of the adaptive radiation of the murine opossums (*Marmosa*). Bull. Amer. Mus. Nat. Hist., 66:1-250.

THOMAS, O. 1894. Description of some new Neotropical Muridae. Ann. Mag. Nat. Hist., ser. 6, 14:346-366.

______1900. List of the mammals obtained by Dr. G. Franco Grillo in the Province of Parana, Brazil. Ann. Mus. Ilvico Storia Nat. Genova, Serie 2da., 20:1-4.

______1903. New mammals from Chiriqui. Ann. Mag. Nat. Hist., ser. 7,11:376-382.

THOMPSON, E. S. 1898. A list of the big game of North America. Forest and Stream, 51:285-286.

TIPTON, J. V. y E. MENDEZ. 1968. New species of fleas (Siphonaptera) from Cerro Potosí, Mexico. With notes on ecology and host parasite relationships. Pacific Insects, 10:177-214.

TOWNSEND, C. H. 1912. Mammals collected by the "Albatross" Expedition in Lower California in 1911, with descriptions of new species. Bull. Amer. Mus. Nat. Hist., 31:117-130.

TRUE, F. W. 1884. Provisional plan for a collection of mammals to be exhibited at the World's Industrial and Cotton Centennial Exposition of 1884-1885, at New Orleans. Proc. U. S. Nat. Mus., 29:1-27.

______1885. A provisional list of the mammals of North and Central American and West Indian Islands. Proc. U. S. Nat. Mus., 7:587-611.

TUTTLE, M. D. 1968. Feeding habits of *Artibeus jamaicensis*. J. Mamm., 49:787.

UCHIKAWA, K. y SUZUKI, H. 1979. *Cheyletiella mexicana* sp. nov. (Acarina, Cheyletiellidae) parasitic on *Romerolagus diazi* (Mammalia; Leporidae). Tropical Medicine, 21:21-27.

URIBE-ALCOCER, M., A. AHUMADA-MEDINA, A. LAGUARDA-FIGUERAS y F. RODRIGUEZ-

ROMERO. 1979. The karyotype of *Spermophilus perotensis*. Mammal Chromosomes Newls., 20:139-141.

URIBE, M., A. LAGUARDA, J. ROMERO, J. PAULETE y S. S. DE PAULETE. 1973. Chromosome analysis and meiotic behavior of *Neotomodon alstoni alstoni*. Mammal Chromosomes Newls., 14:12-13.

URIBE, M., A. LAGUARDA, J. ROMERO, J. PAULETE Y S. S. DE PAULETE. 1974. Cytogenetic analysis of *Neotomodon alstoni alstoni*. Cytologia, 39:437-442.

URIBE-ALCOCER, M., F. RODRIGUEZ-ROMERO y A. LAGUARDA-FIGUERAS. 1979. A new case of chromosomal intraspecific polymorphism in *Reithrodontomys megalotis*. Mammal Chromosomes Newls., 20:135-139.

URIBE-ALCOCER, M., F. RODIGUEZ-ROMERO, R. RUIZ-CARUS Y A. LAGUARDA-FIGUERAS. 1978. The chromosomes of *Spermophilus spilosoma cabrerai*. Mammal Chromosomes Newls.

URIBE-ALCOCER, M., S. GARCIA-REY y A. LAGUARDA-FIGUERAS. 1975. Chromosome analysis of *Romerolagus diazi* (Díaz). Mammal Chromosomes Newls., 16: 116-117.

URIBE, P. Z., G. GAVIÑO DE LA TORRE y C. SANCHEZ-H. 1981. Vertebrados del rancho "El Reparito" Municipio de Arteaga, Michoacán, México. An. Inst. Biol., Univ. Nal. Autón. México, Ser. Zool., 51:615-646.

VANDER, L. W., M. URIBE-ALCOCER y J. SHRODER. 1979. The Giemsa-banded karyotype of *Romerolagus diazi*. Hereditas 91:215-218.

VAN GELDER, R. G. 1959a. Results of the Puritan-American Museum of Natural History Expedition to western Mexico. 8. A new *Antrozous* (Mammalia: Vespertilionidae) from the Tres Marías Islands, Nayarit, Mexico. Amer. Mus. Novitates, 1973:1-11.

______1959b. A taxonomic revision of the spotted skunks (genus *Spilogale*). Bull. Amer. Mus. Nat. Hist., 117:233-392.

______1960. Carnivores in Puebla, Mexico. J. Mamm., 41:519.

VAN ZYLL DE JONG, C. G. 1972. A systematic review of the Neartic and Neotropical river otters (genus *Lutra* Mustelidae, Carnivora). Life Sci. Contrib. Royal Ontario Mus., 80:1-104.

VAZQUEZ-YAÑEZ, C., A. OROZCO, C. GENEIVE y L. TREJO. 1975. Observations on seed dispersal by bats in a tropical humid region in Veracruz, Mexico. Biotropica, 7:73-76.

VEAL, R. y W. CAIRE. 1979. *Peromyscus eremicus*. Mamm. Species, 118:1-6.

VILLA-C., B. 1981. Hematometría de algunos murciélagos de la región de Chamela, Jalisco, México. An. Inst. Biol., Univ. Nal Autón. México, Ser. Zool., 51:563-572.

VILLA-C., B. y G. URBANO V. 1981. Aspectos hematológicos del murciélago ictiófago del Noroeste de México. (*Pizonyx vivesi*) Chiroptera: Vespertilionidae. An. Inst. Biol., Univ. Nal. Autón. México, Ser. Zool., 51: 573-590.

VILLA-R., B. 1941. Nota acerca de algunas especies de roedores de los géneros *Dipodomys*, *Perognathus* y *Peromyscus*. An. Inst. Biol., Univ. Nal. Autón. México, 12:355-399.

______1948. Mamíferos del Soconusco, Chiapas. An. Inst. Biol., Univ. Nal. Autón. México, 19:485-528.

______1959. Mamíferos de caza pp. 125-148, 2a. parte, tomo 3o., cap. IV *in* Los recursos del sureste y su aprovechamiento (E. Beltrán ed.) Inst. Mex. Rec. Nat. Ren. 354 pag.

______1960a. *Tadarida yucatanica* in Tamaulipas. J. Mamm., 41:314-319.

______1960b. La Isla Socorro. Vertebrados terrestres. Monografía del Inst. de Geofísica, 2:203-216.

______1961. Combate contra los coyotes y los lobos en el norte de México. An. Inst. Biol., Univ. Nal. Autón. México, 31:463-499.

______1962. Nota acerca de la distribución de los murciélagos *Euderma maculatum* (J. A. Allen) y *Chiroderma isthmicum* Miller, en México. An. Inst. Biol., Univ. Nal. Autón. México, 33:379-384.

______1963a. Reflexiones acerca de la posición taxonómica de los murciélagos siricoteros de México, género *Glossophaga*. An. Inst. Biol., Univ. Nal. Autón. México, 34:381-391.

______1963b. *Thyroptera tricolor albiventer* (Tomes) el murciélago discóforo de la familia Thyropteridae, nueva para México, en el sur del estado de Veracruz. Rev. Soc. Mex. Hist. Nat., 24:45-48.

______1964. *Diaemus youngi* (Jentink) el vampiro overo, en el sur de Tamaulipas, México. An. Inst. Biol., Univ. Nal. Autón. México, 35:172-178.

______1967. Los murciélagos de México. Su importancia en la economía y la salubridad. Su clasificación sistemática. Inst. Biol., Univ. Nal. Autón. México, XVI+491 pp.

______1969. Estado que guarda actualmente la población de borregos silvestres en el territorio de México. Consideraciones acerca de su protección y el mejor aprovechamiento desde el punto de vista cinegético Memm. Segunda Convención Nacional Forestal, 422-443 pp.

______1981. Algunas aves y la rata noruega *Rattus norvegicus* "versus" el murciélago insulano *Pizonyx vivesi* en las islas del Mar de Cortés, México. An. Inst. Biol., Univ. Nal. Autón. México, Ser. Zool., 50: 729-736.

VILLA-R., B. y E. L. COCKRUM. 1962. Migration in guano bat *Tadarida brasiliensis mexicana* (Saussure). J. Mamm., 43:43-64.

VILLA-R. B. y A. JIMENEZ G. 1960. Acerca de la posición taxonómica de *Mormoops megalophylla senicula* Rehn y la presencia de virus rábico en estos murciélagos insectívoros. An. Inst. Biol., Univ. Nal. Autón. México, 31:501-509.

______1961. Tres casos más de rabia en los murciélagos de México. An. Inst. Biol., Univ. Nal. Autón. México, 32:391-395.

VILLA-R.B. y W. LOPEZ-FORMENT. 1967. Cinco casos de depredación de pequeños vertebrados en murciélagos de México. An. Inst. Biol., Univ. Nal. Autón. México, 37:187-193.

VILLA-R. B., G. MEZA R., B. ORTIZ B. y B. VILLA C. 1967. Rabia en dos especies de murciélagos insectívoros género *Pteronotus*, en condiciones naturales, colectados en Jalisco, México. An. Inst. Biol., Univ. Nal. Autón. México, Ser. Zool., 38:9-16.

VILLA-R. B. y J. RAMIREZ-PULIDO. 1968. *Diclidurus virgo*, el murciélago blanco en la costa de Nayarit, México. An. Inst. Biol., Univ. Nal. Autón. México, Ser. Zool., 39:155-158.

VOMERO, V. 1972. Subterranean fauna of Mexico, part 1. A new species of *Jamesonia* Dusbabek 1967 (Acarina, Trombidiformes, Myobiidae) parasitic of the vampire bat, *Desmodus rotundus* with a description of the nymphal and larval stages. Accad. Naz. Lincei, 171:157-173.

WADE-SMITH, J. y B. J. VERTS. 1982. *Mephitis mephitis*. Mamm. Species, 173:1-7.

WAITHMAN, J. y A. ROEST. 1977. A taxonomic study of the kit fox *Vulpes macrotis*. J. Mamm., 58:157-164.

WARNER, J. W. 1976. Chromosomal variation in the plains woodrat: geographical distribution of three chromosomal morphs. Evolution, 30: 593-598.

WARNER, J. W., J. L. PATTON, A. L. GARDNER y R. J. BAKER. 1974. Karyotypic analysis of twenty-one species of molossid bats (Molossidae:Chiroptera). Can. J. Genet. Cytol., 16:165-176.

WATKINS, L. C. 1972. *Nycticeius humeralis*. Mamm. Species, 23:1-4.

______1977. *Euderma maculatum*. Mamm. Species, 77:1-4.

WATKINS, L. C., J. K. JONES, Jr. y H. H. GENOWAYS. 1972. Bats of Jalisco, Mexico. Spec. Publ. Mus., Texas Tech Univ., 1:1-44.

WEBB, J. P., Jr. y R. B. LOOMIS. 1969. Another new species of *Speleocola* Lipovsky (Acarina: Trombiculidae) of chiropterans from Sonora, Mexico. Bull. So. California Acad. Sci., 68:59-63.

______1970. Four species of *Microtrombicola* (Acarina: Trombiculidae) from Mexico and Nicaragua. Bull. So. California Acad. Sci., 69:133-144.

WEBB, R. G. y R. H. BAKER. 1962. Terrestrial vertebrates of the Pueblo Nuevo area of southwestern Durango, Mexico. Amer. Midland Nat., 68:325-333.

______ 1969. Vertebrados terrestres del suroeste de Oaxaca. An. Inst. Biol., Univ. Nal. Autón. México, Ser. Zool., 40:139-151.

WEBB, R. G., R. H. BAKER y P. L. DALBY. 1967. Vertebrados de la Isla del Toro, Veracruz. An. Inst. Biol., Univ. Nal. Autón. México, Ser. Zool., 38:1-18.

WEBB, R. G., A. MARTINEZ y R. H. BAKER. 1981. Algunos anfibios, reptiles y mamíferos del Mineral del Tigre, Nayarit. An. Inst. Biol., Univ. Nal. Autón. México, Ser. Zool.,51:699-702.

WEBSTER Wm. D., J. K. JONES, Jr. 1980. Taxonomic and nomenclatorial notes on bats of the genus *Glossophaga* in North America, with description of a new species. Occas. Papers Mus., Texas Tech Univ., 71:1-12.

______ 1982a. *Artibeus aztecus*. Mamm. Species, 177:1-3.

______ 1982b. *Artibeus toltecus*. Mamm. Species, 178:1-3.

______ 1982c. *Reithrodontomys megalotis*. Mamm. Species, 167:1-5.

______ 1982d. A new subspecies of *Glossophaga commissarisi* (CHiroptera: Phyllostomatidae) from western Mexico. Occas. Papers Mus., Texas Tech Univ., 76:1-6.

WEBSTER, Wm. D., J. K. JONES, Jr. y R. J. BAKER. 1980. *Lasiurus intermedius*. Mamm. Species, 132:1-3.

WEBSTER, Wm. D., L. W. ROBBINS, R. L. ROBBINS y R. J. BAKER. 1982. Comments on the status of *Musonycteris harrisoni* (Chiroptera: Phyllostomatidae). Occas. Papers Mus., Texas Tech Univ., 78:1-5.

WERNER, H. J. y D. M. LAY. 1963. Morphologic aspects of the chest gland of the bat, *Molossus ater*. J. Mamm., 44:552-555.

WETZEL, R. M. 1975. The species of *Tamandua* Gray (Edentata, Myrmecophagidae). Proc. Biol. Soc. Washington, 88:95-112.

WHITAKER, J. O., Jr. 1974. *Cryptotis parva*. Mamm. Species, 43:1-8.

WHITAKER, J. O., Jr. y D. A. EASTERLA. 1975. Ectoparasites of bats from Big Bend National Park, Texas. Southwestern Nat., 20:241-254.

WILLIAMS, D. F. 1978a. Karyological affinities of the species group of silky pocket mice (Rodentia, Heteromyidae). J. Mamm., 59:612.

______ 1978b. Systematics and ecogeographic variation of the apache pocket mouse (Rodentia: Heteromyidae). Bull. Carnegie Mus., 10:1-57.

WILLIAMS, D. F., J. D. DRUECKER y H. L. BLACK. 1970. The karyotype of *Euderma maculatum* and comments on the evolution of the plecotine bats. J. Mamm., 51:602-606.

WILLIAMS, S. L. 1982. *Geomys personatus*. Mamm. Species, 170:1-5.

WILLIAMS, S. L. y R. J. BAKER. 1974. *Geomys arenarius*. Mamm. Species, 36:1-3.

WILLIAMS, S. L. y H. H. GENOWAYS. 1977. Morphometric variation in the tropical pocket gopher (*Geomys tropicalis*). Ann. Carnegie Mus., 46:245-264.

______ 1978. Review of the desert gopher, *Geomys arenarius* (Mammalia: Rodentia). Ann. Carnegie Mus., 47:541-570.

______ 1981. Systematic review of the Texas pocket gopher. *Geomys personatus* (Mammalia: Rodentia). Ann. Carnegie Mus., 50:435-473.

WILLNER, G. R., G. A. FELDHAMER, E. E. ZUCKER y J. A. CHAPMAN. 1980. *Ondatra zibethicus*. Mamm. Species, 141:1-8.

WILSON, D. E. 1973. The systematic status of *Perognathus merriami* Allen. Proc. Biol. Soc. Washington, 86:175-192.

WILSON, D. E. y J. S. FINDLEY. 1971. Spermatogenesis in some neotropical species of *Myotis*. J. Mamm., 52:420-426.

______ 1977. *Thyroptera tricolor*. Mamm. Species, 71:1-3.

WILSON, D. E. y R. K. LaVAL. 1974. *Myotis nigricans*. Mamm. Species, 39:1-3.

WIMSATT, W. A. 1969. Transient behavior, nocturnal activity patterns, and feeding efficiency vampire bats (*Desmodus rotundus*) under natural conditions. J. Mamm., 50:233-244.

WINKELMANN, J. R. 1962a. Additional records of *Mimon cozumelae*, J. Mamm., 43:112.

______ 1962b. Mammals records from Guerrero and Michoacan, Mexico. J. Mamm., 43:108-109.

WOODBURNE, M. O. 1968. The cranial myology and osteology of *Dicotyles tajacu* the collared peccary, and its bearing on classification. Mem. So. California Acad. Sci., 7:1-48.

WOODS, C. A. 1973. *Erethizon dorzatum*. Mamm. Species, 29:1-6.

WRENN, W. J. y R. B. LOOMIS. 1967. *Otorhinophila*, a new genus of chiggers (Acarina, Trombiculidae) from western North America. Acarologia, 9:152-178.

WRENN, W. J., J. T. BACCUS y R. B. LOOMIS. 1976. Two new species of North American mites in the genus *Euschoengastia* (Acarina: Trombiculidae). Southwestern Nat., 21:301-309.

YATES, R. L., R. J. BAKER y R. K. BARNETT. 1979. Phylogenetic analysis of karyological variation in three genera of Peromyscine rodents. Syst. Zool., 28:40-48.

YATES, T. L. y D. J. SCHMIDLY. 1977. Systematics of *Scalopus aquaticus* (Linnaeus) in Texas and adjacent states. Occas. Papers Mus., Texas Tech Univ., 45:1-36.

______ 1978. *Scalopus aquaticus*. Mamm. Species, 105:1-4.

YATES, T. L., D. J. SCHMIDLY y K. L. CULBERSTON. 1976. Silver-haired bat in Mexico. J. Mamm., 57:205.

YOUNG, C. J. y J. K. JONES, Jr. 1982. *Spermophilus mexicanus*. Mamm. Species, 164:1-4.

YOUNG, S. P. y E. A. GOLDMAN. 1946. The puma mysterious American cat. History, life habits, economic status and control. Amer. Wildlife Inst., XIV+358 pp.

ZIMMERMAN, E. G. 1970. Karyology, systematics and chromosomal evolution in the rodent genus, *Sigmodon*. Publ. Mus. Michigan State Univ., Biol. Ser., 4:385-454.

ZIMMERMAN, E. G., B. J. HART y C. W. KILPATRICK. 1975. Biochemical genetics of the *truei* and *boylei* groups of the genus *Peromyscus* (Rodentia). Comp. Biochem. Physiol., 52:541-545.

ZIMMERMAN, E. G., C. W. KILPATRICK y B. J. HART. 1978. The genetics of speciation in the rodent genus *Peromyscus*. Evolution, 32:565-579.

APENDICE 1

Sinónimos recientes de los mamífero terrestres nativos de México. La primera línea corresponde al nombre científico en uso corriente y subordinados aparecen los sinónimos.

Orden Marsupialia

Familia Didelphidae

Chironectes minimus argyrodites
Chironectes minimus

Didelphis marsupialis caucae
Didelphis marsupialis californica - parte
Didelphis marsupialis tabascensis - parte
Didelphis marsupialis texensis - parte
Didelphis marsupialis virginiana

Didelphis virginiana californica
Didelphis marsupialis californica - parte
Didelphis marsupialis tabascensis - parte
Didelphis marsupialis texensis - parte

Didelphis virginiana yucatanensis
Didelphis marsupialis californica - parte
Didelphis marsupialis cozumelae
Didelphis marsupialis yucatanensis

Philander opossum pallidus
Metachirops opossum pallidus

Orden Insectivora

Familia Soricidae

Cryptotis goldmani alticola
Cryptotis alticola
Cryptotis euryrhynchis

Cryptotis goldmani goldmani
Cryptotis fossor
Cryptotis frontalis
Cryptotis griseoventris
Cryptotis guerrerensis
Cryptotis mexicana goldmani
Cryptotis mexicana machetes - parte
Cryptotis mexicana mexicana - parte
Notiosorex phillipsii - parte

Cryptotis mexicana mexicana
Cryptotis mexicana peregrina - parte

Cryptotis mexicana nelsoni
Cryptotis nelsoni

Cryptotis mexicana obscura
Cryptotis mexicana madrea
Cryptotis obscura

Cryptotis mexicana peregrina
Cryptotis mexicana machetes - parte
Notiosorex phillipsii - parte

Cryptotis nigrescens mayensis
Cryptotis mayensis
Cryptotis micrura - parte

Cryptotis parva berlandieri
Cryptotis pergracilis macer
Cryptotis pergracilis nayaritensis
Cryptotis pergracilis pergracilis
Cryptotis pergracilis pueblensis - parte

Cryptotis parva pueblensis
Cryptotis celatus
Cryptotis micrura - parte
Cryptotis pergracilis pueblensis - parte

Cryptotis parva soricina
Cryptotis soricina

Cryptotis parva tropicalis
Cryptotis micrura - parte

Megasorex gigas
Notiosorex gigas

Sorex emarginatus
Sorex oreopolus emarginatus
Sorex oreopolus marginatus

Sorex monticolus monticolus
Sorex vagrans monticola

Sorex ventralis
Sorex oreopolus ventralis

Familia Talpidae

Scalopus aquaticus inflatus
Scalopus inflatus

Scalopus aquaticus montanus
Scalopus montanus

Orden Chiroptera

Familia Emballonuridae

Diclidurus albus
Diclidurus virgo

Saccopteryx bilineata
Saccopteryx bilineata centralis

Familia Noctilionidae

Noctilio leporinus mastivus
Noctilio leporinus mexicanus

Familia Mormoopidae

Mormoops megalophylla megalophylla
Aello megalophylla megalophylla
Mormoops megalophylla rufescens
Mormoops megalophylla senicula

Pteronotus gymnonotus
Pteronotus suapurensis calvus
Pteronotus suapurensis suapurensis
Pteronotus suapurensis

Pteronotus parnellii mexicanus
Chilonycteris parnellii mexicanus
Chilonycteris parnellii fusca
Chilonycteris rubiginosa mexicana
Pteronotus rubiginosa mexicana
Pteronotus rubiginosa fusca
Pteronotus parnellii mexicana
Pteronotus parnellii fuscus

Pteronotus personatus psilotis
Chilonycteris psilotis
Chilonycteris torrei continentalis
Pteronotus personata psilotis
Chilonycteris personata
Pteronotus psilotis

Familia Phyllostomatidae

Artibeus aztecus aztecus
Artibeus cinereus aztecus

Artibeus cinereus watsoni
Artibeus watsoni

Artibeus hartii
    Enchisthenes hartii

Artibeus jamaicensis richardsoni
    Artibeus jamaicensis jamaicensis - parte

Artibeus jamaicensis triomylus
    Artibeus jamaicensis jamaicensis - parte

Artibeus jamaicensis yucatanicus
    Artibeus jamaicensis jamaicensis - parte

Artibeus lituratus intermedius
    Artibeus lituratus palmarum

Artibeus phaeotis nanus
    Artibeus nanus
    Artibeus turpis nanus

Artibeus phaeotis phaeotis
    Artibeus cinereus phaeotis
    Artibeus turpis
    Artibeus turpis turpis

Artibeus toltecus toltecus
    Artibeus cinereus toltecus
    Artibeus toltecus

Carollia brevicauda
    Carollia castanea - parte
    Carollia castanea castanea

Carollia subrufa
    Carollia castanea subrufa
    Carollia castanea - parte

Chiroderma villosum jesupi
    Chiroderma isthmicum

Desmodus youngi
    Diaemus youngi

Diphylla ecaudata
    Diphylla ecaudata centralis

Glossophaga leachii
    Glossophaga morenoi
    Glossophaga soricina alticola
    Glossophaga alticola

Glossophaga soricina handleyi
 Glossophaga soricina leachii

Leptonycteris nivalis
 Leptonycteris nivalis longala
 Leptonycteris nivalis nivalis
 Leptonycteris nivalis yerbabuenae - parte
 Leptonycteris yerbabuenae - parte

Leptonycteris yerbabuenae
 Leptonycteris nivalis yerbabuenae - parte
 Leptonycteris nivalis sanborni
 Leptonycteris sanborni

Macrotus californicus
 Macrotus waterhousii californicus
 Macrotus mexicanus bulleri - parte

Macrotus waterhousii bulleri
 Macrotus mexicanus bulleri - parte

Macrotus waterhousii mexicanus
 Macrotus mexicanus mexicanus

Mimon cozumelae
 Mimon bennetti cozumelae

Musonycteris harrisoni
 Choeronycteris harrisoni

Phylloderma stenops septentrionalis
 Phylloderma septentrionalis

Sturnira ludovici ludovici
 Sturnira ludovici hondurensis

Tonatia brasiliense
 Tonatia minuta
 Tonatia nicaraguae

Uroderma bilobatum convexum
 Uroderma bilobatum bilobatum - parte

Uroderma bilobatum molaris
 Uroderma bilobatum bilobatum - parte

Vampyrodes caraccioli major
 Vampyrodes major

Vampyrops helleri
 Platyrrhinus helleri

Vampyrum spectrum
 Vampyrum spectrum nelsoni

Familia Natalidae

Natalus stramineus mexicanus
Natalus mexicanus mexicanus

Natalus stramineus saturatus
Natalus mexicanus saturatus

Familia Thyropteridae

Thyroptera tricolor albiventer
Thyroptera tricolor albigula

Familia Vespertilionidae

Bauerus dubiaquercus
Antrozous dubiaquercus
Antrozous dubiaquercus dubiaquercus
Antrozous dubiaquercus meyeri
Baeodon meyeri

Eptesicus brasiliensis andinus
Eptesicus andinus
Eptesicus andinus andinus

Eptesicus furinalis gaumeri
Eptesicus gaumeri gaumeri
Eptesicus brasiliensis propinquus

Idionycteris phyllotis
Plecotus phyllotis

Lasiurus borealis borealis
Nycteris borealis borealis

Lasiurus borealis frantzii
Nycteris borealis frantzii

Lasiurus borealis teliotis
Lasiurus borealis ornatus
Nycteris borealis teliotis

Lasiurus cinereus cinereus
Nycteris cinerea cinerea

Lasiurus ega xanthinus
Dasypterus ega xanthinus
Nycteris ega xanthina

Lasiurus intermedius intermedius
Dasypterus intermedius
Lasiurus intermedius
Nycteris intermedia intermedia

Myotis albescens
Myotis argentatus

Myotis auriculus apache
Myotis evotis apache
Myotis evotis evotis - parte
Myotis evotis auriculus - parte
Myotis keenii apache

Myotis auriculus auriculus
Myotis evotis auriculus - parte
Myotis evotis evotis - parte
Myotis keenii auriculus

Myotis carteri
Myotis nigricans carteri

Myotis leibii melanorhinus
Myotis subulatus melanorhinus
Myotis subulatus subulatus

Myotis lucifugus occultus
Myotis occultus
Myotis lucifugus carissima

Myotis nigricans nigricans
Myotis nigricans dalquesti

Myotis peninsularis
Myotis velifer peninsularis

Myotis velifer incautus
Myotis velifer brevis

Myotis vivesi
Pizonyx vivesi

Pipistrellus hesperus hesperus
Pipistrellus hesperus australis

Pipistrellus hesperus maximus
Pipistrellus hesperus potosinus

Plecotus mexicanus
Corynorhinus townsendii mexicanus
Corynorhinus mexicanus
Plecotus rafinesquii mexicanus

Plecotus townsendii australis
Corynorhinus townsendii australis

Plecotus townsendii pallescens
Corynorhinus townsendii pallescens

Rhogeessa alleni
Baeodon alleni

Rhogeessa parvula
Rhogeessa parvula parvula
Rhogeessa tumida major

Rhogeessa tumida
Rhogeessa tumida tumida
Rhogeessa parvula tumida
Rhogeessa parvula aeneus

Familia Molossidae

Eumops auripendulus auripendulus
Eumops abrasus oaxacensis

Eumops auripendulus oaxacensis
Eumops maurus

Eumops bonariensis nanus
Eumops nanus

Molossus ater nigricans
Molossus rufus nigricans
Cynomops malagai

Molossus molossus aztecus
Molossus aztecus aztecus
Molossus major aztecus

Molossus molossus lambi
Molossus aztecus lambi

Molossus macdougalli
Molossus pretiosus macdougalli

Nyctinomops aurispinosus
Tadarida aurispinosa

Nyctinomops femorosaccus
Tadarida femorosacca

Nyctinomops laticaudatus ferrugineus
Tadarida laticaudata ferruginea

Nyctinomops laticaudatus yucatanicus
Tadarida laticaudata yucatanica
Tadarida yucatanica

Nyctinomops macrotis
Tadarida macrotis
Tadarida molossa

Orden Primates

Familia Cebidae

Alouatta palliata mexicana
Alouatta villosa mexicana

Alouatta pigra
Alouatta villosa pigra
Alouatta palliata pigra

Ateles geoffroyi vellerosus
Ateles geoffroyi yucatanensis

Orden Edentata

Familia Myrmecophagidae

Tamandua mexicana hesperia
Tamandua tetradactyla hesperia

Tamandua mexicana mexicana
Tamandua tetradactyla mexicana

Orden Lagomorpha

Familia Leporidae

Lepus callotis callotis
Lepus callotis
Lepus mexicanus

Lepus callotis gaillardi
Lepus gaillardi battyi
Lepus gaillardi gaillardi

Lepus flavigularis
Lepus callotis flavigularis

Sylvilagus floridanus orizabae
Sylvilagus floridanus restrictus
Sylvilagus floridanus subcinctus

Sylvilagus floridanus robustus
Sylvilagus floridanus nelsoni

Orden Rodentia

Familia Sciuridae

Glaucomys volans goldmani
Glaucomys volans herreranus

Glaucomys volans oaxacensis
Glaucomys volans chontali

Sciurus aberti durangi
Sciurus durangi
Sciurus aberti phaeurus

Sciurus aureogaster aureogaster
Sciurus oculatus oculatus - parte

Sciurus aureogaster nigrescens
Sciurus aureogaster frumentor
Sciurus aureogaster socialis
Sciurus griseoflavus chiapensis
Sciurus griseoflavus griseoflavus
Sciurus nelsoni hirtus
Sciurus nelsoni nelsoni
Sciurus poliopus cervicalis
Sciurus poliopus colimensis
Sciurus poliopus effugius
Sciurus poliopus hernandezi
Sciurus poliopus nemoralis
Sciurus poliopus peregrinator
Sciurus poliopus poliopus
Sciurus poliopus senex
Sciurus poliopus tepicanus
Sciurus socialis cocos
Sciurus socialis littoralis
Sciurus socialis socialis
Sciurus oculatus tolucae - parte

Sciurus colliaei sinaloensis
Sciurus sinaloensis

Sciurus colliaei truei
Sciurus truei

Sciurus nayaritensis apache
Sciurus apache

Sciurus nayaritensis nayaritensis
Sciurus nayaritensis

Spermophilus adocetus adocetus
Spermophilus adocetus arceliae

Tamias bulleri
Eutamias bulleri bulleri

Tamias durangae
Eutamias bulleri durangae
Eutamias bulleri solivagus

Tamias dorsalis carminis
Eutamias dorsalis carminis

Tamias dorsalis dorsalis
Eutamias dorsalis dorsalis

Tamias dorsalis sonoriensis
Eutamias dorsalis sonoriensis

Tamias merriami merriami
Eutamias merriami merriami

Tamias dorsalis nidoensis
Eutamias dorsalis nidoensis

Tamias obscurus meridionalis
Eutamias merriami meridionalis
Eutamias obscurus meridionalis

Tamias obscurus obscurus
Eutamias merriami obscurus
Eutamias obscurus obscurus

Tamiasciurus mearnsi
Tamiasciurus douglasii mearnsi

Familia Geomyidae

Geomys personatus megapotamus
Geomys personatus personatus - parte

Geomys tropicalis
Geomys personatus tropicalis

Orthogeomys hispidus concavus
Heterogeomys hispidus concavus

Orthogeomys hispidus chiapensis
Heterogeomys hispidus chiapensis

Orthogeomys hispidus hispidus
Heterogeomys hispidus hispidus

Orthogeomys hispidus isthmicus
Heterogeomys hispidus isthmicus

Orthogeomys hispidus latirostris
Heterogeomys hispidus latirostris

Orthogeomys hispidus negatus
Heterogeomys hispidus negatus

Orthogeomys hispidus teapensis
Heterogeomys hispidus teapensis

Orthogeomys hispidus tehuantepecus
Heterogeomys hispidus tehuantepecus

Orthogeomys hispidus torridus
Heterogeomys hispidus torridus

Orthogeomys hispidus yucatanensis
Heterogeomys hispidus yucatanensis

Orthogeomys lanius
Heterogeomys lanius

Pappogeomys bulleri bulleri
Pappogeomys bulleri nelsoni
Pappogeomys bulleri flammeus
Pappogeomys bulleri lagunensis

Pappogeomys castanops angusticeps
Cratogeomys castanops angusticeps
Cratogeomys castanops castanops - parte
Cratogeomys castanops lacrimalis - parte

Pappogeomys castanops bullatus
Cratogeomys castanops bullatus
Cratogeomys castanops ustulatus - parte

Pappogeomys castanops castanops
Cratogeomys castanops castanops - parte

Pappogeomys castanops clarkii
Cratogeomys castanops clarkii
Cratogeomys castanops convexus
Cratogeomys castanops lacrimalis - parte

Pappogeomys castanops consitus
Cratogeomys castanops consitus - parte
Cratogeomys castanops castanops - parte

Pappogeomys castanops excelsus
Cratogeomys castanops excelsus

Pappogeomys castanops goldmani
Cratogeomys castanops goldmani - parte
Cratogeomys castanops consitus - parte

Pappogeomys castanops jucundus
Cratogeomys castanops jucundus - parte

Pappogeomys castanops peridoneus
Cratogeomys castanops peridoneus

Pappogeomys castanops planifrons
Cratogeomys castanops planifrons - parte
Cratogeomys castanops tamaulipensis - parte

Pappogeomys castanops rubellus
- *Cratogeomys castanops rubellus*
- *Cratogeomys castanops planifrons* - parte

Pappogeomys castanops sordidulus
- *Cratogeomys castanops sordidulus*

Pappogeomys castanops subsimus
- *Cratogeomys castanops subsimus*
- *Cratogeomys castanops castanops* - parte
- *Cratogeomys castanops jucundus* - parte
- *Cratogeomys castanops goldmani* - parte

Pappogeomys castanops subnubilus
- *Cratogeomys castanops subnubilus*

Pappogeomys castanops tamaulipensis
- *Cratogeomys castanops tamaulipensis* - parte

Pappogeomys castanops ustulatus
- *Cratogeomys castanops ustulatus* - parte

Pappogeomys fumosus
- *Cratogeomys fumosus*

Pappogeomys gymnurus gymnurus
- *Cratogeomys gymnurus gymnurus*
- *Cratogeomys gymnurus inclarus*
- *Cratogeomys zinseri morulus*

Pappogeomys gymnurus imparilis
- *Cratogeomys gymnurus imparilis*

Pappogeomys gymnurus tellus
- *Cratogeomys gymnurus tellus*

Pappogeomys merriami estor
- *Cratogeomys perotensis estor*

Pappogeomys merriami fulvescens
- *Cratogeomys fulvescens fulvescens*
- *Cratogeomys fulvescens subluteus*

Pappogeomys merriami irolonis
- *Cratogeomys irolonis* - parte
- *Cratogeomys merriami irolonis*

Pappogeomys merriami merriami
- *Cratogeomys merriami merriami*

Pappogeomys merriami peraltus
- *Cratogeomys perotensis peraltus*

Pappogeomys merriami perotensis
- *Cratogeomys perotensis perotensis*

Pappogeomys merriami saccharalis
Cratogeomys merriami saccharalis

Pappogeomys neglectus
Cratogeomys neglectus

Pappogeomys tylorhinus angustirostris
Cratogeomys angustirostris
Cratogeomys varius

Pappogeomys tylorhinus atratus
Cratogeomys gymnurus atratus

Pappogeomys tylorhinus planiceps
Cratogeomys tylorhinus planiceps

Pappogeomys tylorhinus tylorhinus
Cratogeomys tylorhinus tylorhinus
Cratogeomys tylorhinus arvalis
Cratogeomys irolonis - parte

Pappogeomys tylorhinus zodius
Cratogeomys zinseri zodius

Pappogeomys zinseri
Cratogeomys zinseri zinseri

Thomomys bottae simulus
Thomomys umbrinus simulus

Thomomys bottae sinaloae
Thomomys umbrinus sinaloae
Thomomys umbrinus varus

Thomomys bottae toltecus
Thomomys umbrinus toltecus

Thomomys umbrinus juntae
Thomomys baileyi nelsoni - parte

Thomomys umbrinus madrensis
Thomomys umbrinus caliginosus
Thomomys bottae divergens - parte
Thomomys umbrinus divergens - parte
Thomomys umbrinus chihuahuae - parte

Thomomys umbrinus nelsoni
Thomomys baileyi nelsoni - parte
Thomomys umbrinus evexus

Familia Heteromyidae

Dipodomys agilis australis
Dipodomys peninsularis australis

Dipodomys agilis eremoecus
Dipodomys peninsularis eremoecus

Dipodomys agilis pedionomus
Dipodomys peninsularis pedionomus
Dipodomys antiquarius

Dipodomys agilis peninsularis
Dipodomys peninsularis peninsularis

Dipodomys agilis plectilis
Dipodomys paralius

Dipodomys compactus compactus
Dipodomys compactus parvabullatus
Dipodomys ordii compactus
Dipodomys ordii parvabullatus

Dipodomys margaritae
Dipodomys merriami margaritae

Dipodomys merriami ambiguus
Dipodomys ambiguus
Dipodomys merriami merriami - parte

Dipodomys merriami arenivagus
Dipodomys merriami simiolus - parte

Dipodomys merriami melanurus
Dipodomys merriami llanoensis

Dipodomys merriami merriami
Dipodomys merriami regillus
Dipodomys merriami simiolus - parte

Dipodomys merriami olivaceus
Dipodomys merriami merriami - parte

Dipodomys merriami platycephalus
Dipodomys merriami semipallidus

Dipodomys merriami trinidadensis
Dipodomys merriami simiolus - parte

Dipodomys ordii obscurus
Dipodomys ordii ordii - parte
Dipodomys ordii idoneus

Dipodomys phillipsii ornatus
Dipodomys ornatus

Heteromys desmarestianus desmarestianus
Heteromys desmarestianus

Heteromys lepturus
Heteromys nigricaudatus

Liomys irroratus alleni
Liomys irroratus acutus
Liomys irroratus canus
Liomys irroratus pullus

Liomys irroratus bulleri
Liomys bulleri

Liomys irroratus guerrerensis
Liomys guerrerensis

Liomys irroratus irroratus
Liomys irroratus yautepecus

Liomys irroratus texensis
Liomys irroratus pretiosus

Liomys irroratus torridus
Liomys irroratus minor

Liomys pictus annectens
Liomys annectens

Liomys pictus hispidus
Liomys pictus escuinapae
Liomys pictus sonoranus

Liomys pictus pictus
Liomys pictus isthmicus
Liomys pictus obscurus
Liomys pictus phaeurus
Liomys pictus rostratus
Liomys pictus veraecrucis
Liomys pinetorum

Liomys pictus platinarensis
Liomys pictus parviceps

Liomys salvini crispus
Liomys crispus crispus
Liomys crispus setosus

Perognathus artus
Perognathus goldmani artus

Perognathus flavescens melanotis
Perognathus apache melanotis
Perognathus apache apache - parte

Perognathus flavus gilvus

Perognathus merriami gilvus
Perognathus flavus flavus - parte

Perognathus flavus merriami
Perognathus merriami merriami

Perognathus flavus pallescens
Perognathus flavus flavus - parte

Perognathus goldmani goldmani
Perognathus goldmani

Perognathus intermedius minimus
Perognathus penicillatus minimus

Familia Cricetidae

Baiomys musculus musculus
Baiomys taylori allex - parte

Baiomys musculus nigrescens
Baiomys musculus musculus - parte
Baiomys musculus nebulosus - parte

Baiomys musculus pallidus
Baiomys musculus musculus - parte
Baiomys musculus nebulosus - parte
Baiomys musculus nigrescens - parte

Baiomys taylori allex
Baiomys taylori paulus - parte
Baiomys taylori analogous - parte

Baiomys taylori analogous
Baiomys musculus musculus - parte
Baiomys taylori taylori - parte

Habromys chinanteco
Peromyscus chinanteco

Habromys lepturus ixtlani
Peromyscus ixtlani
Peromyscus lepturus ixtlani

Habromys lepturus lepturus
Peromyscus lepturus
Peromyscus lepturus lepturus

Habromys lophurus
Peromyscus lophurus

Habromys simulatus
Peromyscus simulatus

Hodomys alleni alleni
Neotoma alleni alleni

Hodomys alleni elattura
Neotoma alleni elattura

Hodomys alleni guerrerensis
Neotoma alleni guerrerensis

Hodomys alleni vetula
Neotoma alleni vetula

Megadontomys thomasi cryophilus
Peromyscus thomasi cryophilus

Megadontomys thomasi nelsoni
Peromyscus nelsoni
Peromyscus thomasi nelsoni

Megadontomys thomasi thomasi
Peromyscus thomasi
Peromyscus thomasi thomasi

Microtus mexicanus fulviventer
Microtus fulviventer

Neotoma albigula latifrons
Neotoma latifrons

Neotoma albigula leucodon
Neotoma montezumae
Neotoma albigula zacatecae

Neotoma mexicana mexicana
Neotoma mexicana madrensis - parte

Neotoma micropus micropus
Neotoma micropus littoralis

Onychomys arenicola
Onychomys torridus arenicola

Onychomys torridus torridus
Onychomys torridus perpallidus

Oryzomys caudatus
Oryzomys alfaroi caudatus

Oryzomys couesi albiventer
Oryzomys palustris albiventer

Oryzomys couesi aquaticus
Oryzomys palustris aquaticus

Oryzomys couesi aztecus
Oryzomys palustris aztecus

Oryzomys couesi couesi
Oryzomys palustris couesi

Oryzomys couesi cozumelae
Oryzomys cozumelae

Oryzomys couesi crinitus
Oryzomys palustris crinitus

Oryzomys couesi lambi
Oryzomys palustris lambi

Oryzomys couesi mexicanus
Oryzomys palustris mexicanus

Oryzomys couesi peragrus
Oryzomys palustris peragrus

Oryzomys couesi regillus
Oryzomys palustris regillus

Oryzomys couesi zigomaticus
Oryzomys palustris zigomaticus

Oryzomys peninsulae
Oryzomys palustris peninsulae

Osgoodomys banderanus banderanus
Peromyscus banderanus banderanus

Osgoodomys banderanus vicinior
Peromyscus banderanus vicinior

Ototylomys phyllotis connectens
Ototylomys phyllotis guatemalae

Ototylomys phyllotis phyllotis
Ototylomys phyllotis phaeus
Ototylomys brevirostris affinis

Peromyscus aztecus aztecus
Peromyscus aztecus
Peromyscus boylii aztecus

Peromyscus aztecus evides
Peromyscus boylii evides
Peromyscus evides
Peromyscus hylocetes yautepecus

Peromyscus aztecus hylocetes
Peromyscus hylocetes
Peromyscus hylocetes hylocetes

Peromyscus aztecus oaxacensis
Peromyscus oaxacensis

Peromyscus difficilis nasutus
    Peromyscus nasutus nasutus

Peromyscus difficilis penicillatus
    Peromyscus boylii penicillatus
    Peromyscus boylii rowleyi

Peromyscus eremicus collatus
    Peromyscus collatus

Peromyscus eva eva
    Peromyscus eremicus eva

Peromyscus eva carmeni
    Peromyscus eremicus carmeni

Peromyscus furvus
    Peromyscus angustirostris
    Peromyscus latirostris

Peromyscus guatemalensis
    Peromyscus guatemalensis guatemalensis
    Peromyscus altilaneus

Peromyscus gymnotis
    Peromyscus mexicanus gymnotis
    Peromyscus allophylus

Peromyscus interparietalis interparietalis
    Peromyscus guardia interparietalis

Peromyscus lepturus ixtlani
    Peromyscus ixtlani

Peromyscus lepturus lepturus
    Peromyscus lepturus

Peromyscus leucopus arizonae
    Peromyscus leucopus tornillo parte

Peromyscus madrensis
    Peromyscus boylii madrensis

Peromyscus megalops
    Peromyscus megalops megalops
    Peromyscus megalops auritus
    Peromyscus thomasi auritus

Peromyscus melanurus
    Peromyscus megalops melanurus
    Peromyscus mexicanus putlaensis

Peromyscus mexicanus
    Peromyscus mexicanus orizabae
    Peromyscus mexicanus totontepecus

Peromyscus mexicanus angelensis
Peromyscus banderanus angelensis
Peromyscus mexicanus mexicanus
Peromyscus banderanus coatlanensis
Peromyscus banderanus sloeops
Peromyscus sloeops
Peromyscus megalops azulensis
Peromyscus mexicanus teapensis
Peromyscus mexicanus saxatilis
Peromyscus nicaraguae

Peromyscus pectoralis pectoralis
Peromyscus pectoralis eremicoides

Peromyscus simulus
Peromyscus boylii simulus

Peromyscus spicilegus
Peromyscus boylii spicilegus

Peromyscus truei gentilis
Peromyscus truei truei - parte

Peromyscus yucatanicus
Peromyscus yucatanicus badius
Peromyscus yucatanicus yucatanicus

Scotinomys teguina teguina
Scotinomys teguina subnubilis

Sigmodon alleni alleni
Sigmodon alleni

Sigmodon alleni planifrons
Sigmodon planifrons
Sigmodon planifrons planifrons
Sigmodon planifrons minor
Sigmodon macdougalli
Sigmodon macrodon
Sigmodon planifrons setzeri

Sigmodon alleni vulcani
Sigmodon vulcani
Sigmodon guerrerensis

Sigmodon arizonae cienegae
Sigmodon hispidus cienegae

Sigmodon arizonae major
Sigmodon hispidus major

Sigmodon fulviventer fulviventer
Sigmodon fulviventer

Sigmodon fulviventer melanotis
Sigmodon melanotis

Sigmodon fulviventer minimus
Sigmodon minimus minimus

Sigmodon leucotis alticola
Sigmodon alticola alticola

Sigmodon leucotis leucotis
Sigmodon leucotis
Sigmodon alticola amoles

Sigmodon mascotensis inexoratus
Sigmodon hispidus inexoratus

Sigmodon mascotensis ischyrus
Sigmodon hispidus ischyrus

Sigmodon mascotensis mascotensis
Sigmodon hispidus mascotensis

Sigmodon ochrognathus
Sigmodon ochrognathus montanus
Sigmodon ochrognathus baileyi
Sigmodon ochrognathus madrensis
Sigmodon ochrognathus ochrognathus
Sigmodon hispidus baileyi

Tylomys nudicaudus gymnurus
Tylomys gymnurus

Tylomys tumbalensis
Tylomys nudicaudus tumbalensis

Familia Arvicolidae

Pitymys guatemalensis
Microtus guatemalensis

Pitymys quasiater
Microtus quasiater

Familia Erethizontidae

Erethizon dorsatum couesi
Erethizon dorsatum epixanthum

Orden Carnivora

Familia Canidae

Vulpes macrotis macrotis
Vulpes macrotis arsipus

Vulpes macrotis devia
Vulpes macrotis tenuirostris

Familia Ursidae

Ursus arctos horribilis
Ursus nelsoni
Ursus arctos nelsoni

Familia Procyonidae

Nasua nasua molaris
Nasua narica molaris
Nasua narica tamaulipensis

Nasua nasua narica
Nasua narica narica

Nasua nasua yucatanica
Nasua narica yucatanica

Potos flavus chiriquensis
Potos flavus boothi
Potos flavus campechensis
Potos flavus dugesii

Potos flavus prehensilis
Potos flavus aztecus
Potos flavus guerrerensis

Familia Mustelidae

Lutra longicaudis annectens
Lutra annectens annectens
Lutra annectens latidens
Lontra longicaudis annectens

Mephitis macroura macroura
Mephitis macroura vittata

Spilogale gracilis leucoparia
Spilogale putorius leucoparia

Spilogale putorius angustifrons
Spilogale angustifrons angustifrons

Spilogale putorius elata
Spilogale angustifrons elata

Spilogale putorius lucasana
Spilogale gracilis lucasana

Spilogale putorius martirensis
Spilogale gracilis martirensis
Spilogale gracilis microdon

Spilogale putorius tropicalis
Spilogale angustifrons tropicalis

Spilogale putorius yucatanensis
Spilogale angustifrons yucatanensis

Spilogale pygmaea pygmaea
Spilogale pygmaea albipes

Taxidea taxus berlandieri
Taxidea taxus hallorani
Taxidea taxus infusca
Taxidea taxus litoralis
Taxidea taxus neglecta
Taxidea taxus sonoriensis

Familia Felidae

Lynx rufus baileyi
Felis rufus baileyi

Panthera onca arizonensis
Felis onca arizonensis

Panthera onca centralis
Felis onca centralis

Panthera onca goldmani
Felis onca goldmani

Panthera onca hernandesii
Felis onca hernandesii

Panthera onca veraecrucis
Felis onca veraecrucis

Orden Artiodactyla

Familia Tayassuidae

Tayassu tajacu angulatus
Dicotyles tajacu angulatus

Tayassu tajacu crassus
Dicotyles tajacu crassus

Tayassu tajacu humeralis
Dicotyles tajacu humeralis

Tayassu tajacu nanus
Dicotyles tajacu nanus

Tayassu tajacu nelsoni
Dicotyles tajacu nelsoni

Tayassu tajacu sonoriensis
Dicotyles tajacu sonoriensis

Tayassu tajacu yucatanensis
Dicotyles tajacu yucatanensis

Familia Cervidae

Mazama americana pandora
Mazama gouazoubira pandora

Odocoileus hemionus cerrosensis
Dama hemionus cerrosensis

Odocoileus hemionus crooki
Dama hemionus crooki
Odocoileus hemionus canus

Odocoileus hemionus eremicus
Dama hemionus eremica

Odocoileus hemionus fuliginatus
Dama hemionus fuliginata

Odocoileus hemionus peninsulae
Dama hemionus peninsulae

Odocoileus hemionus sheldoni
Dama hemionus sheldoni

Odocoileus virginianus acapulcensis
Dama virginiana acapulcensis

Odocoileus virginianus carminis
Dama virginiana carminis

Odocoileus virginianus couesi
Dama virginiana couesi

Odocoileus virginianus mexicanus
Dama virginiana mexicana

Odocoileus virginianus miquihuanensis
Dama virginiana miquihuanensis

Odocoileus virginianus nelsoni
Dama virginiana nelsoni

Odocoileus virginianus oaxacensis
Dama virginiana oaxacensis

Odocoileus virginianus sinaloae
Dama virginiana sinaloae

Odocoileus virginianus texanus
Dama virginiana texana

Odocoileus virginianus thomasi
Dama virginiana thomasi

Odocoileus virginianus toltecus
Dama virginiana tolteca

Odocoileus virginianus veraecrucis
Dama virginiana veraecrucis

Odocoileus virginianus yucatanensis
Dama virginiana yucatanensis

Sinónimos recientes de los mamíferos terrestres nativos de México. En la columna de la izquierda aparecen los sinónimos recientes y en la derecha los nombres científicos en uso corriente.

Aello megalophylla megalophylla	=	*Mormoops megalophylla megalophylla*
Alouatta palliata pigra	=	*Alouatta pigra*
Alouatta villosa mexicana	=	*Alouatta palliata mexicana*
Alouatta villosa pigra	=	*Alouatta pigra*
Antrozous dubiaquercus	=	*Bauerus dubiaquercus*
Antrozous dubiaquercus dubiaquercus	=	*Bauerus dubiaquercus*
Antrozous dubiaquercus meyeri	=	*Bauerus dubiaquercus*
Artibeus cinereus aztecus	=	*Artibeus aztecus aztecus*
Artibeus cinereus phaeotis	=	*Artibeus phaeotis phaeotis*
Artibeus cinereus toltecus	=	*Artibeus toltecus toltecus*
Artibeus jamaicensis jamaicensis - parte	=	*Artibeus jamaicensis richardsoni*
Artibeus jamaicensis jamaicensis - parte	=	*Artibeus jamaicensis triomylus*
Artibeus jamaicensis jamaicensis - parte	=	*Artibeus jamaicensis yucatanicus*
Artibeus lituratus palmarum	=	*Artibeus lituratus*
Artibeus nanus	=	*Artibeus phaeotis nanus*
Artibeus toltecus	=	*Artibeus toltecus toltecus*
Artibeus turpis	=	*Artibeus phaeotis phaeotis*
Artibeus turpis nanus	=	*Artibeus phaeotis nanus*
Artibeus turpis turpis	=	*Artibeus phaeotis phaeotis*
Artibeus watsoni	=	*Artibeus cinereus watsoni*
Ateles geoffroyi yucatanensis	=	*Ateles geoffroyi vellerosus*
Baeodon alleni	=	*Rhogeessa alleni*
Baeodon meyeri	=	*Bauerus dubiaquercus*
Baiomys musculus musculus - parte	=	*Baiomys musculus nigrescens*
Baiomys musculus musculus - parte	=	*Baiomys musculus pallidus*
Baiomys musculus musculus - parte	=	*Baiomys taylori analogous*
Baiomys musculus nebulosus - parte	=	*Baiomys musculus nigrescens*
Baiomys musculus nebulosus - parte	=	*Baiomys musculus pallidus*
Baiomys musculus nigrescens - parte	=	*Baiomys musculus pallidus*

Baiomys taylori allex - parte	= *Baiomys musculus musculus*
Baiomys taylori analogous - parte	= *Baiomys taylori allex*
Baiomys taylori paulus - parte	= *Baiomys taylori allex*
Baiomys taylori taylori - parte	= *Baiomys taylori analogous*
Carollia castanea - parte	= *Carollia brevicauda*
Carollia castanea - parte	= *Carollia subrufa*
Carollia castanea castanea - parte	= *Carollia brevicauda*
Carollia castanea subrufa - parte	= *Carollia subrufa*
Chilonycteris parnellii fusca	= *Pteronotus parnellii mexicanus*
Chilonycteris parnellii mexicanus	= *Pteronotus parnellii mexicanus*
Chilonycteris personata	= *Pteronotus personatus psilotis*
Chilonycteris psilotis	= *Pteronotus personatus psilotis*
Chilonycteris rubiginosa mexicana	= *Pteronotus parnellii mexicanus*
Chilonycteris torrei continentalis	= *Pteronotus personatus psilotis*
Chiroderma isthmicum	= *Chiroderma villosum jesupi*
Chironectes minimus	= *Chironectes minimus argyrodites*
Choeronycteris harrisoni	= *Musonycteris harrisoni*
Corynorhinus mexicanus	= *Plecotus mexicanus*
Corynorhinus townsendii australis	= *Plecotus townsendii australis*
Corynorhinus townsendii mexicanus	= *Plecotus mexicanus*
Corynorhinus townsendii pallescens	= *Plecotus townsendii pallescens*
Cratogeomys angustirostris	= *Pappogeomys tylorhinus angustirostris*
Cratogeomys castanops angusticeps	= *Pappogeomys castanops angusticeps*
Cratogeomys castanops bullatus	= *Pappogeomys castanops bullatus*
Cratogeomys castanops castanops - parte	= *Pappogeomys castanops angusticeps*
Cratogeomys castanops castanops - parte	= *Pappogeomys castanops castanops*
Cratogeomys castanops castanops - parte	= *Pappogeomys castanops consitus*
Cratogeomys castanops castanops - parte	= *Pappogeomys castanops subsimus*
Cratogeomys castanops clarkii	= *Pappogeomys castanops clarkii*
Cratogeomys castanops consitus - parte	= *Pappogeomys castanops consitus*
Cratogeomys castanops consitus - parte	= *Pappogeomys castanops goldmani*
Cratogeomys castanops convexus	= *Pappogeomys castanops clarkii*
Cratogeomys castanops excelsus	= *Pappogeomys castanops excelsus*

Cratogeomys castanops goldmani - parte	=	*Pappogeomys castanops goldmani*
Cratogeomys castanops goldmani - parte	=	*Pappogeomys castanops subsimus*
Cratogeomys castanops jucundus - parte	=	*Pappogeomys castanops jucundus*
Cratogeomys castanops jucundus - parte	=	*Pappogeomys castanops subsimus*
Cratogeomys castanops lacrimalis - parte	=	*Pappogeomys castanops angusticeps*
Cratogeomys castanops lacrimalis - parte	=	*Pappogeomys castanops clarkii*
Cratogeomys castanops peridoneus	=	*Pappogeomys castanops peridoneus*
Cratogeomys castanops planifrons - parte	=	*Pappogeomys castanops planifrons*
Cratogeomys castanops planifrons - parte	=	*Pappogeomys castanops rubellus*
Cratogeomys castanops rubellus	=	*Pappogeomys castanops rubellus*
Cratogeomys castanops sordidulus	=	*Pappogeomys castanops sordidulus*
Cratogeomys castanops subnubilus	=	*Pappogeomys castanops subnubilus*
Cratogeomys castanops subsimus	=	*Pappogeomys castanops subsimus*
Cratogeomys castanops tamaulipensis - parte		*Pappogeomys castanops planifrons*
Cratogeomys castanops tamaulipensis - parte		*Pappogeomys castanops tamaulipensis*
Cratogeomys castanops ustulatus - parte	=	*Pappogeomys castanops bullatus*
Cratogeomys castanops ustulatus - parte	=	*Pappogeomys castanops ustulatus*
Cratogeomys fulvescens fulvescens	=	*Pappogeomys merriami fulvescens*
Cratogeomys fulvescens subluteus	=	*Pappogeomys merriami fulvescens*
Cratogeomys fumosus	=	*Pappogeomys fumosus*
Cratogeomys gymnurus atratus	=	*Pappogeomys tylorhinus atratus*
Cratogeomys gymnurus gymnurus	=	*Pappogeomys gymnurus gymnurus*
Cratogeomys gymnurus imparilis	=	*Pappogeomys gymnurus imparilis*
Cratogeomys gymnurus inclarus	=	*Pappogeomys gymnurus gymnurus*
Cratogeomys gymnurus tellus	=	*Pappogeomys gymnurus tellus*
Cratogeomys irolonis - parte	=	*Pappogeomys merriami irolonis*
Cratogeomys irolonis - parte	=	*Pappogeomys tylorhinus tylorhinus*
Cratogeomys merriami irolonis	=	*Pappogeomys merriami irolonis*
Cratogeomys merriami merriami	=	*Pappogeomys merriami merriami*
Cratogeomys merriami saccharalis	=	*Pappogeomys merriami saccharalis*
Cratogeomys neglectus	=	*Pappogeomys neglectus*
Cratogeomys perotensis estor	=	*Pappogeomys merriami estor*
Cratogeomys perotensis peraltus	=	*Pappogeomys merriami peraltus*

Cratogeomys perotensis perotensis	=	*Pappogeomys merriami perotensis*
Cratogeomys tylorhinus arvalis	=	*Pappogeomys tylorhinus tylorhinus*
Cratogeomys tylorhinus planiceps	=	*Pappogeomys tylorhinus planiceps*
Cratogeomys tylorhinus tylorhinus	=	*Pappogeomys tylorhinus tylorhinus*
Cratogeomys varius	=	*Pappogeomys tylorhinus angustirostris*
Cratogeomys zinseri morulus	=	*Pappogeomys gymnurus gymnurus*
Crotogeomys zinseri zinseri	=	*Pappogeomys zinseri*
Cratogeomys zinseri zodius	=	*Pappogeomys tylorhinus zodius*
Cryptotis alticola	=	*Cryptotis goldmani alticola*
Cryptotis celatus	=	*Cryptotis parva pueblensis*
Cryptotis euryrhynchis	=	*Cryptotis goldmani alticola*
Cryptotis fossor	=	*Cryptotis goldmani goldmani*
Cryptotis frontalis	=	*Cryptotis goldmani goldmani*
Cryptotis griseoventris	=	*Cryptotis goldmani goldmani*
Cryptotis guerrerensis	=	*Cryptotis goldmani goldmani*
Cryptotis mayensis	=	*Cryptotis nigrescens mayensis*
Cryptotis mexicana goldmani	=	*Cryptotis goldmani goldmani*
Cryptotis mexicana machetes - parte	=	*Cryptotis goldmani goldmani*
Cryptotis mexicana machetes - parte	=	*Cryptotis mexicana peregrina*
Cryptotis mexicana madrea	=	*Cryptotis mexicana obscura*
Cryptotis mexicana mexicana - parte	=	*Cryptotis goldmani goldmani*
Cryptotis mexicana peregrina - parte	=	*Cryptotis mexicana mexicana*
Cryptotis micrura - parte	=	*Cryptotis nigrescens mayensis*
Cryptotis micrura - parte	=	*Cryptotis parva pueblensis*
Cryptotis micrura - parte	=	*Cryptotis parva tropicalis*
Cryptotis nelsoni	=	*Cryptotis mexicana nelsoni*
Cryptotis obscura	=	*Cryptotis mexicana obscura*
Cryptotis pergracilis macer	=	*Cryptotis parva berlandieri*
Cryptotis pergracilis nayaritensis	=	*Cryptotis parva berlandieri*
Cryptotis pergracilis pergracilis	=	*Cryptotis parva berlandieri*
Cryptotis pergracilis pueblensis - parte	=	*Cryptotis parva berlandieri*
Cryptotis pergracilis pueblensis - parte	=	*Cryptotis parva pueblensis*
Cryptotis soricina	=	*Cryptotis parva soricina*

Cynomops malagai	= *Molossus ater nigricans*
Dama hemionus cerrosensis	= *Odocoileus hemionus cerrosensis*
Dama hemionus crooki	= *Odocoileus hemionus crooki*
Dama hemionus eremica	= *Odocoileus hemionus eremicus*
Dama hemionus fuliginata	= *Odocoileus hemionus fuliginatus*
Dama hemionus peninsulae	= *Odocoileus hemionus peninsulae*
Dama hemionus sheldoni	= *Odocoileus hemionus sheldoni*
Dama virginiana acapulcensis	= *Odocoileus virginianus acapulcensis*
Dama virginiana carminis	= *Odocoileus virginianus carminis*
Dama virginiana couesi	= *Odocoileus virginianus couesi*
Dama virginiana mexicana	= *Odocoileus virginianus mexicanus*
Dama virginiana miquihuanensis	= *Odocoileus virginianus miquihuanensis*
Dama virginiana nelsoni	= *Odocoileus virginianus nelsoni*
Dama virginiana oaxacensis	= *Odocoileus virginianus oaxacensis*
Dama virginiana sinaloae	= *Odocoileus virginianus sinaloae*
Dama virginiana texana	= *Odocoileus virginianus texanus*
Dama virginiana thomasi	= *Odocoileus virginianus thomasi*
Dama virginiana tolteca	= *Odocoileus virginianus toltecus*
Dama virginiana veraecrucis	= *Odocoileus virginianus veraecrucis*
Dama virginiana yucatanensis	= *Odocoileus virginianus yucatanensis*
Dasypterus ega xanthinus	= *Lasiurus ega xanthinus*
Dasypterus intermedius	= *Lasiurus intermedius intermedius*
Diaemus youngi	= *Desmodus youngi*
Diclidurus virgo	= *Diclidurus albus*
Dicotyles tajacu angulatus	= *Tayassu tajacu angulatus*
Dicotyles tajacu crassus	= *Tayassu tajacu crassus*
Dicotyles tajacu humeralis	= *Tayassu tajacu humeralis*
Dicotyles tajacu nanus	= *Tayassu tajacu nanus*
Dicotyles tajacu nelsoni	= *Tayassu tajacu nelsoni*
Dicotyles tajacu sonoriensis	= *Tayassu tajacu sonoriensis*
Dicotyles tajacu yucatanensis	= *Tayassu tajacu yucatanensis*
Didelphis marsupialis californica - parte	= *Didelphis marsupialis caucae*
Didelphis marsupialis californica - parte	= *Didelphis virginiana californica*

Didelphis marsupialis californica - parte	= *Didelphis virginiana yucatanensis*
Didelphis marsupialis cozumelae	= *Didelphis virginiana yucatanensis*
Didelphis marsupialis tabascensis - parte	= *Didelphis marsupialis caucae*
Didelphis marsupialis tabascensis - parte	= *Didelphis virginiana californica*
Didelphis marsupialis texensis - parte	= *Didelphis marsupialis caucae*
Didelphis marsupialis texensis - parte	= *Didelphis virginiana californica*
Didelphis marsupialis virginiana	= *Didelphis marsupialis caucae*
Didelphis marsupialis yucatanensis	= *Didelphis virginiana yucatanensis*
Diphylla ecaudata centralis	= *Diphylla ecaudata*
Dipodomys ambiguus	= *Dipodomys merriami ambiguus*
Dipodomys antiquarius	= *Dipodomys agilis pedionomus*
Dipodomys compactus parvabullatus	= *Dipodomys compactus compactus*
Dipodomys merriami margaritae	= *Dipodomys margaritae*
Dipodomys merriami llanoensis	= *Dipodomys merriami melanurus*
Dipodomys merriami merriami - parte	= *Dipodomys merriami ambiguus*
Dipodomys merriami merriami - parte	= *Dipodomys merriami olivaceus*
Dipodomys merriami regillus	= *Dipodomys merriami merriami*
Dipodomys merriami semipallidus	= *Dipodomys merriami platycephalus*
Dipodomys merriami simiolus - parte	= *Dipodomys merriami arenivagus*
Dipodomys merriami simiolus - parte	= *Dipodomys merriami merriami*
Dipodomys merriami simiolus - parte	= *Dipodomys merriami trinidadensis*
Dipodomys ordii compactus	= *Dipodomys compactus compactus*
Dipodomys ordii idoneus	= *Dipodomys ordii obscurus*
Dipodomys ordii ordii - parte	= *Dipodomys ordii obscurus*
Dipodomys ordii parvabullatus	= *Dipodomys compactus compactus*
Dipodomys ornatus	= *Dipodomys phillipsii ornatus*
Dipodomys paralius	= *Dipodomys agilis plectilis*
Dipodomys peninsularis australis	= *Dipodomys agilis australis*
Dipodomys peninsularis eremoecus	= *Dipodomys agilis eremoecus*
Dipodomys peninsularis pedionomus	= *Dipodomys agilis pedionomus*
Dipodomys peninsularis peninsularis	= *Dipodomys agilis peninsularis*
Enchisthenes hartii	= *Artibeus hartii*
Eptesicus andinus	= *Eptesicus brasiliensis andinus*

Eptesicus andinus andinus	=	*Eptesicus brasiliensis andinus*
Eptesicus brasiliensis propinquus	=	*Eptesicus furinalis gaumeri*
Eptesicus gaumeri gaumeri	=	*Eptesicus furinalis gaumeri*
Erethizon dorsatum epixanthum	=	*Erethizon dorsatum couesi*
Eumops abrasus oaxacensis	=	*Eumops auripendulus auripendulus*
Eumops auripendulus oaxacensis	=	*Eumops auripendulus auripendulus*
Eumops maurus	=	*Eumops auripendulus auripendulus*
Eumops nanus	=	*Eumops bonariensis nanus*
Eutamias bulleri bulleri	=	*Tamias bulleri*
Eutamias bulleri durangae	=	*Tamias durangae*
Eutamias bulleri solivagus	=	*Tamias durangae*
Eutamias dorsalis carminis	=	*Tamias dorsalis carminis*
Eutamias dorsalis dorsalis	=	*Tamias dorsalis dorsalis*
Eutamias dorsalis nidoensis	=	*Tamias dorsalis nidoensis*
Eutamias dorsalis sonoriensis	=	*Tamias dorsalis sonoriensis*
Eutamias merriami merriami	=	*Tamias merriami merriami*
Eutamias merriami meridionalis	=	*Tamias obscurus meridionalis*
Eutamias merriami obscurus	=	*Tamias obscurus obscurus*
Eutamias obscurus meridionalis	=	*Tamias obscurus meridionalis*
Eutamias obscurus obscurus	=	*Tamias obscurus obscurus*
Felis onca arizonensis	=	*Panthera onca arizonensis*
Felis onca centralis	=	*Panthera onca centralis*
Felis onca goldmani	=	*Panthera onca goldmani*
Felis onca hernandesii	=	*Panthera onca hernandesii*
Felis onca veraecrucis	=	*Panthera onca veraecrucis*
Felis rufus baileyi	=	*Lynx rufus baileyi*
Geomys personatus personatus - parte	=	*Geomys personatus megapotamus*
Geomys personatus tropicalis	=	*Geomys tropicalis*
Glaucomys volans chontali	=	*Glaucomys volans oaxacensis*
Glaucomys volans herreranus	=	*Glaucomys volans goldmani*
Glossophaga alticola	=	*Glossophaga leachii*
Glossophaga morenoi	=	*Glossophaga leachii*
Glossophaga soricina alticola	=	*Glossophaga leachii*

Glossophaga soricina leachii	=	*Glossophaga soricina handleyi*
Heterogeomys hispidus chiapensis	=	*Orthogeomys hispidus chiapensis*
Heterogeomys hispidus concavus	=	*Orthogeomys hispidus concavus*
Heterogeomys hispidus hispidus	=	*Orthogeomys hispidus hispidus*
Heterogeomys hispidus isthmicus	=	*Orthogeomys hispidus isthmicus*
Heterogeomys hispidus latirostris	=	*Orthogeomys hispidus latirostris*
Heterogeomys hispidus negatus	=	*Orthogeomys hispidus negatus*
Heterogeomys hispidus teapensis	=	*Orthogeomys hispidus teapensis*
Heterogeomys hispidus tehuantepecus	=	*Orthogeomys hispidus tehuantepecus*
Heterogeomys hispidus torridus	=	*Orthogeomys hispidus torridus*
Heterogeomys hispidus yucatanensis	=	*Orthogeomys hispidus yucatanensis*
Heterogeomys lanius	=	*Orthogeomys lanius*
Heteromys desmarestianus	=	*Heteromys desmarestianus desmarestianus*
Heteromys nigricaudatus	=	*Heteromys lepturus*
Lasiurus borealis ornatus	=	*Lasiurus borealis teliotis*
Lasiurus intermedius	=	*Lasiurus intermedius intermedius*
Leptonycteris nivalis longala	=	*Leptonycteris nivalis*
Leptonycteris nivalis nivalis	=	*Leptonycteris nivalis*
Leptonycteris nivalis sanborni	=	*Leptonycteris yerbabuenae*
Leptonycteris nivalis yerbabuenae -	parte	*Leptonycteris nivalis*
Leptonycteris nivalis yerbabuenae -	parte	*Leptonycteris yerbabuenae*
Leptonycteris sanborni	=	*Leptonycteris yerbabuenae*
Leptonycteris yerbabuenae - parte	=	*Leptonycteris nivalis*
Lepus callotis	=	*Lepus callotis callotis*
Lepus callotis flavigularis	=	*Lepus flavigularis*
Lepus gaillardi battyi	=	*Lepus callotis gaillardi*
Lepus gaillardi gaillardi	=	*Lepus callotis gaillardi*
Lepus mexicanus	=	*Lepus callotis callotis*
Liomys annectens	=	*Liomys pictus annectens*
Liomys bulleri	=	*Liomys irroratus bulleri*
Liomys crispus crispus	=	*Liomys salvini crispus*
Liomys crispus setosus	=	*Liomys salvini crispus*
Liomys guerrerensis	=	*Liomys irroratus guerrerensis*

Liomys irroratus acutus	=	*Liomys irroratus alleni*
Liomys irroratus canus	=	*Liomys irroratus alleni*
Liomys irroratus minor	=	*Liomys irroratus torridus*
Liomys irroratus pretiosus	=	*Liomys irroratus texensis*
Liomys irroratus pullus	=	*Liomys irroratus alleni*
Liomys irroratus yautepecus	=	*Liomys irroratus irroratus*
Liomys pictus escuinapae	=	*Liomys pictus hispidus*
Liomys pictus isthmicus	=	*Liomys pictus pictus*
Liomys pictus obscurus	=	*Liomys pictus pictus*
Liomys pictus parviceps	=	*Liomys pictus platinarensis*
Liomys pictus phaeurus	=	*Liomys pictus pictus*
Liomys pictus rostratus	=	*Liomys pictus pictus*
Liomys pictus sonoranus	=	*Liomys pictus hispidus*
Liomys pictus veraecrucis	=	*Liomys pictus pictus*
Liomys pinetorum	=	*Liomys pictus pictus*
Lontra longicaudis annectens	=	*Lutra longicaudis annectens*
Lutra annectens annectens	=	*Lutra longicaudis annectens*
Lutra annectens latidens	=	*Lutra longicaudis annectens*
Macrotus mexicanus bulleri - parte	=	*Macrotus californicus*
Macrotus mexicanus bulleri - parte	=	*Macrotus waterhousii bulleri*
Macrotus mexicanus mexicanus	=	*Macrotus waterhousii mexicanus*
Macrotus waterhousii californicus	=	*Macrotus californicus*
Mazama gouazoubira pandora	=	*Mazama americana pandora*
Mephitis macroura vittata	=	*Mephitis macroura macroura*
Metachirops opossum pallidus	=	*Philander opossum pallidus*
Microtus fulviventer	=	*Microtus mexicanus fulviventer*
Microtus guatemalensis	=	*Pitymys guatemalensis*
Microtus quasiater	=	*Pitymys quasiater*
Mimon bennetti cozumelae	=	*Mimon cozumelae*
Molossus aztecus aztecus	=	*Molussus molossus aztecus*
Molossus aztecus lambi	=	*Molossus molossus lambi*
Molossus major aztecus	=	*Molossus molossus aztecus*
Molossus pretiosus macdougalli	=	*Molossus macdougalli*

Molossus rufus nigricans	=	*Molossus ater nigricans*
Mormoops megalophylla rufescens	=	*Mormoops megalophylla megalophylla*
Mormoops megalophylla senicula	=	*Mormoops megalophylla megalophylla*
Myotis argentatus	=	*Myotis albescens*
Myotis evotis apache	=	*Myotis auriculus apache*
Myotis evotis auriculus - parte	=	*Myotis auriculus apache*
Myotis evotis auriculus - parte	=	*Myotis auriculus auriculus*
Myotis evotis evotis - parte	=	*Myotis auriculus apache*
Myotis evotis evotis - parte	=	*Myotis auriculus auriculus*
Myotis keenii apache	=	*Myotis auriculus apache*
Myotis keenii auriculus	=	*Myotis auriculus auriculus*
Myotis lucifugus carissima	=	*Myotis lucifugus occultus*
Myotis nigricans carteri	=	*Myotis carteri*
Myotis nigricans dalquesti	=	*Myotis nigricans nigricans*
Myotis occultus	=	*Myotis lucifugus occultus*
Myotis subulatus melanorhinus	=	*Myotis leibii melanorhinus*
Myotis subulatus subulatus	=	*Myotis leibii melanorhinus*
Myotis velifer brevis	=	*Myotis velifer incautus*
Myotis velifer peninsularis	=	*Myotis peninsularis*
Nasua narica molaris	=	*Nasua nasua molaris*
Nasua narica narica	=	*Nasua nasua narica*
Nasua narica tamaulipensis	=	*Nasua nasua molaris*
Nasua narica yucatanica	=	*Nasua nasua yucatanica*
Natalus mexicanus mexicanus	=	*Natalus stramineus mexicanus*
Natalus mexicanus saturatus	=	*Natalus stramineus saturatus*
Neotoma albigula zacatecae	=	*Neotoma albigula leucodon*
Neotoma alleni alleni	=	*Hodomys alleni alleni*
Neotoma alleni elattura	=	*Hodomys alleni elattura*
Neotoma alleni guerrerensis	=	*Hodomys alleni guerrerensis*
Neotoma alleni vetula	=	*Hodomys alleni vetula*
Neotoma latifrons	=	*Neotoma albigula latifrons*
Neotoma mexicana madrensis - parte	=	*Neotoma mexicana mexicana*
Neotoma micropus littoralis	=	*Neotoma micropus micropus*

Neotoma montezumae	=	*Neotoma albigula leucodon*
Noctilio leporinus mexicanus	=	*Noctilio leporinus mastivus*
Notiosorex gigas	=	*Megasorex gigas*
Notiosorex phillipsii - parte	=	*Cryptotis goldmani goldmani*
Notiosorex phillipsii - parte	=	*Cryptotis mexicana peregrina*
Nycteris borealis borealis	=	*Lasiurus borealis borealis*
Nycteris borealis frantzii	=	*Lasiurus borealis frantzii*
Nycteris borealis teliotis	=	*Lasiurus borealis teliotis*
Nycteris cinerea cinerea	=	*Lasiurus cinereus cinereus*
Nycteris ega xanthinus	=	*Lasiurus ega xantinus*
Nycteris intermedia intermedia	=	*Lasiurus intermedius intermedius*
Odocoileus hemionus canus	=	*Odocoileus hemionus crooki*
Onychomys torridus arenicola	=	*Onychomys arenicola*
Onychomys torridus perpallidus	=	*Onychomys torridus torridus*
Oryzomys alfaroi caudatus	=	*Oryzomys caudatus*
Oryzomys palustris albiventer	=	*Oryzomys couesi albiventer*
Oryzomys palustris aquaticus	=	*Oryzomys couesi aquaticus*
Oryzomys palustris aztecus	=	*Oryzomys couesi aztecus*
Oryzomys palustris couesi	=	*Oryzomys couesi couesi*
Oryzomys palustris crinitus	=	*Oryzomys couesi crinitus*
Oryzomys palustris lambi	=	*Oryzomys couesi lambi*
Oryzomys palustris mexicanus	=	*Oryzomys couesi mexicanus*
Oryzomys palustris peragrus	=	*Oryzomys couesi peragrus*
Oryzomys palustris regillus	=	*Oryzomys couesi regillus*
Oryzomys palustris zygomaticus	=	*Oryzomys couesi zygomaticus*
Oryzomys cozumelae	=	*Oryzomys couesi cozumelae*
Oryzomys palustris peninsulae	=	*Oryzomys peninsulae*
Ototylomys brevirostris affinis	=	*Ototylomys phyllotis phyllotis*
Ototylomys phyllotis guatemalae	=	*Ototylomys phyllotis conectens*
Ototylomys phyllotis phaeus	=	*Ototylomys phyllotis phyllotis*
Pappogeomys bulleri flammeus	=	*Pappogeomys bulleri bulleri*
Pappogeomys bulleri lagunensis	=	*Pappogeomys bulleri bulleri*
Pappogeomys bulleri nelsoni	=	*Pappogeomys bulleri bulleri*

Peromyscus truei truei - parte	=	*Peromyscus truei gentilis*
Peromyscus yucatanicus badius	=	*Peromyscus yucatanicus*
Peromyscus yucatanicus yucatanicus	=	*Peromyscus yucatanicus*
Phylloderma septentrionalis	=	*Phylloderma stenops septentrionalis*
Pipistrellus hesperus australis	=	*Pipistrellus hesperus hesperus*
Pipistrellus hesperus potosinus	=	*Pipistrellus hesperus maximus*
Pizonyx vivesi	=	*Myotis vivesi*
Platyrrhinus helleri	=	*Vampyrops helleri*
Plecotus rafinesquii mexicanus	=	*Plecotus mexicanus*
Plecotus phyllotis	=	*Idionycteris phyllotis*
Potos flavus aztecus	=	*Potos flavus prehensilis*
Potos flavus boothi	=	*Potos flavus chiriquensis*
Potos flavus campechensis	=	*Potos flavus chiriquensis*
Potos flavus dugesii	=	*Potos flavus chiriquensis*
Potos flavus guerrensis	=	*Potos flavus prehensilis*
Pteronotus parnellii fuscus	=	*Pteronotus parnellii mexicanus*
Pteronotus parnellii mexicana	=	*Pteronotus parnellii mexicanus*
Pteronotus personata psilotis	=	*Pteronotus personatus psilotis*
Pteronotus psilotis	=	*Pteronotus personatus psilotis*
Pteronotus rubiginosa fusca	=	*Pteronotus parnellii mexicanus*
Pteronotus rubiginosa mexicana	=	*Pteronotus parnellii mexicanus*
Pteronotus suapurensis	=	*Pteronotus gymnonotus*
Pteronotus suapurensis calvus	=	*Pteronotus gymnonotus*
Pteronotus suapurensis suapurensis	=	*Pteronotus gymnonotus*
Rhogeessa parvula aeneus	=	*Rhogeessa tumida*
Rhogeessa parvula parvula	=	*Rhogeessa parvula*
Rhogeessa parvula tumida	=	*Rhogeessa tumida*
Rhogeessa tumida major	=	*Rhogeessa parvula*
Rhogeessa tumida tumida	=	*Rhogeessa tumida*
Saccopteryx bilineata centralis	=	*Saccopteryx bilineata*
Scalopus inflatus	=	*Scalopus aquaticus inflatus*
Scalopus montanus	=	*Scalopus aquaticus montanus*
Sciurus aberti phaeurus	=	*Sciurus aberti durangi*

Sciurus apache	=	*Sciurus nayaritensis apache*
Sciurus aureogaster frumentor	=	*Sciurus aureogaster nigrescens*
Sciurus aureogaster socialis	=	*Sciurus aureogaster nigrescens*
Sciurus durangi	=	*Sciurus aberti durangi*
Sciurus griseoflavus chiapensis	=	*Sciurus aureogaster nigrescens*
Sciurus griseoflavus griseoflavus	=	*Sciurus aureogaster nigrescens*
Sciurus nayaritensis	=	*Sciurus nayaritensis nayaritensis*
Sciurus nelsoni hirsutus	=	*Sciurus aureogaster nigrescens*
Sciurus nelsoni nelsoni	=	*Sciurus aureogaster nigrescens*
Sciurus oculatus oculatus - parte	=	*Sciurus aureogaster aureogaster*
Sciurus oculatus tolucae - parte	=	*Sciurus aureogaster nigrescens*
Sciurus poliopus cervicalis	=	*Sciurus aureogaster nigrescens*
Sciurus poliopus colimensis	=	*Sciurus aureogaster nigrescens*
Sciurus poliopus effugius	=	*Sciurus aureogaster nigrescens*
Sciurus poliopus hernandezi	=	*Sciurus aureogaster nigrescens*
Sciurus poliopus nemoralis	=	*Sciurus aureogaster nigrescens*
Sciurus poliopus peregrinator	=	*Sciurus aureogaster nigrescens*
Sciurus poliopus poliopus	=	*Sciurus aureogaster nigrescens*
Sciurus poliopus senex	=	*Sciurus aureogaster nigrescens*
Sciurus. poliopus tepicanus	=	*Sciurus aureogaster nigrescnes*
Sciurus sinaloensis	=	*Sciurus colliaei sinaloensis*
Sciurus socialis cocos	=	*Sciurus aureogaster nigrescens*
Sciurus socialis littoralis	=	*Sciurus aureogaster nigrescens*
Sciurus socialis socialis	=	*Sciurus aureogaster nigrescens*
Sciurus truei	=	*Sciurus colliaei truei*
Scotinomys teguina subnubilis	=	*Scotinomys teguina teguina*
Sigmodon alleni	=	*Sigmodon alleni alleni*
Sigmodon alticola alticola	=	*Sigmodon leucotis alticola*
Sigmodon alticola amoles	=	*Sigmodon leucotis leucotis*
Sigmodon fulviventer	=	*Sigmodon fulviventer fulviventer*
Sigmodon guerrerensis	=	*Sigmodon alleni vulcani*
Sigmodon hispidus baileyi	=	*Sigmodon ochrognathus*
Sigmodon hispidus cienegae	=	*Sigmodon arizonae cienegae*

Sigmodon hispidus inexoratus	=	*Sigmodon mascotensis inexoratus*
Sigmodon hispidus ischyrus	=	*Sigmodon mascotensis ischyrus*
Sigmodon hispidus major	=	*Sigmodon arizonae major*
Sigmodon hispidus mascotensis	=	*Sigmodon mascotensis mascotensis*
Sigmodon leucotis	=	*Sigmodon leucotis leucotis*
Sigmodon macdougalli	=	*Sigmodon alleni planifrons*
Sigmodon macrodon	=	*Sigmodon alleni planifrons*
Sigmodon melanotis	=	*Sigmodon fulviventer melanotis*
Sigmodon minimus minimus	=	*Sigmodon fulviventer minimus*
Sigmodon ochrognathus baileyi	=	*Sigmodon ochrognathus*
Sigmodon ochrognathus madrensis	=	*Sigmodon ochrognathus*
Sigmodon ochrognathus montanus	=	*Sigmodon ochrognathus*
Sigmodon ochrognathus ochrognathus	=	*Sigmodon ochrognathus*
Sigmodon planifrons	=	*Sigmodon alleni planifrons*
Sigmadon planifrons minor	=	*Sigmodon alleni planifrons*
Sigmodon planifrons planifrons	=	*Sigmodon alleni planifrons*
Sigmodon planifrons setzeri	=	*Sigmodon alleni planifrons*
Sigmodon vulcani	=	*Sigmodon alleni vulcani*
Sorex oreopolus marginatus	=	*Sorex emarginatus*
Sorex oreopolus emarginatus	=	*Sorex emarginatus*
Sorex oreopolus ventralis	=	*Sorex ventralis*
Sorex vagrans monticola	=	*Sorex monticolus monticolus*
Spermophilus adocetus arceliae	=	*Spermophilus adocetus adocetus*
Spilogale angustifrons angustifrons	=	*Spilogale putorius angustifrons*
Spilogale angustifrons elata	=	*Spilogale putorius elata*
Spilogale angustifrons tropicalis	=	*Spilogale putorius tropicalis*
Spilogale angustifrons yucatanensis	=	*Spilogale putorius yucatanensis*
Spilogale gracilis lucasana	=	*Spilogale putorius lucasana*
Spilogale gracilis martirensis	=	*Spilogale putorius martirensis*
Spilogale gracilis microdon	=	*Spilogale putorius martirensis*
Spilogale putorius leucoparia	=	*Spilogale gracilis leucoparia*
Spilogale pygmaea albipes	=	*Spilogale pygmaea pygmaea*
Sturnira ludovici hondurensis	=	*Sturnira ludovici ludovici*

Mamíferos de México, se terminó de imprimir el 25 de julio de 1983. El tiro constó de 1,000 ejemplares impresos en los talleres de Ediciones "Contraste" Av. Insurgentes Sur 32.

Ediciones "Contraste"